人工智能原理与实践

尹传环 田盛丰 黄厚宽 主编

清华大学出版社

北京

内 容 简 介

本书系统介绍了人工智能学科的基本原理与算法,着重介绍了基于符号的推理、深度学习以及强化学习等,并提供了 Python、Lisp、Prolog 语言的入门级教程,还专门介绍了专家系统构造工具 CLIPS 以及 Agent 系统开发平台 SPADE。

本书共分 10 章,第 1 章为绪论,第 2 章介绍人工智能程序设计语言,之后 5 章介绍人工智能的基本原理与经典算法,第 8 章和第 9 章主要介绍机器学习与深度学习相关算法,最后一章介绍智能 Agent。

本书注重人工智能的经典算法及其实用性,可作为高校计算机科学与技术、人工智能及其相关专业高年级本科生及研究生的教材,也可供对人工智能感兴趣的研究与工程人员参考。

图书在版编目(CIP)数据

人工智能原理与实践/尹传环,田盛丰,黄厚宽主编. —北京:清华大学出版社,2023.4
ISBN 978-7-302-63400-3

Ⅰ. ①人… Ⅱ. ①尹… ②田… ③黄… Ⅲ. ①人工智能－高等学校－教材 Ⅳ. ①TP18

中国国家版本馆 CIP 数据核字(2023)第 066879 号

责任编辑:贾 斌
封面设计:刘 键
责任校对:焦丽丽
责任印制:杨 艳

出版发行:清华大学出版社
   网 址:http://www.tup.com.cn,http://www.wqbook.com
   地 址:北京清华大学学研大厦 A 座   邮 编:100084
   社 总 机:010-83470000   邮 购:010-62786544
   投稿与读者服务:010-62776969,c-service@tup.tsinghua.edu.cn
   质量反馈:010-62772015,zhiliang@tup.tsinghua.edu.cn
   课件下载:http://www.tup.com.cn,010-83470236
印 装 者:三河市龙大印装有限公司
经 销:全国新华书店
开 本:185mm×260mm 印 张:20.75   字 数:502 千字
版 次:2023 年 4 月第 1 版   印 次:2023 年 4 月第 1 次印刷
印 数:1~1500
定 价:69.80 元

产品编号:085725-01

近年来，人工智能学科的蓬勃发展吸引了学术界和企业界的共同关注，市面上涌现了一批人工智能相关的著作和教材，对人工智能的研究和应用起了很大的推动作用。田盛丰和黄厚宽曾经在 20 世纪 90 年代编著了人工智能教材：《人工智能与知识工程》。这些年深度学习、强化学习与知识图谱等领域的发展令作者感到在上述人工智能教材的基础上加入人工智能学科最新进展的工作迫在眉睫，恰逢此时，百度公司百度云智学院邀请作者为其编著一本人工智能教材。诸多因素促成了本书的出版，在此非常感谢百度云智学院对本书出版的支持。

在人工智能发展的道路上，符号主义与连接主义交相辉映，分别在不同的阶段主导着人工智能的发展。本书延续以往版本的思路，以符号主义为主，全面介绍人工智能算法与模型，同时考虑到近年来连接主义（主要指深度学习）的快速发展为人工智能学科注入了新的活力这一现状，故将神经网络与深度学习单独列为一章。

本书共分 10 章：第 1 章为绪论；第 2 章介绍人工智能程序设计语言，包括 Python、Lisp 以及 Prolog；第 3 章介绍知识表示方法，包括逻辑表示法、产生式规则表示法、本体以及知识图谱等；第 4 章介绍基于搜索的问题求解方法，包括状态空间搜索、A^* 算法、极小极大过程、α-β 剪枝过程以及蒙特卡罗树搜索等；第 5 章介绍基于符号的推理，包括归结反演、规则演绎系统以及非单调推理等；第 6 章介绍不确定性推理，包括可信度方法、贝叶斯网络以及证据理论等；第 7 章介绍专家系统的概念与模型，并介绍了一种专家系统开发工具 CLIPS；第 8 章介绍机器学习与计算智能，包括决策树、支持向量机、k-均值聚类、强化学习、遗传算法以及蚁群算法等；第 9 章介绍神经网络与深度学习，包括多层前向网络、Hopfield 网络、各种卷积神经网络以及循环神经网络等，并简单介绍深度学习在机器视觉中的应用以及各种深度学习平台；第 10 章介绍智能 Agent 的相关理论与模型，并介绍了一个 Agent 系统开发平台 SPADE。

本书得到了中央高校基本科研业务费专项资金（2018JBZ006、2019JBZ110）、国家自然科学基金重点项目（61832002、61632004）、国家自然科学基金面上项目(61876016、82174533)、新一代人工智能重大项目(2018AAA0100604、2018AAA0100302)、国家重点研发计划项目(2017YFC1703506)的支持。

　　由于作者学识有限,本书难免存在诸多错误和不足之处,恳请各位专家和读者指正。

作　者

2023 年 3 月于北京交通大学

CONTENTS 目录

第1章

绪　论

1.1　人工智能的发展概况

人工智能(Artificial Intelligence,AI)是计算机科学领域中一个重要的分支,由于其重要性近年来也常常将人工智能单独视为一门学科。人工智能自诞生以来经历了多次兴衰更替,在螺旋式的发展过程中取得了令人瞩目的成就。尤其是近十年来深度学习的兴起将人工智能的发展推向一个新的高潮,并推动了人工智能在各行各业的深入应用。

1.1.1　人工智能的定义

人工智能目前尚无统一的定义,不同的研究者对人工智能的定义存有不同的见解。如Rich 定义为:"人工智能研究如何使计算机完成目前人类做得更好的任务。"Genesereth 和Nilsson 认为:"人工智能研究智能行为,其终极目标是建立关于自然智能实体行为的理论,并用该理论指导创造具有智能行为的人造物。"Winston 指出:"人工智能研究那些使意识、推理和行为成为可能的计算。"这些定义反映了人工智能的基本思想和基本范围。尽管对于人工智能的定义有着不同的侧重点,一般都认为用计算机(或智能机器)实现智能行为就属于人工智能研究的范畴。

1.1.2　人工智能的研究途径

从不同的途径认识和实现智能行为,产生了不同的人工智能理论和技术。一般认为实现智能的途径有以下几种。

1. 符号主义(symbolicism)

当考察人类在解决各种问题时采取的方法并总结人们思维活动的规律时,产生了人工智能的符号机制,也称为逻辑主义(logicism)。符号主义认为认识的基本元素是符号,人的认识过程就是一种符号处理过程。人类的思维过程可以用某种符号来描述,因此人工智能的核心就是"表示"问题。尽管近20年来,人工智能的飞速发展并非由符号主义主导,但是不容否认的是符号主义在人工智能的整个发展过程中起着举足轻重的作用。此外,近几年受到密切关注的知识图谱(knowledge graph)的核心问题就是知识表示与推理过程,这实际上就是符号主义关注的两大重点。因此符号主义相关研究内容是本书介绍的重点之一。

2. 连接主义(connectionism)

这种途径直接模拟人和动物的大脑,由此产生了人工智能的连接机制,也称为仿生学派(bionicsism),其主要研究内容是人工神经网络(Artificial Neural Network,又称神经网络)。连接主义认为认识的基本元素就是神经元本身,认识过程就是大量神经元的整体活动,本质上是并行分布的模式。因此,连接主义的研究内容就是建立人工神经网络,希望利用神经网络模拟人类的智能行为。自人工智能提出以来,神经网络的崛起总是能够带领人工智能走向高潮,而神经网络的备受质疑往往导致人工智能整体受损。值得一提的是当前正在进行中的人工智能新一轮热潮就是由神经网络的发展直接引爆的。

3. 行为主义(actionism)

行为主义又称控制论学派(cyberneticsism),认为人工智能源于控制论,机器的智能取决于感知和行动,提出了智能行为的"感知-动作"模型。Brooks的六足行走机器人被认为是行为主义的代表作。行为主义主要的研究内容包括智能控制和智能机器人,通过系统与环境的交互获得并提升智能。当前备受关注的强化学习(reinforcement learning)通过在环境中执行不同的动作得到不同的奖励来得到最优策略,实际上可以认为其思想来源于行为主义。

本书将以符号机制为主,全面介绍人工智能学科的技术与方法,同时结合近年来深度学习取得的重大成就介绍连接机制相关内容。

1.1.3 人工智能学科的发展

"人工智能"这一术语,是在1956年由McCarthy和Minsky等发起的达特茅斯会议上提出的,这标志着人工智能的诞生。

1957年Rosenblatt研制了感知机(perceptron),这是一种将神经元用于识别的系统,它的学习功能引起了广泛的兴趣,推动了连接机制的研究。1969年Minsky和他的同事Papert合作写了一本书——《感知机:计算几何学》(*Perceptrons*:*An Introduction to Computational Geometry*)。在该书中,Minsky和Papert证明了单层神经网络不能解决XOR(异或)问题,这给了Rosenblatt和神经网络的发展当头一棒,使得连接机制的研究进入一个低谷,同样成为彼时人工智能步入黯淡期的重要原因之一。使得人工智能步入黯淡期的另一个重要原因是现实与理想的距离有点远:在人工智能诞生初期有一些过于乐观的关于人工智能发展的预测,最终却令人大失所望。例如Newell和Simon在1958年曾做过一个乐观的预测:十年内计算机下棋能击败人类。但是直到20世纪90年代才诞生了能够战胜世界冠军的国际象棋程序深蓝(Deep Blue)。2016年围棋程序AlphaGo横空出世,战胜了世界冠军,这才标志着在完全信息博弈棋类游戏中计算机取得了胜利。

20世纪60年代中期到70年代中期,尽管由于种种原因人工智能的研究处于黯淡期,但也正是从那一时期开始人工智能走向实际应用,标志性的事件包括 DENDRAL、MYCIN和 PROSPECTOR 等专家系统的研制成功,尤其是第一个成功商用的专家系统 R1(又名XCON,用于辅助计算机组装)为 DEC 公司节省了数千万美元。在那一阶段专家系统成为人工智能研究领域中最新的亮点并在各行各业中得到应用。但是随着1992日本第五代计算机计划的终止,单纯的专家系统开始走向没落,不再受到人工智能研究者的热切关注。

Hopfield 在1982年提出了一种新的神经网络(被称为 Hopfield 神经网络),能够求解一大类模式识别问题,还可以给出一类组合优化问题的近似解。Hopfield 神经网络的出现意味着连接机制的研究有了复苏的迹象。Rumelhart 等在1986年正式提出反向传播(Back Propagation,BP)算法,能够学习隐藏层参数,从而解决 XOR 问题,这掀起了连接机制研究的又一番热潮。实际上在此之前已经有多位研究者对 BP 算法有了一定的贡献,包括Bryson 和 Ho、Werbos、LeCun、Parker 等。此后十余年对于连接机制的研究达到一个高潮,直到神经网络的一些缺点如过拟合、训练速度慢、不易解释性等使得人工智能研究者逐渐将注意力投放到其他领域中。

20世纪90年代以来,随着互联网技术的发展,分布式人工智能成为研究者关注的重点,而智能 Agent 和多 Agent 系统是分布式人工智能的核心要素,同样引起了人工智能研究者的重点关注。Russell 和 Norvig 在他们的经典著作《人工智能:一种现代方法》中将人工智能定义为 Agent 的研究。而 Poole 和 Mackworth 在《人工智能:计算 Agent 基础》中认为人工智能所要研究的是如何设计智能计算 Agent。因此可以认为智能 Agent 与整个人工智能学科都密切相关,但是直到最近智能 Agent 领域仍无突破性的进展。

2006年 Hinton 利用预训练加微调的方式训练深度信念网络,解决了神经网络的一些问题,开启了深度学习时代。但是直到2012年 Hinton 及其学生提出的 AlexNet 一举夺得ILSVRC(ImageNet Large Scale Visual Recognition Challenge,ImageNet 大规模视觉识别挑战赛)的冠军,深度学习才成为人工智能研究的最新热点。从2012年至今的近十年时间内,各种深度学习模型成为关注的焦点,如第9章介绍的 AlexNet、VGGNet 与 ResNet 等均展示了强大的分类能力。此外还有用于生成图像的生成对抗网络(generative adversarial network,GAN)也引起了研究者的广泛兴趣,目前已经有了多达数百种的 GAN 变种。值得一提的还有 Hinton 等提出的胶囊网络(CapsNet)以及南京大学周志华提出的深度森林(deep forest),其中前者能够克服卷积神经网络固有的一些缺陷,而后者为深度学习的内部结构提供了一种新思路。近年来深度学习在视觉和语音等领域的成功推动了人工智能的发展热潮:国内多个知名高校都成立了人工智能学院并开设人工智能专业,而企业界同样对人工智能的发展充满信心,多个人工智能初创企业的估值都高达数十亿美元。可以认为深度学习是自20世纪80年代专家系统之后又一个学术界与工业界结合非常紧密的人工智能技术。

2012年 Google 公司提出知识图谱(knowledge graph)的概念,重点关注知识表示和推理过程,目前已经成为人工智能学科的另一个研究热点。知识图谱自提出以来便成为众多研究者关注的对象,与深度学习基本可以等同于神经网络的进一步发展不同,知识图谱涉及的研究领域更多,可以认为是人工智能学科内多领域的集成成果。除了 Google 知识图谱之外,常见的知识图谱项目还包括 DBpedia(基于 Wikipedia 的知识图谱)、Yago(集成

Wikipedia、WordNet 以及 GeoNames 的知识图谱)、百度知识图谱等。深度学习与知识图谱可以分别看成是连接主义与符号主义在近年来的代表性成果。

1.2 人工智能的目标

在人工智能发展的不同时期对于人工智能的研究目标有不同的理解。早期有一部分研究者曾认为人工智能的研究目标是用机器模拟人类的思维活动和智力功能，从而全面达到甚至超越人类的智能程度。但近年来研究者普遍认为人工智能的目标仅仅是利用机器实现可以精确计算的智力活动。而人工智能之所以能够越来越受人们关注也正是因为计算机在可以精确计算的智力活动中已经优于人类，在无法精确计算的智力活动中，人工智能依然无能为力。

1950 年 Turing 在《计算机与智能》一文中提出了著名的图灵测试，指出了什么是人工智能以及机器具有智能应该达到的标准。之后的半个多世纪许多研究者依然在使用图灵测试检测机器是否具有智能。Turing 认为不要询问机器是否能思考，而是要看它是否能够通过测试：两个任意选定的人(评判者 C 和被测试者 A)和一台计算机 B 进行对话，对话只在 A～C 或者 B～C 之间进行，C 询问 A 和 B 同样的问题，然后通过回答判断 A 和 B 哪个是计算机。Turing 认为经过 5 分钟的问询之后，有超过 30% 的评判者无法分辨 A 和 B 的身份，则认为该计算机具有智能。1991 年开始设立的 Loebner 奖是专为图灵测试设立的奖项，目前为止依然没有系统能够获得最高奖金奖。2014 年，英国雷丁大学宣布软件 Goostman 通过了图灵测试，Goostman 在测试中让 33% 的评判者认为它是人类。Google 公司 2018 年宣布公司产品 Duplex 通过了预定领域的图灵测试。但是许多研究者依然并不认为有任何系统通过了图灵测试。

对于通过了图灵测试就意味着机器具有智能这个观点，存在不同的声音，Searle 提出的中文屋实验专门用于反驳该观点。在实验中，一个封闭的屋子中有个完全不懂中文的人，屋子中放置一些中文处理的规则，使用这些规则无须理解中文。屋子外的测试者通过门缝或者窗户递给屋子里的人一些写有中文语句的纸条，屋子里的人通过给定的规则应答上述语句，写在纸条上，并将纸条递出屋外。屋外的测试者将会认为屋子里的人懂得中文，实际上屋子里的人虽然能够在其他材料的帮助下回答中文问题，但并不懂得中文，更不懂纸条上语句的含义。利用计算机模拟上述系统，可以通过欺骗母语为中文的评判者来通过图灵测试，可是并不表示该计算机具有智能。

实际上，由于并未对选定的人、询问的问题以及使用的语言进行任何限制，因此图灵测试是一种开放性测试，这也导致了对于判断某个系统或者机器是否通过图灵测试，不同的研究者具有不同的观点。以 OpenAI 公司于 2020 年发布的具有 1750 亿个参数的 GPT-3 模型为例，该模型不仅能够答题、写文章与翻译，还能够分析数据、生成代码以及推理，但是对有些简单问题的回答却明显异于自然人。从不同角度去看待 GPT-3 模型，认为其通过了图灵测试或者未通过都具有一定的说服力。因此，目前大部分研究者已经不再将是否通过图灵测试作为机器具有智能的唯一评判标准，而是将机器能够替代或者超越人类在某方面的智力程度作为人工智能的研究目标。众所周知的 AlphaGo、Deep Blue 和 GPT-3 等系统都是实现该研究目标的产物。

1.3　人工智能的应用

目前,人工智能的主要应用领域包括以下几类。

1. 博弈

近几年人工智能之所以能够妇孺皆知,很重要的一个原因就是 AlphaGo 连续击败多位围棋世界冠军,这让 AlphaGo 的创造者 DeepMind 公司和深度强化学习备受关注,同时也掀起了一波人工智能的研究高潮。

下棋、打牌、战争类的竞争性活动称为博弈,人工智能一直希望能够在博弈问题上取得成功。实际上人工智能在棋类游戏上的研究从半个多世纪以前就已经开始了,这些年取得了相当辉煌的成绩,如加拿大 Alberta 大学开发的跳棋程序 Chinook 以及 IBM 开发的国际象棋程序 Deep Blue。但 AlphaGo 的出现被认为是人工智能在解决博弈问题中的创新型成果,与以前的棋类程序主要通过蛮力搜索(brute force searching)解空间确定当前最优算法不同,AlphaGo 采用的主要技术是蒙特卡罗树搜索和深度强化学习。近几年,人工智能在解决不同的博弈问题时取得了非凡的进展。2019 年 DeepMind 公司推出的 AlphaStar 在游戏"星际争霸 2"中以 10∶1 的比分击败人类顶尖高手。数月后 OpenAI 公司推出的 OpenAI Five 在游戏 Dota 中以绝对的优势击败顶尖职业玩家。之后由美国公司 Facebook 和卡内基-梅隆大学联合开发的 Pluribus 在一系列六人无限制得州扑克比赛中击败了全球顶尖选手。

无论是在完全信息博弈或者不完全信息博弈问题上,人工智能都已经取得了一系列的成就,这也使得博弈已经成为人工智能近年来最重要的应用领域之一。

2. 自然语言理解

能够与计算机自由交流是每个用户初识计算机时的愿望,直到今天这个愿望还无法得到充分满足,自然语言理解研究如何让计算机与人类通过自然语言进行交互。从人工智能诞生之初开始,自然语言理解就受到研究者的重点关注,最初机器翻译是自然语言理解主要的研究课题,人们希望能够利用计算机将一种语言翻译为另一种语言。最早的机器翻译采用的方法是规则加词典的方式,但是在研究过程中发现这种简单的处理方式很难在翻译过程中精确表达原意,人们开始发现机器翻译并没有最初想象得那么美好,这也是导致 20 世纪 60 年代人工智能步入黯淡期的原因之一。

现阶段自然语言理解的步骤主要包括词法分析、语音分析、语法分析、句法分析和语义分析等层次。而从应用的角度自然语言理解包括机器翻译、语音识别、文本分类、信息检索和抽取、问答与对话系统等。

3. 模式识别

模式识别研究如何利用各种方法在计算机上实现人对不同对象(包括信号、图像或者其他数据)的识别能力。模式是不同事物或因素间存在的规律性关系,模式识别的目的就是将每个对象划分到某个模式中,从而准确地描述该对象的各种性质。模式识别方法主要包括基于知识的方法和基于数据的方法,也可称为结构模式识别和统计模式识别。具体应用包括语音识别、说话人识别、字符与文字识别等领域。

4. 机器视觉

机器视觉(又称计算机视觉)是用机器代替人眼的功能,对视线范围内的物体进行测量和判断,曾经是模式识别领域中一个重要的研究方向,如今已经发展为人工智能研究中的一个分支。机器视觉通常分为底层视觉和高层视觉,前者主要执行预处理,包括边缘检测、纹理分析、立体造型等功能;后者用于理解所观测的对象,包括三维重建、人脸识别、图像和视频检索等功能。

5. 专家系统

早在 20 世纪 60 年代初,人们就已开始研究用人工智能技术解决实际问题。通用问题求解器就是一个典型的例子。但是人们很快发现,客观世界是相当复杂的,企图用一种普遍适用的模式去解决所有的问题是不可能的,因此开始转向比较狭窄的专门领域。1965 年,Feigenbaum 研制了第一个专家系统 DENDRAL,从而开创了专家系统的研究。到 20 世纪 90 年代之后,专家系统的应用领域已扩展到数学、物理、化学、医学、地质、气象、农业、法律、教育、交通运输、机械、艺术以及计算机科学本身,甚至渗透到政治、经济、军事等重大决策部门。

6. 自动定理证明

自动定理证明是人工智能中较早进行研究并得到成功应用的领域之一。定理证明用于证明由前提得到结论的永真性,与逻辑推理密不可分。逻辑学家 Davis 于 1954 年完成了第一个定理证明程序,Newell 等 1956 年编写了"逻辑理论家",这也是第一个众所周知的定理证明程序。1976 年 Appel 等合作在计算机的辅助下证明了四色定理,我国人工智能先驱吴文俊院士提出并实现了几何定理证明的方法,被称为"吴方法",都是定理证明领域的突破性成果。

7. 自动程序设计

自动程序设计将自然语言描述的程序自动转换成可执行代码,并由计算机完成程序的综合和验证,实现程序设计自动化。程序综合用于自动编写满足要求的程序,程序验证用于验证程序综合获得的程序准确无误。一般来说,可以采用已知结果的数据输入到程序中来验证输出是否与已知结果一致。但是由于复杂程序中分支数量庞大,难以事先预设所有可能的情况,因此需要进一步研究更好的程序验证方法,但至今仍没有完美的解决方案。

8. 机器人

机器人是指可模拟人类部分行为的机器。早在 1962 年第一台机器人 Unimate 在美国通用汽车公司就已经投入使用,但是直到 20 世纪 70 年代之后才将人工智能与机器人结合起来,自此机器人领域取得了飞速的发展。

最新研究的一代机器人称为智能机器人,应当具有感知环境的能力,配备视觉、听觉、触觉等感知器官；具有思维能力，能够对感知到的信息进行处理；还具有行为能力，能够在感知环境之后通过传动机构操纵自己的肢体。上述各种能力的开发均与人工智能有着密不可分的联系。

9. 组合优化

组合优化问题是一种最优化问题，目标是从问题的可行解集合中求出最优解，包含旅行商问题、智能调度问题以及图着色问题等。随着求解问题规模的扩大，组合优化问题求解程序的复杂性可随问题规模按线性关系、多项式关系甚至指数关系增长，因此经典的最优化方法难以求解大规模组合优化问题，此时需要人工智能提供求解算法，但往往无法找到全局最优解。一些启发式算法如模拟退火算法、蚁群算法、遗传算法等经常用于求解组合优化问题。

构造一个人工智能应用系统可能需要用到人工智能学科的多个研究领域以及对应的技术手段，图1.1描述了通用的人工智能应用系统的技术框架，本书介绍的内容主要集中在自底向上的第二层和第三层，如图1.1中虚线方框所示。

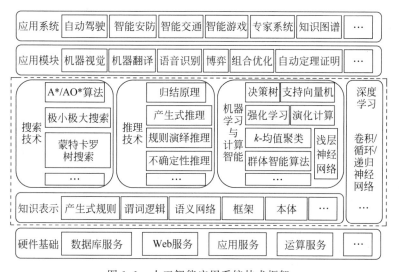

图 1.1　人工智能应用系统技术框架

由于现有大部分深度学习模型都无须显式表示知识，知识表示的工作在深层网络的结构内自动完成，因此图1.1中深度学习直接建立在硬件基础之上，并未经过知识表示层。此外，在图1.1中并未展示智能Agent，因为根据Agent的定义，人工智能的算法与模型实际上都可以认为与智能Agent相关。

现阶段无论是智能还是人工智能都难以给出一个精确又统一的定义，但是并不妨碍人类在探索自身奥秘的过程中大力发展人工智能及其相关技术。随着科学技术的发展，人们的生活将会越来越离不开人工智能，而人工智能技术的飞跃发展将使之成为第四次工业革命中璀璨的一颗明珠。

第 **2** 章

人工智能程序设计语言

在人工智能领域有几种专门的程序设计语言,如 Lisp 语言和 Prolog 语言,在 20 世纪许多人工智能系统都是采用这两种语言编写的。步入 21 世纪以来,随着第三方库的日渐丰富,Python 逐渐成为三大编程语言之一(另两种语言分别为 Java 和 C 语言)。同时,Python 也逐渐取代其他人工智能程序设计语言,成为使用最广泛的人工智能程序设计语言。本章将对 Python、Lisp、Prolog 三种语言进行介绍。

2.1 Python 语言

2.1.1 概述

Python 语言是一种通用的解释性高级程序设计语言,是荷兰程序员 Guido 在 1989 年开始着手创造的,1991 年 Python 公开对外发布,1994 年 Python 1.0 问世,由于存在如语言效率较低等种种原因,问世之初 Python 并未受到过多关注。2000 年 Python 2.0 发布之后,开始成为一种大家认可的备选编程语言并受到越来越多的关注。2008 年 Python 版本更新到 3.0,该版本由于不能向下兼容而受到了一些指责。但从 2018 年开始 Python 作为编程语言的市场占有率越来越高,TIOBE(The Importance of Being Earnest)排行榜显示目前已经攀升到了第三位,见图 2.1。而在另一个排行榜 PYPL(PopularitY of Programming Language)中,Python 从 2018 年开始已经占据编程语言的榜首位置。

在人工智能领域,Python 是当之无愧的第一语言,许多人工智能系统或者人工智能原型都是采用 Python 开发的,在最新的调查中,Lisp 语言加上 Prolog 语言的市场份额还不到 Python 语言的 10%。

Python 之所以越来越受到重视有以下主要原因:

(1) 可移植性,大部分 Python 程序无须修改即可跨平台运行。

(2) 丰富的资源库支持,Python 基本库和包括 NumPy 与 SciPy 在内的大量第三方库

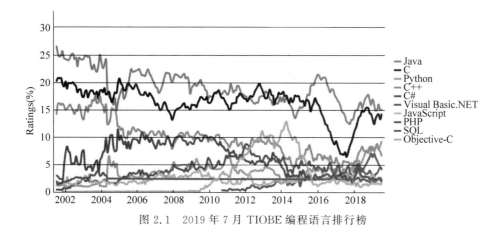

图 2.1 2019 年 7 月 TIOBE 编程语言排行榜

令 Python 程序员快捷高效。

（3）强有力的人力支持，极其活跃的 Python 开发者社区令 Python 程序员如鱼得水，并且许多大公司的知名平台都是 Python 开发的。

当然 Python 也有其缺点，如运行速度慢以及无法向下兼容，前者对于运算速度得到快速提高以及计算资源日趋丰富的今天并不是什么致命的缺陷，而后者则需要编程人员努力克服。

2.1.2 Python 基础

Python 的官网地址为 www.python.org，可以下载 Python 安装程序。安装完并启动 Python 后，可以看到类似于下面的提示符：

```
Python 3.7.4 (tags/v3.7.4:e09359112e, Jul 8 2019, 20:34:20) [MSC v.1916 64 bit (AMD64)]
on win32
Type "help", "copyright", "credits" or "license" for more information.
>>>
```

在提示符后面可以输入不同的语句获得希望得到的结果。后续介绍默认使用的解释器是 Python 3.x。

除了在提示符后面输入语句可以执行 Python 代码，还可以利用文本编辑器在一个文件中编辑 Python 代码，然后由 Python 解释器执行。对于 Windows 来说，就是启动命令行模式，在命令行中输入"Python 文件名"。当然要想执行成功还需要在 Windows 的环境变量中添加 Python 解释器的路径。此外，也可以安装支持 Python 的集成开发环境（Integrated Development Environment，IDE）用于编辑和调试 Python 代码，如今常用的 IDE 是 JetBrains 公司提供的 PyCharm。

在 Python 语言中，函数（function）与方法（method）比较相似，初学者容易搞混，所以在具体介绍 Python 之前先简单区分一下函数与方法。函数是完成某个功能的一段代码。方法与函数类似，也是完成某个功能的代码段，但是方法必须要被某个对象调用，方法会默认将该调用对象作为第一个参数，而函数无须与对象关联。一般来说如果传递给函数的参数相同，那么函数的返回值也相同，而方法并非如此，其返回值与调用对象有关。

1. 变量

变量是 Python 语言最基础的概念之一,只要符合标识符的命名规则,变量可以随意取名。与 Java、C 都不同,Python 的变量使用之前无须定义或者声明变量类型,但是使用之前需要给变量赋值。如输入:

```
>>> X = 10
```

当 Python 执行上述语句时,首先在内存中开辟一个空间,这个空间中存储了整数 10,然后令变量 X 指向该空间。如果继续输入:

```
>>> Y = 10
```

实际上 X 与 Y 指向的是同一块内存空间。

在 Python 中,标识符只能由字母、数字和下画线(_)构成,且不能以数字开头;并且不能与 Python 中的保留字相同。Python 中的标识符区分大小写。尽管 Python 中的标识符允许包含汉字,但是一般不建议这么使用。

需要注意的是 Python 中的变量本质上都是引用,变量本身并没有类型,它们引用的对象才有类型。Python 的基本对象类型包括数字(number)、字符串(string)、列表(list)、元组(tuple)、字典(dictionary)以及集合(set)。其中数字、字符串以及元组都属于不可变类型对象,而列表、字典与集合属于可变类型对象。

1) 数字

Python 中的数字包含整数(int)、浮点数(float)和复数(complex)三种类型[Python 3 取消了长整型(long)]。在 Python 中,可对相应数字执行加(+),减(-),乘(*)或除(/)相关计算。需要注意的是浮点数的运算不一定非常精确,如:

```
>>> iNumber1 = 10;iNumber2 = 3;fNumber = iNumber1/iNumber2;print(fNumber)
3.3333333333333335
```

最终得到的结果是 3.3333333333333335,这是因为浮点数无法精确存储在内存中。Python 中一行结束无须使用分号,但是如果要把多行代码写在一行中,需要在每行代码之间添加分号。

2) 字符串

字符串顾名思义就是一串字符。在 Python 中,用引号括住的就是字符串,这里使用的引号可以是单引号,也可以是双引号,但是前后必须匹配。如 message 和问候都是字符串:

```
>>> message = "Hello, world!"; 问候 = '吃了吗?'
>>> print(message,问候)
Hello, world! 吃了吗?
```

Python 中的字符串还可以看成是一个字符数组,如果想要获得某些位置上的字符,可以通过索引实现:

```
>>> print(message[1],message[7:12],问候[-2],问候[-3:])
e world 吗 了吗?
```

可以看到访问字符串中的字符可以采用正索引,也可以采用负索引。从左到右的正索引默认从 0 开始递增,最大范围是字符串长度减 1,而从右到左的负索引默认-1 开始递减,最大范围是字符串长度的相反数。如果需要获取字符串中一段连续字符,则可以采用[始下标:终下标]的方式,输出中包括始下标对应的字符,但是不包括终下标对应的字符。此时,始下标和终下标可以省略,省略始下标意味着从第一个字符开始,省略终下标意味着输出到最后一个字符,两个都省略意味着输出整个字符串。

可以使用运算符'+'将两个字符串串在一起(变量 message 就是上一段代码中的 message,下同):

```
>>> message1 = message + 问候
>>> print(message1)
Hello, world!吃了吗?
```

不允许通过使用索引的方式更改字符串中的内容:

```
>>> message[1] = '0'
Traceback (most recent call last):
  File "<stdin>", line 1, in <module>
TypeError: 'str' object does not support item assignment
```

3) 列表

列表是最常用的 Python 数据类型,用一对方括号表示列表的内容。列表里的元素可以是数字、字符串、列表以及后续介绍的元组、字典和集合。得到一个列表非常简单:

```
>>> list1 = [1,2.5,message]; list2 = [0,list1]; print(list2)
 [0, [1, 2.5, 'Hello, world!']]
```

list1 是一个含有 3 个元素的列表,三个元素分别是整数、浮点数和字符串;而 list2 则是一个含有两个元素的列表,分别是整数和列表。

与字符串类似,列表也可以通过索引和[始下标:终下标]的方式访问其中某些特定的元素。

列表的使用较为灵活,可以随时对列表的元素进行动态修改,包括添加、删除和修改元素。如果要在 list2 上增加一个元素,可以有三种方式:调用 append、extend、insert 方法。

```
>>> list2.append('tail'); print(list2)
[0, [1, 2.5, 'Hello, world!'], 'tail']
>>> list2.extend(list1); print(list2)
[0, [1, 2.5, 'Hello, world!'], 'tail', 1, 2.5, 'Hello, world!']
>>> list2.insert(1,'ins'); print(list2)
[0, 'ins', [1, 2.5, 'Hello, world!'], 'tail', 1, 2.5, 'Hello, world!']
```

append(x)方法的功能是往列表最后添加一个元素 x。extend(x)的功能是往列表最后按顺序添加从 x 中抽取出来的多个元素,x 必须是可迭代对象(如字符串、列表、元组、字典和集合)。extend(x)操作实际上相当于对列表和 x 做了一次并运算。而 insert(n,x)方法则是往列表中的第 $n+1$ 个位置插入一个元素 x,原有的第 $n+1$ 个位置以及之后的元素顺延。

修改列表中的元素比较简单,直接使用索引即可。

```
>>> list1[0] = 'first'; print(list1)
['first', 2.5, 'Hello, world!']
>>> list1[-1] = 'last'; print(list1)
['first', 2.5, 'last']
>>> list2[1:5] = 'is'; print(list2)
[0, 'i', 's', 2.5, 'Hello, world!']
```

当使用[始下标:终下标]的方式修改列表内容时,等式右边必须是可迭代对象。这种修改操作可以理解为首先将列表中对应[始下标:终下标]的元素删除(不包括终下标位置的元素),然后从始下标处将该可迭代对象的元素依次插入到列表中。因此列表最终的长度=列表原有长度+可迭代对象长度-(终下标-始下标)。

删除列表中的元素有三种方法:

```
>>> del list2[1:2]; print(list2)
[0, 's', 2.5, 'Hello, world!']
>>> list2.remove('s'); print(list2)
[0, 2.5, 'Hello, world!']
>>> list2.pop(1); print(list2)
2.5
[0, 'Hello, world!']
```

使用 del 语句时,可以删除一个元素,也可以删除多个连续的元素。remove(x)方法从左到右在列表中找寻第一次出现 x 的元素,并从列表中删除。pop(x)方法弹出第 x+1 个元素,如果没有传递参数则默认为弹出最后一个元素。需要注意的是,del 语句除了删除列表中的元素之外,还可以用于销毁一个对象,如销毁上面用了好久的 list2。

```
>>> del list2; print(list2)
Traceback (most recent call last):
  File "<stdin>", line 1, in <module>
NameError: name 'list2' is not defined
```

当把一个列表赋值给另一个列表时:

```
>>> list2 = list1; print(list2)
['first', 2.5, 'last']
>>> list1[1] = 0; print(list2)
['first', 0, 'last']
```

当使用这种方式时,list1 和 list2 实际上引用的是同一个对象,因此对任何一个进行操作都会影响另一个。所以如果想要得到一个不一样的列表,可以换一种方式:

```
>>> list3 = list2[:]; print(list3)
['first', 0, 'last']
>>> list2[1] = -1; print(list3); print(list2)
['first', 0, 'last']
['first', -1, 'last']
```

可以看出两个列表的元素是不同的。也可以用 copy()方法实现该功能,即 list3 = list2.copy()。

如果希望在一个列表中添加一些元素再赋值给另一个列表时,可以使用'+'号实现:

```
>>> list4 = list3 + [1,'attach']; print(list4)
['first', 0, 'last', 1, 'attach']
```

4）元组

元组与列表的用法类似,但元组中的元素不能被修改。方括号表示列表,而圆括号表示元组。创建一个元组有两种方式:

```
>>> tup1 = (1,'hi',['first','last']); print(tup1)
(1, 'hi', ['first', 'last'])
>>> tup2 = 2,'hello',tup1; print(tup2)
(2, 'hello', (1, 'hi', ['first', 'last']))
```

可以看出圆括号可以省略,元组中的元素可以是数字、字符串、列表、元组等。可以创建一个空元组:

```
>>> tup3 = (); print(tup3)
()
```

此时的圆括号不能省略。需要注意的是,创建一个单元素元组和多元素元组有所区别:

```
>>> tup4 = ('i am a string'); print(tup4)
i am a string
>>> tup5 = ('i am a tuple with one element',); print(tup5)
('i am a tuple with one element',)
```

可以看出创建单元素元组需要在圆括号内使用一个','号,否则创建的就不是元组,而是括号内的对象所属类别,上例中 tup4 是一个字符串。

访问元组内的元素的方法与列表相似,'＋'号也可以用于将两个元组连接起来赋值给第三个元组。与字符串类似,不能修改元组内的元素:

```
>>> tup1[0] = 0
Traceback (most recent call last):
  File "<stdin>", line 1, in <module>
TypeError: 'tuple' object does not support item assignment
```

5）字典

字典中的每个元素都用于定义两个对象之间的对应关系,这两个对象分别是键(key)和值(value)。如果认为列表是有序的对象集,字典就是无序的对象集。字典中的元素无法通过顺序存取,而是通过键存取。字典用花括号表示:

```
>>> dic1 = {'one': 1, 2: '2', ('three',): [3], 'four': (4,)}; print(dic1)
{'one': 1, 2: '2', ('three',): [3], 'four': (4,)}
```

创建了一个字典,包含 4 个键-值对。需要注意的是,每个键中都不能出现列表、字典和后续介绍的集合,而值可以是任何类型。这是因为列表、字典和集合都可以动态改变。当需要得到字典中某个值的时候,只需利用该值对应的键访问即可:

```
>>> print(dic1['one'],dic1[2],dic1[('three',)])
1 2 [3]
```

看起来 dic1['one']和 dic1[2]返回的值都是整数,其实不然:

```
>>> print(type(dic1['one']), type(dic1[2]))
<class 'int'> <class 'str'>
```

为了捕捉没有访问字典时没有该键时的错误，还可以使用 get 方法得到字典的值：

```
>>> print(dic1["five"])
Traceback (most recent call last):
  File "<stdin>", line 1, in <module>
KeyError: 'five'
>>> print(dic1.get("five"))
None
>>> print(dic1.get("four"))
(4,)
```

既然可以通过键获得值，同样也可以通过键修改值：

```
>>> dic1['one'] = 'first'; print(dic1)
{'one': 'first', 2: '2', ('three',): [3], 'four': (4,)}
```

可以添加、修改和删除字典中的键-值对：

```
>>> dic1[5] = 5; dic1['one'] = 1; print(dic1)
{'one': 1, 2: '2', ('three',): [3], 'four': (4,), 5: 5}
>>> del dic1[2]; print(dic1)
{'one': 1, ('three',): [3], 'four': (4,), 5: 5}
```

还可以直接清空列表中的所有键-值对：

```
>>> dic1.clear(); print(dic1)
{}
```

6) 集合

集合是一个无序的不重复元素序列，可以使用 set() 或者花括号创建。但是当花括号中没有内容时，创建的是一个空字典而非空集合。注意由于集合本身是无序的，因此每次启动 Python 后运行下列语句得到的集合中元素的显示顺序可能不同。

```
>>> set1 = set(('first',1,('tuple',2))); print(set1)
{('tuple', 2), 1, 'first'}
>>> set2 = {'first',2,'last'}; print(set2)
{'last', 2, 'first'}
```

集合中的元素不能是列表、字典以及集合，如果集合中的元素是一个元组，那么该元组内部也不能出现列表、字典和集合。但是实际上可以使用一个列表或者字典给集合赋值，该列表或字典中的元素中不含有列表以及字典：

```
>>> list5 = ['first',(1,2),'last','last']; set3 = set(list5); print(set3)
{(1, 2), 'last', 'first'}
    >>> dic2 = {'first':1,(1,2):2}; set4 = set(dic2); print(set4)
{(1, 2), 'first'}
```

当一个列表作为 set 函数的参数时，实际上是把列表中不重复的元素放置到集合中。而当一个字典作为 set 函数的参数时，是把字典中的键作为元素填充到集合中。

可以使用 add 方法添加元素、remove 方法移除元素,clear 方法清空集合成为一个空集合:

```
>>> set4.add('hi'); print(set4)
{(1, 2), 'hi', 'first'}
>>> set4.remove((1,2)); print(set4)
{'hi', 'first'}
>>> set4.clear(); print(set4)
set()
```

给定两个集合时,还可以计算它们的并集、交集、相对补以及对称差,分别如下所示:

```
>>> print(set2|set3); print(set2&set3); print(set2 - set3); print(set2^set3)
{'last', (1, 2), 2, 'first'}
{'last', 'first'}
{2}
{(1, 2), 2}
```

2. 程序控制结构

Python 的程序控制结构主要包括分支结构和循环结构。分支结构就是对条件进行判断,从而确定进入哪个分支。而循环结构就是重复执行一段代码,直到某个条件不满足。

1) 分支结构

分支结构的主要形式就是 if…else 语句:

```
>>> score = 85
>>> if score >= 90:
...     print('优秀')
... elif score >= 80:
...     print('良好')
... elif score >= 70:
...     print('中')
... elif score >= 60:
...     print('及格')
... else:
...     print('不及格')
良好
```

注意 if 语句、elif 语句和 else 语句都是紧挨着提示符,但是它们控制的 print 语句都需要缩进,在循环结构和函数中也是如此。

在分支结构的条件中可以使用 and、or 和 not 表示条件的与、或、非的关系:

```
>>> if score >= 80 and score < 90:
...     print('良好')
良好
```

2) 循环结构

循环结构包括 while 语句和 for 语句。while 一般用于在运行时确定结束循环的情况,而 for 语句一般用于循环次数确定时。

```
>>> import random
>>> while score > 75:
...     print(score, '大于75')
```

```
...        score = round(score - 10 * random.random())
... else:
...        print(score,'小于或等于 75')
85 大于 75
80 大于 75
71 小于或等于 75
```

上述代码在执行前不确定循环段将执行几次,等到 score≤75 时才结束循环。其中用到了 random 库中的 random 函数,所以需要使用 import random 语句导入 random 模块。还使用了 round()函数,作用是对括号内的浮点数四舍五入。需要注意的是 else 的用法,与其他语言不同,Python 中的 else 除了可以用于分支语句中,还可以应用于循环语句,当进入循环的条件不满足时终止循环,然后执行 else 代码段。

while 的循环条件还可以是其他具有真假值的表达式:

```
>>> while set3:
...        set3.pop()
 (1, 2)
'last'
'first'
```

当 set3 中还有元素时,set3 就为真,循环继续执行。最后 set3 成了空集合,循环随即终止。

for 循环比 while 循环更常见,如:

```
>>> for ele in set2:
...        print(ele)
last
2
first
```

ele 无须提前定义即可使用,上述代码遍历集合 set2,并打印每个元素。如果把 for 更改成 while,则程序会报错:ele 没有定义。除了上述用法之外,还可以换一种方式遍历:

```
>>> for i in range(len(list5)):
...        print(list5[i])
first
(1, 2)
last
last
```

但是这种方式不适合用于集合、字典的遍历,因为集合与字典无法使用索引访问其中的元素。

与 C 语言类似,break 语句用于终止本循环,而 continue 语句则中止本次循环,并直接跳转判断循环条件是否满足,如果满足则执行下次循环,否则退出循环。

2.1.3　函数

与其他编程语言类似,函数将完成某一个功能的代码段包装在一起以便重复调用。

Python 提供了许多内置函数（Built-in Function），能够提供各种功能，如前文所用的 len() 函数获得参数的长度或元素个数，print() 函数用来打印参数到控制台，set() 函数用来创建一个集合等。

1. 函数应用

用户也可以自定义函数：

```
>>> def printme(str):
...     print(str)
>>> printme('hello')
hello
```

上述代码定义了一个打印的函数，将传递进去的参数打印出来。可以看到在定义函数前需要使用 def 关键字。如果需要函数返回一个值，则需要使用 return 语句：

```
>>> def maxoftwo(int1, int2):
...     if int1 < int2:
...             return int2
...     else:
...             return int1
...
>>> maxoftwo(1,2)
2
```

函数 maxoftwo 实现了返回最大值的功能，因此需要调用 retrun 语句将最大值返回。上述例子都需要传递函数所需要的参数个数，也可以定义参数默认的函数：

```
>>> def ispassed(score, full = 100, passratio = 0.6):
...     if score < full * passratio:
...             return 'failed'
...     else:
...             return 'passed'
...
>>> ispassed(70)
'passed'
>>> ispassed(70,120)
'failed'
>>> ispassed(70,150,0.4)
'passed'
```

ispassed 是一个判断分数是否及格的函数，默认的满分是 100 分，而通过的得分率是 0.6。需要注意的是定义函数时含有默认值的参数必须放在不含默认值的参数之后。

除了上述例子中的整数和字符串可以作为函数的参数，其他类型也可以作为函数的参数，包括用户自定义的类型。如果不可变类型对象如数字、字符串以及元组作为函数的参数时，在函数内部对该参数的修改不会影响其原本引用的对象的值。而可变类型对象作为函数的参数时则会产生不一样的效果，无论在函数内部还是外部修改该参数都会改变其原本引用的对象的值。

此外，有时不知道会传递多少个参数给函数，此时可以定义一个函数，能够处理不定量的参数：

```
>>> def sumofmul( * num):
...     sum = 0
...     for i in num:
...             sum += i
...     return sum
>>> print(sumofmul(1,3,6,10,54))
74
```

函数还可以返回多个值，构成一个元组返回给调用方。

2. 全局和局部变量

Python 的变量包括全局变量和局部变量。一般定义在函数内部的变量，作用域仅限于该函数，称为局部变量。定义在函数之外的变量作用域是该程序整体，称为全局变量。如果在函数中存在与函数外名称相同的变量，在执行该函数时，默认函数内部的重名变量为函数内的局部变量，而非全局变量。

```
>>> def add(parm1, param2):
...     sum = parm1 + param2
...     print('函数内为局部变量: ', sum)
...     return sum
>>> add(10,20)
函数内为局部变量: 30
>>> print('函数外为全局变量: ', sum)
函数外为全局变量: 0
```

如果需要在函数中进行访问全局变量，可以使用 global 关键字：

```
>>> num = 1
>>> def changeglobal():
...     global num
...     print('访问全局变量为', num)
...     num = 10
>>> changeglobal()
访问全局变量为1
>>> print('全局变量修改为', num)
全局变量修改为10
```

2.1.4　自定义类

因为代码越来越复杂，不便于在 Python 命令行中输入，因此从此处开始 Python 代码都默认在 PyCharm 中编辑并运行的。

Python 中自定义类用得非常频繁，一个简单的用来存储学生学号和成绩的类如下所示（其中 end 用于修改 print 函数默认换行的性质）：

```
class student():
    def __init__(self, number, scores):
        self.number = number
```

```
            self.scores = scores
        def printscores(self):
            print('number is:', self.number, '; scores are:', end = '')
            for score in self.scores:
                print(score, end = ',')
    a = student('1901', [68,77,95])
    a.printscores()
```

定义了一个 student 类,当实例 a 创建时调用初始化方法__init__,为实例 a 的属性 number 和 scores 赋值。printscores 方法打印出学号和所有成绩。运行结果:

number is:1901 ; scores are: 68,77,95,

假设需要定义一个研究生类,除了需要存储学号、成绩之外,还可以指定导师以及查询导师,定义一个继承自 student 的研究生类:

```
class graduate(student):
    def __init__(self, number, scores, adviser):
        super().__init__(number, scores)
        self.__adviser = adviser
    @property
    def adviser(self):
        return self.__adviser
    @adviser.setter
    def adviser(self, adviser):
        self.__adviser = adviser
a = graduate('1902', [99,88,77,100],'li')
a.printscores()
print('adviser is:', a.adviser)
a.adviser = 'wang'
print('adviser is changed to:', a.adviser)
```

运行结果为

number is: 1902 ; scores are: 99,88,77,100, adviser is: li
adviser is changed to: wang

graduate 继承自 student 类,有一个私有属性 adviser,在 graduate 的自定义方法中通过在 adviser 前加两个下画线(__)说明是私有的。由于私有属性无法在类的外部直接访问,所以通过@property 装饰器获得 adviser,同时生成一个@adviser.setter 装饰器用于设置 adviser。

一个子类继承自一个父类,称为单继承,实际上一个子类还可以继承自多个父类,称为多继承。例如先定义另一个 person 类:

```
class person():
    def __init__(self, height, weight):
        self.height = height
        self.weight = weight
    def printself(self):
        print('height is:',self.height,', weight is:',self.weight,end = '')
```

同时修改 graduate 类的定义和 __init__ 方法的定义，@property 和 @adviser.setter 装饰器不变：

```
class graduate(student, person):
    def __init__(self, number, scores, adviser, height, weight):
        student.__init__(self,number, scores)
        person.__init__(self,height, weight)
        self.__adviser = adviser
a = graduate('1903', [55,60,68],'li', 180, 170)
a.printscores()
a.printself()
```

运行结果为：

```
number is: 1903 ; scores are: 55,60,68,height is: 180 , weight is: 170
```

2.1.5 模块

模块指的是以 py 为扩展名的文件，其中包含了定义的 Python 对象和 Python 语句。可以将模块分为内置模块、第三方模块（通常称为库）和自定义模块。为了使用模块，可以在用到模块功能的 Python 文件中导入该模块。导入模块有三种方式，第一种是最简单的，也就是'import 模块名'，在后续使用该模块的功能时都需要以模块名为前缀，如 os.getcwd()；第二种方式是'from 模块名 import 子模块名'，表示导入该模块的一个子模块；第三种方式是'import 模块名 as 别名'或者'from 模块名 import 子模块名 as 别名'，在使用模块或子模块中的函数时只需要使用别名即可，如'import numpy as np'。还有一种不太提倡的做法是'from 模块名 import *'，这是把模块中的所有函数和变量都导入到当前程序中，比较容易与自定义的函数和变量混淆。

1. 内置模块

介绍循环时我们已经使用过一个叫作 random 的模块，用法是 import random，表示导入 random 模块。实际上 Python 内置模块都可以这么使用，下面介绍一些常用模块。

1) OS 模块（import os）

OS 模块提供常用的操作系统服务，主要包括对用户、文件和目录的访问和操作。如 getcwd 函数返回当前工作目录，chdir 改变当前工作目录。使用方式为 getcwd() 和 chdir(Path)，后者是改变当前工作目录为 Path。makedirs(Path) 用于创建目录 Path，rmdir(Path) 用于删除一个空目录 Path，isdir(Path) 判断目录是否存在，rename(Path, newPath) 和 rename(FileName, newFileName) 用于更改目录名称或者文件名称，还有 remove(FileName) 用于删除 FileName 文件等函数。注意在文件和目录中如果用'\'表示目录的层级时，需要使用转义符'\'，如果使用'/'表示目录层级，则不需要使用转义符。

2) SYS 模块（import sys）

SYS 模块中使用频繁的变量包括 stdin、stdout、stderr 以及 argv。前三个用于输入和输出，最后的 argv 是一个列表，与 C 语言类似，存储了 Python 程序名称和运行 Python 程序时传递进来的参数。

3) datetime 模块(import datetime)

与日期和时间相关的模块,常用于获取当前日期或时间,还能用于得到程序运行的时间。today＝date.today()可以得到当前日期,today.year、today.month、today.day 分别表示当前的年月日。而 datetime.now()表示当前时间,因此,在运行程序的前后各获得一次当前时间,差值即是程序运行的总体时间。

4) random 模块(import random)

random 模块主要用于生成随机数。random()函数生成[0,1)范围内的一个随机浮点数,random.uniform(a,b)生成一个[a,b]或者[b,a]之间的随机浮点数,randint(a,b)生成一个[a,b]范围内的整数。seed()函数用于初始化随机数生成器。此外,random 模块还提供了生成满足各种分布的随机数,如指数分布 expovariate、Gamma 分布 gammavariate、高斯分布 gauss 等,各个分布函数的参数个数由分布确定。

5) traceback 模块(import traceback)

traceback 模块被用来跟踪异常返回信息。主要在捕获异常时使用 print_exc()打印异常信息。

2. 第三方模块

前面已经提过 Python 之所以如此成功与第三方库资源的丰富是密不可分的,以下将简单介绍一些常用的优秀库资源。

1) NumPy 库(import numpy)

NumPy 的全名为 Numeric Python,是一个开源的 Python 科学计算库,其在执行数组或矩阵运算时速度比 Python 内置的运算要快不少,因此也成为最常用的 Python 第三方库之一。

ndarray 是 NumPy 中的数组,array(x)将输入 x 转化为一个数组,ones(N)生成一个长度为 N 的一维全一数组,zeros(N)生成一个长度为 N 的一维全零数组,empty(N)生成一个长度为 N 的一维未初始化数组,eye(N)生成一个 $N \times N$ 的单维矩阵。当 ndarray 是个方阵时,diag(ndarray)返回一个存储了该方阵主对角线元素的一维数组;当 ndarray 是个行列数不等的矩阵时,diag(ndarray)返回一个与 ndarray[0,0]在同一条斜线上元素的一维数组;当 ndarray 是个一维数组时,diag(ndarray)返回一个由该数组为对角线元素的方阵。trace(ndarray)返回 ndarray 的主对角线元素之和,dot(ndarray1,ndarray2)返回两个矩阵相乘的结果。还有更多常用的函数如 mean(ndarray)和 std(ndarray)分别用来求矩阵的平均值和标准差,又如 linalg.inv(ndarray)和 linalg.svd(ndarray)分别用来计算 ndarray 的逆和奇异值分解。

2) Pillow 库(import PIL)

注意使用 Pillow 库前需要导入的库是 PIL,这点与其他模块的导入不同,是因为原始的 PIL 库不支持 Python 3.0,而且已经很久没有更新了,而 Pillow 是 PIL 的一个派生分支。而为了向后兼容,导入 Pillow 库同样保留了导入 PIL 的写法。如果想调用子模块的函数,需要采用第二种导入方式将 Image 子模块导入,然后调用函数。如 im ＝ Image.open(FileName)打开一个图像文件,返回一个 Image 对象 im。还可以使用 Image 对象的各种方法对图像进行处理,如 im.rotate()用于旋转图像,im.resize()用于更改图像大小。

除了 Image 子模块外，Pillow 库还包含 ImageChops 与 ImageColor 等几十个完成其他功能的子模块，导入方法与 Image 模块类似。

3）Matplotlib 库

Matplotlib 是 Python 的绘图库。比较常用的是 pyplot 子模块，同样在使用前需要导入该子模块。导入 pyplot 之后，就可以使用相关函数绘图并展现了，如 pyplot. title()、pyplot. xlabel()和 pyplot. ylabel()分别用于设置图标题、x 轴标签和 y 轴标签；而 pyplot. plot()和 pyplot. show()分别用于绘制图形和显示。

除了 pyplot 子模块外，Matplotlib 还包含一些其他子模块，如导入用于动画展示的 animation 后，调用 animation()函数即可以展示一个图形的动态生成效果。

除了上述几个非常重要的第三方库之外，还有很多常用的第三方库资源，如用于科学计算和机器学习的 SciPy 和 sklearn，用于网络开发的 Twisted 等，兹不赘述。

3. 自定义模块

当开发的程序比较庞大和复杂时，可以将程序划分成多个自定义模块，每个模块实现一种较为独立的功能。当使用这些模块时，同样可以采用内置模块和第三方模块的导入方式和调用方式。但需要注意的是，内置模块和第三方模块在导入时无须添加路径，因为解释器知道这些模块的所在，而自定义模块在导入时需要将自定义模块的路径添加到 import 语句中，路径可以是相对路径，也可以是绝对路径，但一般使用相对路径。

2.1.6 输入输出和文件

1. 输入输出

最简单的输出方式就是使用 print()函数，正如前述例子所示，print()函数内的参数可以是单个，也可以是多个，可以是数字，也可以是字符串甚至列表等。

如果需要从键盘输入，可以使用 input()函数，从键盘读取一行，并返回一个字符串。也可以使用 sys. stdin. readline()方法获得一行，注意需要先导入 sys 模块。两者的区别在于 readline()方法返回的字符串末尾含有一个换行符。如果希望从文件输入，可以使用 SYS 模块的 stdin 重定向输入，然后利用 input()或者 readline()方法读入。假设 1. txt 中含有三行文字：第一行（换行）第二行（换行）第三行。

```
import sys
testFile = open('1.txt', encoding = 'UTF - 8')
sys.stdin = testFile
line = input()
while line:
    print(line, '     end of line')
    line = sys.stdin.readline()
testFile.close()
运行结果为:
第一行     end of line
第二行
       end of line
```

第三行　　　end of line

可以看到第一行时使用 input()函数时没有打印换行符,第二行使用 readline()方法时有换行符,第三行本来就没有换行符,所以 readline()也没有取得换行符。在打开文件时 encoding='UTF-8'是用来确保正确读取汉字的。

同样也能够使用 SYS 模块的 stdout 重定向输出。

2. 文件

open()函数用于打开一个文件,并返回一个 file 对象。对文件的相关操作可以通过该对象来进行,包括文件的读、写和定位。可以通过设置不同的参数达到以不同的方式打开文件的目的,如 mode='r'打开一个只读文件;而 mode='w'和 mode='a'分别打开一个只写文件和打开一个追加文件,两者的区别在于前者会覆盖已有文件,而后者会在已有文件上添加新内容。而在 mode 后添加 b 和+分别表示以二进制方式读(或写)以及可读可写。除了打开模式 mode 之外,还有一些参数,如前文所述 encoding 用于设置打开文件的编码模式和 buffering 用于指定打开文件所用的缓冲方式等。

```python
import sys
testFile = open('1.txt', mode = 'r + ', encoding = 'UTF - 8')
testFile.seek(11)
print('从第二行开始:')
line = testFile.readline()
while line:
    print(line, end = '')
    line = testFile.readline()
s = u'第四行'
testFile.write('\n' + s)
testFile.flush()
testFile.seek(0)
print('\n' + '从第一行开始:')
line = testFile.readline()
while line:
    print(line, end = '')
    line = testFile.readline()
testFile.close()
```

运行结果如下:

```
从第二行开始:
第二行
第三行
从第一行开始:
第一行
第二行
第三行
第四行
```

testFile.seek(11)用来直接跳转到文件的第二行(三个汉字 9 个字节+换行符 2 个字节);s=u'第四行'表示'第四行'以 Unicode 格式存储;testFile.write('\n' +s)往文件中

写入一个换行符和字符串 s；testFile. flush()刷新文件，使得写入的字符串能够读取；testFile. close()关闭文件。

2.1.7　实例

考虑用 Python 语言求解第 4 章将会介绍的四皇后问题。所谓 $N(N \geqslant 3)$ 皇后问题指的是在一个 $N \times N$ 的棋盘上放置 N 个皇后，要求任意两个皇后之间都无法攻击对方，即任意两个皇后都不能处于同一行、同一列或同一斜线上，其中最著名的是八皇后问题。在程序中将使用 pyDatalog，这是一个用于逻辑编程的第三方库。求解四皇后问题的实现代码非常简洁，如下所示：

```
from pyDatalog import pyDatalog
pyDatalog.create_terms("N, N1, X, X0, X1, X2, X3")
pyDatalog.create_terms("ok, queens, next_queen")
size = 4
queens(1, X) <= (X1._in(range(size))) & (X[0] == X1)
queens(N, X) <= (N > 1) & queens(N - 1, X[ :-1]) & next_queen(N, X)
next_queen(2, X) <= queens(1, (X1,)) & ok(X[0], 1, X1) & (X[1] == X1)
next_queen(N, X) <= (N > 2) & next_queen(N - 1, X[1: ])
                         & ok(X[0], N - 1, X[-1])
ok(X1, N, X2) <= (X1 != X2) & (X1 != X2 + N) & (X1 != X2 - N)
print(queens(size, (X0, X1, X2, X3)))
```

程序的运行结果为：

```
X0  | X1 | X2 | X3
----|----|----|----
2   | 0  | 3  | 1
1   | 3  | 0  | 2
```

两行数字分别表示图 2.2 所示的两种解法。

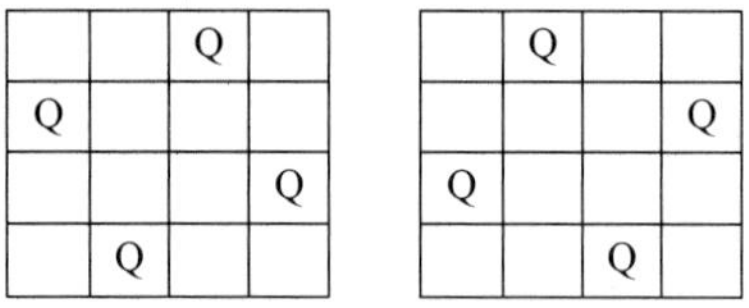

图 2.2　四皇后问题的两种解法

在上述程序中，pyDatalog. create_terms 用于声明程序使用的变量或者逻辑函数，大写字母开头的为变量，如 N、X 等，而小写字母开头的为逻辑函数，如 ok、queens 等。语句 $A \leqslant B$ 表示如果 B 成立则 A 成立，符号'&'表示与关系，X1._in(range(size))表示 X1 取值可以为 $[0, size)$ 中的任何一个整数。queens 函数和 next_queen 函数均为递归定义，而 ok 函数用于判断两个位置是否处于同一列或者同一斜线。变量 X0、X1、X2 和 X3 分别表示第一行、第二行、第三行与第四行皇后所在的列。求解 N 皇后问题时，只需把上述代码中的 size 赋值为 N，然后将声明变量以及调用 queens 函数中的 X0，X1，X2 和 X3 修改为 X0，X1，X2，X3，…，XN 即可。

2.2　Lisp 语言

2.2.1　概述

Lisp 语言是 1959 年由 McCarthy 领导的 MIT 的人工智能小组创立的,在 20 世纪人工智能的程序设计中获得了广泛的应用。

Lisp 语言有多种版本,包括 Mac Lisp、Zeta Lisp 及 Inter Lisp 等,1983 年在这些版本的基础上出现了一种新型的 Lisp 语言 Common Lisp,也是近年来使用最广泛的 Lisp 语言,本节以 Common Lisp 作为介绍对象,运行环境是 GNU CLisp 2.49。

1. Lisp 语言的特点

Lisp 语言是一种符号处理语言,也可以说是一种表处理语言,Lisp 是 List Processing Language 的缩写。由于人工智能就是设法用计算机来模拟人的思维过程,而人的思维过程往往可以用语言来描述,语言则可以用符号来表示,因此 Lisp 这种符号处理语言能够成为 20 世纪人工智能的专用语言。Lisp 语言有如下特点:

(1) Lisp 语言是函数型语言,它的一切功能都由函数实现。因此,执行 Lisp 程序主要就是执行一个函数,这个函数再调用其他函效。用 Lisp 语言进行程序设计主要就是定义函数。

(2) Lisp 语言的函数和数据的形式是一样的,都是 S-表达式一种形式。这样会给程序设计带来较大的便利。

(3) Lisp 语言中程序的运行就是求值。Lisp 的函数除完成一定的功能外,每个函数都有一个值,因此执行一个函数就可以理解成对函数求值。函数所完成的功能可以看成是它的副作用,在对函数求值的过程中实现函数的功能。

(4) Lisp 语言的一个主要控制结构是递归,而递归使得程序设计简单易懂。

2. Lisp 的基本数据类型

Lisp 语言的程序和数据采用同一个数据类型 S-表达式(symbolic expression),在 Common Lisp 中也称为对象(object)。S-表达式由原子和列表两种类型组成。

(1) 原子(atom):原子可分为文字原子、数原子和串原子。

文字原子也称为符号(symbol),它是由字母开头的字母与数字串,可用作变量名,函数名、特性名等,如 a、ab2 等。

数原子也称为数(number)。数原子又分为整数(integer)和浮点数(float)。字符(character)是整数的子类,可表示为 ♯\字符名。如字母 A 表示为 ♯\A,如果需要获得 A 的 ASCII 码则可以使用(char-code ♯\A)。

串原子也称为串(string),是由双引号(")开头和结尾的字符串。

(2) 列表(list):列表由括号及其中的若干元素所组成,元素可为任何数据类型。如 $(a\ b\ c)$ 及 $((a)(bc)((\ )))$ 都是列表。

列表由空列表和非空列表组成,空列表就是( ),也可表示为 NIL,它既是列表,也是文字原子。

　　Lisp 的基本数据类型及其相互关系如图 2.3 所示。另外还有一些其他的数据类型如数组(array)、函数(function)、流(stream)等,遇到时再加以说明。

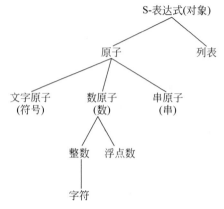

图 2.3　Lisp 的基本数据类型

　　(3) 列表在计算机内的存储。列表在计算机内以链表的形式存储,链表是指一组内存单元,每个内存单元分成两部分,每个部分有一个地址,称为指针。右边的指针把各个单元串在一起,左边的指针指向列表内各元素。

　　例如,文字原子 example 的值是列表,列表中共有 4 个元素,故链表由 4 个单元构成。每个单元的右边指针指向下一个单元,最后一个单元的右边指针为空(NIL),每个单元的左边指针指向各元素,如图 2.4 所示。

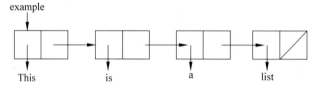

图 2.4　列表(This is a list)的链表结构

　　若文字原子 L 的值为列表(4 (3 7) a (5) b c),列表中有 6 个元素,因此链表应包含 6 个单元。而第 2、4 个元素又是列表,它们又应分别由 2 个和 1 个单元组成,因此链表应如图 2.5 所示。

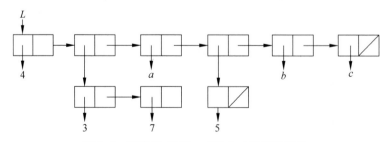

图 2.5　列表(4 (3 7) a (5) b c)的链表结构

3．读入-求值-显示循环

GNU CLisp 是一个解释执行的系统。进入系统后即进入了收听程序(listener)，完成读入→求值→显示循环。系统的提示符为 ∗ 。循环的操作为：由用户输入一个表达式，系统将其读入，对其求值，并将值显示在屏幕上。例如在提示符 ∗ 后输入求和函数(＋1 2 3)，则显示

```
∗(＋ 1 2 3)
6
∗
```

系统显示了和为 6 后，再显示提示符 ∗ ，等待下一个读入→求值→显示循环。

退出系统时输入(exit)。注意 Lisp 语言不区分大小写。

4．函数表示中的记号约定

为函数表示的简洁起见，特作如下约定：

&rest：表示其后的自变量可以有 0 个或多个；

&key：表示其后为可选的关键词；

&optional：表示其后为可选的自变量；

form：表示可求值表达式；

form-result：表示 form 的值；

last-form-result：表示最后一个 form 的值；

[…]：表示括号内为可选项；

{…}∗：表示括弧内的项可出现 0 次、1 次或多次；

|表示分割两个可选项；

⇒：表示表达式的值；

大写字母开头的自变量：表示不对其求值；

小写字母开头的自变量：表示对其求值。

2.2.2　Lisp 的基本功能

1．算术函数

1)（＋ &rest numbers)⇒sum

＋表示函数名，本函数自变量的数目可以有 0 个或多个，number 表示自变量为数。函数的功能是，将各个自变量求值，各个自变量的值必为数，再将这些数相加，其和作为本函数的值。注意函数后面必须有个空格，例如

(＋ 1 2 3)⇒6

若文字原子 a 的值为 4，b 的值为 3，则

(＋ a b)⇒7

注意文字原子应预先赋值(使用后续介绍的 setq 函数)。

在＋和－函数中,如果缺少变量,则默认为 0,如

(＋)⇒0
(＋ 1)⇒1

2) (－number ＆rest more－numbers)⇒difference

本函数至少应有一个自变量,其功能是实现多个数相减。例如

(－ 1 2)⇒－1
(－ 1)⇒－1 等价于(－ 0 1)⇒－1
(－ 10 5 2 5)⇒－2
(－10 5(＋ 2 5))⇒－2

上述最后一个函数中,第三个自变量是一个＋函数。对－函数的第三个自变量的求值就是对＋函数求值,将其值作为－函数第三个自变量的值。

3) (* ＆rest numbers)⇒product

功能是实现多个数相乘。例如

(* 2 3)⇒6

在 * 和/函数中,如果缺少变量,则默认为 1,如

(*)⇒1
(* 2)⇒2

4) (/ number ＆rest more－numbers)⇒quotient

功能是实现多个数相除。例如

(/ 15 5 2)⇒3/2
(/ 2)⇒1/2 等价于(/ 1 2)⇒1/2

5) (1＋ number)⇒successor

功能是将自变量的值加 1,等价于(＋ number 1)。

6) (1－ number)⇒predecessor

功能是将自变量的值减 1,等价于(－ number 1)。

2. 赋值与求值函数

1) (setq {Symbol form}*)⇒last-form-result

本函数的自变量是成对出现的。每对自变量中第一个为文字原子,不求值,第二个自变量为可求值表达式。函数的功能是每对自变量中的第二个求值,将值赋给它前面的文字原子。赋值从左至右依次进行。例如:

(setq a 4 b 3)⇒3
(setq a 5 b(＋ a 4))⇒9

此时若对文字原子 a、b 求值,则有

a⇒5
b⇒9

系统还规定

(setq)⇒NIL

2)（psetq｛Symbol form｝*）⇒NIL

功能与 setq 类似,但为并行赋值。

3)（set symbol form)⇒form-result

本函数对两个自变量都要求值。功能是将 form 的值赋予 symbol 的值,其中 symbol 的值应为文字原子。例如设文字原子 a 的值为 b,则有

(set a 7)⇒7
b⇒7

4)（let (｛Var|(Var value)｝*）｛form｝*)⇒last-form-result

本函数的自变量分为两部分,前部为局部变量表,后部为可求值表达式。功能是先对局部变量 Var 赋值 value,仅有 Var 时赋值 NIL,并行赋值。再依次对 form 求值,返回最后一个 form 的值。

在函数的求值过程中,Var 为局部变量,赋予它的值称为临时值,函数执行结束后其值就消失。例如:

(let ((x 1)(y 2)(z 3))(+ x y z))⇒6

函数求值结束后,再对局部变量求值,就会因 x 无值而发生错误:

x⇒ERROR

5)（let* (｛Var|(Var value)｝*）｛form｝*)⇒last-form-result

本函数的功能与函数 let 类似,但对局部变量为串行赋值。

6)（quote object)⇒object

本函数称为禁止求值函数。对自变量不求值,返回自变量本身。例如

(quote abc)⇒abc

quote 函数可简化成单引号',如上面的例子可以写成

'abc⇒abc

7)（eval form)⇒object

本函数称为再求值函数,功能是对自变量的值再求值,例如

(setq a 'b)⇒b
(setq b 'c)⇒c
(eval a)⇒c

下面对求值问题作一个小结:

- 数原子和串原子的值为其自身。
- 文字原子 t 和 NIL 的值为其自身(分别表示"真"和"假"),且不能对它们赋值。
- 除 t 和 NIL 以外的其他文字原子,赋值前不能求值,一旦赋值后就可多次被求值,也可重新赋值。赋予新值后,旧值消失。

- 如果列表的第一元素为函数名,则该列表的值就是函数的值。

3. 列表处理函数

列表处理函数包括分解列表的函数、构造列表的函数、改变列表的函数以及其他列表的函数,下面分别加以介绍。

分解列表的函数如下。

1)(car list)⇒first-element

功能是取出列表的第一元素,例如

```
(car '(a b c))⇒a
(car '((a b )c))⇒(a b)
```

在第一个例子中,列表(a b c)前有禁止求值的符号,因此自变量的值即为列表(a b c)本身,函数 car 取出其第一元素。在第二个例子中,自变量的值是列表((a b)c),该列表的第一元素是列表(a b),因此返回列表(a b)。自变量 list 也可以是空列表,系统规定

```
(car NIL)⇒NIL
```

2)(cdr list)⇒rest-elements

功能是取出列表除去第一元素后的剩余部分。例如

```
(cdr '(a b c))⇒(b c)
(cdr '(a))⇒NIL
```

若自变量的值为空列表,则系统规定

```
(cdr NIL)⇒NIL
```

3)car 与 cdr 的组合

两个或三个 car 或 cdr 函数可以合并成一个函数,其功能是等价的。例如(caadr '(a(b c)d))与(car(car(cdr '(a(b c)d))))等价,都返回 b。

为取出列表(a b)的第二元素,可写成

```
(cadr '(a b))⇒b
```

构造列表的函数:

4)(cons objectl object2)⇒cons

功能是将两个自变量的值构成一个新列表,使新列表的 car 和 cdr 部分分别为 object1 和 object2。一般 object2 为列表,这时相当于把 object1 插入到 object2 列表中作第一元素。例如

```
(cons 'a '(b c))⇒(a b c)
(cons '(a b) '(c))⇒((a b)c)
```

显然,函数 cons 和函数 car、cdr 互为逆函数:

```
(cons(car list) (cdr list))⇒list
```

5)(list &rest objects)⇒list

功能是将自变量的值作为列表的元素,形成一个新列表。例如

```
(list '(a b) '(c d))⇒((a b)(c d))
(list 'a 'b 'c)⇒(a b c)
```

若没有自变量,系统规定

```
(list)⇒NIL
```

6)(append & rest lists)⇒list

功能是把各个自变量值的列表中各元素串成一个新列表。例如

```
(append '(a b) '(c d))⇒(a b c d)
(append '(a b) NIL)⇒(a b)
```

7)(copy-list list)⇒list-copy

功能是将自变量的值(列表)复制一份,并返回新列表,例如

```
(setq l '(a b c))⇒(a b c)
(setq p l)⇒(a b c)
(setq q (copy - list l))⇒(a b c)
```

结果如图 2.6 所示。第一个函数构造了一个列表(a b c)并将其赋予 l,第二个函数又将该列表赋予 p,第三个函数复制了一个新列表(a b c)并将其赋予 q。当需要改变一个列表又希望保存原列表的时候,函数 copy-list 是很有用的。

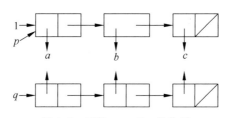

图 2.6　函数 copy-list 的作用

改变列表的函数:

8)(nconc & rest lists)⇒list

功能与函数 append 类似,但自变量的值也被改变了。例如

```
(setq x '(a b))⇒(a b)
(setq y '(c d))⇒(c d)
(nconc x y)⇒(a b c d)
```

对 x 和 y 赋值后的链表形式如图 2.7(a)所示。执行完(nconc x y)之后的链表见图 2.7(b)。append 与 nconc 的区别在于 append 并不会修改 x,如图 2.8 所示,而 nconc 会修改 x 的值。

9)(rplaca cons object)⇒new-cons

函数的第一个自变量的值应为一个非空列表,函数的功能是将该列表的 car 部分用 object 代替,并返回新的列表,例如

```
(setq x '(a b))⇒(a b)
(setq y '(c d))⇒(c d)
(rplaca x y)⇒((c d) b)
```

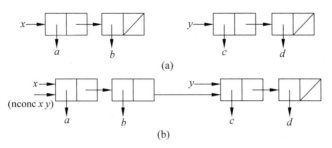

图 2.7　函数 nconc 的功能

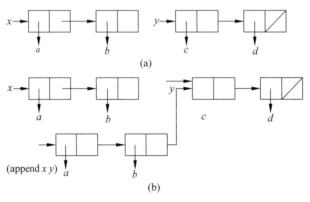

图 2.8　函数 append 的功能

函数 rplaca 执行前的链表如图 2.9(a)所示，函数执行后的链表如图 2.9(b)所示。函数将 x 列表中指向第一元素 a 的指针改为指向 y 列表，完成了规定的功能，同时自变量 x 的值也被改变了。

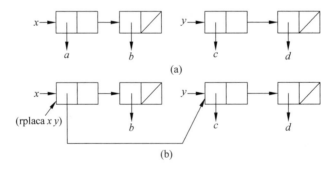

图 2.9　函数 rplaca 的功能

10）(rplacd cons object)⇒new-cons

函数的第一个自变量的值应为一个非空列表，函数的功能是将该列表的 cdr 部分用 object 代替，并返回新的列表。例如

```
(setq x '(a b))⇒(a b)
(setq y '(c d))⇒(c d)
(rplacd x y)⇒(a c d)
```

函数执行后，第一个自变量的值也改变了。

上面几个函数执行后,自变量的值也会发生变化,如果不注意就会发生错误,因此称为危险函数。但是,由于这些函数比不改变自变量值的相应函数节省内存,速度快,因此有些情况下还是有必要使用的。

其他列表的函数:

11)(member item list &key :test)⇒list-rest

功能是在列表中搜索满足一定条件的项。函数第二个自变量的值为列表 list,:test 是谓词函数。member 函数的功能是用 item 在 list 中以 :test 给出的谓词进行测试,并取第一个满足测试的元素及以后各元素组成的列表,否则取值 NIL。函数仅在 list 的顶层进行测试,默认的测试谓词为等值谓词 eql(稍后介绍)。例如

```
(member 'c '(a (b) c (d)))⇒(c (d))
(member 'b '(a (b) c (d)))⇒NIL
```

12)(subst new old tree)⇒new-tree

功能是将列表 tree 中各层的 old 用 new 代替。例如

```
(subst 'a 'b '(a b (c b) d))⇒(a a (c a) d)
```

4. 序列处理函数

序列(sequence)是列表和一维数组的统称。下面这些函数对列表和一维数组都是适用的。

1)(reverse sequence)⇒reverse-sequence

函数的自变量的值是一个序列。函数返回将原序列的顶层元素倒排之后的序列。例如

```
(reverse '(a (b c) d e))⇒(e d (b c) a)
```

2)(length sequence)⇒number

函数返回自变量值 sequence 的顶层元素数目。例如

```
(length '(a (b c) d))⇒3
```

5. 谓词函数

谓词函数为二值函数,其值为布尔型,记为 boolean。两个值为 t 和 NIL,分别表示"真"和"假"。有的谓词函数也为其他函数,但所有非 NIL 的值均认为是 t。谓词函数可分为四类:类型谓词、等值谓词、算术谓词和逻辑谓词。

类型谓词

1)(atom object)⇒boolean

当自变量的值为原子时返回 t,否则返回 NIL。

2)(listp object)⇒boolean

当自变量的值为列表时返回 t,否则返回 NIL。

3)(null object)⇒boolean

当自变量的值为 NIL 时返回 t,否则返回 NIL。

4）（numberp object)⇒boolean

当自变量的值为数原子时返回 t，否则返回 NIL。

等值谓词：

5）（equal objectl object2)⇒boolean

当两个自变量的值相同时返回 t，否则返回 NIL。

6）（eq objectl object2)⇒boolean

当两个自变量的值为同一目标（同一地址）时返回 t，否则返回 NIL。在 Lisp 中，字符与文字原子相同时必为同一目标，但同样的列表可以存储在不同的地址，因此不一定是同一目标。例如

```
(equal 'a 'a)⇒t                      (eq 'a 'a)⇒t
(equal 65 (char-code #\A))⇒t         (eq 65 (char-code #\A))⇒t
(equal '(a b) '(a b))⇒t              (eq '(a b) '(a b))⇒NIL
```

再举一个例子：

```
(setq l1 (list 'a 'b 'c))⇒(a b c)
(setq l2 (list 'a 'b 'c))⇒(a b c)
(setq l3 l2)⇒(a b c)
```

链表形式如图 2.10 所示，故有

```
(equal l1 l2)⇒t
(eq l1 l2)⇒NIL
(eq l2 l3)⇒t
```

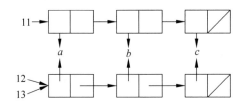

图 2.10　函数 equal 和 eq 的功能

7）（eql object1 object2)⇒boolean

当两个自变量的值为同一目标或同类型同值的数时为 t，否则为 NIL。

算术谓词：

8）（> number &rest more-numbers)⇒boolean

当自变量的值单调下降时返回 t，否则返回 NIL。例如

```
(> 9 5 2)=t
```

类似的函数还有：<、=、>=、<=、/=，分别对小于、等于、大于或等于、小于或等于、不等于等关系进行测试。当算术谓词后只有一个数字时，都返回 t。

9）（zerop number)⇒boolean

当自变量的值为 0 时返回 t，否则返回 NIL。

10）（minusp number）⇒boolean

当自变量的值为负时返回 t，否则返回 NIL。

逻辑谓词：

11）（and {form}*）⇒NIL/last-form-results

函数依次对各个自变量求值。若某个自变量的值为 NIL，则不再往下求值并返回 NIL，否则返回最后一个自变量的值。例如

```
(and 'a 'b '(c d))⇒(c d)
(and 'a NIL 'b)⇒NIL
```

若无自变量，系统规定

```
(and)⇒t
```

12）（or {form}*）⇒non-NIL-result/last-form-results

函数依次对各个自变量求值。若某个自变量的值为非 NIL，则不再往下求值并返回该值，否则返回最后一个自变量的值。例如

```
(or 'a NIL NIL)⇒a
```

无自变量时，系统规定

```
(or)⇒NIL
```

6. 条件函数

1）（cond {(test {form}*)}*）⇒NIL/last-evaled-form-results

函数的自变量由若干（test $form_1\cdots form_n$）子句组成。函数依次对各子句的 test 求值，直至某子句的 test 为非 NIL，再对该子句的各 form 求值并返回最后一个 form 的值，如果该子句无 form 则返回 test 的值。若所有子句的 test 均为 NIL，则返回 NIL。当函数无自变量时，返回 NIL。例如

$$\Big(\text{cond }((\text{zerop } x)\ 0)\ ((\text{minusp } x)\ -1)\ (t\ 1)\Big)=\begin{cases}0, & x=0\\-1, & x<0\\1, & x>0\end{cases}$$

在这个例子中，最后一个子句的 test 是 t，因此当其他子句都测试失败时，最后一个子句必然被采用。多数条件函数都采用这种形式。

2）（if test then [else]）⇒last-evaled-form-results

当自变量 test 的值为非 NIL 时，对 then 求值并返回它的值。否则对 else 求值，并返回它的值，无 else 则返回 NIL。

7. 自定义函数

（defun Name Lambda-list {Form}*）⇒name

其中，Name 为定义的函数名；Lambda-list 为自变量列表，（Form}* 为定义体。函数 defun 执行后，系统接受函数定义，并返回函数名。按照所定义函数自变量个数的不同，自变量列表 Lambda-list 有三种形式：

① 当自变量个数固定时，Lambda-list 为元素个数固定的列表。

② 当自变量有选择项时，Lambda-list 中加上 &optional 后跟可选自变量。

③ 当自变量个数不定时，Lambda-list 中加上 &rest 后跟一个变量名，其值为个数不定的自变量组成的列表。

例 1 定义函数 inc1，它把两个自变量的值分别加 1 后组成一个列表。

```
(defun inc1 (x y)
      (list (1+ x) (1+ y)))⇒inc1
```

调用 inc1 函数：

```
(inc1 1 2)⇒(2 3)
```

例 2 扩充 inc1 的功能，定义函数 inc2，如果有第三个自变量，则将其值加 2 也加入列表中。

```
(defun inc2 (x y &optional z)
      (cond ((null z) (list (1+ x) (1+ y)))
            (t (list (1+ x) (1+ y) (+ 2 z)))))⇒inc2
```

调用 inc2 函数：

```
(inc2 1 23)⇒(2 3 5)
```

例 3 扩充 inc1 的功能，定义函数 inc3，如果有两个以上的自变量，则将它们的值加入列表中。

```
(defun inc3 (x y &rest z)
      (cond ((null z) (list (1+ x) (1+ y)))
            (t (append (list(1+ x) (1+ y)) z))))⇒inc3
```

调用 inc3 函数：

```
(inc3 1 2 3 4 5)⇒(2 3 3 4 5)
```

2.2.3 递归与迭代

1. 递归的方法

Lisp 语言的一大特点就是允许使用递归，也就是说一个函数的定义体中可以调用该函数自己。

例如定义函数 countatoms，该函数自变量的值是个列表，返回值是列表内各层非 NIL 原子的个数，对列表进行处理的递归方法的基本思想是把列表分成 car 和 cdr 两部分，对这两部分分别执行函数 countatoms，再把这两个结果相加，就得出了整个列表的非 NIL 原子个数。这样就把一个复杂的问题变成了两个稍简化的问题。如果列表的这两部分仍然是非空列表，就再分成 car 和 cdr 两部分，直到分出原子或空列表为止，这时我们说递归到底了。因为我们知道原子的计数为 1，空列表的计数为 0。递归到底后再逐层把结果相加，就解决了原来的问题。下面给出函数的定义

```
(defun countatoms (s)
      (cond ((null s) 0) ((atom s) 1)
               (t (+ (countatoms (car s))
                        (countatoms (cdr s))))))
```

其中,条件函数的前两个子句规定递归到底的情况,最后一个子句为递归调用。下面是一个调用实例:

(countatoms '(a b (c d)))⇒4

函效的执行过程如图 2.11 所示。每调用函数 countatoms 一次用一个圈表示,圈中的数字说明调用的次序。进入圈中的箭头表示调用函数,自变量标在箭头旁边。离开圈的箭头表示函数返回,返回值写在箭头旁,由图中可见,在这个实例中,对函数 countatoms 共调用 11 次。

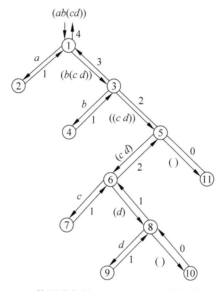

图 2.11　使用递归的 countatoms 函数的执行过程

2. 使用 mapcar 函数的迭代方法

迭代就是对不同的对象重复做一件事的方法。下面先介绍常用的函数,再介绍迭代方法。
1) map 类函数
map 类函数的自变量中有另一个函数名,因此也叫做函数的函数。这里仅介绍常用的mapcar 函数。

(mapcar function list &rest more-lists)⇒result-list

其中 function 为另一函数名,后面列表的个数取决于该函数自变量的个数,mapcar 将function 分别作用于列表的各元素上,再将结果连成一个列表返回。例如:

(mapcar #'car '((a b)(c d)(e f)))⇒(a c e)
(mapcar #'+ '(1 2 3)'(4 5 6))⇒(5 7 9)

其中#'函数名能够通过函数名映射到实际的函数对象。又如：

```
(mapcar #' inc1 '(1 2 3 6) '(7 1 4 6))⇒((2 8) (3 2) (4 5) (7 7))
```

其中 inc1 函数在前文已定义。

2）其他函数的函数

```
(apply function arg &rest more - args)⇒function - application - results
```

本函数将函数 function 作用于其后的自变量及列表内各自变量，并返回结果。注意最后一个自变量必须在列表中。例如：

```
(apply #' + '(1 2 3 4))⇒10
(apply #' + 1 2 3 '(4))⇒10
```

上述两种函数的函数作用机制是很不相同的。函数 mapcar 多次调用了函数 function，而函数 apply 只调用一次函数 function。

funcall 也可以用来调用函数，如：

```
(funcall #' + 1 2 3 4)⇒10
```

funcall 与 apply 的主要区别就是 funcall 后续的自变量无须含有列表。

3）使用 mapcar 函数进行迭代

仍以定义对列表作原子计数的函数 countatoms 为例。现在将对列表作原子计数问题化为对列表中各元素作原子计数的问题，再把各元素的计数结果相加。由于列表中各元素仍可能为列表，因此对列表内各元素的计数应使用递归。函数大致的形式应为

```
(mapcar #' countatoms s)
```

如果函数 countatoms 能处理原子和空列表的计数的话，此式就能使 countatoms 对列表的各元素分别进行处理，但这样还不够。如果 s 的值为($a\ b\ c$)，则上述函数的值就成为(1 1 1)，要把这个列表内的三个元素相加，就应使用上述的 apply 函数

```
(apply #' + (mapcar #' countatoms s))
```

再加入递归到底情况的处理，就可得到如下定义：

```
(defun countatoms(s)
    (cond ((null s) 0) ((atom s) 1)
        (t (apply #' + (mapcar #' countatoms s)))))
```

下面是一个调用实例：

```
(countatoms '(a b (c d)))⇒4
```

函数的执行过程如图 2.12 所示。由图可见，在这个实例中，对函数 countatoms 共调用 6 次。与单纯使用递归的方法相比，少调用了 5 次。

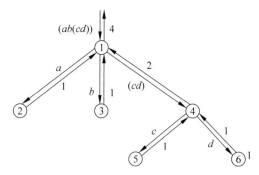

图 2.12　使用迭代的 countatoms 函数的执行过程

3. 使用循环方式的迭代方法

1) loop 结构

loop 结构的形式为

```
(loop({statement} * ))⇒NIL
```

loop 结构是一种简单的迭代形式。当单独使用 loop 时可以重复执行某些语句，直到执行 return 语句退出 loop 结构。如计算 1～10 的和：

```
(setq a 1 sum 1)
(loop
    (setq a (+ a 1))
    (setq sum (+ sum a))
    (when (> a 9) (return a)))
```

其中 when 后接的是一个条件，满足条件则执行后续动作。

loop 本身没有终止功能，因此需要在 loop 结构中添加 when、for 或者 if 语句实现迭代的终止。如使用 loop for 结构完成上述求和：

```
(setq sum 0)
(loop for i from 1 to 10 do (setq sum (+ sum i)))
```

同样，loop while 结构和 loop until 结构也可完成此功能。如：

```
(setq i 0 sum 0)
(loop while (< = i 10) do (setq sum (+ sum i) i (+ 1 i)))
```

以及

```
(setq i 0 sum 0)
(loop until (> i 10) do (setq sum (+ sum i) i (+ 1 i)))
```

2) do 结构

函数 do 的形式为

```
(do({(Var [init [step]])} * )
    (end − test {end − form} * )
          {Tag│statement) * )⇒NIL/last − endform − results
```

函数的自变量共分三部分,第一部分为局部变量列表,第二部分为条件测试,第三部分为循环体。每次循环时先对变量赋值,第一次循环赋 init 值,无 init 时赋 NIL。以后各次循环赋 step 值。无 step 则不再重新赋值。赋值均为并行赋值。赋值后作条件测试,如果为非 NIL 则执行循环体,否则依次对 end-form 求值,并返回最后一个 end-form 的值。

使用 do 函数定义的 countatoms 函数如下:

```
(defun countatoms(s)
      (do((v 0)(l s (cdr l)))
      ((null l) v)
               (cond((atom l)(return 1)))
                         (setq v(+ v (countatoms(car l)))))))
```

此外,还有 dotimes 函数用来执行固定循环次数的迭代,dolist 函数用于对一个列表中的所有元素执行同一操作的迭代。

根据函数 countatoms 的实现可以看出递归和两种迭代方法的优缺点:

(1) 单纯使用递归的方法程序简单,但效率较低。

(2) 使用 mapcar 迭代的方法程序简单,且效率较高。

(3) 使用循环的方法程序复杂,但效率较高,易于实现较复杂的功能。

2.2.4 输入输出

1. 流

流也是一种数据类型,用于指出输入输出通道。

1) *terminal-io* ⇒input/output-stream

这是一个初始全局变量,不能改变。它是连接于控制台的流,作输入时连于键盘,作输出时连于显示器,在不指定流时,它是默认值。

2) (close stream)⇒NIL

函数的功能是关闭流 stream。流关闭后就不能再进行读写操作。

2. 输入输出函数

1) (read &optional input-stream)⇒object

功能是从流 input-stream 读入一个 object 并将之返回。例如

```
(read)
```

此时系统等待用户从键盘输入一个 object。

2) (read-char &optional input-stream)⇒char

功能是从流 input-stream 读入一个字符并将之返回。

3) (print object &optional output-stream)⇒object

　　(prin1 object &optional output-stream)⇒object

　　(princ object &optional output-stream)⇒object

print、prin1 以及 princ 都可以向流 output-stream 输出 object，并将其返回。区别在于：print 输出对象时，前面有一个空行，后面有一个空格；prin1 正常输出；而 princ 输出时会去掉字符串的双引号，并且不会打印出转义字符。

4)（format destination control-string &rest arguments）⇒NIL/string

本函数称为格式化输出函数，功能是向 destination 输出由 arguments 指定参数的字符串 control-string。destination 为 t 时，函数向显示器输出并返回 NIL；destination 为 NIL 时，函数建立并返回字符串；destination 为一个 stream 时，函数向该 stream 输出并返回 NIL。字符串 control-string 中可包括如下格式控制符：

~A　　　以 princ 方式输出

~S　　　以 prin1 方式输出

~D　　　以十进制输出数字

~B　　　以二进制输出数字

~O　　　以八进制输出数字

~X　　　以十六进制输出数字

~%　　　输出一个回车换行符

例如：

```
(setq l '(a b c))
(format nil "The list ~A has ~D elements" l (length l))
```

输出为：

```
"The list (A B C) has 3 elements"
```

3. 文件管理函数

（open filename &key :direction :element-type）⇒stream

功能是打开由 filename 命名的文件，建立并返回一个与之相连的流。当 :direction 为 :output 时为输出，为 :input 时为输入（默认），当 :element-type 为 string-char 时为字符方式（默认），为 unsigned-byte 时为二进制方式。例如建立一个文件 file.lsp，并向其写入一个列表（a b c）。

```
(setf strm(open "file.lsp" :direction :output))⇒ #< OUTPUT BUFFERED FILE-STREAM CHARACTER # P"file.lsp">
(prin1 '(a b c) strm)⇒(A B C)
(closestrm)⇒T
```

其中 setf 是一个赋值函数，用于给流赋值。而 close 用于把打开的文件关闭。

2.2.5　Lisp 的其他功能

1. 处理原子特性值的函数

文字原子可以用作变量或函数名。用作变量时，可以由 setq 或 set 函数为其赋值，赋予一个新值后，旧值就消失。但 Lisp 语言还可以通过赋特性值的方法给文字原子赋多个值。

就是说,我们可以给一个文字原子建立若干特性,为每个特性赋一个值,称为特性值。

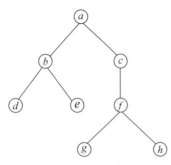

图 2.13 一棵树的例子

例如图 2.13 所示的树,为表示 b 结点的父结点,我们可以建立 b 结点的父结点特性,特性名为 father,特性值为 a。为表示 b 结点的子结点,我们可以建立 b 结点的子结点特性,特性名为 children,特性值为列表(d e)。

1) (get symbol indicator &optional default) ⇒ property-value

功能是取文字原子 symbol 的以 indicator 为特性名的特性值并将其返回,无此特性值时返回 default,若省去 default 则返回 NIL。

函数 get 与赋值函数 setf 相配合,还可完成赋特性值的功能。例如先为文字原子 b 赋 father 特性和 children 特性的值,再将它们取出:

```
(setf(get 'b 'father) 'a)⇒a
(setf(get 'b 'children) '(d e))⇒(d e)
(get 'b 'father)⇒a
(get 'b 'children)⇒(d e)
```

2) (remprop symbol indicator)⇒boolean

功能是删去文字原子 symbol 的 indicator 特性。若有此特性则返回 t,否则返回 NIL。如:

```
(remprop 'b 'father)⇒t
(get 'b 'father)⇒NIL
```

2. 联结列表

联结列表也称为 a-list(association list)。它是由若干子列表组成的列表(各元素为 NIL 或 cons),每个子列表的 car 部分称为 key。例如,把一月份的平均气温记录在表示各地气温的联结列表中:

```
(setq january '((Beijing -5) (harbin -10) (shanghai 5)))
⇒((Beijing -5) (harbin -10) (sbanghai 5))
```

这样,january 的值就是一个联结列表。Lisp 语言提供了选取子列表的函数:

```
(assoc item a-list &key :test)⇒assoc-pair
```

函数的功能是检查联结列表 a-list 中各子列表的 car 部分与 item 是否满足测试(:test)指定的关系,返回测试成功的子列表,无测试成功的子列表时返回 NIL。:test 用于指定测试用的函数,未指定时用函数 eql,例如取关于 beijing 的子列表:

```
(assoc 'beijing january)⇒(beijing -5)
```

3. 使用 lambda 表达式

lambda 表达式的形式为

```
(lambda (形参列表) (定义体))
```

lambda 表达式不是函数,其作用相当于函数名,用于定义匿名函数。它不像函数那样先定义后调用,而是调用时定义。由于它是一次定义,一次使用,因此不占用内存。其缺点是无法实现递归。例如欲取出列表的第二个元素,可以先定义一个取列表的第二元素的函数 sol,再加以调用:

```
(defun sol(l) (cadr l))⇒soc
(sol '(a b c))⇒b
```

另一个方法就是使用 lambda 表达式:

```
((lambda(l)(cadr l)) '(a b c))⇒b
```

lambda 表达式经常与 map 函数配合使用。例如要定义一个函数 counta,用于统计列表的各层中某一给定原子的个数。定义的方法与以前定义 countatoms 的方法类似,对列表的各元素使用函数 mapcar 处理,对深层列表使用递归处理。但这个函数多了一个给定原子,因此引入形参 item。函数可大致定义如下:

```
(defun counta(item s)
      (cond((equal s item) 1)
      ((atom s) 0)
      (t(apply #'+ (mapcar #'counta s)))))
```

但是需要注意这个定义是错误的。因为 counta 是两个自变量的函数,而 mapcar 仅对一个自变量的各元素进行迭代处理。因此需要定义一个单个自变量的函数 countb:

```
(defun counta(item s)
      (cond((equal s item) 1)
      ((atom s) 0)
      (t(apply #'+ (mapcar #'countb s)))))
      (defun countb(s)(counta item s))
```

这个函数定义中,counta 函数调用了 countb 函数,countb 函数又调用了 counta 函数,所以我们说 counta 函数使用了间接递归,但是上述函数依然存在一个问题,那就是 item 的值。在上面函数 countb 的定义体中,出现了在参数列表中没有的变量 item。对于一个函数而言,我们称参数列表中的变量为约束变量,称参数列表中没有的变量为自由变量。约束变量和自由变量是相对一个函数而言的。例如变量 item,它对函数 countb 而言是自由变量,对函数的 counta 而言又是约束变量。对于自由变量,在函数调用结束后,在函数调用过程中所得到的值将继续保留。对于约束变量,在函数调用结束后,变量的值要恢复到函数调用之前的值,若该变量在函数调用之前无值,则调用后其值消失。因此 countb 函数中的 item 无法从调用 counta 时得到,除非事先定义一个自由变量 item。因此还需要进行修改,可以用 lambda 表达式放在函数名 countb 的地方,将 counta 和 countb 合二为一,成为:

```
(defun countc (item s)
      (cond((equal s item) 1)
      ((atom s) 0)
      (t(apply #'+ (mapcar (lambda(e)(countc item e)) s)))))
```

该函数定义又呈现直接递归的形式,使用了 lambda 表达式从而少定义一个函数。

2.2.6 实例

最后以一个实例结束对 Lisp 语言的介绍。假设有一个农夫带着一只狼、一只羊和一颗白菜要从河的东岸坐船到河的西岸,船上除了农夫之外只能再搭乘一只动物或一颗白菜,而农夫不在时,狼会吃羊,羊又会吃白菜。要解决的问题是农夫如何将狼、羊和白菜都带到河的西岸。求解农夫过河的 Lisp 代码如下所示:

```lisp
(defun solve-fwgc (state goal) (path state goal nil))
(defun path (state goal been-list)
    (cond ((null state) nil)
          (equal state goal) (reverse (cons state been-list)))
          ((not (member state been-list :test #'equal))
              (or (path (farmer-takes-self state) goal (cons state been-list))
                  (path (farmer-takes-wolf state) goal (cons state been-list))
                  (path (farmer-takes-goat state) goal (cons state been-list))
                  (path (farmer-takes-cabbage state) goal (cons state been-list))))))
(defun farmer-takes-self (state)
    (safe (make-state (opposite (farmer-side state))
                      (wolf-side state)
                      (goat-side state)
                      (cabbage-side state))))
(defun farmer-takes-wolf (state)
    (cond ((equal (farmer-side state) (wolf-side state))
              (safe (make-state (opposite (farmer-side state))
                                (opposite (wolf-side state))
                                (goat-side state)
                                (cabbage-side state))))
          (t nil)))
(defun farmer-takes-goat (state)
    (cond ((equal (farmer-side state) (goat-side state))
              (safe (make-state (opposite (farmer-side state))
                                (wolf-side state)
                                (opposite (goat-side state))
                                (cabbage-side state))))
          (t nil)))
(defun farmer-takes-cabbage (state)
    (cond ((equal (farmer-side state) (cabbage-side state))
              (safe (make-state (opposite (farmer-side state))
                                (wolf-side state)
                                (goat-side state)
                                (opposite (cabbage-side state)))))
          (t nil)))
(defun make-state (f w g c) (list f w g c))
(defun farmer-side (state)
    (nth 0 state))
(defun wolf-side (state)
    (nth 1 state))
(defun goat-side (state)
```

```
      (nth 2 state))
(defun cabbage - side (state)
      (nth 3 state))
(defun opposite (side)
      (cond ((equal side 'e) 'w)
            ((equal side 'w) 'e)))
(defun safe (state)
      (cond ((and (equal (goat - side state) (wolf - side state))
                  (not (equal (farmer - side state) (goat - side state)))) nil)
            ((and (equal (goat - side state) (cabbage - side state))
                  (not (equal (farmer - side state) (goat - side state)))) nil)
            (t state)))
```

在上述代码中,nth 表示返回列表中的第几个元素(从 0 开始编号);reverse 表示将列表倒序;member 用于在列表中搜索满足一定条件的项,其中:test #'equal 表示比较时使用 equal 而非默认的 eql。假设上述代码存储在 farmer. lsp 文件中,在 CLisp 的命令行中输入 (load "farmer. lsp")装载 farmer. lsp,然后再输入:

```
(solve - fwgc '(E E E E) '(W W W W))
```

得到输出结果:

```
((EE E E) (W E W E) (E E W E) (W W W E) (E W E E) (W W E W) (E W E W) (W W W W))
```

输出序列表示从初始状态(E E E E)到达目标状态(W W W W)经过的状态,其中(E E E E) 表示农夫、狼、羊、白菜均在东岸,而(W W W W)表示农夫和其他东西都在西岸。从输出状态序列可知农夫过河的步骤依次为:农夫带羊到西岸、农夫单独回东岸、农夫带狼到西岸、农夫带羊回东岸、农夫带白菜到西岸、农夫回东岸、农夫带羊到西岸。

2.3　Prolog 语言

2.3.1　Prolog 语言概述

Prolog 是英文 Programming in Logic 的缩写,即逻辑程序设计语言。1972 年法国马赛大学的 Colmerauer 等开发了第一个 Prolog 系统之后,作为一种逻辑程序设计语言,Prolog 语言很快成为欧洲主要的人工智能程序设计语言。1981 年日本宣布第五代计算机计划,选取 Prolog 作为新一代计算机的核心语言,使得 Prolog 更为世人瞩目。但是随着日本第五代计算机计划的终止,Prolog 语言从诞生起就不适合用于传统程序设计的缺陷慢慢放大,导致 Prolog 开发者日渐式微,Prolog 语言逐渐淡出人们的视线。然而,作为专门为人工智能设计的一种语言,Prolog 语言在人工智能领域中的地位依然是不可替代的。

1. Prolog 语言的特点

(1) Prolog 语言是说明性语言,程序只需描述问题本身,而不必详细描述计算步骤。Prolog 能够自动实现模式匹配和回溯。而 Lisp 语言是一种过程性语言,程序必须给出求解问题的具体步骤。相比之下,用 Prolog 编写的程序要简明得多。

（2）Prolog 语言的数据和程序结构统一，与 Lisp 语言相同，适用于编写人工智能程序。

（3）有递归功能，简化了程序设计。

上述这些特性，使 Prolog 语言特别适合编写人工智能程序，如专家系统、定理证明、自然语言处理等程序。

本节以使用较为广泛的 SWI-Prolog 为例，说明 Prolog 的基本功能，运行环境为 SWI-Prolog 8.03，窗口提示符为"?-"。

2. Prolog 语言的基本概念

1）事实和规则

Prolog 语言是一种处理一阶谓词逻辑的语言，使用事实和规则表示谓词公式。

（1）事实。事实表示的谓词公式具有形式：谓词（对象 1，对象 2，…），其中谓词表示各对象之间的关系，取值为 true 或者 false，并有如下规定：

① 谓词和对象以小写字母开头，可为任意多个字母、数字和下画线"_"的组合，如 p_133 和 updated_by。

② 以英文句号"."结束。

下面是几个句子及对应的用 Prolog 表示的事实：

```
Philip likes apples.
    →        likes(philip,apples).
The author of "Prolog Programming" published by Wiley is Nigel Ford.
    →        author("Nigel Ford","Prolog Programming","Wiley").
Fred is a man.
    →        man(fred).
It is empty.
    →        empty.
```

以上事实中的谓词分别为二元、三元、一元和零元谓词。显然，同一句子可由不同形式的事实表示。

（2）规则。当描述一个事实依赖于其他一组事实时，可用规则表示。例如语句：

```
John and Mary are married if John's wife is Mary and Mary's husband is John.
```

可写成规则

```
married(john,mary) if wife(john,mary) and husband(mary,john).
```

规则中连接词"and"和"or"分别表示逻辑"与"和逻辑"或"的关系，在 Prolog 中常用逗号","代替"and"，用分号";"代替"or"，并用符号":-"代替"if"，变换为：

```
married(john,mary):- wife(john,mary),husband(mary,john).
```

在 Prolog 中，事实和规则统称为子句，都以英文句号"."结尾。在规则中，符号":-"左边称为规则左部或首部，符号":-"右边称为规则的右部。

2）常量与变量

（1）常量。常量用来表示特定的对象或数值，以小写字母或数字开始，如 ibm_pc_server 和 78.6。

（2）变量。变量表示未知量，以大写字母或下画线开始，如 Who、X、_server 等。一个特殊的变量是以下画线"_"表示的变量，称为无名变量，在不关心其值时使用，如 likes(philip,_) 表示 Philip 什么都喜欢。例如语句"Diana likes anything Philip likes."可用规则表示为：

```
likes(Diana,X):-likes(philip,X).
```

3）数据类型

一般将 Prolog 的数据类型分为原子、数、变量以及复合项。其中原子包括以小写字母开头的常量、字符串、以及特殊符号如":-"；数即数值，包括整数与实数，但在 Prolog 中整数更为重要；复合项由仿函数（functor）及其参数组成，其中仿函数必须是原子，实际上一般就是谓词。

4）目标与子目标

目标就是程序要求解的语句，其结构与事实和规则相同。目标语句使 Prolog 程序启动，若没有目标语句，则程序不会做任何实质性的工作。

目标语句可含有连接词，由连接词连接的各目标子句称为子目标。连接词用逗号"，"表示，Prolog 从左到右用程序中的事实和规则依次匹配各子目标。只要有一个子目标匹配不成功，则整个目标失败；只有全部子目标均匹配成功，整个目标才算成功。例如程序有如下事实：

```
likes(mary,apples).
color(apples,red).
```

设输入目标；

```
likes(mary,apples),color(apples,red).
```

注意输入目标时必须以"."结尾，后续在文字中介绍输入时为避免与文字中的标点符号混淆，特省略"."符号。

上述程序从左至右匹配目标子句。首先，子目标 likes(mary,apples)与事实 likes(mary,apples)匹配，该子目标成功。下面把子目标 color(apples,red)与事实 color(apples,red)匹配，该子目标也成功，因此整个目标成功，结果显示为 true。

5）匹配

对子目标的匹配过程是一个搜索过程。程序从上到下寻找合适的事实和规则，一旦找到一个匹配的谓词项，就对该谓词的对象从左到右逐个进行匹配测试，若匹配失败，则转到下一个事实或规则，直到匹配成功或所有的事实和规则都已测试并失败为止。

设程序有以下事实：

```
likes(philip,apples).
likes(mary,pears).
likes(mary,apples).
```

现读入一个目标：

```
likes(mary,apples).
```

程序搜索与目标匹配的事实，第一个事实 likes(philip,apples)的谓词与目标谓词相同，因此从左到右测试该事实的对象。第一个对象 philip 与目标语句第一个对象 mary 不同，因此第一个事实匹配失败。下面考虑第二个事实 likes(mary,pears)，该事实的谓词与第一个对象均与目标匹配，但第二个对象不匹配，因此匹配失败。再考虑第三个事实，该事实的谓词和所有对象均与目标匹配，因此匹配成功。

当一个常量与另一个常量匹配时，只有两个常量相同时匹配才成功。当有变量存在时，应注意变量有约束变量与自由变量之分。已赋值变量称为约束变量，未赋值或赋值已失效的变量称为自由变量。例如在上例中，目标改为：

```
likes(mary,What).
```

在匹配过程开始时，变量 What 没有值，是自由变量。第一个事实由于对象 philip 不匹配而失败，第二个事实的谓词和第一个对象均匹配，因此变量 What 约束为 pears，成为约束变量，匹配成功。

当目标的第一个匹配成功后，如果输入分号";"则匹配程序继续搜索，否则停止匹配，这是由 Prolog 的目标结构决定的。在本例中，如果继续搜索，变量 What 再次变成自由变量，接着测试第三个事实，并将 What 约束为 apples，匹配成功。Prolog 在窗口打印适合目标的所有 What 的值如下所示：

```
What = pears ;
What = apples
```

综上所述，约束变量和自由变量是可以转化的。自由变量在得到赋值后变为约束变量，在匹配失败或目标成功后，约束变量又变成自由变量。

符号 \= 用来表示不能匹配，$a\backslash=b$ 为 false，因为 a 和 b 都是常量，无法匹配，而 $X\backslash=a$ 为 true，因为 X 变量可以赋值为 a，从而与 a 匹配。

6) 回溯

在匹配一个子目标时，可能有多个事实和规则的谓词项与该子目标相同。在考察一个事实或规则时，可在下一个具有相同谓词项的事实或规则前做一个标记。当所考察的事实或规则失败时，可回到有标记的事实或规则继续考察，这就是回溯机制。例如，设有以下的事实和规则：

```
        likes(mary,pears).
②      likes(mary,popcorn).
④      likes(mary,apples).
        likes(beth,X):- likes(mary,X),fruit(X),color(X,red).
①      likes(beth,X):- likes(mary,X),X = popcorn.
        fruit(pears).
③      fruit(apples).
        color(pears,yellow).
        color(oranges,orange).
        color(apples,yellow).
        color(apples,red).
```

设目标语句为 likes(beth,X)。

目标的意思为"What does Beth like？"。为了回答这个问题，Prolog 把目标与事实和规则进行匹配。首先考察前面三个 likes 子句,Prolog 从上到下测试这些子句。由于常量 mary 与 beth 不匹配,所以这三个子句均匹配失败。下面找到规则

```
likes(beth,X):- likes(mary,X),fruit(X),color(X,red).
```

该规则首部与目标语句中的变量均未约束,因此规则首部与目标匹配,从而规则右部的事实成为 Prolog 的子目标,应从左到右逐个测试。但是该规则下面还有一个 likes 规则,称为同名子句,或变体子句。Prolog 在下一个规则前置一个回溯标记,本例中记为①。

现在考虑子目标 likes(mary,X),Prolog 从事实和规则的开始进行搜索。第一个事实 likes(mary,pears) 与子目标 likes(mary,X) 匹配,变量 X 约束为 pears。由于子目标 likes(mary,X)后面还有其他子目标,还有回溯的可能,因此在下一个事实 likes(mary,popcorn) 前置一个标记②。

现在考虑子目标 fruit(X)。因为变量 X 已约束为 pears,因此子目标为 fruit(pears)。Prolog 搜索事实和规则,发现子句 fruit(pears) 与之匹配。同样,由于还有其他子目标,还有回溯的可能,因此在下一个 fruit 子句前置一个标记③。

规则的最后一个子目标是 color(X,red)。因为变量 X 已约束为 pears,因此子目标为 color(pears,red)。Prolog 没有发现匹配的子句,因此该目标子句失败。Prolog 回溯到最近的标记③,考察 fruit(apples) 与前一个目标子句是否匹配,结果匹配失败。于是再回溯到最近的标记②,考察子句 likes(mary,popcorn)。由于考察上一个子句 likes(mary,pears)时,变量约束为 pears 已经失败,因此变量 X 又变成自由变量。此次子句 likes(mary,popcorn) 与子目标 likes(mary,X)匹配,变量 X 约束为 popcorn,同时在下一个 likes 子句前置标记④。下面考察下一个子目标 fruit(X),此时为 fruit(popcorn),该子目标匹配失败,因此回溯到标记④,变量 X 又变成自由变量。

现在子句 likes(mary,apples) 与子目标 likes(mary,X) 匹配成功,变量 X 约束为 apples。下一个子目标是 fruit(X),即 fruit(apples),匹配第二个 fruit 子句成功。最后,Prolog 考虑子目标 color(X,red),即 color(apples,red),匹配到最后一个子句成功。

由于该规则的所有子句都匹配成功,因此目标子句匹配成功。Prolog 已找到一个解,在屏幕上显示 X=apples。目标子句匹配成功后,变量 X 又变成自由变量。如果输入分号 ";"则 Prolog 继续寻找其他解,回溯到标记①,此时所有标记均已除掉。Prolog 开始考察规则 likes(beth,X):-likes(mary,X),X=popcorn。通过类似的搜索,Prolog 又找到一个解 X=popcorn。下面的搜索没有成功,因此整个回溯过程得到了两个解。

利用 trace 可以看到整个求解过程:

```
Call: (24) likes(beth, _4618) ? creep
Call: (25) likes(mary, _4618) ? creep
Exit: (25) likes(mary, pears) ? creep
Call: (25) fruit(pears) ? creep
Exit: (25) fruit(pears) ? creep
Call: (25) color(pears, red) ? creep
Fail: (25) color(pears, red) ? creep
Redo: (25) likes(mary, _4618) ? creep
Exit: (25) likes(mary, popcorn) ? creep
Call: (25) fruit(popcorn) ? creep
```

```
    Fail: (25) fruit(popcorn) ? creep
    Redo: (25) likes(mary, _4618) ? creep
    Exit: (25) likes(mary, apples) ? creep
    Call: (25) fruit(apples) ? creep
    Exit: (25) fruit(apples) ? creep
    Call: (25) color(apples, red) ? creep
    Exit: (25) color(apples, red) ? creep
    Exit: (24) likes(beth, apples) ? creep
X = apples ;
    Redo: (24) likes(beth, _4618) ? creep
    Call: (25) likes(mary, _4618) ? creep
    Exit: (25) likes(mary, pears) ? creep
    Call: (25) pears = popcorn ? creep
    Fail: (25) pears = popcorn ? creep
    Redo: (25) likes(mary, _4618) ? creep
    Exit: (25) likes(mary, popcorn) ? creep
    Call: (25) popcorn = popcorn ? creep
    Exit: (25) popcorn = popcorn ? creep
    Exit: (24) likes(beth, popcorn) ? creep
X = popcorn .
```

注意,得到 $X =$ apples 结果之后需要输入分号";"才能得到后续输出。

3. 分支结构

在 Prolog,if A then B else C 可以用$(A \ -> B;C).$ 来表示,意思是先试图证明 A,如果能够证明,那么证明 B 忽略 C,如果不能证明 A,那么证明 C 而忽略 B。例如打印两个数值中较大值的谓词 max 可以实现为:

```
max(X,Y) :-
      ( X =< Y
      -> write(Y)
      ; write(X)
       ).
```

4. Prolog 中的算术运算

Prolog 提供了大量的运算符和函数进行数值计算。

(1) 算术运算符,包括＋、－、＊、/。

(2) 比较运算符,包括>、<、=<、>=、=\=(不等于)、=:=(等于)。

(3) 算术函数,包括平方根函数 $sqrt(X)$、四舍五入函数 $round(X)$、正弦函数 $sin(X)$、自然对数函数 $log(X)$、指数函数 $exp(X)$ 等。

注意,当为一个变量赋值时应该使用"is"而非"="：

```
?- X = 2 + 4.
X = 2 + 4.
?- Y is 2 + 4.
Y = 6.
```

2.3.2　重复与递归

1.重复方法

Prolog 中的重复方法实际上就是对回溯过程的控制。Prolog 提供了两个谓词强制程序继续或中止回溯。

1) 谓词 fail

使用内部谓词 fail 时,即使不输入分号";"也可以使回溯继续进行,寻找下一个解。例如考虑如下程序:

```
child("Tom").
child("Alice").
child("Diana").
child("Alice").
child("Beth").
child("Lee").
child("Alice").
get_alice:- child(Name),
            Name = "Alice",
            write(Name),nl,
            fail.
```

在这个程序中,谓词 child 有 7 个变体子句,其中有 3 个包括名字"Alice"。程序的目标是列出所有为"Alice"的名字。输入:

```
get_alice.
```

则得到结果:

```
Alice
Alice
Alice
false.
```

在该执行过程中,首先匹配规则,get_alice 匹配成功之后,考虑子目标 child(Name),然后依次考虑 7 个 child 事实子句。第一个事实子句匹配成功,在第二个事实子句前置回溯标记,并将变量 Name 约束为"Tom"。第二个子目标 Name＝"Alice"匹配失败,因此引起回溯,Name 又变为自由变量,回到标记的第二个事实子句,并在第三个事实子句前置回溯标记。第二个事实子句与子目标 child(Name)匹配成功,将变量 Name 约束为"Alice"。接着,第二个子目标 Name＝"Alice"匹配成功,下面第三、四个子目标显示 Alice 和换行(nl)。如果没有下一个子目标谓词 fail,则需要根据输入确定是否停止回溯结束程序。有了谓词 fail后强制规则匹配失败,使程序继续回溯,从而能列出三个相同的名字 Alice。

2) 谓词 cut

内部谓词 cut 用惊叹号"!"表示。这个谓词总是成功的,它使程序删除满足当前子目标所设置的所有回溯标记,从而阻止程序为产生当前子目标的其他解而做的回溯。

例如,为使上面的程序只列出第一个名字"Alice",可将上例程序中的谓词 get_alice 改

成 get_first_alice，规则 get_first_alice 改为

```
get_first_alice:- child(Name),
                  Name = "Alice",
                  write(Name),nl,
                  !,
                  fail.
```

规则的第一个子目标 child(Name) 与第一个 child 事实子句匹配时，变量 Name 约束为"Tom"。由于第二个子目标 Name="Alice"匹配失败，因此引起回溯，Name 又变为自由变量。考虑子目标 child(Name) 与第二个 child 事实子句匹配时，变量 Name 约束为"Alice"，第二个子目标 Name="Alice"匹配成功。下面第三、四个子目标显示 Alice 和换行。第五个子目标 cut 谓词"!"匹配成功，并删除第三个 child 事实子句前的标记。第六个子目标 fail 谓词强制失败，但已无回溯标记，因此不能引起回溯，程序结束。值得注意的是，谓词 fail 只被使用一次，但因 cut 清除了所有的标记，因此 fail 成为完全无用的谓词。最终输出为：

```
Alice
false.
```

3）重复规则

重复规则形式为：

```
repeat,
```

其后接需要重复的语句，如：

```
do_echo:-
      repeat,
      readln(Name),nl,
      write(Name),nl,
      member(X,Name),
      check(X),!.
check(stop):-
      nl,write("  - OK, bye!").
check(_):-fail.
```

上述程序从键盘上接收字符串数据并显示在屏幕上。当用户输入 stop 时，程序停止。

规则 do_echo 中的子目标 repeat 引起其后所有的子目标的重复，直到遇到 cut 谓词"!"为止。内置谓词 readln(Name) 从键盘上接收字符串数据并赋予变量 Name，然后 write(Name) 把字符串显示在屏幕上。由于 readln 谓词从输入读取到的数据会组成一个列表，因此，需要使用 member 谓词获取列表中的元素 X 然后考虑子目标 check(X)。子目标 check(X) 有两种情况。当 X 不是 stop 时，check 规则为

```
check(_):- fail.
```

规则强制失败，因此 do_echo 重复执行。当 X 是 stop 时，check 规则为

```
check(stop):-
      write(" - OK, bye!").
```

输出信息－OK，bye!,并在下一行输出 true 之后程序结束。

2. 递归方法

如果在一个规则中将自身作为一部分,则称此规则为递归规则。

递归需要使用栈的操作,占用系统资源较大。但如果递归规则的最后一个子目标是对自身的调用,即所谓尾递归(tail-recursive)的情况,Prolog 将取消由递归引起的额外开销。下面的例子用于计算一系列整数的和,例如,

S(7) = 0 + 1 + 2 + 3 + 4 + 5 + 6 + 7 = 28

在窗口输入 sum_series(7,Sum),利用以下程序可以计算出上述结果:

```
sum_series(0,0).
sum_series(Number,Sum):- Number > 0,
        Next_number is Number - 1,
        sum_series(Next_number,Partial_sum),
        Sum is Number + Partial_sum.
```

该程序从子目标 sum_series(7,Sum)开始。首先考察子句 sum_series(0,0),匹配失败。然后考察变体子句 sum_series(Number,Sum),此次匹配成功,Number 约束为 7。下面依次考察规则右部。接着变量 Next_number 约束为 6。下面执行 sum_series(6,Partial_sum)调用自身。经过多次自身调用,最后执行到 sum_series(1,Partial_sum),此时与子句 sum_series(1,1)匹配,变量 Next_number 约束为 1。接着程序执行最后一句修改 Sum 的值,此时 Number=2,Partial_sum=1,因此 Sum=3。经过逐层向外推算,Sun 依次被约束为 3、6、10、15、21、28,在最外一层,Sum=28,因此最后输出为:

Sum = 28 .

但是上述程序并不是尾递归,还可以将其改为尾递归的情况:

```
counting_sum(Count, Sum):-
    counting_sum(Count, 0, Sum).
counting_sum(0, Sum, Sum).
counting_sum(Num, PrevSum, Sum):- Num > 0, PrevNum is Num - 1,
    NextSum is PrevSum + Num,
    counting_sum(PrevNum, NextSum, Sum).
```

输入 counting_sum(7,Sum)将得到同样的输出。

著名的汉诺(Hanoi)塔问题如下:有三根柱子 a、b 和 c,在 a 柱上有 n 个从小到大排列的圆盘。现在要把 n 个盘子从 a 柱移动到 b 柱上,移动的规则是,每次只能移动柱子顶上的一个圆盘,且在移动过程中不允许把大盘放到小盘之上,c 柱为临时存放柱。$n=3$ 的情况如图 2.14 所示。

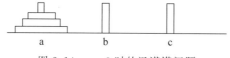

图 2.14　$n=3$ 时的汉诺塔问题

这个问题可分为以下三步解决：

（1）把 a 柱顶层的 $n-1$ 个圆盘挪到空柱 c 上。

（2）把 a 柱底部的大盘挪到 b 柱上。

（3）把 c 柱上的 $n-1$ 个圆盘挪到 b 柱上。

这样，n 个圆盘的问题就转化成 $n-1$ 个圆盘的问题。根据以上分析，可给出 $n=3$ 时的程序如下：

```
transfer(0,_,_,_).
transfer(Number,Source,Destn,Space):-
    Next_number is Number - 1,
    transfer(Next_number,Source,Space,Destn),
    write("Move a disk from "),write(Source),
    write(" to "),write(Destn),nl,
    transfer(Next_number,Space,Destn,Source).
```

输入为：

```
transfer(3,a,b,c)
```

结果为：

```
Move a disk from a to b
Move a disk from a to c
Move a disk from b to c
Move a disk from a to b
Move a disk from c to a
Move a disk from c to b
Move a disk from a to b
true
```

从上述两个例子可以看出用 Prolog 语言求解递归问题非常方便。

2.3.3　列表处理方法

1. 列表的表示与说明

与 Lisp 类似，Prolog 的列表非常灵活，可以含有各种数据类型的对象。列表的表示形式是用逗号把各元素分开，并把所有的元素括在方括号内，如：

```
[a, b, c, d]
[mia, robber(honey_bunny), Z, 2, mia]
[]
[mia, [vincent, jules], [butch, girlfriend(butch)]]
[[], dead(zed), [2, [b, chopper]], [], Z, [2, [b, chopper]]]
```

一个非空列表可分为两部分：表头和表尾，表示为[表头|表尾]，即[Head|Tail]。表头为表的第一个元素，表尾是除掉表头的剩余部分。用划分表头和表尾的方法，可以把列表用二叉树表示，一个例子如图 2.15 所示。

如果想要获得其中某些元素，可以采用如下方式：

```
?- [X|Y] = [mia, vincent, jules, yolanda].
```

```
X = mia,
Y = [vincent, jules, yolanda].
```

也可以取得列表中的值赋给多个变量：

```
? - [X1,X2,X3,X4 | Tail] = [[], dead(zed), [2, [b,
chopper]], [], Z].
X1 = X4, X4 = [],
X2 = dead(zed),
X3 = [2, [b, chopper]],
Tail = [Z].
```

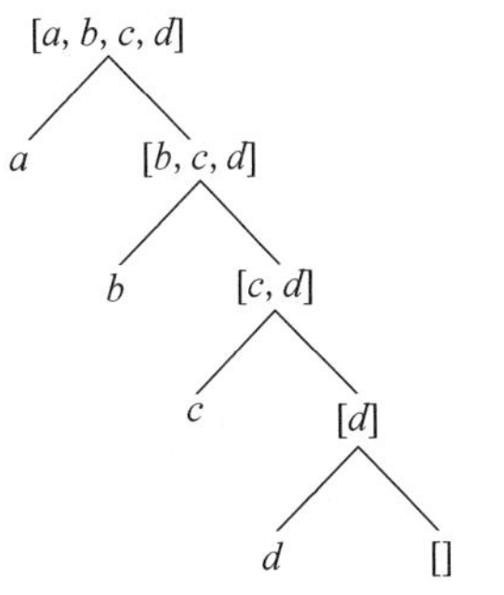

图 2.15　列表的二叉树表示

还可以略过某些变量进行赋值：

```
? - [_,X,_,Y|_] = [[], dead(zed), [2, [b, chopper]], [], Z].
X = dead(zed),
Y = [].
```

2. 列表的检索

要想获得列表中的元素，可以使用 member 谓词，如想要列出列表的所有元素：

```
? - member(X,[a,[c],b]).
X = a ;
X = [c] ;
X = b.
```

列表的检索可采用递归方法，每次比较搜索对象和当前列表的表头，再递归搜索表尾。member 谓词的定义为：

```
member(X,[X|T]).
member(X,[H|T]) :- member(X,T).
```

还可以根据关注对象进一步简化为：

```
member(X,[X|_]).
member(X,[_|T]) :- member(X,T).
```

输入 member(c,[a,b,c,d])后返回 true。但是如果被搜索的元素在列表中的列表内，就无法找到，如 member(c,[a,b,[c],d])返回 false。此时可以修改程序为：

```
:- use_module(library(lists)).
find_it(Head,[Head|_]).
find_it(Head,[X|Rest]):-
find_it(Head,Rest);
    (  (is_list(X))
    -> find_it(Head,X)).
```

is_list 谓词是 lists 模块中的内置谓词，用于判断是否列表。find_it 可以用来搜索嵌套列表中的元素。

3. 列表的分解

有时需要将一个列表分解成两个或多个列表。例如定义谓词 split(M,L,L1,L2)，其

中 M 是一个比较标准值,L 是源列表,L1 是 L 中不大于 M 的元素组成的子列表,L2 是 L 中大于 M 的元素组成的子列表。程序定义如下:

```
split(M,[Head|Tail],[Head|L1],L2):-
    Head =< M,
    split(M,Tail,L1,L2).
split(M,[Head|Tail],L1,[Head|L2]):-
    split(M,Tail,L1,L2),
    Head > M.
split(_,[],[],[]).
```

程序中第一条规则处理表头小于等于 M 的情况,将表头放入 L1 中,再递归地处理表尾。第二条规则处理表头大于 M 的情况,将表头放入 L2 中,再递归地处理表尾。子句 split(_,[],[],[]) 处理递归到底的情况。

程序运行结果为:

```
?- split(30,[10,70,85,25,20,65],L1,L2).
L1 = [10, 25, 20],
L2 = [70, 85, 65]
```

4. 列表的合成

可以使用 append 将两个或多个列表合成为一个列表,如:

```
?- append([a,b,c],[1,2,3],L3).
L3 = [a, b, c, 1, 2, 3].
```

append 将前两个列表合并从成为第三个列表,append 定义如下:

```
append([],L,L).
append([H|T],L2,[H|L3]) :- append(T,L2,L3).
```

5. 其他操作

可以使用 prefix 获得列表的前缀:

```
?- prefix(X,[a,b,c,d]).
X = [] ;
X = [a] ;
X = [a, b] ;
X = [a, b, c] ;
X = [a, b, c, d]
```

prefix 的定义为:

```
prefix(P,L) :- append(P,_,L).
```

类似可以定义 suffix 获得列表的后缀:

```
suffix(S,L) :- append(_,S,L).
```

还可以使用 reverse 倒序列表:

```
?- reverse([a,b,c,d],L2).
L2 = [d, c, b, a].
```

reverse 的定义如下：

```
reverse(List1, List2) :-
    rev(List1, [], List2).
    rev([], List, List).
rev([Head|List1], List2, List3) :-
    rev(List1, [Head|List2], List3).
```

2.3.4　字符串处理方法

字符串简称为串，就是一串字符，字符包括英文字母、数字、特殊符号和一些控制字符，Prolog 提供了一些串处理谓词。

1．字符串赋值

字符串可以赋值给一些变量，如 $M = $ "\u0041\u0042\u0043" 或 $M = $ "ABC"。前者用 \u 后接 4 位的 ASCII 码表示该 ASCII 字符对应的字符，与后者的表示等价。

2．求字符串长度

string_length 用于求字符串长度，即字符串中字符的个数。其形式为

```
string_length(String_value,String_length)
```

其中 String_value 为字符串，String_length 执行后被约束为字符串的长度。

3．字符串的拼接

string_concat 用于字符串的分解和组合，其形式为

```
string_concat(String1,String2,Output_string)
```

例如输入子句 string_concat("To","day",S)，执行后 S 被约束为"Today"。之后执行子句 string_concat(S,"day","Today")，执行后 S 被约束为"To"。

4．分解子串

split_string 用于得到子串，其形式为

```
split_string(Source_string,Sepchars,Padchars,Substrings)
```

谓词将 Source_string 分割成若干子串存储到 Substrings 中，分割是根据 Sepchars 中的字符确定的，而 Padchars 用于删除某些字符。如：

```
?- split_string("1, 2, 3, 4", ",", "", L).
L = ["1", " 2", " 3", " 4"].
?- split_string("1, 2, 3, 4", ",", " ", L).
L = ["1", "2", "3", "4"].
```

```
?- split_string("c:/windows//system32", "/", "", L).
L = ["c:", "windows", "", "system32"].
?- split_string("c:/windows//system32", "/", "/", L).
L = ["c:", "windows", "system32"].
```

2.3.5 输入输出功能

1. 数据流的定向

在缺省情况下,数据流分别指向键盘和显示器。如果想将数据流指向文件,应当对数据流进行重定向,如:

```
current_output(Orig),
open("test.io", write, Out),
set_output(Out),
write("hello file!"),
close(Out),
set_output(Orig).
```

current_output 谓词取得当前输出并保存,之后打开 test.io 文件作为重定向的流目标,然后使用 set_output 谓词修改输出,最后关闭打开的文件并将当前输出还原。程序执行完毕之后,文件 test.io 中的内容已被修改为"hello file!"。

类似,current_input 和 set_input 分别用来获取当前输入以及修改输入。

2. 操作文件

正如前文所述,open 用来打开一个文件,open 的格式为 open(FileName,Mode,Stream),其中 FileName 是要打开的文件名,Mode 是 read、write、append 三者之一,分别表示读、写、添加,而 Stream 是打开后的文件流,之后的读取或者写入操作可以通过 Stream 完成,如获取 test.io 中的内容:

```
open("test.io", read, Input),
read_string(Input, "\n", "\r", End, String),
write(String),
close(Input).
```

read_string 用于读取一个字符串。read 和 get0 也可用于读取文件内容,但是 read 读取的必须是一个项,而 get0 只能读取文件内容的 ASCII 码,读取出来之后还需要加工。

write 除了可以在屏幕上输出内容,还可用来往文件中输出内容,区别就在于是否将文件流作为 write 谓词的参数。writeln 则可以用来输出一行数据,将自动添加换行符。当使用 append 添加内容时,需要在 write 之前先使用 seek 将指针跳转到指定位置,如:

```
open("test.io", append, Output),
seek(Output,0,eof,NewLocation),
writeln(Output, "hi"),
close(Output).
```

2.3.6 模块

与 Python 一样,Prolog 允许自己定义模块,也可以引入系统或者第三方模块。例如前文介绍的 suffix 谓词并不是列表的内置谓词,因此需要自定义一个模块 suffix,假设在文件"suffixmodule.pl"中自定义模块:

```
:- module(suffixmodule, [suffix/2]).
:- use_module(library(lists)).
suffix(S,L) :- append(_,S,L).
```

其中[suffix/2]表示 suffix 是一个二元谓词。然后在另一个文件中使用自定义模块:

```
:- use_module(suffixmodule).
test(X,Y):-
  suffix(X,Y),print(X).
```

在 Prolog 窗口输入"test(X,[a,b,c,d])."得到结果:

```
[a,b,c,d]
X = [a, b, c, d] ;
[b,c,d]
X = [b, c, d] ;
[c,d]
X = [c, d] ;
[d]
X = [d] ;
[]
X = [] ;
```

获得列表[a,b,c,d]的所有后缀。

也可以与 Python 一样指定引入模块的哪些谓词,例如:

```
:- use_module(library(lists), [ member/2, append/2 as list_concat]).
```

引入 lists 中的二元谓词 member 和 append,其中后者可以通过别名 list_concat 使用。还可以指定不引入模块的哪些谓词:

```
:- use_module(library(option), except([meta_options/3])).
```

引入 option,但是不引入三元谓词 meta_options。

2.3.7 实例

最后用两个实例结束 Prolog 语言的介绍,通过这两个实例可以看到 Prolog 语言作为人工智能专用语言确实有其独特的魅力。

例 1 说谎国和老实国

传说古代有一个说谎国和一个老实国,说谎国的人从来都说谎话,而老实国的人从来都说真话。有一天,三个人要进入一座城市,这三人都是老实国或说谎国的人,但又不全是同一个国家的人。卫兵询问他们三人:你们是哪个国家的人?甲回答说:乙和丙都是说谎国的人。乙说：甲和丙都是说谎国的人。丙回答说：甲和乙至少有一个是说谎国的人。请问谁是说谎国的人，谁又是老实国的人？

令 a 代表甲，b 代表乙，c 代表丙。如果 a 是说谎国的人，那么令 $A=0$，如果 b 是说谎国的人，令 $B=0$，如果 c 是说谎国的人，令 $C=0$，最终 $A+B+C$ 一定是介于 1～2 之间，按照这种思路设计得到说谎者的程序如下：

```
liar(K):-
    member(K,[a,b,c]),
    ((K = b,K = c)  -> A = 0;A = 1),
    ((K = a,K = c)  -> B = 0;B = 1),
    ((K = a;K = b)  -> C = 0;C = 1),
    (A + B + C = : = 1; A + B + C = : = 2).
```

最终得到 a、b 是说谎者，即甲、乙两人是说谎国的人，丙是老实国的人。

例 2　侦探谜题

吴大在城里被杀了，张三、李四和王二是嫌疑犯。但是三个人都说自己没杀人。此外，张三说李四是吴大的朋友，而王二恨吴大。李四说吴大被杀那天他不在城里，此外他根本不认识吴大。王二说他看见张三、李四和吴大在被害前在一起。假设除了凶手之外的其他人都说实话，请找出谁是凶手。

令张三、李四和王二分别用 a、b、c 表示。say(X,Y) 表示 X 说 Y，hate(X) 表示 X 恨吴大，out_of_town(X) 表示 X 不在城里，stranger(X) 表示 X 不认识吴大，in_town(X) 表示 X 在城里，inconsistent(X,Y) 表示 X 与 Y 是矛盾的。根据常识有：friend(X)、hate(X) 和 stranger(X) 两两矛盾，out_of_town(X) 和 in_town(X) 矛盾。根据已知情况可列出事实：

```
say(a, friend(b)).
say(a, hate(c)).
say(b, out_of_town(b)).
say(b, stranger(b)).
say(c, in_town(c)).
say(c, in_town(a)).
say(c, in_town(b)).
inconsistent(friend(X), hate(X)).
inconsistent(friend(X), stranger(X)).
inconsistent(hate(X), stranger(X)).
inconsistent(out_of_town(X), in_town(X)).
```

在此基础上定义 murderer 谓词：

```
murderer(M) :-
    member(M, [a, b, c]),
    select(M, [a, b, c], Witnesses),
    consistent(Witnesses).
consistent(W) :-
    \+ inconsistent_testimony(W).
inconsistent_testimony(W) :-
    member(X, W),
    member(Y, W),
    X \= Y,
```

```
say(X, XT),
say(Y, YT),
inconsistent(XT, YT).
```

在 Prolog 的窗口中输入 murderer(X)得到结果 $X = b$。即得到李四是凶手。

符号\＋表示失败即否定，当 p 为 false 时，\＋p 为 true。

在本章介绍的三种语言中，Python 是使用最为广泛的，但由于其并不是专门为人工智能而设计的语言，因此，用其解决人工智能问题时往往需要导入合适的第三方库。而 Lisp语言和 Prolog 语言是专门的人工智能语言，因此更适合处理经典的人工智能问题。一般认为解决符号主义关注的问题时使用 Lisp 或 Prolog 语言，而解决其他人工智能问题时使用Python 语言更合适。

第 **3** 章

知 识 表 示

在人工智能发展的过程中，人们逐渐意识到知识的重要性，Feigenbaum 在 1977 年召开的第五届国际人工智能会议上提出知识工程的概念，使得知识成为人工智能研究中关键的一个环节，此后多个专家系统的成功应用验证了知识的重要作用，2012 年 Google 公司提出的知识图谱更是将知识的作用提升到一个新的高度。而如何让计算机认识知识成为人工智能中首先要解决的问题，这正是知识表示(knowledge representation)要研究的内容。

3.1 概述

知识表示研究的对象是知识，目标是使用某种形式将有关问题的知识存入计算机以便处理。由于知识的多样性与现有计算机存储模式存在的固有矛盾，知识表示一直是一个充满挑战而又较为活跃的领域。

3.1.1 知识与知识表示

什么是知识？从认识论的角度来看，知识就是人类认识自然界(包括社会和人)的精神产物，是人类进行智能活动的基础。计算机所处理的知识按其作用可大致分为三类：

(1) 描述性知识(descriptive knowledge)。表示对象及概念的特征及其相互关系的知识，以及问题求解状况的知识，也称为事实性知识。

(2) 判断性知识(judgmental knowledge)。表示与领域有关的问题求解知识(如推理规则等)，也称为启发性知识。

(3) 过程性知识(procedural knowledge)。表示问题求解的控制策略，即如何应用判断性知识进行推理的知识。

按照作用的层次，知识还可以分成以下两类：

(1) 对象级知识(object-level knowledge)。直接描述有关领域对象的知识，或称为领域相关的知识。

（2）元级知识（meta-level knowledge）。描述对象级知识的知识，如关于领域知识的内容、特征、应用范围、可信程度的知识以及如何运用这些知识的知识，也称为关于知识的知识。

所谓表示就是为描述世界所做的一组约定，是把知识符号化的过程。知识的表示与知识的获取、管理、处理、解释等有直接关系。对于问题能否求解以及问题求解的效率具有重要影响。一个恰当的知识表示可以使复杂的问题迎刃而解。一般而言对知识表示有如下要求：

（1）表示能力。能够将问题求解所需的知识正确且有效表达出来。

（2）可理解性。所表达的知识简单明了、易于理解。

（3）可访问性。能够有效利用所表达的知识。

（4）可扩充性。能够方便、灵活对知识进行扩充。

知识表示的方法按其表示的特征可分为两类，叙述性（declarative）表示和过程性（procedural）表示。叙述性表示将知识与控制分开，把知识的使用方法即控制部分留给计算机程序。这种方法严密性强、易于模块化，具有推理的完备性，但推理的效率比较低。过程性表示把知识与控制结合起来，因此推理效率比较高。通常认为叙述性表示方法具有固定的表示形式，包括基于逻辑的表示方法、图示法、结构化表示方法等。而过程性表示并无一定之规，所有知识都隐含在程序中。

3.1.2　知识表示的方法

知识表示方法既是一个独立的课题，又与推理的方法有着密切的关系。下面对几种主要的知识表示方法及其应用作简单介绍。

1. 逻辑（logic）

逻辑表示法采用一阶谓词逻辑表示知识，是最早的一种叙述性知识表示方法。它的推理机制可以采用归结原理，主要用于自动定理证明。

2. 语义网络（semantic network）

语义网络是 Quillian 等在 1968 年提出的，最初用于描述英语的词义。它采用结点和结点之间的弧表示对象、概念及其相互之间的关系。目前语义网络已广泛用于基于知识的系统。在专家系统中，常与产生式规则共同表示知识。

3. 产生式规则（production rule）

产生式规则把知识表示成"模式-动作"对，表示方式自然简洁。它的推理机制以演绎推理为基础，推理系统也称为产生式系统，目前已是专家系统中使用非常广泛的一种表示方法，一般将这种系统称为基于规则的系统。

4. 框架（frame）

框架理论是 Minsky 于 1974 年提出的，将知识表示成高度模块化的结构。框架是把关于一个对象或概念的所有信息和知识都存储在一起的一种数据结构。框架的层次结构可以表示对象之间的相互关系,用框架表示知识的系统称为基于框架的系统。

5. 状态空间(state space)

状态空间表示法把求解的问题表示成问题状态、操作、约束、初始状态和目标状态。状态空间就是所有可能的状态的集合。求解一个问题就是从初始状态出发,不断应用可应用的操作,在满足约束的条件下达到目标状态。问题求解过程可以看成是问题状态在状态空间的移动。

6. 脚本(script)

脚本用于描述固定的事件序列。它的结构类似于框架,一个脚本也由一组槽组成。与框架不同的是,脚本更强调事件之间的因果关系。脚本中描述的事件形成了一个巨大的因果链,链的开始是一组进入条件,它使脚本中的第一个事件得以发生。链的末尾是一组结果,它使后继事件得以发生。框架是一种通用的结构,脚本则对某些专门知识更为有效。

7. 本体(ontology)

本体的概念最初用于哲学中,表示客观存在的一个系统的解释和说明。在人工智能学科中,本体是一个规范说明,可定义为被共享的概念化的一个形式化显式规范说明。一个本体定义了组成主题领域词汇的基本术语与关系以及这些术语和关系的规则。得益于其严格的规定和强大的表示能力,本体是近年来知识表示领域中的主要研究方向。

8. 概念从属(conceptual dependency)

概念从属是表示自然语言语义的一种理论,它的特点是便于根据语句进行推理,而且与语句本身所用的语言无关。概念从属表示的单元并不对应于语句中的单词,而是能组合成词义的概念单元。

9. Petri 网

Petri 网是由 Petri 在 20 世纪 60 年代提出的。利用 Petri 网可以模拟逻辑运算、语义网、框架、与/或图、状态空间与规则等多种功能,因此也可作为一种通用的知识表示形式。

10. 知识图谱(knowledge graph)

相对于上述知识表示方法,知识图谱可以称为"最新的"知识表示方法,是 2012 年才由 Google 公司提出的,但究其本质知识图谱关于知识表示的核心部分还是本体。

在上述知识表示方法中,逻辑与产生式规则属于基于逻辑的表示方法;语义网络、Petri 网与状态空间属于图示法;其他方法都属于结构化表示方法。在实际使用中,需要根据具体问题选择合适的知识表示方法或者它们的组合。

本章剩余部分对常用的知识表示方法如逻辑表示、产生式规则表示、语义网络、框架、脚本及本体进行介绍,最后再介绍"最新的"知识图谱。而状态空间表示法将在 4.1 节"状态空间搜索"中详细介绍。

3.2 逻辑表示法

本节所说的逻辑特指一阶谓词逻辑(first order predicate logic)。逻辑表示法是最早使用的一种知识表示方法,它具有简单、自然、精确、灵活、模块化的优点。逻辑表示法的推理系统主要采用归结原理,这种推理方法严格、完备、通用,在自动定理证明等应用中取得了成功。逻辑表示法的缺点是难于表达过程性知识和启发性知识,不易组织推理,推理方法在事实较多时易于产生组合爆炸,且不易实现非单调和不确定性的推理。本节主要介绍谓词逻辑的表示,相关推理如归结原理将在第5章"基于符号的推理"中介绍。

3.2.1 一阶谓词逻辑

谓词逻辑的合法表达式也称为合式公式(well-formed formula)或者谓词公式(也可简称为公式)。合式公式是由原子公式、连接词和量词组成的,下面分别加以介绍。

1. 原子公式

首先规定常量、变量、谓词和函数的表示方式(与 Prolog 语言中的规定不一致):常量是字符或数字序列,首字母为大写字母或数字;变量是小写字母与数字的序列,首字母为小写字母;谓词是大写字母序列;函数是字符或数字序列,首字母为大写字母。谓词用来表示真假,而函数用来表示一个对象与另一个对象之间的关系。

原子公式是最基本的合式公式,它由谓词、括号和括号中的项组成,其中项可以是常量、变量和函数。例如"盒子在桌子上"这一事实可以用原子公式表示为:

ON(Box,Table)

其中,Box 和 Table 是常量,表示个体。ON 是谓词,表示 Box 在 Table 上面。再如"张比王的哥哥高"这一事实可以表示为:

TALLER(Zhang,Brother(Wang))

其中,Brother 是函数,Brother(Wang)代表 Wang 的哥哥。另外,项也可以是变量,用于表示不确定的个体。

通常,一个事实可以用多种形式的原子公式表示。例如"盒子是蓝色的"这一事实可以表示成以下三种形式:

BLUE(Box); COLOR(Box,Blue); VALUE(Color,Box,Blue)

对一个合式公式,可以规定其中的谓词、常量和函数与论域中的关系、实体和函数之间的对应关系,从而建立起一个解释(在第5章"基于符号的推理"中将详细介绍解释的定义)。一旦对一个合式公式定义了一个解释,则当该公式在论域对应的语句为真时,该公式就有值"真"(T);当该公式在论域对应的语句为假时,该公式就有值"假"(F)。例如当现实世界的盒子在桌子上时,公式 ON(Box,Table)就为真,而公式 ON(Room,Table)则为假。

2. 连接词

连接词用来组合原子公式以形成较复杂的合式公式。

(1) 合取连接词"∧"表示逻辑与。设 P、Q 为合式公式,则 $P \wedge Q$ 表示 P 与 Q 的合取, P 与 Q 称为合取项。当合取项 P 与 Q 均为真时, $P \wedge Q$ 取值"真",否则取值"假"。例如"盒子在窗户旁边的桌子上"可表示为:

ON(Box,Table) ∧ BY(Table,Window)

(2) 析取连接词"∨"表示逻辑或。设 P、Q 为合式公式,则 $P \vee Q$ 表示 P 与 Q 的析取, P 与 Q 为析取项。当析取项 P 和 Q 至少有一个为真时, $P \vee Q$ 取值"真",否则取值"假"。例如"球是红色的或蓝色的"可表示为:

RED(Ball) ∨ BLUE(Ball)

(3) 连接词"⇒"表示蕴涵。设 P、Q 为合式公式,则 $P \Rightarrow Q$ 称作蕴涵式, P 称为蕴涵式的前项, Q 称为后项。蕴涵式 $P \Rightarrow Q$ 常用于表示 if P then Q。如果后项取值为真或前项取值为假,则蕴涵式的值为真,否则为假。蕴涵式及其前项和后项的真值表如表 3.1 所示。注意,只有前项为真而后项为假时,蕴涵式才为假,其余情况蕴涵式均为真。

表 3.1　蕴涵式的真值表

P	Q	$P \Rightarrow Q$	P	Q	$P \Rightarrow Q$
T	T	T	F	T	T
T	F	F	F	F	T

(4) 符号"¬"表示否定。尽管它不是用来连接两个合式公式的,但也可以称为连接词。设 P 为合式公式,则 $\neg P$ 称为合式公式 P 的否定。当 P 为真时, $\neg P$ 取值"假",当 P 为假时, $\neg P$ 取值"真"。一个原子公式和一个原子公式的否定都称为文字。

如果我们把合式公式限制在上面所举例子的形式,即不出现变量项,则谓词逻辑的这个子集称为命题逻辑。

3. 量化

在合式公式中出现变量的时候,前面可以加量词以说明变量的范围,这种说明称为量化。

谓词逻辑中有两个量词,全称量词和存在量词。设 $P(x)$ 为合式公式,如果在 $P(x)$ 前加以全称量词 $\forall x$(读作对所有的 x),只有在某个解释下对论域中实体 x 的所有可能值 $P(x)$ 都为真时,公式 $(\forall x)P(x)$ 在该解释下才取值"真"。例如"所有的大象都是灰色的"这一事实可表示为:

$(\forall x)[\text{ELEPHANT(x)} \Rightarrow \text{COLOR(x,Gray)}]$

其中 x 是被量化的变量。对被量化的公式,要注意量词的辖域,即量词的作用范围。上式中全称量词 $\forall x$ 的辖域为方括号内的范围。

设 $P(x)$ 为合式公式,如果在 $P(x)$ 前加以存在量词 $\exists x$(读作至少存在一个 x),只要在某个解释下论域中实体 x 至少有一个值使 $P(x)$ 为真,公式 $(\exists x)P(x)$ 在该解释下就取值"真"。例如"有一件东西在桌子上"这一事实可表示为:

$(\exists x)ON(x,Table)$

合式公式中经过量化的变量称为约束变量,否则称为自由变量。在一阶谓词逻辑中,只允许对变量进行量化,不允许对谓词和函数进行量化。

综上所述,合式公式可以定义为以下三类:

(1) 原子公式是合式公式;

(2) 原子公式通过连接词得到的公式称为逻辑公式,逻辑公式是合式公式;

(3) 逻辑公式中的变量被全称量词或存在量词量化后得到的公式是合式公式。

通常将不含自由变量的合式公式称为闭合式公式,而不含任何变量的合式公式称为基合式公式。

4. 合式公式实例

对于复杂的合式公式,可以用各种括号作为合式公式组的分界。例如,"张送给屋里的人每人一件礼物"可以表示为:

$(\forall y)\{[IN(y,Room) \wedge Human(y)] \Rightarrow (\exists x)[GIVE(Zhang,x,y) \wedge Present(x)]\}$

表达方式可以是多种多样的,应根据具体问题的要求采取适当的形式。

5. 合式公式的性质

如果两个合式公式的真值表不论它们的解释如何都是相同的,则称这两个合式公式等价,用≡表示。用真值表可以很容易证明下列公式的等价性。

1) $\neg(\neg X) \equiv X$

2) $X_1 \Rightarrow X_2 \equiv \neg X_1 \vee X_2$

3) 德·摩根定律

$\neg(X_1 \wedge X_2) \equiv \neg X_1 \vee \neg X_2$

$\neg(X_1 \vee X_2) \equiv \neg X_1 \wedge \neg X_2$

4) 分配律

$X_1 \wedge (X_2 \vee X_3) \equiv (X_1 \wedge X_2) \vee (X_1 \wedge X_3)$

$X_1 \vee (X_2 \wedge X_3) \equiv (X_1 \vee X_2) \wedge (X_1 \vee X_3)$

5) 交换律

$X_1 \wedge X_2 \equiv X_2 \wedge X_1$

$X_1 \vee X_2 \equiv X_2 \vee X_1$

6) 结合律

$(X_1 \wedge X_2) \wedge X_3 \equiv X_1 \wedge (X_2 \wedge X_3)$

$(X_1 \vee X_2) \vee X_3 \equiv X_1 \vee (X_2 \vee X_3)$

7) 逆否律

$X_1 \Rightarrow X_2 \equiv \neg X_2 \Rightarrow \neg X_1$

根据量词的含义,也可建立下列公式的等价性:

(1) $\neg(\exists x)P(x) \equiv (\forall x)[\neg P(x)]$

(2) $\neg(\forall x)P(x) \equiv (\exists x)[\neg P(x)]$

（3）$(\forall x)[P(x)\wedge Q(x)]\equiv(\forall x)P(x)\wedge(\forall x)Q(x)$

（4）$(\exists x)[P(x)\vee Q(x)]\equiv(\exists x)P(x)\vee(\exists x)Q(x)$

（5）$(\forall x)P(x)\equiv(\forall y)P(y)$；$(\exists x)P(x)\equiv(\exists y)P(y)$

注意，把（3）和（4）的连接词对换之后等价并不成立。

从（5）可以看出，合式公式中的约束变量用哪一个符号是不重要的，它可以用任意一个不出现在公式中的其他变量符号代替。

3.2.2 谓词逻辑用于知识表示

一阶谓词逻辑为表示现实世界的知识提供了强有力的机制，在很多领域可以得到直接的应用。

1. 形式化的领域

在某些领域中，知识或信息是用对象和它们的属性以及它们之间的关系表示的。这些领域称为形式化的领域，如数学、数据库中的信息等。这种领域中知识和信息可直接表示成一阶谓词逻辑的形式。

假设有一个关系型数据库存储了相邻的国家，如表 3.2 所示。此时可以使用一个谓词来描述这种相邻关系，从而得到所有的关于相邻关系的原子公式：NEIGHBOR(America, Mexico)；NEIGHBOR(America, Canada)；NEIGHBOR(Mexico, Guatemala)；NEIGHBOR(China, NorthKorea)；NEIGHBOR(China, Russia)；NEIGHBOR(China, VietNam)。

表 3.2 相邻国家表示例

国　　家	相 邻 国 家	国　　家	相 邻 国 家
美国	墨西哥	中国	朝鲜
美国	加拿大	中国	俄罗斯
墨西哥	危地马拉	中国	越南

2. 非形式化的领域

上面所讲的关系数据库本身就是一个谓词逻辑理论的模型，因此数据库中的事实与现实世界的映射是直接的。但对大多数领域来讲，这种映射不是很显然的。例如有语句：

John gives a book to Mary(John 给 Mary 一本书)

很显然不能把这个命题作为一个整体，这句话中有意义的基本概念是 John、Mary、book 和 give。很自然就可以把 John、Mary、book 视为对象，而把 give 看作描述它们之间的关系。因此上述语句可表示为：

$(\exists x)[GIVE(John,x,Mary)\wedge BOOK(x)]$

还可以加入原子公式

HUMAN(John)
HUMAN(Mary)

表示 John 和 Mary 都是人。

再如想要表达一个定理"过任意不同两点恰有一条直线":

$$(\forall x)(\forall y)\{[P(x)\wedge P(y)\wedge -E(x,y)] \Rightarrow$$
$$[(\exists z)(L(z)\wedge F(x,y,z)\wedge(\forall w)(L(w)\wedge F(x,y,w)\Rightarrow E(z,w)))]\}$$

其中 $P(x)$ 表示 x 是一个点,$L(z)$ 表示 z 是一条直线,$F(x,y,z)$ 表示直线 z 过点 x 和点 y,$E(x,y)$ 表示 x 和 y 相同。

利用逻辑表示法将知识表示出来之后,就可以利用一些推理的方法进行推理从而得到想要的结果。

3.3 产生式规则表示法

规则的表示具有固有的模块特性,易于实现解释功能,其推理机制接近于人类的思维方式,因此获得了广泛的应用。本节介绍产生式规则的表示方法与基于规则的系统的基本工作方式,对规则推理的深入讨论在后续各章介绍。

1. 产生式系统的构成

产生式系统是人工智能中经常采用的一种计算系统,它的基本要素包括综合数据库(Global Database)、产生式规则(Production Rules)和控制系统(Control System)。

综合数据库是产生式系统所使用的主要数据结构,用来描述问题的状态。在问题求解中,它记录了已知的事实、推理的中间结果和最终结论。

产生式规则的作用是对综合数据库进行操作,使综合数据库发生变化。产生式规则的一般形式是:

if <前提> then <动作>(或<结论>)

规则的前提部分是能和综合数据库匹配的任何模式,通常允许包含一些变量,这些变量在匹配过程中可能以不同的形式被约束。一旦匹配成功,则执行规则的<动作>部分。<动作>部分可以是使用约束变量的任一过程,也可以得出某一<结论>。

控制系统的功能包括:

(1) 根据综合数据库的当前状态查找可用的规则;

(2) 在可用规则集中选择一条当前应用的规则;

(3) 执行选出的规则,规则作用于综合数据库,使之发生变化。

控制系统再根据综合数据库新的状态选择一条规则作用于综合数据库,形成一个"识别-动作"循环,直至综合数据库的状态满足了结束条件或无可用规则为止。

产生式系统与一般计算系统相比具有以下特点:综合数据库是全局性的,可被所有的规则访问;规则之间不能互相调用,它们之间的联系只能通过综合数据库进行。产生式系统的特点使得对综合数据库、产生式规则和控制系统的修改可以独立进行,因此适合于人工智能的应用。

产生式系统的基本工作过程可表示为:

```
过程 PRODUCTION
    DATA = 初始数据库
    until DATA 满足结束条件 do
        在规则集合中,选择一条可应用于 DATA 的规则 R
        DATA = R 应用到 DATA 得到的结果
    end until
end 过程
```

在上述过程中,DATA 指综合数据库,选择规则 R 可以有不同的方法,由此对应不同的控制系统。

目前,产生式系统与初期的系统相比,已有了很大发展,广泛应用于基于知识的系统中,一般称为基于规则的系统。下面介绍两个用产生式系统表示问题的例子。

2. 八数码游戏

在一个有三行三列共九个格子的棋盘上,在其中八个格子上放着写有数字的方块。允许的动作是把空格旁边的一个数字方块移到空格处,最终目标是将初始的布局(状态)改变成目标布局(状态)。图 3.1 给出了一个初始布局和一个目标布局。要解决的问题就是确定一个方块移动的序列,使初始布局改变为目标布局。

要用产生式系统解决这个问题,需要规定综合数据库、一组产生式规则和控制策略。把一个问题的描述转化为产生式系统的三个部分,正是知识表示需要完成的任务。

2	8	3
1	6	4
7		5

初始状态

1	2	3
8		4
7	6	5

目标状态

图 3.1 八数码游戏例子

首先,用一个 3×3 的矩阵来表示棋盘的布局,称为状态描述。图 3.1 中的初始布局和目标布局可表示为:

$$\begin{bmatrix}2 & 8 & 3\\1 & 6 & 4\\7 & 0 & 5\end{bmatrix}\begin{bmatrix}1 & 2 & 3\\8 & 0 & 4\\7 & 6 & 5\end{bmatrix}$$

初始数据库就是问题的初始状态描述。每移动一个数字方块,状态描述就变化一次,初始数据库添加每次变化后产生的状态描述构成了综合数据库。

然后需要规定产生式规则。为简化起见,可以把移动数字方块表述为移动空格。这样,移动空格的不同方向就构成了不同的产生式规则。由于每个空格移动方向都有先决条件,例如空格上移的先决条件就是空格不在最上边的一行,因此产生式规则可表示为:

(1) if 空格不在最上一行 then 空格上移;

(2) if 空格不在最下一行 then 空格下移;

(3) if 空格不在最左一列 then 空格左移;

(4) if 空格不在最右一列 then 空格右移。

最后确定控制系统。控制系统的目标是不断选择合适的产生式规则作用于综合数据库,改变综合数据库的状态,直至产生了目标描述为止。这时,施行过的产生式规则的序列就是问题的解。显然,就八数码游戏而言,解不是唯一的。因此我们还可以附加一些约束条件,例如求一个移动方块次数最少的解。一般来讲,可以为每个规则应用规定一个耗散值(cost),一个解的耗散值就是解的每步规则应用的耗散值之和。问题可规定为要求耗散值最小的解。

3. 传教士和野人问题

河的左岸有 N 个传教士和 N 个野人准备渡河,河岸有一条渡船,每次最多可供 K 人渡河。为安全起见,在任何时刻河两岸以及船上的野人数目不得超过传教士的数目。求渡河的方案。

下面将 $N=3$,$K=2$ 的情况表示成产生式系统要求的形式。由于河的两边传教士的总数、野人的总数和船的总数是固定的,因此只需表示河某岸边的状态而非两岸的状态。为此设左岸的传教士数目为 m,左岸的野人数目为 c,左岸的渡船数目为 b(b 取 0 或 1)。渡河过程的状态可以用三元组 (m,c,b) 表示。问题的初始状态和目标状态可表示为 $(3,3,1)$ 和 $(0,0,0)$。

对于 $N=3$ 的情况,状态空间总数为 $4\times4\times2=32$。但是为了满足约束条件,只有满足下列条件之一时,状态才是合法的

(1) $m=0$;

(2) $m=3$;

(3) $m=c$。

系统的综合数据库记录上述状态描述,而产生式规则应对应于摆渡操作。设 P_{mc} 表示将 m 个传教士和 c 个野人从左岸送到右岸的规则,Q_{mc} 表示将 m 个传教士和 c 个野人从右岸送到左岸的规则,则规则集合为

$$R=\{P_{01},P_{10},P_{11},P_{02},P_{20},Q_{01},Q_{10},Q_{11},Q_{02},Q_{20}\}$$

考虑到约束条件,规则集应如表 3.3 所示。

表 3.3 传教士和野人问题规则表

规 则	条 件	动 作
P_{01}	$b=1$,$(m=0)$或$(m=3)$,$c\geqslant1$	$b=0$,$c=c-1$
P_{10}	$b=1$,$(m=1,c=1)$或$(m=3,c=2)$	$b=0$,$m=m-1$
P_{11}	$b=1$,$m=c$,$c\geqslant1$	$b=0$,$m=m-1$,$c=c-1$
P_{02}	$b=1$,$(m=0)$或$(m=3)$,$c\geqslant2$	$b=0$,$c=c-2$
P_{20}	$b=1$,$(m=3,c=1)$或$(m=2,c=2)$	$b=0$,$m=m-2$
Q_{01}	$b=0$,$(m=0)$或$(m=3)$,$c\leqslant2$	$b=1$,$c=c+1$
Q_{10}	$b=0$,$(m=2,c=2)$或$(m=0,c=1)$	$b=1$,$m=m+1$
Q_{11}	$b=0$,$m=c$,$c\leqslant2$	$b=1$,$m=m+1$,$c=c+1$
Q_{02}	$b=0$,$(m=0)$或$(m=3)$,$c\leqslant1$	$b=1$,$c=c+2$
Q_{20}	$b=0$,$(m=0,c=2)$或$(m=1,c=1)$	$b=1$,$m=m+2$

建立了综合数据库和产生式规则后，就可以选择合适的控制策略进行求解。

控制系统是决定产生式系统工作效率的关键问题，其中规则的选择和应用涉及搜索技术和推理技术，这将在后续章节详细讲述。

3.4　语义网络表示法

3.4.1　语义网络的结构

语义网络是一种有向图，它由结点和结点之间的弧组成。结点用于表示物理实体、概念或状态，弧表示它们之间的相互关系。由于语义网络中可能会用结点表示谓词，因此语义网络中所有常量和谓词都用大写字符序列表示。

例如，图 3.2 是描述"我的椅子"（MY-CHAIR）的一个语义网络。其中，结点 MY-CHAIR 以上的部分表示"我的椅子是一个椅子""椅子是一种家具""座部是椅子的一部分"。结点 MY-CHAIR 以左的部分表示"我的椅子的所有者是我""我是一个人"。结点 MY-CHAIR 以右的部分表示"我的椅子的颜色是棕褐色""棕褐色是一种褐色"。结点 MY-CHAIR 以下的部分表示"我的椅子的覆盖物是皮革"。

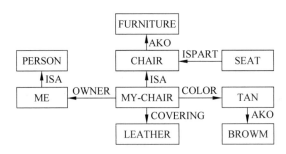

图 3.2　表示"我的椅子"的语义网络

图中 ISA 和 AKO 是语义网络中常用的关系。ISA 表示某一个体是某一集合的一个元素，读为"是……的一个实例"，如"我的椅子是一个椅子"。AKO 是 A-KIND-OF 的缩写，表示一个集合是另一个集合的子集合，如"椅子是一种家具"。有的语义网络可以用 ARE 代替 AKO。图中的关系 ISPART、OWNER、COLOR 与 COVERING 分别表示"是一部分""所有者是""颜色是"与"覆盖物是"。

一般可将两个对象的关系划分为四类：

（1）从属关系，如 ISA 与 AKO 分别表示一个对象是另一个对象的实例或类型。

（2）包含关系，如 ISPART 表示一个对象是另一个对象的一部分。

（3）属性关系，如 OWNER 和 COLOR 分别表示一个对象的所有者和颜色属性。

（4）位置和时间关系，如使用 BEFORE 和 LOCATE 分别表示之前以及位于的关系。

语义网络表示一元关系和二元关系都非常方便，例如"JOHN 是人"表示成一元谓词是 PERSON（JOHN），用语义网络表示则可以表示为 JOHN $\xrightarrow{\text{ISA}}$ PERSON，构造一个 PERSON 结点表示一元谓词 PERSON。此时 ISA（JOHN，PERSON）与 PERSON（JOHN）等价。而"球的颜色是红色的"表示成二元谓词是 COLOR（BALL，RED），用语义网络则可表示为 BALL $\xrightarrow{\text{COLOR}}$ RED。那么如何表示多元关系？语义网络本质上只能表示二元关系,因此需要对多元关系进行分解,分解成多个二元甚至一元关系,然后用语义网络表示。

回想 3.2.2 节"谓词逻辑用于知识表示"John gives a book to Mary 的谓词逻辑表示为:

```
(∃x)[GIVE(John,x,Mary) ∧ BOOK(x)]
```

可以拆分为多个谓词,对应的语义网络见图 3.3。

图 3.3 "John 给 Mary 一本书"的语义网络表示

3.4.2 连接词的表示

在语义网络中,如果一个结点连有多个弧,在不加说明的情况下,各个弧之间是合取关系。为了表示析取关系,可以用封闭的虚线作为析取界线并标注 DIS。例如表达式 ISA(A,B) ∨ AKO(B,C)可表示成图 3.4(a)的形式。对于嵌套的合取与析取关系,也可以用嵌套的封闭虚线表示,在内层的合取封闭虚线应注明 CONJ。例如语句 John is a programmer or Mary is a lawyer(John 是一个程序员或 Mary 是一个律师)的语义网络如图 3.4(b)所示。关系 PROFESSION 表示该职业的具体职业内容,关系 WORKER 表示该职业的工作者。

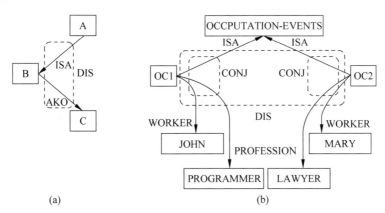

图 3.4 语义网络表示合取与析取示例

对于非的关系,可以用带有 NEG 的封闭虚线表示。例如表达式 ¬[ISA(A,B) ∧ AKO(B,C)]可以用图 3.5(a)所示的语义网络表示。类似,蕴涵关系可以用一对连接在一起的封闭虚线表示,其中前项标以 ANTE,后项标以 CONSE。例如语句 If X is a person then X has a father.(X 如果是人就必然有父亲)可以用图 3.5(b)所示的语义网络表示。规定了上述表示,就可以在语义网络中进行推理。

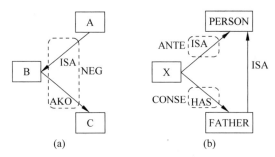

图 3.5 语义网络表示否定与蕴涵示例

3.4.3 继承性

所谓继承性是指对某一集合的特征的描述也适用于该集合的子集合或该集合的个体的描述。在语义网络中,继承性是通过表示层次关系的 ISA 和表示集合关系的 AKO 两个关系实现的。由于关系 ISA 和 AKO 具有传递性所以能够表示继承。在图 3.6 所示的关于动物分类的语义网络中,"吸入(uptake)氧气(oxygen)"是动物(animals)的特征,该特征可由动物的子类哺乳动物(mammals)及哺乳动物的子类大象(elephants)继承。由于大象 Clyde 是大象的一个个体,因此它也可以通过继承得到该特性。同样,大象 Clyde 还可以通过继承得到哺乳动物的特性"血液温度(blood-temp)暖和(warm)"。还可以通过继承得到大象的特性"颜色(color)为灰色(gray)""纹理(texture)为多皱(wrinkled)"以及"喜欢的食物(favorite-food)是花生(peanuts)"等。

利用继承性可以大大减少存储量。虽然不使用继承性而通过规则推理也可以达到减少存储量的效果,但是利用继承性显然具有较高的效率。

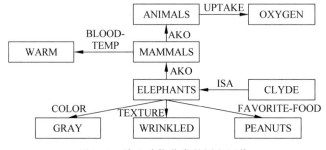

图 3.6 关于动物分类的语义网络

3.5 框架与脚本表示法

3.5.1 框架表示法

框架是一种通用的数据结构,适于表达多种类型的知识,被广泛应用于专家系统的知识表示。

框架通常用于描述具有固定形式的对象。一个框架(frame)由一组槽(slots)组成,每个槽表示对象的一个属性,槽的值(fillers)就是对象的属性值。一个槽可以由若干个侧面(facet)组成,每个侧面可以有一个或多个值(values)。一个汽车框架如下所示:

```
name: 汽车
super－class: 运载工具
sub－class: 小轿车,SUV,客车,小货车
number－of－tyre:
    value－class: 整数
    default: 4
    value: 未知
length:
    value－class: 浮点数
    unit: 米
    value: 未知
… …
```

其中,name 是框架名,槽 super-class 和 sub-class 分别表示该对象的超类和子类,各个框架之间可通过超类子类关系和成员关系形成一个层次结构。number-of-tyre 和 length 都是槽,划分为多个侧面。

框架一般表示为如下形式:

```
name: 框架名
super－class: 超类
sub－class: 子类
槽 1:
    侧面 11: 侧面值 11,侧面值 12
    侧面 12: 侧面值 13,侧面值 14,侧面值 15
    侧面 13: 侧面值 16
槽 2:
    侧面 21: 侧面值 21
    侧面 22: 侧面值 22,侧面值 23
… …
```

一个框架可以有多个槽,每个槽可以有多个侧面,每个侧面又可以有一个或多个侧面值。侧面值可以是各种类型的数据,包括数值、字符串等。常用的侧面有:

```
Value: 属性的值
type(或 value－class): 属性值的类型
range: 属性值的取值范围
default: 属性值的默认值
```

框架的槽还可以附加过程,称为过程附件(procedural attachment),包括子程序和某种推理过程,这种过程也以侧面的形式表示。附加过程根据其启动方式可分为两类。一类是自动触发的过程,称为"精灵"(demon),这类过程一直监视系统的状态,一旦满足条件便自动开始执行。另一类是受到调用时触发的过程,称为"服务者"(servant),用以完成特定的动作和计算。

常用的自动触发型过程有三种类型。第一种是 if-needed 侧面,在需要槽值而该槽无值且无默认值可用时,自动调用此侧面的过程,并将求值结果作为该槽的值。第二种是 if-added 侧面,当槽增加一个值后,自动执行此侧面的过程。第三种是 if-removed 侧面,当删除一个槽值后,自动执行此侧面的过程。

框架用于知识表示有如下优点:

(1)框架可为实体、属性、关系和默认值等提供显式的表示,其中提供默认值特别重要,它相当于人类根据以往的经验对情况的预测,非常适合于表示常识性知识(commonsense knowledge)。在推理过程中遇到不知道的情况,可用默认值代替,这样比较接近人类的推理。

(2)容易附加过程信息。槽的过程附件不仅提供了附加的推理机制,还可进行矛盾检测,用于知识库的一致性维护。

(3)框架的层次结构提供了继承特性。框架的属性及附加过程都可以从高层次的框架继承下来。与语义网络类似,应用继承性可以实现高效的推理。

3.5.2　脚本表示法

脚本(script)类似于框架结构,用于表示固定的事件序列,如去电影院看电影、超级市场购物、在饭馆就餐、到医院看病等。

脚本主要包括以下成分:

(1)线索(track),这个脚本所表示的普遍模式的某一变形,同一脚本的不同线索共享很多但不是全部的成分。

(2)角色(roles),脚本描述的事件中可能出现的人物。

(3)进入条件(entry conditions),脚本描述的事件能够发生的前提条件。

(4)道具(props),脚本描述的事件中可能出现的物体。

(5)场景(scene),描述实际发生的事件序列。

(6)结果(results),脚本所描述的事件发生后产生的结果。

下面是一个超级市场的脚本的例子。脚本中有 4 个场景,对应于在超级市场购物时通常发生的事件。

```
脚本名称: 食品市场
线索: 超级市场
角色: 顾客,服务员,其他顾客
进入条件: 顾客需要食品,食品市场开门
道具: 购物车,货架,食品,收款台,钱
场景 1: 进入市场
        顾客进入市场,顾客移动购物车
场景 2: 选取食品
        顾客移动购物车通过货架,顾客注意到食品,顾客把食品放入购物车
场景 3: 结账
        顾客走到收款台,顾客排队等待,顾客准备钱,顾客把钱交给服务员,服务员把食品袋交给
        顾客
场景 4: 离开市场
        顾客离开市场
结果: 顾客减少了钱,顾客有了食品,市场减少了食品,市场增加了钱
```

由于脚本具有人们通常使用的知识,因此可以为给定的情况提供期望的情景。利用脚本进行推理是从根据当前情况创建一个部分填充的脚本开始的。根据当前情况可以找到一

个匹配的脚本,与当前情况的匹配程度可根据脚本名称、进入条件及其他关键字计算。推理过程就是填充槽的过程。例如,已知 Joe 进入市场及 Joe 把钱交给服务员。根据已知的脚本,就可以推断出 Joe 需要食品,进入市场,把食品放入购物车,把钱交给服务员,离开市场等一系列动作,并推断出 Joe 有了食品,但减少了钱等结果。

脚本的形式比框架的形式应用范围窄,但适用于理解自然语言,特别是故事情节。

3.6　本体

本体(ontology)这一术语起源于哲学,1991 年美国 USC 大学的 Neches 等首次在知识表示中采用本体的概念,合作者 Gruber 于 1993 年明确定义"本体是概念化的一个显式规范说明",Borst 于 1997 年在其博士论文中定义"本体是共享概念化的一个形式化规范说明",而 1998 年 Studer 等则认为"本体是共享概念化的一个形式化显式规范说明"。可以看出对于本体的定义是逐渐递进的,根据 Studer 等的定义本体包含四层含义:

(1) 形式化(formal),本体必须是计算机可读的。

(2) 显式(explicit),涉及的概念化及其约束都有显式定义。

(3) 共享(share),本体中的知识是相关领域共同认知的知识。

(4) 概念化(conceptualization),概念化是对被描述世界的抽象与简化视图,是三元组 $<D,W,R>$,其中 D 是论域,W 是论域上的全关系,$<D,W>$ 称为领域空间,R 是领域空间上的概念关系的集合。简言之概念化是定义在领域空间上的某些概念关系的集合。

本体的目标是抽取相关领域的知识,提供对该领域知识的共同认知,确定该领域内的公共词汇(术语),并从不同层次的形式化模式上给出这些词汇之间相互关系的明确定义。

3.6.1　本体的组成与分类

一个完整的本体通常应该包含概念(或类)、关系、函数、公理和实例五种基本元素。

(1) 概念,用于描述领域内的实际概念,既可以是具体事物也可以是抽象概念。

(2) 关系,用于描述领域中概念之间的关系,基本的关系包括 part-of、kind-of、instance-of、attribute-of,分别用于描述整体与部分、子类与超类、类与实例以及某概念是另一概念的属性。

(3) 函数,是一种特殊的关系,n 元函数表示某概念与其他 n 个概念存在的对应关系,如二元函数 $line(x,y)$ 表示经过点 x 和 y 的直线。所有函数都可以用关系替代,如 $z=line(x,y)$ 可以改写成 $line\_rs(x,y,z)$,当 z 经过点 x 和 y 时关系 $line\_rs(x,y,z)$ 成立。显然 n 元函数都可用某个 $n+1$ 元关系替代,反之则不一定。

(4) 公理,领域中任何条件下公理的取值都为真。

(5) 实例,属于某个概念(或类)的具体实体。

从语义上看实例表示的就是对象,而概念(或类)表示的是对象的集合,关系和函数则对应于对象元组的集合。概念的描述一般采用框架结构,包括概念的名称、与其他概念之间关系的集合以及自然语言对该概念的描述。

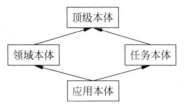

图 3.7 本体分类层次图

从不同的角度出发,存在多种对本体的分类标准。Guarino 按照本体的依赖程度将常用的本体分为下列四种类型,其层次关系如图 3.7 所示。

(1) 顶级本体,描述最普通的概念,包括知识的本质特征和基本属性。

(2) 领域本体,针对一个特定领域,描述在该领域中可重用的概念、属性、关系及其约束。

(3) 任务本体,任务本体与领域本体处于同一层次,定义通用的任务或推理活动,描述具体任务中的概念及其关系。

(4) 应用本体,描述依赖于特定领域和具体任务的概念,这些概念在该领域中执行某些任务时有重要意义。

而 Perez 和 Benjamins 在分析各种分类方法基础上,将本体归结为 10 种类型:知识表示本体、普通本体、顶级本体、元(核心)本体、领域本体、语言本体、任务本体、领域-任务本体、方法本体和应用本体,但是这些类型之间界限不够明确,10 种本体之间存有交叉。

3.6.2 本体的建模

1. 建模方法

构建一个本体可以分为两个阶段,第一阶段用自然语言和图表来表示本体的各个组成要素,这个阶段称为非形式化阶段,成果是本体原型。第二阶段需要利用某种建模语言对本体模型进行编码,形成一个形式化的、无歧义的本体。

建模方法包括 IDEF-5 法、骨架法、TOVE 法、METHONTOLOGY 法、101 法等。每种方法都有各自的适用领域,也有各自的优缺点。

(1) IDEF-5 法将本体构建划分为 5 个步骤:确定本体构建的目标并划分成若干任务;收集数据;分析数据;构建初始本体;优化本体。

(2) 骨架法的流程见图 3.8。

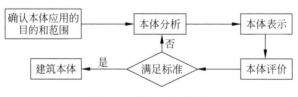

图 3.8 骨架法流程图

(3) TOVE 法的流程如图 3.9 所示,其中形式化是通过一阶谓词逻辑实现的。

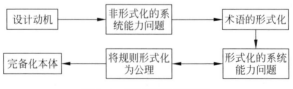

图 3.9 TOVE 法流程图

(4) METHONTOLOGY 法主要用于构建化学本体,包括规范说明、知识获取、概念化、集成、实现、评估以及文档等步骤。

(5) 101 法,主要用于领域本体的构建。包括七个步骤:①确定本体的领域和范畴;②考虑现有本体是否能够复用;③列举本体的重要术语;④定义类及其层次体系;⑤定义类的属性——槽;⑥定义槽的侧面;⑦创建实例。

2. 描述语言

本体语言允许用户为领域模型编写明确的形式化概念,需要包括:定义明确的语法;定义明确的语义;有效的推理机制;充分的表达能力以及便利的表达方式。本体语言包括 RDF(或 RDFS)、OIL、DAML、OWL、KIF、SHOE、XOL 等,目前 OWL(Web Ontology Language)使用较为广泛,下面简单介绍 OWL 的基础,包括 XML、RDF(或 RDFS),3.6.3 节"OWL"将再详细介绍 OWL 语言。

1) XML

XML(eXtensible Markup Language,可扩展标记语言)是一种机器可读文档的规范,与平台无关,广泛应用于互联网的数据存储和传输。一个 XML 文档形成一种树结构,包含根元素及其子元素,而每个子元素又可以拥有子元素,如表示一个书店的 XML 文档:

```
<?xml version = "1.0" encoding = "gb2312"?>
< bookstore >
< book category = "AI">
    < title lang = "zh-cn">人工智能与知识工程</title>
    < author >田盛丰,黄厚宽</author >
    < year > 1999 </year >
    < price > 29.40 </price >
</book >
< book category = "PROGRAMMING">
    < title lang = "en">Practical Common Lisp </title>
    < author > Peter Seibel </author >
    < year > 2005 </year >
    < price > 58.28 </price >
</book >
</bookstore >
```

其中 book 是 bookstore 的子元素,而 title、author、year 和 price 是 book 的子元素,category 和 lang 分别是 book 和 title 元素的属性,用于表示分类和语言。

DTD(Document Type Definition)用来对 XML 文档结构进行验证,一个 DTD 文档包含元素的定义规则、元素之间的关系规则以及属性的定义规则。而 XML Schema 提供比 DTD 更强大的功能,数据类型更为完善,并且支持命名空间。上述 XML 文件的 XML Schema 如下所示:

```
< xs:schema xmlns:xs = "http://www.w3.org/2001/XMLSchema" elementFormDefault = "qualified">
    < xs:element name = "bookstore">
        < xs:complexType >
            < xs:sequence >
                < xs:element maxOccurs = "unbounded" ref = "book"/>
```

```
      </xs:sequence>
    </xs:complexType>
  </xs:element>
  <xs:element name = "book">
    <xs:complexType>
      <xs:sequence>
        <xs:element ref = "title"/>
        <xs:element ref = "author"/>
        <xs:element ref = "year"/>
        <xs:element ref = "price"/>
      </xs:sequence>
      <xs:attribute name = "category" use = "required" type = "xs:NCName"/>
    </xs:complexType>
  </xs:element>
  <xs:element name = "title">
    <xs:complexType mixed = "true">
      <xs:attribute name = "lang" use = "required" type = "xs:NCName"/>
    </xs:complexType>
  </xs:element>
  <xs:element name = "author" type = "xs:string"/>
  <xs:element name = "year" type = "xs:integer"/>
  <xs:element name = "price" type = "xs:decimal"/>
</xs:schema>
```

2) RDF

尽管 XML 文件提供了一种良好的存储数据的方式,但是由于其不具有语义描述能力,因此 W3C 组织(World Wide Web Consortium,万维网联盟)提出 RDF 用于克服 XML 的局限。RDF(Resource Description Framework,资源描述框架)是一种描述资源信息的框架,可用于表达关于任何可在 Web 上被标识的事物的信息,其核心是资源、属性、声明。其中资源可指任何事物,包括文档、物理对象和抽象概念等,RDF 中每个资源都拥有一个统一资源标识符(Universal Resource Identifier,URI),该标识符是一个字符串。属性用来描述某个资源的特征与性质或者资源之间的联系,属性也可以使用 URI 来标识。声明用来描述某个资源特定属性及其属性值,声明中属性的资源、属性名和值分别称为主体(Subject)、谓词(Predicate)和客体(Object)。RDF 的核心是< Subject,Predicate,Object >三元组,如表 3.4 所示就是一个三元组。

表 3.4　三元组示例

Subject	Predicate	Object
http://www.w3.org/	http://purl.org/dc/elements/1.1/title	"World Wide Web Consortium"

该三元组的含义为:

```
The title of http://www.w3.org/ is "World Wide Web Consortium"
```

其中 http://purl.org/dc/elements/1.1/title 表示都柏林核心元数据倡议(Dublin Core Metadata Initiative,一种元数据的规范)中预定义的文档 title 属性,也可以使用其他数据规范。该三元组也可以用 XML 文件表示为:

```
< rdf:RDF xmlns:rdf = "http://www.w3.org/1999/02/22- rdf - syntax - ns♯"
  xmlns:dc = "http://purl.org/dc/elements/1.1/">
  < rdf:Description rdf:about = "http://www.w3.org/">
    < dc:title > World Wide Web Consortium </dc:title >
  </rdf:Description >
</rdf:RDF >
```

除了 XML 文件之外,还可以使用 N-Triples、Turtle 等方式存储 RDF 数据。

随着表示内容的变换,三元组中的三个要素可能会改变其在三元组中的作用,某个三元组的主体可能是另一个三元组的客体,某个三元组整体又可能是其他三元组的主体等。因此通过各个三元组之间的关系可以描述知识。

尽管 RDF 可以使用 XML 语言存储,但是二者存在很多区别:XML 是可扩展语言,而 RDF 只利用三元组表示二元关系;XML 固定为树状文本,而 RDF 可以采用其他灵活的方式来存储数据;XML 注重的是语法,对于语义并不关注,而 RDF 的三元组形式从本质上决定了 RDF 更适合用于描述语义。

3) RDFS

RDF 关注的是< Subject,Predicate,Object >三元组,即资源与资源之间的关系,但是并未对资源及关系进行限制或约束,这在表示知识时还有所欠缺。例如 The father of Zhang is Xiaoqiang 很容易表示成合法的三元组,但是如果 Zhang 是一个人,而 Xiaoqiang 指的是蟑螂时,这个三元组虽然从语法上成立但语义上存在矛盾。如果能够对 father 所取的值有所限制,限制为类别 person,或者更进一层为类别 man,就不会出现这种语义矛盾。RDFS 的引入正可以解决此类问题。

RDFS(RDF Schema)定义了一种模式定义语言,提供了一个定义在 RDF 上抽象的词汇集,主要包括:rdf:Class 类表示关于资源的所有类的集合;rdfs:subClassOf 类表示一个类的父类;rdf:Property 类表示 RDF 属性的类;rdfs:range 与 rdfs:domain 都是 rdf:Property 类的一个实例,前者用于表示属性的取值范围(即值域),而后者用于表示具有该属性的资源取值范围(即定义域)。对于上述例子可以限定谓词 father 的主体为 person,而客体为 man:

```
< rdfs:domain rdf:resource = "♯person"/>
    < rdfs:range rdf:resource = "♯man"/>
```

其中 man 定义为 person 的子类。

3.6.3 OWL

OWL 是由 W3C 组织定义的一种本体语言,用于表示语义 Web 中关于事物的知识和事物之间的关系。如前所述,RDF(或 RDFS)也能够表示 Web 中事物的知识与相互关系,但是 RDF(或 RDFS)在表示知识时存在一些不足之处,如无法确定两个属性是否等价、无法定义两个集合相交或不相交、无法对值域进行进一步限制(如限定一个人只有两个父母)等。因此 W3C 于 2004 年正式提出了 OWL 语言,并于 2009 年得到了修订和扩展。根据 W3C 的定义,OWL 是定义在 RDF(或 RDFS)之上的一种知识表示语言,包含了三个表达能力递增的子语言,分别是 OWL Lite、OWL DL 和 OWL Full,它们之间的区别如表 3.5 所示,其中 OWL DL 中的 DL 表示描述逻辑(description logics)。

表 3.5　OWL 的三种子语言

子语言	描　　述	例　　子
OWL Lite	提供给那些只需要一个分类层次和简单属性约束的用户	允许支持基数(cardinality),但只允许基数为 0 或 1
OWL DL	支持那些需要在推理上拥有最大表达能力的用户,同时保留计算的完备性和可判定性	一个类可以是多重继承的子类,但不能是另外一个类的实例
OWL Full	支持需要最强的表达能力和 RDF 语法自由的用户,但没有可计算性的保证	一个类既可以是许多个体的一个集合,同时还可以是一个个体

在表达能力和推理能力上,每个子语言都是其之前的子语言的扩展,各个子语言的关系如下所示:

(1) 每个合法的 OWL Lite 本体都是一个合法的 OWL DL 本体;

(2) 每个合法的 OWL DL 本体都是一个合法的 OWL Full 本体;

(3) 每个有效的 OWL Lite 结论都是一个有效的 OWL DL 结论;

(4) 每个有效的 OWL DL 结论都是一个有效的 OWL Full 结论。

用户在选择使用哪种子语言时主要考虑:

(1) 选择 OWL Lite 还是 OWL DL 主要取决于用户需要 OWL DL 提供的表达能力的程度;

(2) 选择 OWL DL 还是 OWL Full 主要取决于用户有多需要 RDFS 的元模型机制(如定义关于类的类以及为类赋予属性);

(3) 相较于 OWL DL,OWL Full 对推理的支持并不完整。

OWL Full 子语言可以看成是对 RDF 的扩展,而另外两个子语言是对 RDF 受限版本的扩展。每个 OWL 文档都是一个 RDF 文档,而所有的 RDF 文档都是一个 OWL Full 文档,并且只有一部分 RDF 文档是合法的 OWL Lite 或 OWL DL 文档。因此将 RDF 文档迁移到 OWL 时,需要注意是否合法。

1. 命名空间

与其他语言类似,OWL 同样有命名空间的概念,可以在不同的命名空间中使用相同的名字代表不同的对象。一个典型的本体以命名空间开始,这些命名空间包含在 rdf:RDF 标签中。如:

```
< rdf:RDF
    xmlns    = "http://www.w3.org/TR/owl-guide/wine#"
    xmlns:vin = "http://www.w3.org/TR/owl-guide/wine#"
    xml:base = "http://www.w3.org/TR/owl-guide/wine#"
    xmlns:food = "http://www.w3.org/TR/owl-guide/food#"
    xmlns:owl = "http://www.w3.org/2002/07/owl#"
    xmlns:rdf = "http://www.w3.org/1999/02/22-rdf-syntax-ns#"
    xmlns:rdfs = "http://www.w3.org/2000/01/rdf-schema#"
    xmlns:xsd = "http://www.w3.org/2001/XMLSchema#"      >
```

其中,xmlns 是缺省命名空间,也就是当前本体中出现没有前缀的标签时所引用的命名空间;xmlns:vin 和 xmlns:food 分别说明了当前本体中前缀为 vin 和 food 的命名空间;xml:base 说明该本体的基准 URI;xmlns:owl 说明前缀为 owl 的命名空间,是一个常规的命名空间,用于引入 OWL 词汇;xmlns:rdf 说明以 rdf 为前缀的命名空间,用于引入 RDF 定义的词汇;xmlns:rdfs 和 xmlns:xsd 分别说明 RDFS 和 XML Schema 数据类型命名空间。

可以在本体定义之前的文档类型定义中添加实体定义,用于说明命名空间,如:

```
<!DOCTYPE rdf:RDF [
    <!ENTITY vin "http://www.w3.org/TR/owl-guide/wine#" >
    <!ENTITY food "http://www.w3.org/TR/owl-guide/wine#" >]>
```

因此,上述命名空间的前四条即可改为:

```
xmlns     = "&vin;"
xmlns:vin = "&vin;"
xml:base  = "&vin;"
xmlns:food = "&food;"
```

2. 本体头部

有了命名空间之后,就可以如下断言的集合开始本体的构建:

```
<owl:Ontology rdf:about = "">
    <rdfs:comment>An example OWL ontology</rdfs:comment>
    <owl:priorVersion rdf:resource = "https://www.w3.org/TR/owl-guide/wine"/>
    <owl:imports rdf:resource = "https://www.w3.org/TR/owl-guide/food"/>
    <rdfs:label>Wine Ontology</rdfs:label>
    … …
```

其中 owl:Ontology 用来收集关于当前文档的 OWL 元数据。rdf:about 属性为本体提供一个名称或引用,如果值为"",则该名称默认为前述基准 URI;rdfs:comment 为本体添加注解;owl:priorVersion 是一个标准标签,用来为版本控制系统提供相关信息,指出历史版本的链接;owl:imports 提供了引入机制,只接受一个用 rdf:resource 属性标识的参数;rdfs:label 用自然语言为该本体进行标注。最后以</owl:Ontology>结束上述断言集合。

3. 类和个体

OWL 本体中的大部分元素与类(class)、属性(property)、类的实例(instance)以及这些实例间的关系有关。对于本体的运用往往与个体的推理能力有关,因此需要引入一种机制描述个体所属的类以及这些个体通过类成员关系继承到的属性。尽管本体允许为个体声明特定的属性,但是本体的推理能力往往表现为基于类层次关系的推理。因此,类及子类是 OWL 中非常重要的概念。

为了区分一个类是作为对象还是作为包含元素的集合,称后者为该类的外延(extension)。

无需显式声明,用户自定义类都是 owl:Thing 的子类。要定义特定领域的根类,只需将它们声明为一个具名类(named class)即可,OWL 也可以定义空类 owl:Nothing。例如在制酒业的三个根类定义如下：

```
< owl:Class rdf:ID = "Winery"/>
< owl:Class rdf:ID = "Region"/>
< owl:Class rdf:ID = "ConsumableThing"/>
```

目前仅仅用了 ID 为上述根类命名，并没有指定这些类的成员等信息。rdf:ID 属性类似于 XML 中的 ID 属性，可以在文档中通过♯Region 引用 Region 类，而在其他本体中则需要通过全名 http://www.w3.org/TR/owl-guide/wine♯Region 引用。也可以采用 rdf:about = "♯Region"替换上述第二行引入一个类，尤其是在分布式本体中其他本体需要引用这个类的话，采用 rdf:about="&ont;♯x"的方式。

OWL 中通过 rdfs:subClassOf 构造子类，子类是可传递的，如 PotableLiquid 是 ConsumableThing 的子类：

```
< owl:Class rdf:ID = "PotableLiquid">
  < rdfs:subClassOf rdf:resource = "♯ConsumableThing" />
  … …
</owl:Class >
```

在一个类的定义中包含两个部分：命名或引用以及限制，subClassOf 就是一种限制。下面定义了类 Wine，它是 PotableLiquid 类的子类。

```
< owl:Class rdf:ID = "Wine">
  < rdfs:subClassOf rdf:resource = "&food;PotableLiquid"/>
  < rdfs:label xml:lang = "en">wine</rdfs:label >
  < rdfs:label xml:lang = "fr">vin</rdfs:label >
  ...
</owl:Class >
```

rdfs:label 提供了人类可读的名称，lang 属性表明支持多语言。

除了类之外，还需要描述它们的成员，即个体。个体通过如下方式声明为类中的一个成员：

```
< Region rdf:ID = "CentralCoastRegion" />
```

也可采用 rdf:about 声明，下列方式与上述语句等价：

```
< owl:Thing rdf:ID = "CentralCoastRegion" />
< owl:Thing rdf:about = "♯CentralCoastRegion">
    < rdf:type rdf:resource = "♯Region"/>
</owl:Thing >
```

其中 rdf:type 用于关联一个个体和它所属的类。

4. 属性

属性可以用来说明类的共同特征以及某些个体的专有特征，一个属性是一个二元关系。属性类型有两种：

(1) 数据类型属性(DatatypeProperty)：类实例与 RDF 文字或 XML Schema 数据类型间的关系。

（2）对象属性（ObjectProperty），两个类的实例间的关系。

可以对属性对应的二元关系施以限制，例如 RDFS 中介绍的 domain（定义域）和 range（值域）：

```
< owl:ObjectProperty rdf:ID = "madeFromGrape">
  < rdfs:domain rdf:resource = "♯Wine"/>
  < rdfs:range rdf:resource = "♯WineGrape"/>
</owl:ObjectProperty >
```

在 OWL 中，无显式操作符时的元素序列视为合取操作，如上述代码中属性 madeFromGrape 的 domain 和 range 分别为 Wine 和 WineGrape，该属性将 Wine 和 WineGrape 关联起来。

属性也可以像类一样按照层次结构来组织，如：

```
< owl:Class rdf:ID = "WineDescriptor" />
< owl:Class rdf:ID = "WineColor">
  < rdfs:subClassOf rdf:resource = "♯WineDescriptor" />
  ...
</owl:Class >
< owl:ObjectProperty rdf:ID = "hasWineDescriptor">
  < rdfs:domain rdf:resource = "♯Wine" />
  < rdfs:range rdf:resource = "♯WineDescriptor" />
</owl:ObjectProperty >
< owl:ObjectProperty rdf:ID = "hasColor">
  < rdfs:subPropertyOf rdf:resource = "♯hasWineDescriptor" />
  < rdfs:range rdf:resource = "♯WineColor" />
  ...
</owl:ObjectProperty >
```

WineDescriptor 属性将 wine 与颜色（color）关联。hasColor 是 hasWineDescriptor 的子属性，hasColor 与 hasWineDescriptor 的不同在于它的值域被进一步限定为 WineColor。本例中 rdfs:subPropertyOf 关系表示：任何事物如果具有一个值为 X 的 hasColor 属性，那么它必然具有一个值为 X 的 hasWineDescriptor 属性。

还可以通过 locatedIn 属性关联所在区域，如：

```
< owl:ObjectProperty rdf:ID = "locatedIn">
  ...
  < rdfs:domain rdf:resource = "http://www.w3.org/2002/07/owl♯Thing"/>
  < rdfs:range rdf:resource = "♯Region" />
</owl:ObjectProperty >
```

对象属性用来关联个体与个体，而数据类型属性用来关联个体与数据类型。数据类型属性的取值范围是 RDF 文字或者是 XML Schema 数据类型中定义的那些简单类型。

大部分 XML Schema 内嵌数据类型可以在 OWL 中使用，这可以通过引用 URI http://www.w3.org/2001/XMLSchema 实现。OWL 中推荐使用表 3.6 所示的数据类型，这些数据类型与 rdfs:Literal 构成 OWL 的内置数据类型。

表 3.6 推荐使用的数据类型

xsd：string	xsd：normalizedString	xsd：boolean	
xsd：decimal	xsd：float	xsd：double	
xsd：integer	xsd：nonNegativeInteger	xsd：positiveInteger	
xsd：nonPositiveInteger	xsd：negativeInteger		
xsd：long	xsd：int	xsd：short	xsd：byte
xsd：unsignedLong	xsd：unsignedInt	xsd：unsignedShort	xsd：unsignedByte
xsd：hexBinary	xsd：base64Binary		
xsd：dateTime	xsd：time	xsd：date	xsd：gYearMonth
xsd：gYear	xsd：gMonthDay	xsd：gDay	xsd：gMonth
xsd：anyURI	xsd：token	xsd：language	
xsd：NMTOKEN	xsd：Name	xsd：NCName	

5. 属性特征

接下来介绍一些属性的具体特征，包括传递性、对称性等。

1）TransitiveProperty

对于属性 P，如果 $P(x,y)$ 与 $P(y,z)$ 成立时 $P(x,z)$ 也必然成立，则称属性 P 具有传递性。例如 locatedIn 是一个传递属性：

```
< owl:ObjectProperty rdf:ID = "locatedIn">
  < rdf:type rdf:resource = "&owl;TransitiveProperty" />
  < rdfs:domain rdf:resource = "&owl;Thing" />
  < rdfs:range rdf:resource = "#Region" />
</owl:ObjectProperty>
< Region rdf:ID = "SantaCruzMountainsRegion">
  < locatedIn rdf:resource = "#CaliforniaRegion" />
</Region>
< Region rdf:ID = "CaliforniaRegion">
  < locatedIn rdf:resource = "#USRegion" />
</Region>
```

根据传递性，SantaCruzMountainsRegion 位于 CaliforniaRegion，因此必然位于 USRegion。

2）SymmetricProperty

对于属性 P，如果 $P(x,y)$ 成立当且仅当 $P(y,x)$ 成立，则称属性 P 具有对称性。例如：

```
< owl:ObjectProperty rdf:ID = "adjacentRegion">
  < rdf:type rdf:resource = "&owl;SymmetricProperty" />
  < rdfs:domain rdf:resource = "#Region" />
  < rdfs:range rdf:resource = "#Region" />
</owl:ObjectProperty>
< Region rdf:ID = "MendocinoRegion">
  < locatedIn rdf:resource = "#CaliforniaRegion" />
  < adjacentRegion rdf:resource = "#SonomaRegion" />
</Region>
```

adjacentRegion 属性具有对称性,而 locatedIn 不具有对称性。

3) FunctionalProperty

对于属性 P,如果 $P(x,y)$ 和 $P(x,z)$ 成立时必然有 $y=z$,则称属性 P 具有函数性,如:

```
< owl:Class rdf:ID = "VintageYear" />
< owl:ObjectProperty rdf:ID = "hasVintageYear">
  < rdf:type rdf:resource = "&owl;FunctionalProperty" />
  < rdfs:domain rdf:resource = "♯Vintage" />
  < rdfs:range rdf:resource = "♯VintageYear" />
</owl:ObjectProperty>
```

hasVintageYear 属性具有函数性,因为每个 Vintage 只能关联到一个年份。

4) inverseOf

对于属性 P_1 和 P_2,如果 $P_1(x,y)$ 成立当且仅当 $P_2(y,x)$ 成立,则称属性 P_1 是属性 P_2 的逆属性,如:

```
< owl:ObjectProperty rdf:ID = "hasMaker">
  < rdf:type rdf:resource = "&owl;FunctionalProperty" />
</owl:ObjectProperty>
< owl:ObjectProperty rdf:ID = "producesWine">
  < owl:inverseOf rdf:resource = "♯hasMaker" />
</owl:ObjectProperty>
```

hasMaker 和 producesWine 互为逆属性,因为葡萄酒厂(Winery)生产 Wine,而 Wine 又有自己的生产商。

5) InverseFunctionalProperty

对于属性 P,如果 $P(y,x)$ 与 $P(z,x)$ 成立时必然有 $y=z$ 成立,则称属性 P 具有反函数性,如前例中的 producesWine 属性。可以如下定义 hasMaker 属性和 producesWine 属性达到和前例中相同的效果:

```
< owl:ObjectProperty rdf:ID = "hasMaker" />
< owl:ObjectProperty rdf:ID = "producesWine">
  < rdf:type rdf:resource = "&owl;InverseFunctionalProperty" />
  < owl:inverseOf rdf:resource = "♯hasMaker" />
</owl:ObjectProperty>
```

6. 属性限制

还可以通过进一步的约束限制属性的取值范围。

1) allValuesFrom 和 someValuesFrom

目前为止介绍的属性作用域都是全局的,而 allValuesFrom 与 someValuesFrom 提供了一种属性只在局部有作用的定义方式:

```
< owl:Class rdf:ID = "Wine">
  < rdfs:subClassOf rdf:resource = "&food;PotableLiquid" />
  ...
```

```
< rdfs:subClassOf >
  < owl:Restriction >
    < owl:onProperty rdf:resource = "♯ hasMaker" />
    < owl:allValuesFrom rdf:resource = "♯ Winery" />
  </owl:Restriction >
</rdfs:subClassOf >
  ...
</owl:Class >
```

其中对属性的限制必须在 owl:Restriction 中通过 owl:onProperty 指出受限制的属性，allValuesFrom 限制了 Wine 的 hasMaker 属性取值如果有的话必须为 Winery，除了 Wine 以外其他食物并无此限制。另外，allValuesFrom 与 someValuesFrom 的区别在于前者要求取值必须是某个类别，而后者要求取值中至少有一个是某个类别，如果将上例中的 allValuesFrom 替换为 someValuesFrom，意味着 Wine 的 hasMaker 属性取值范围中至少有一个是 Winery，但同时还可以有其他类别。

2）Cardinality（基数）

在前文介绍 OWL 三种子语言时已经出现了基数这个概念，基数用来指定一个关系中的元素的数量。例如，指定 Vintage 只能有一个 VintageYear：

```
< owl:Class rdf:ID = "Vintage">
  < rdfs:subClassOf >
    < owl:Restriction >
      < owl:onProperty rdf:resource = "♯ hasVintageYear"/>
      < owl:cardinality rdf:datatype = "&xsd;nonNegativeInteger"> 1
                  </owl:cardinality >
    </owl:Restriction >
  </rdfs:subClassOf >
</owl:Class >
```

正如前文所说，OWL Lite 中只能指定基数为 0 或者 1，而其他两种子语言则允许基数有更多取值。此时可以使用 owl:maxCardinality 和 owl:minCardinality 限制基数的上下限。

3）hasValue

hasValue 允许基于特定的属性值来定义类（OWL Lite 子语言不支持 hasValue），如：

```
< owl:Class rdf:ID = "Burgundy">
  ...
  < rdfs:subClassOf >
    < owl:Restriction >
      < owl:onProperty rdf:resource = "♯ hasSugar" />
      < owl:hasValue rdf:resource = "♯ Dry" />
    </owl:Restriction >
  </rdfs:subClassOf >
</owl:Class >
```

其中限制所有的 Burgundy 酒都是干（dry）葡萄酒，即所有 Burgundy 的 hasSugar 属性至少有一个取值为 Dry，该限制是一个局部限制，只在 Burgundy 中成立。本例中实际上定义了一个类，该类中有一个成员是 Dry。

7．本体的等同与区别

作为一种重要的知识表示方法,本体需要共享和重用机制。

1）类和属性的等同(equivalentClass,equivalentProperty)

equivalentClass 用于关联当前本体中某个类与其他本体中的某个类,例如在 food 本体中定义:

```
<owl:Class rdf:ID = "Wine">
  <owl:equivalentClass rdf:resource = "&vin;Wine"/>
</owl:Class>
```

上述语句使得 food 本体中的 Wine 类等同于 vin 本体中的 Wine 类。

与 equivalentClass 类似,owl:equivalentProperty 用于关联属性。

2）个体的等同(sameAs)

个体的等同与类的等同类似,例如 Mike 喜欢的酒等同于某一种酒:

```
<Wine rdf:ID = "MikesFavoriteWine">
  <owl:sameAs rdf:resource = "#StGenevieveTexasWhite" />
</Wine>
```

由于 hasMaker 属性具有函数性,因此下列语句表示 Bancroft = Beringer:

```
<owl:Thing rdf:about = "#BancroftChardonnay">
  <hasMaker rdf:resource = "#Bancroft" />
  <hasMaker rdf:resource = "#Beringer" />
</owl:Thing>
```

由于 OWL 并没有不重名假设,因此使用不同的名字描述同样的个体不会出现冲突。

3）个体的区别(differentFrom,AllDifferent)

与 sameAs 相反,differentFrom 和 AllDifferent 用于表示个体之间是不同的,例如 Dry、Sweet 以及 OffDry 都是不同的个体:

```
<WineSugar rdf:ID = "Dry" />
<WineSugar rdf:ID = "Sweet">
  <owl:differentFrom rdf:resource = "#Dry"/>
</WineSugar>
<WineSugar rdf:ID = "OffDry">
  <owl:differentFrom rdf:resource = "#Dry"/>
  <owl:differentFrom rdf:resource = "#Sweet"/>
</WineSugar>
```

differentFrom 用于表示两个个体的区别,多个个体的不同可以使用 AllDifferent 描述,如表示 Red、White 和 Rose 是不同的:

```
<owl:AllDifferent>
  <owl:distinctMembers rdf:parseType = "Collection">
    <vin:WineColor rdf:about = "#Red" />
    <vin:WineColor rdf:about = "#White" />
    <vin:WineColor rdf:about = "#Rose" />
```

```
    </owl:distinctMembers>
  </owl:AllDifferent>
```

其中 distinctMembers 必须与 AllDifferent 组合使用。

8. 复杂类

除了前文介绍的基本类之外,OWL 支持使用集合运算符构造复杂类,还可以构造枚举类和不相交类。OWL Lite 子语言不支持复杂类。

1) 集合运算符(intersectionOf,unionOf,complementOf)

可以通过运算符 intersectionOf、unionOf 和 complementOf 构造集合的交、并及补。例如通过运算符 intersectionOf 构造一个 WhiteWine 类,既是 Wine 又有颜色 White:

```
< owl:Class rdf:ID = "WhiteWine">
  < owl:intersectionOf rdf:parseType = "Collection">
    < owl:Class rdf:about = "#Wine" />
    < owl:Restriction >
      < owl:onProperty rdf:resource = "#hasColor" />
      < owl:hasValue rdf:resource = "#White" />
    </owl:Restriction >
  </owl:intersectionOf >
</owl:Class >
```

unionOf 的使用与 intersectionOf 类似,如构造一种 Fruit 类,要么是 SweetFruit 要么是 NonSweetFruit:

```
< owl:Class rdf:ID = "Fruit">
  < owl:unionOf rdf:parseType = "Collection">
    < owl:Class rdf:about = "#SweetFruit" />
    < owl:Class rdf:about = "#NonSweetFruit" />
  </owl:unionOf >
</owl:Class >
```

complementOf 运算符构造一个类,该类含有不属于某个类的所有个体,如构造一个 NonConsumableThing 类,包含所有不属于 ConsumableThing 的个体:

```
< owl:Class rdf:ID = "ConsumableThing" />
< owl:Class rdf:ID = "NonConsumableThing">
  < owl:complementOf rdf:resource = "#ConsumableThing" />
</owl:Class >
```

2) 枚举类(oneOf)

OWL 可以通过 oneOf 枚举一个类的所有成员定义该类,如 WineColor 类的成员是 White、Rose 以及 Red 这三个个体:

```
< owl:Class rdf:ID = "WineColor">
  < rdfs:subClassOf rdf:resource = "#WineDescriptor"/>
  < owl:oneOf rdf:parseType = "Collection">
    < owl:Thing rdf:about = "#White"/>
    < owl:Thing rdf:about = "#Rose"/>
```

```
    < owl:Thing rdf:about = " # Red"/>
  </owl:oneOf >
</owl:Class >
```

owl：Thing 也可直接替换为 WineColor。

3) 不相交类(disjointWith)

disjointWith 用于指定与某个类互不相交的一组类,如 Pasta 与 Meat、Fowl、Seafood、Dessert 以及 Fruit 都不相交:

```
< owl:Class rdf:ID = "Pasta">
  < rdfs:subClassOf rdf:resource = " # EdibleThing"/>
  < owl:disjointWith rdf:resource = " # Meat"/>
  < owl:disjointWith rdf:resource = " # Fowl"/>
  < owl:disjointWith rdf:resource = " # Seafood"/>
  < owl:disjointWith rdf:resource = " # Dessert"/>
  < owl:disjointWith rdf:resource = " # Fruit"/>
</owl:Class >
```

注意并没有指定 Meat、Fowl、Seafood、Dessert 以及 Fruit 之间是否相交。

最新使用的 OWL 版本称为 OWL 2,是 2009 年发布版本的第二版,其核心与第一版并无本质区别。OWL 2 包含了三种标准：OWL 2/EL、OWL 2/QL 以及 OWL 2/RL,各自有不同的适用场景。

3.7 知识图谱

自 2012 年美国 Google 公司提出知识图谱(knowledge graph)的概念以来,近些年知识图谱已经成为知识表示领域乃至人工智能学科中的一个重要研究方向。尽管 Google 公司提出知识图谱的初衷是为了在搜索领域中强化搜索引擎的能力,提高用户的搜索质量并改善用户体验,但目前知识图谱已经应用于如智能推荐、智能医疗等各个领域中。作为国内搜索行业的先行者,百度公司同样于 2014 年提出了百度知识图谱,截止到 2019 年底,百度知识图谱规模已经达到亿级实体和千亿级属性关系,是中文领域最大的知识图谱,同时知识图谱服务规模从 2014 年开始增长了 490 倍。

非常巧合的是,深度学习也正是从 2012 年开始得到学术界和产业界的一致认同,与深度学习提出伊始并未受到太多关注不同,知识图谱由于是由 Google 公司提出的,因此自诞生之日起就备受关注。如果认为深度学习的发展掀起了 20 世纪 80 年代之后又一次由连接主义推动的人工智能热潮,符号主义在这次人工智能热潮中也占据了相当重要的地位,主要体现在知识图谱的研究与应用中。知识图谱并非突如其来的一种新技术,而是前期多种研究成果的后继发展,如语义网络、本体、语义 Web 等。其中语义网络和本体已经在本章前文中有介绍,而语义 Web 是图灵奖获得者 Berners-Lee 于 1998 年提出的,是具有语义支持的 Web,是对现有 Web 的延伸与扩展,是知识表示与推理在 Web 中的应用,其实现的核心技术包括前述的 XML、RDF 以及本体。

知识图谱本质上是描述世界中存在的实体或概念及其关系的语义 Web,这种描述往往通过三元组完成。第 3.6 节介绍的本体也可以通过三元组的方式构造成语义 Web,但是本体与知识图谱存在一些显著的区别。首先,知识图谱往往是比本体更大的一个概念,在知识图谱的构建中本体的搭建是其中一步重要的工作;其次,本体描述的往往是元知识,如领域本体描述的是该领域中的元知识,这些元知识相对而言较为固定,因此构建好的本体一般无须时常更新,而知识图谱则不同,知识图谱除了描述元知识之外,还需要描述时常变化的一些实体或概念及其关系,因此知识图谱往往一直处于动态更新过程中。最后,本体更多时候只是用来表示实体或概念及其相互关系,而知识图谱往往除了描述这些关系之外,还关注如何获得这些关系,又以何种方式存储,并在构建知识图谱之后如何进行推理。图 3.10 所示是一张简单的关于我国各省份的知识图谱(图中具体数据来自于百度百科)。

　　在图 3.10 中,圆形或椭圆形表示实体,它们之间的连线表示关系,也可以将人口、面积和 GDP 看成是每个省的属性。上述知识图谱可以通过多个三元组进行描述,如<河南,是一个(ISA),省份>、<河南,省会,郑州>、<河南,人口,9605 万人>等。

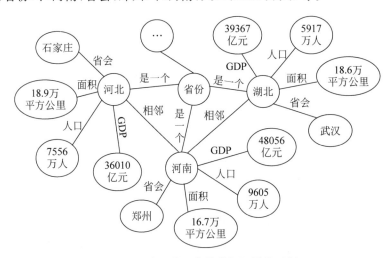

图 3.10　我国关于省份的知识图谱示例

3.7.1　构建知识图谱

一般认为知识图谱的构建与更新过程如图 3.11 所示。

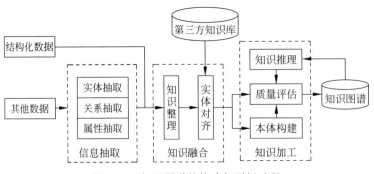

图 3.11　知识图谱的构建与更新过程

　　从图 3.11 可以看出,结构化的数据可以作为输入,其他数据如半结构或非结构化数据同样可以作为输入,区别就在于结构化数据中无须附加操作可以直接获得相关信息,而其他数据则需要抽取相关内容才可为知识图谱所用。考虑到不同知识库使用的实体与名称不一样,需要进行实体对齐,主要包括实体消歧和共指消解。之后进入知识加工部分,构建本体,得到知识图谱原型,通过知识推理对知识图谱原型进行质量评估,丢弃低置信度的知识。最终得到一个较为完善的知识图谱。当构建好的知识图谱需要更新时有两种方式可以采用,第一种是从更新后的数据出发,重新构建一个知识图谱,另一种则是在原有知识图谱基础上增量更新知识图谱。

1. 信息抽取[①]

结构化数据可以通过直接读取数据库或数据文件获取其某些信息,而其他数据如文本、图像等数据却无法直接获得,需要通过信息抽取获得相关信息。信息抽取的任务主要包括实体抽取、关系抽取和属性抽取。从其他数据中抽取相关信息之后,与结构化数据一起组成知识融合阶段的输入。

2. 知识融合

知识融合阶段,首先将结构化数据与其他数据抽取的信息综合起来整理成知识,然后与第三方知识库已有知识进行融合,完成实体对齐,主要完成的工作包括实体消歧和共指消解,实体消歧用于解决同一标识符表示不同实体的问题,而共指消解用于解决识别多数据源中使用不同标识符表示同一实体的问题。

3. 知识加工

根据知识融合的结果可以构建本体,本体的构建可以采用人工用工具编辑的方式,也可以采用数据驱动的自动化方式。但由于手工方式工作量过大并且需要相关领域专家的配合,因此一般都是以现有本体为基础,通过自动构建技术构建新的本体。本体构建之后形成一个知识图谱原型,此时的知识图谱往往还不完善,存在一些缺陷,需要通过知识推理对本体进行完善,同时通过质量评估保留质量较高的知识。

3.7.2　存储知识图谱

目前主要有三种存储知识图谱的方法,分别是关系数据库、三元组数据库以及图数据库。

1. 关系数据库

在关系数据库中表示三元组有多种方案,最简单的是将所有三元组存储到一个三元组表中,但是采用这种方案时多个自连接操作导致查询性能低下。水平表将知识图谱中一个主体在三元组中对应的所有谓词及客体存储在同一行中,这种方案导致该表的列数等于知识图谱中不同的谓词数量,可能会超出关系数据库允许的列数上限,另外每一行存在大量空值。属性表是对水平表的一种细化,将同类主体存储在同一个表中,这种方案的缺点在于可能会存在大量类别的主体,需要建立数量过多的表。垂直划分按照谓词划分表,每个谓词对

---

① 注:有研究者将这一阶段称为知识抽取,笔者认为信息抽取可能更为恰当。

应一张表,表中仅含主体和客体,这种方案需要创建大量表,越复杂的查询效率越低。六重索引是三元组表的扩充,为所有三元组按照主体、谓词、客体的排列不同而建立六张表,可以避免三元组表中的自连接,提高查询效率,但是显然需要三元组表的六倍存储空间。

2. 三元组数据库

三元组数据库是专门为存储 RDF 数据开发的知识图谱数据库,包括 Jena、RDF4J、AllegroGraph 等多种开源和商业数据库。

3. 图数据库

Neo4j 是目前使用最为广泛的图数据库,查询效率高,尽管其不支持分布式存储,但是对于并不是非常大规模的知识图谱来说,Neo4j 是一个较好的选择。JanusGraph 可以实现分布式存储,因此更适合于超大规模的知识图谱存储。OrientDB 是一种支持多模式的数据库,也能作为图数据库存储知识图谱。

3.7.3　知识图谱推理

知识图谱推理可简单分为演绎推理和归纳推理,演绎推理主要是利用已知的一些规则通过逻辑推理得出一个原有知识库隐含的结论,例如已知"中原地带风沙较大""河南省地处中原"可以从图 3.10 所示的知识图谱中得到"郑州风沙较大"的结论。知识图谱中的演绎推理主要包括本体推理以及规则推理,本体推理利用本体进行推理,而规则推理主要通过产生式规则完成推理,也可以通过逻辑编程语言 Prolog 及其子集 Datalog 完成。

而归纳推理则是从已有现象观察到某些规律,从而得到原有知识库并不隐含的结论,归纳推理一般分为归纳泛化和类比推理。前者是根据某些个体特征得到整体特征,然后将整体特征应用于其他个体中从而得到某些结论;而后者是根据某些个体特征直接推导出其他个体的特征,并不需要得到整体特征。即使归纳推理的步骤并无错误,但其结果并不保证一定是成立的。知识图谱中的归纳推理主要包括基于图的推理、基于规则学习的推理以及基于向量表示的推理。基于图的推理主要利用知识图谱中的图结构得到推理结论,基于规则学习的推理首先需要从数据中学习到规则,构成新知识,然后进行规则推理,而基于向量表示的推理则计算两个个体向量表示的相似度和相异度,从而将一个个体的特征赋予与其相似的其他个体。

尽管知识图谱自提出还不超过十年,但是多个通用知识图谱如 DBpedia、Wikidata、ConceptNet 以及 Yago 等已经得到了广泛的应用,在特定领域中知识图谱也得到了充足的发展,如阿里电子商务知识图谱等。知识图谱涉及的理论与算法非常广泛,而本章主要关注的是知识表示,知识图谱知识表示的核心却在于本体,因此本节仅对知识图谱做一简单介绍,供读者大致了解,更详细的内容请参考相关资料。

现阶段备受瞩目的深度学习并不太关注知识的显式表示,因为在深度学习中大部分知识都由深层网络的连接隐式表示。但是随着人工智能的螺旋式发展,符号主义所关注的知识表示依然会是人工智能研究的核心领域之一,正如近年来知识图谱的发展与本体的研究息息相关。

第 **4** 章

基于搜索的问题求解方法

本章介绍基于搜索的问题求解方法,这些方法通用性强但求解效率比较低,通常称为"弱"方法。为了提高求解效率,应当应用领域知识指导这些方法的执行。一般认为,问题求解就是通过搜索寻找问题求解操作的一个合适的序列,以满足问题的要求。本章仅介绍基于搜索的问题求解方法,首先介绍状态空间搜索,再介绍基于博弈树的搜索,最后再介绍在围棋软件 AlphaGo 中大放异彩的蒙特卡罗树搜索。

4.1 状态空间搜索

4.1.1 概述

状态空间表示法是人工智能中最基本的形式化方法,是其他形式化方法和问题求解技术的出发点。所谓状态(state)就是为描述某一类事物中各个不同事物之间的差异而引入的一组变量或多维数组。

操作(operator)也称为运算符,它引起状态中的某些分量发生改变,从而使问题由一个具体状态改变到另一个具体状态。操作可以是一个机械的步骤、过程、规则或算子,指出了状态之间的关系。

问题的状态空间(state space)表示问题的全部可能的状态及其相互关系,可以用一个有向图来表示。问题的状态空间常记为三元组$<S,F,G>$,其中 S 为问题的所有初始状态的集合,F 为操作的集合,G 为目标状态的集合,目标状态的集合也可以用结束条件表示。

第 3 章"知识表示"介绍的关于产生式系统的两个例子同时也是状态空间表示法的例子。事实上,状态空间的搜索方法也是产生式系统的基本求解方法。

搜索方法也称控制策略,其目的是从问题的初始状态出发,不断地选择合适的操作改变问题的状态,直到实现目标状态为止,这时所施行过的操作序列就是问题的解。控制策略的内容可分两部分:一个是选择合适的操作,一个是记住已施行的操作序列及它们所产生的状态描述。选择规则可以有多种方式,而记住多少产生过的状态描述也不一样,因此对应着多种搜索方式。控制策略可分为两大类:不可撤回的方式(irrevocable)和试探性方式(tentative)。下面分别加以介绍。

1. 不可撤回方式

不可撤回方式的控制策略是:选择一条可应用的操作作用于当前状态,不论后果如何都接着做下去。这种方法类似于求函数极值的爬山法(即最速下降法)。在爬山法中,从任一点出发,在该点的最大梯度方向前进一步,得到一个新的点,再在新点的最大梯度方向上前进一步,一直到梯度为0为止,这个点就是函数的极大值点。如果函数只有一个极大值点,则这个点就是该函数的最大值点。

为把爬山法应用到搜索中来,应对状态描述定义一个实型的爬山函数。控制策略就利用这个爬山函数来选择一个可应用的操作,施行该操作的结果应使爬山函数的值得到最大限度的增加。显然,这个爬山函数应使目标状态得到最大值。

以3.3节所述的八数码游戏为例。该游戏的初始状态和目标状态如图4.1所示。我们选取"不在位"的数字个数的负值作为爬山函数。对某一状态描述而言,"不在位"的数字个数是指与目标状态描述相比有差异的数字个数。例如,图4.1中初始状态的爬山函数值为

2	8	3
1	6	4
7		5

初始状态

1	2	3
8		4
7	6	5

目标状态

图4.1　八数码游戏例子

—4,目标状态的爬山函数值为0。八数码游戏操作可描述为下面4条产生式规则:

(1) if 空格不在最上一行 then 空格上移

(2) if 空格不在最下一行 then 空格下移

(3) if 空格不在最左一列 then 空格左移

(4) if 空格不在最右一列 then 空格右移

从初始状态出发,我们应用第一条规则,即空格上移可获得爬山函数的最大增加,因此控制策略选择第一条规则作为当前的操作。图4.2表示在求解八数码游戏时,使用这种策略所经过的状态系列。图中每个状态的上边标明了该状态的爬山函数值。从图中还可以看出,第二个操作并没有使爬山函数的值增加。在没有操作能够增加爬山函数的值时,可任选一个不减小函数值的操作,如果不存在这样的操作,则过程停止。

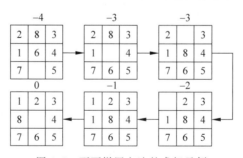

图4.2　不可撤回方法的求解示例

对于图4.2所示的情况,采用不可撤回方式的策略可以很快得到问题的解。但一般来讲,如果爬山函数有多个局部极大值存在,该策略可能会引导到局部极大值点,而达不到目

标状态。例如八数码游戏的初始状态和目标状态分别如图 4.3 所示。任意一个可应用的操作都会降低爬山函数的值。在这种情况下，初始状态处于局部极大值点，而不是全局极大值，不可撤回方式无法应用。

将上述找到局部极大值的情况称为小丘问题，这是爬山法可能会遇到的问题之一。第二种找不到最大值的情

1	6	5
	7	4
8	2	5

初始状态

1	2	3
	7	4
8	6	5

目标状态

图 4.3　局部极大值点示例

况是山脊问题，即如果一个点选在刀锋般锐利的山脊上，由于测试的方向不可能是连续的，不一定测试到刀锋的方向上，因此在所有测试方向上爬山函数全是下降的。第三种情况是平台问题，即所测试的点的爬山函数均为 0，因此只能在宽广的平地上漫游。上述三个问题在使用不可撤回策略的搜索中都可能发生，因此不可撤回方式的应用因其固有的局限性而受到限制。

2．试探性方式

试探性方式的策略是：选择一条当前可应用的操作作用于当前状态，如果结果不佳，则回到应用该操作之前的状态，再换用另一个操作。试探性方式可分为两种：一种是回溯方式（backtracking），一种是图搜索方式（graph searching）。

回溯方式需要在选择一个操作时建立一个回溯点。在搜索过程中如果遇到了困难，则返回到最近的一个回溯点，换一个操作继续进行搜索。

图搜索方式将所有应用过的操作和它们产生的状态描述都以图的形式记录下来。由于当前可继续往下搜索的状态不只一个，因此可以从其中任一状态往下搜索。图搜索方式与回溯方式的不同之处在于：回溯方式不记忆那些试探失败的操作和它们产生的状态描述，只记忆当前正在搜索的路径。图搜索方式则保存所有试探过的路径，因而可以在任何一条路径上继续搜索。

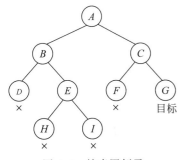

图 4.4　搜索图例子

为了说明两种搜索方式的工作，我们举一个抽象的例子加以说明。设例中每个状态都有两个可应用的操作，图 4.4 画出了所有可能生成的状态，每个状态用一个内有符号的圆圈表示。状态下标有×说明该状态不是目标状态且没有可应用的操作，状态 G 为目标状态。

回溯方式的搜索过程为：

（1）由状态 A 生成状态 B，保存状态 A、B。

（2）由状态 B 生成状态 D，保存状态 A、B、D。

（3）回溯到状态 B，由状态 B 生成状态 E，保存状态 A、B、E。

（4）由状态 E 生成状态 H，保存状态 A、B、E、H。

（5）回溯到状态 E，由状态 E 生成状态 I，保存状态 A、B、E、I。

（6）回溯到状态 A，由状态 A 生成状态 C，保存状态 A、C。

（7）由状态 C 生成状态 F，保存状态 A、C、F。

（8）回溯到状态 C，由状态 C 生成状态 G，保存状态 A、C、G。

对于图搜索策略，假设我们对当前状态进行操作时，总是同时把两个可能的操作都完

成,并且总是尽量选择最左边的状态进行操作。这样,搜索过程为:

(1) 由状态 A 生成状态 B、C,保存状态 A、B、C。

(2) 由状态 B 生成状态 D、E,保存状态 A、B、C、D、E。

(3) 由状态 E 生成状态 H、I,保存状态 A、B、C、D、E、H、I。

(4) 由状态 C 生成状态 F、G,保存状态 A、B、C、D、E、H、I、F、G。

可以看出,回溯方式仅保存当前的路径,存储的状态少。图搜索方式保存所有产生过的状态,存储的状态多,但具有选择一个状态往下搜索的余地。

3. 层次方法

上面讨论的方法是非层次方法,它们的搜索目标始终是整个问题的解。对于有些问题,可以将整个问题分解成子问题,子问题又可以分解为更小的子问题,把子问题都解决了,整个问题也就解决了。整个问题的解可以表示成子问题的解的一个层次结构,这种方法称为层次方法,这种问题求解系统称为可分解系统。

例如,设初始状态为 (C,B,Z),操作可表示为如下的重写规则:

$$R_1: C \rightarrow (D,L)$$
$$R_2: C \rightarrow (B,M)$$
$$R_3: B \rightarrow (M,M)$$
$$R_4: Z \rightarrow (B,B,M)$$

结束条件是状态描述只包括若干 M。如果用图搜索方式进行搜索,则生成的部分搜索图如图 4.5 所示。由图可见搜索效率是很低的:图左边的两条路径的结果是等价的,因此工作是重复的;而图右边的路径无法达到目标状态。

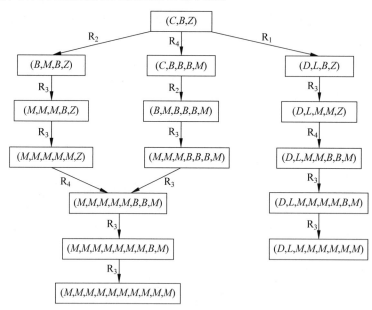

图 4.5 重写问题的部分搜索图

值得注意的是这个问题是可分解的。每个状态都可以分成几个可以独立处理的分量,操作可以对各个分量进行。另外,结束条件也是可以分解的,即可以利用每个分量的结束条件来表示全局的结束条件。

　　采用问题分解的方法所生成的搜索图称为与或图,如图 4.6 所示。用圆弧连接起来的各状态是上层状态的分量状态,互为"与"的关系,即各分量状态都处理完毕后上层状态才算处理完毕。无圆弧连接起来的各状态互为"或"关系,即其中一个状态处理完后,上层状态就算处理完毕。此外,图中满足结束条件的分量用双框加以表示。重写问题的解可由与或图中的一个子图来表示。由图可见,采用问题分解的方法大大简化了搜索过程。稍后将专门讨论与或图的搜索。

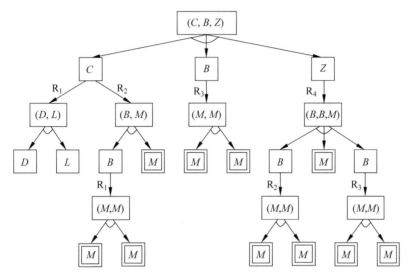

图 4.6　重写问题的与或图

4.1.2　回溯策略

　　回溯策略是一种试探性策略。它可以根据某些知识也可以任意选择一个操作进行试探,如果以后发现应用这个操作得不到结束条件,则回到应用这个操作之前的状态去,再挑选另一条规则进行试探。

1. 递归过程 BackTrack

　　下面介绍一个执行回溯策略的递归函数 BackTrack,它有一个输入 Data,也就是我们所说的状态描述。如果这个程序成功结束,则它返回一个操作表作为问题的解。如果我们按照这个表的次序执行操作,则可以从初始状态达到目标状态。如果程序得不到结果,则返回 FAIL,即失败。

```
Function BackTrack(Data)
    if Target(Data) then return NULL;
    if DeadEnd(Data) then return FAIL;
    Rules = AppRules(Data);
    While(TRUE)
        if Rules == NULL then return FAIL;
        R = First(Rules);
```

```
            Rules = Tail(Rules);
            RData = Gen(R,Data);
            Path = BackTrack(RData);
            if Path != FAIL then break;
        end while
        return Cons(R,Path);
    end func
```

（1）Target 函数用于判断输入是否满足结束条件，当 Data 满足结束条件时 Target(Data) 的值为真，其他情况下 Target(Data) 的值为假。

（2）DeadEnd 函数用于判断当前状态是否依然合法，Data 表示的状态合法时 DeadEnd(Data) 为真，否则为假。

（3）AppRules(Data) 计算出适用于 Data 的那些操作并把它们排序。排序的方法可以是任意的，也可以根据某些知识得出。AppRules(Data) 的结果是一个操作表。

（4）First(Rules) 用于得到操作表中第一个操作。Tail(Rules) 用于去掉 Rules 中的第一个操作。Gen(R,Data) 用于将操作 R 作用于状态 Data 产生一个新的状态。Cons(R, Path) 将操作 R 和 Path 连接成一个操作表。

这个函数简单、易于实现并且要求的存储较少。下面介绍一个简单的例子。

2. 四皇后问题

在一个缩小的 4×4 国际象棋棋盘上，一次放一枚皇后棋子，共放四枚。要求这四枚棋子谁也吃不了谁。也就是说，每行、每列和每条斜线上只能出现一枚棋子。在图 4.7 给出的四个布局中，(a) 为目标状态，(b)、(c)、(d) 为不合法的状态。

图 4.7 四皇后问题的几个状态

每个状态描述由一个至四个元素组成，每个元素可用一对数 $\{ij\}$（$1 \leq i, j \leq 4$）来表示在第 i 行第 j 列的一个棋子。例如，图 4.7 的四个布局可表示为（12 24 31 43）、（11 21）、（11 22）和（11 23 31）。问题初始状态描述为（ ），问题的目标状态应满足问题的要求。

操作可表示成规则集：

R_{ij}：if 状态描述有 $i-1$ 个元素 then 放置棋子 $\{ij\}$（$1 \leq i, j \leq 4$）。

为了应用 BackTrack 过程求解四皇后问题，还应规定在操作表 Rules 中选择一条可应用操作的方法，这里，我们假定棋子的列序号从小到大排列。这样，四皇后问题的搜索图如图 4.8 所示，其中每个状态描述只写出了增量部分，并且第一个棋子的放置考虑了对称性问题。从图中可看出过程共回溯了 22 次。

如果能够充分利用问题的信息对 Rules 中的操作排序，将可以获得更高的效率。考虑到放置的棋子必须处于不同的行、列和斜线中，而棋盘上每个位置对应的行数和列数都是 4，只有在斜线上的棋子数量会有所不同，因此每次放置时优先考虑斜线短的那些位置将为

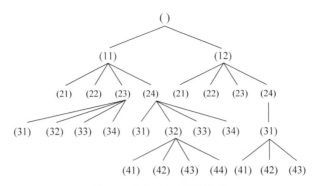

图 4.8　四皇后问题搜索图

后续棋子的放置留出更多选择。如{11}斜线有 4 个棋子，而{12}斜线有 2 个和 3 个棋子，此时我们优先选择{12}位置。基于这种思路，可以定义函数 $\mathrm{diag}(i,j)$，其定义是通过位置{ij}的最长的对角线的长度。如果 $\mathrm{diag}(i,j)<\mathrm{diag}(m,n)$，则将 R_{ij} 排在 R_{mn} 的前面。在 $\mathrm{diag}(i,j)=\mathrm{diag}(m,n)$时，仍按以前的方法排序。此时搜索过程如图 4.9 所示，只需回溯 2 次即可找到目标状态。

3. 改进的递归过程 BackTrack1

上述递归过程有两个问题，一个是程序在试探一个操作时，如果找不到解，就会对该操作引起的所有可能的组合

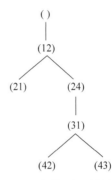

图 4.9　充分利用问题信息时的四皇后问题搜索图

全都测试一遍，再回溯到该操作前面的状态。在实际问题中，这个组合太大，以至于无法找到解答。解决的办法是确定一个深度限制，当递归的深度超过这个限制时，就认为过程失败。这样，在这个深度限制以内的所有组合都会被搜索到，如果问题的解在这个深度以内就一定会找到。深度限制的确定是很重要的，如果深度限制太小，可能会找不到解；如果深度限制太大，则会发生组合爆炸，严重降低效率。

另一个问题是可能产生循环。如果某一层产生的状态描述与其上面某层的一个状态描述相同的话，就会产生无休止的循环。解决的办法是把所有当前路径的状态描述全部保存起来，然后每产生一个状态描述就与保存的状态描述相比较，如果相同，则停止当前试探。解决上述两个问题的算法描述如下。

```
Function BackTrack1(DataList, DEPTH)          //DEPTH 是预先设置的深度限制
    Data = First(DataList);
    if Member(Data, Tail(DataList)) return FAIL    //状态 Data 是否出现过
    if Target(Data) then return NULL;
    if DeadEnd(Data) then return FAIL;
    if Length(DataList) > DEPTH return FAIL;        //超过深度限制认定失败
    Rules = AppRules(Data);
    While(TRUE)
        if Rules == NULL then return FAIL;
        R = First(Rules);
        Rules = Tail(Rules);
```

```
            RData = Gen(R,Data);
            RDataList = Cons(RData, DataList);
            Path = BackTrack1(RDataList);
            if Path != FAIL then break;
        end while
        return Cons(R,Path);
    end func
```

DataList 由当前路径上的状态描述组成。通过 DataList 可以判断当前状态 Data 是否在以前被生成过,如果已被生成过,则返回失败。同时设置一个预定义的搜索深度限制 DEPTH,超过该深度限制就可以停止在该分支上的搜索。

4.1.3　图搜索策略

图搜索策略把搜索过程中所有应用过的操作及其生成的状态描述用搜索图的形式记录下来。整个问题求解空间可以用初始状态和操作集合所决定的隐含图(implicit graph)表示。所谓隐含图是与列出所有可能操作和状态的显式图对应的概念。在显式图中,状态空间过大不宜全部存储,有时甚至因为有无穷多个状态从而无法得到显式图。在隐含图中初始状态是确定的,操作集合以及由每个操作得到的新状态可以用来扩展隐含图,从而使得隐含图中的状态越来越多,直到最后得到目标状态。而搜索过程就相当于在隐含图中寻找一条路径,这条路径从初始状态出发,到目标状态结束。下面先介绍图的基本概念,再介绍图搜索算法。

1. 图的说明

一个图由结点的集合组成,结点之间由弧(或边)连接。如果弧有方向则称这种图为有向图。在图搜索策略中,结点代表状态描述,弧代表操作。

如果一条弧由结点 n_i 指向结点 n_j,则 n_j 称为 n_i 的后继者(后继结点),n_i 称为 n_j 的父辈(父结点)。

在一个图中,如果每个结点最多只有一个父结点,则这种图也称为树。树中没有父辈的结点称为根结点,没有后继者的结点称为叶结点。树中的结点可以定义深度。根结点的深度定义为 0,其他结点的深度定义为它的父结点的深度加 1。

路径的概念:设有一列结点 $(n_1, n_2, \cdots, n_k)$,其中每个结点 $n_i, i \in [2,k]$ 是结点 n_{i-1} 的后继者,则该列结点称为从结点 n_1 到结点 n_k 的长度为 $k-1$ 的一条路径。如果在结点 n_i 到结点 n_j 之间存在着一条路径,则称 n_j 是从 n_i 可以达到的,n_j 是 n_i 的后代,n_i 是 n_j 的祖先。在图搜索策略中,寻找解答实际上就是在隐含图中寻找一条路径。

耗散值的概念:在图中可以为每条弧指定一个正的耗散值,它表示执行相应操作时付出的代价。符号 $c(n_i, n_j)$ 表示从结点 n_i 到结点 n_j 的弧的耗散值。一条路径的耗散值是这条路径中所有结点之间的弧的耗散值之和。在很多问题中,需要找到两个结点之间具有最小耗散值的路径。

扩展的概念:所谓扩展一个结点,就是找出该结点所有的后继者。也就是说,找出适用于该结点表示的状态描述的所有操作,并应用这些操作产生出新的状态描述。

目标结点:如果一个结点所代表的状态描述满足结束条件,则称此结点为目标结点,所有目标结点的集合称为目标集合。

2．图搜索过程

图搜索过程可用函数 GraphSearch 来描述：

```
Function GraphSearch(S)
    G = S, Open = {S};
    Closed = { };
    While(TRUE)
        if Open == { } then return FAIL;
        n = First(Open), Open = Tail(Open), Closed = Cons(n, Closed);
        if n∈ 目标集 then return [S→ ⋯ →n];
        M = expand(n), G' = G, G = {M, G};
        for m∈ M do
            if m ∉ G' then
                CreatePoint(m→n);
                Open = Cons(m, Open);
            else
                DecidePoint(m→n);
            end if
            if m∈ Closed then
                for r∈ Succeed(m) do
                    DecidePoint(r);
                end for
            end if
        end for
        DecideReOrder(Open);
    end while
end func
```

GraphSearch 是一个一般的图搜索算法，足以囊括各种类型的图搜索策略。一开始建立一个搜索图 G，它只含有初始结点 S，同时建立两个表 Open 和 Closed，Open 表用来存储待扩展的结点，而 Closed 表用来存储已扩展的结点。Open 表初始化为仅含初始结点 S，而 Closed 表初始化为空表。然后进入循环。

在循环中，如果 Open 表为空则返回 FAIL，表示失败。否则去掉 Open 表中的第一个元素 n，并将其放入 Closed 表中。如果 n 是目标，那么返回从初始状态 S 到 n 的一系列指针即可获得操作序列。如果还未找到目标，那么扩展结点 n，建立集合 M，使 M 仅含有 n 的后继者而不含有 n 的祖先，并把 M 中的结点作为 n 的后继者加入到 G 中。对于 M 集合的每个元素 m，判断 m 是否属于 Open 表或 Closed 表。如果 m 既不属于 Open 表也不属于 Closed 表，那么建立一个指针 $m→n$，将 m 加入 Open 表；如果 m 属于 Open 表，那么决定是否需要修改指针 $m→n$，决定的因素就在于原有的 S 到 m 的耗散值高还是刚找到的从 S 到 n 再到 m 的耗散值高；如果 m 属于 Closed 表，那么除了要决定是否需要修改指针 $m→n$，还需要决定是否修改 m 的每个后代的指针。最后对 Open 表重新排序。

由于每个结点只有一个指针，因此通过对指针的跟踪，可以决定从初始结点到任一结点的一条路径。根据所有结点的指针，可以生成一棵搜索树 T。由于不同的结点可以扩展出相同的结点，因此 G 是图而不是树。但是，每个结点只有一个指向父结点的指针，因此指针

所决定的 T 是树。另外,由于 DecidePoint 函数要根据路径的耗散值确定结点的指针,因此,G 与 T 另一个区别是:搜索图 G 给出了从初始结点到任一结点所有可能的路径;而搜索树 T 给出了从初始结点到任一结点耗散值最小的路径。

根据 DecideReOrder 函数对 Open 表重新排序的方法,可以产生不同的图搜索过程。根据是否有可利用的信息指导 Open 表的排序,可分为无信息图搜索过程和启发式图搜索过程。在问题领域中,可用于指导搜索的知识称为启发式信息。如果没有任何启发式信息可用,Open 表排序就只能采取某种任意形式甚至不重新排序。这样的图搜索过程称为无信息的图搜索过程。事实上,很多问题都有某些可以指导搜索的知识。例如,当前状态和目标状态的差异就可以作为启发式信息。而利用启发式信息可以大大加快搜索过程。

另外,根据从初始结点到目标结点的路径的要求,搜索方式又可分为任一路径的搜索和最佳路径的搜索。下面我们根据这种分类方式分别加以介绍。

4.1.4 任一路径的图搜索

对有些问题,我们只希望尽快找到一条从初始结点通往目标结点的路径,而对路径是否最佳不作要求。在这种情况下,可以有以下若干种方法进行搜索。

1. 深度优先搜索(depth-first search)

深度优先搜索就是把 Open 表中的结点以搜索树中结点深度的递减顺序排列,深度最大的结点放在最前面,深度相同的结点可以任意排列,这可以通过上述算法中将 n 的后继 m 加入 Open 表时放置在 Open 表的首部来实现。由于搜索树中深度最大的结点总是首先被扩展,因此称为深度优先搜索。为了防止搜索过程沿着某条无益的路径一直延伸下去,所以应提供一个深度限制,超过这个深度就不再继续往下扩展。深度优先方式与回溯方式相比,如果深度优先方式每次只扩展出一个结点的话,两种方式的对应关系就是精确的。但回溯方式实现起来比较简单,并且存储量比较小,因此回溯方式更为优越。

如果有启发式信息可以利用,例如用某一结点与目标结点的差异来计算该结点与目标结点的相似程度,就可以对 Open 表中的结点进行评价,并以此指导排序。利用问题的启发式信息,用爬山法的方式可以对深度优先搜索进行改进。方法是将 n 的后继 m 加入 Open 表时,可能有多个后继,根据启发式信息排序将与目标结点最接近的结点放置在 Open 表的首部,次接近的结点放置最接近的结点之后,以此类推,直到将 n 的所有后继都加入 Open 表为止。

2. 宽度优先搜索(breadth-first search)

宽度优先搜索(也称广度优先搜索)就是把 Open 表中的结点按搜索树中结点深度的递增顺序排列,深度最小的结点排在最前面,深度相同的结点可以任意排列。宽度优先搜索可以通过上述算法中将 n 的后继 m 加入 Open 表时放置在 Open 表的尾部来实现。与深度优先方式相比,对不同的具体问题,搜索的效率是不同的。但宽度优先搜索可以保证找到一条最短长度的路径,只要这条路径是存在的。

集束搜索(beam search)是宽度优先搜索的一个变形。该方法对 Open 表中具有同一深度的结点只扩展其中的 W 个,放弃其他的结点。这个方法比宽度优先方法缩小了搜索空间,因此提高了效率。

3. 最佳优先搜索(best-first search)

最佳优先搜索就是把 Open 表中所有的结点按照启发式信息排序,最佳的结点排在最前面,因此称为最佳优先搜索。与上面所述的其他方法相比,这种方法找到的路径更接近于最佳,但是不能保证找到最佳路径。

4.1.5 最佳路径的图搜索

本节介绍能够发现最佳路径的图搜索方法。在没有启发式信息的情况下可以实现最佳路径的图搜索,这就是穷举法。不论采用深度优先搜索还是采用宽度优先搜索,只要在得到解之后仍继续进行搜索,把所有可能的解都得到后,就可以从中选出最佳路径的解。

本节介绍利用启发式信息的图搜索方法。

1. A 算法与 A* 算法

在 Open 表排序中,我们希望把最有希望的结点排在前面。为此对每个结点定义一个实型函数来描述"希望"的大小,这个函数称为估价函数,用 $f(n)$ 表示,其中 n 为给定的结点。在 4.1.4 节,利用了给定结点与目标结点的差异来确定对该结点的估价。本节将采用一个更为合理的定义。下面规定 $f(n)$ 的值越小,结点的"希望"越大,即结点处于最佳路径的可能性越大。

定义函数 $f^*(n)$ 为从初始结点通过结点 n 到目标结点集合的最小耗散路径的耗散值。估价函数 $f(n)$ 则为 $f^*(n)$ 的估计值。显然,函数 $f^*(n)$ 由两部分组成,一部分是从初始结点到结点 n 的最小耗散路径的耗散值 $g^*(n)$,一部分是由结点 n 到目标集合的最小耗散路径的耗散值 $h^*(n)$,因此记为

$$f^*(n) = g^*(n) + h^*(n)$$

由于目标结点可能不止一个,从结点 n 到各个目标结点的最小耗散路径的耗散值可能是不同的,应取这些耗散值中的最小值,因此将 $h^*(n)$ 定义为从结点 n 到目标结点集合的最小耗散路径的耗散值。估价函数 $f(n)$ 也应由两部分组成

$$f(n) = g(n) + h(n)$$

其中 $g(n)$ 是 $g^*(n)$ 的一个估计,$h(n)$ 是 $h^*(n)$ 的一个估计。

函数 $g(n)$ 的值很容易估计。在图搜索过程中,我们可以跟踪从结点 n 到初始结点的指针得到一条从初始结点 s 到结点 n 的路径。把这条路径上所有弧的耗散值相加,就是迄今找到的从初始结点 s 到结点 n 的最小耗散路径的耗散值,以此值作为估计值 $g(n)$。由于从初始结点 s 到结点 n 的真正的最小耗散路径可能还没有找到,所以有 $g(n) \geqslant g^*(n)$。估计值 $h(n)$ 的选取可依靠问题领域的知识,称为启发式信息,例如根据结点 n 和目标结点的差异来决定。我们称 $h(n)$ 为启发式函数。

如果在图搜索算法中利用估价函数 $f(n) = g(n) + h(n)$ 为 Open 表中的结点排序,则该算法称为 A 算法,注意当 $h(n) \equiv 0$ 及 $g(n) = d(n)$(搜索树中结点 n 的深度)时,算法相当于宽度优先搜索算法。

如果 $h(n)$ 是 $h^*(n)$ 的一个下界，即对所有 n 都有 $h(n) \leqslant h^*(n)$ 成立，则称该算法为 A* 算法。如果从初始结点到目标结点存在路径的话，则 A* 算法必然能发现最佳路径。

以八数码游戏说明上述算法。设问题的初始布局和目标布局仍如图 4.1 所示，且每次移动的耗散值为 1，即每段弧的耗散值为 1。采用估价函数

$$f(n) = g(n) + h(n) = d(n) + w(n)$$

其中 $d(n)$ 为结点 n 在搜索树中的深度，$w(n)$ 为结点 n 所表示的状态中不在位的数字个数。显然 $w(n)$ 不会大于从结点 n 到目标结点的实际步数，因此以 $w(n)$ 作为启发式函数 $h(n)$ 满足对 $h(n)$ 的下界要求。这样，以上述定义的 $f(n)$ 来为 Open 表中的结点排序的算法就是 A* 算法。整个搜索图示于图 4.10，图中各结点的 $f(n)$ 值标于各结点上方。由该图可见，搜索过程仅扩展了一个非必要的结点，效率较高。

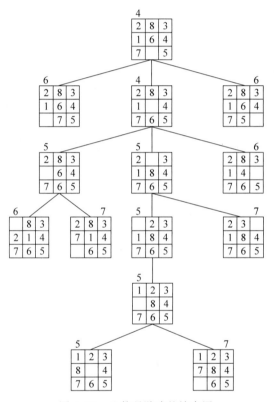

图 4.10　八数码游戏的搜索图

2. 估价函数的启发能力

$h(n)$ 函数的选择在决定搜索算法 A 的启发能力中起着关键的作用。$h(n) \equiv 0$ 时 A 算法类似于宽度优先算法，这时搜索算法的效率很低。$h(n)$ 值越接近于 $h^*(n)$，所需扩展的结点越少。当 $h(n) = h^*(n)$ 时，所需扩展的结点最少，但 $h(n)$ 的计算则相当于求解一个搜索问题，并没有减少计算量。当 $h(n) > h^*(n)$ 时，所需扩展的结点大为减少，但此时算法不能保证发现最佳路径。$g(n)$ 函数的作用在于为搜索添加一个宽度优先的分量，确保找到一条通向目标的路径，因为它能使各种深度的所有结点都有机会被搜索到。为了保证某一条通向

目标的路径最终被找到,即使没有必要找到最小耗散的路径,也应当把 $g(n)$ 包括在 $f(n)$ 内。

总之,考虑 A 算法的搜索能力时,应综合考虑下述三个因素:

(1) 路径损失,即路径的耗散值;

(2) 搜索损失,即扩展的结点数;

(3) $h(n)$ 函数的计算量。

3. 搜索算法的讨论

利用启发式信息进行最佳路径的搜索方法还有多种,比较有名的是分枝界限法(branch and bound search)。该方法保存一个队列表记录搜索过的路径(部分解),并按路径的耗散值从小到大的方式排序,每次选择一条耗散值最小的路径,并将该路径向前伸展一步,直到达到目标结点为止。该算法相当于在 A 算法中选择 $f(n) = g(n)$。

作为分枝界限法的一个改进,可以用从初始结点经过结点 n 到目标结点的整个路径的估计值 $f(n) = g(n) + h(n)$ 作为标准为队列表排序,其中 $g(n)$ 为从初始结点到结点 n 的路径的耗散值,$h(n)$ 为从结点 n 到目标结点的路径耗散值的一个下限,这样就提高了搜索的效率。

作为对基本的分枝界限法的另一个改进,可以用路径的耗散值为队列表排序。同时对于到达同一结点的路径,只保留一个具有最小耗散值的路径,删掉其他路径,这种方法称为动态规划法。

A^* 算法实际上就是基本的分枝界限法的两种改进算法的结合。已经证明,它具有较高的效率,而且在存在从初始结点到目标结点的路径时,能找到最佳路径。

4.1.6　与或图的搜索

1. 与或图的概念

在某些情况下,可以把整个问题分解成若干子问题。如果把每个子问题都解决了,整个问题也就解决了。如果子问题不容易解决,还可以再分成子问题,直至所有的子问题都解决了,则这些子问题的解的组合就构成了整个问题的解。在状态空间搜索中,这意味着状态描述可以分解,而且结束条件也可以分解。这种问题求解系统称为可分解系统。

可分解系统的搜索图称为与或图,一个简单的与或图的例子示于图 4.11。图中的结点表示状态描述,结点之间的弧表示操作或者状态分解,称从父辈结点指向一组后继结点的弧为连接符。具体而言,在父辈结点处有一个圆弧将 k 个连接符连起来,称指向这 k 个后继结点的弧为 k-连接符。当 $k > 1$ 时称 k-连接符指向的 k 个结点为与结点,由一个 1-连接符指向的结点称为或结点。在图 4.11 所示的与或图中,相对于父辈结点 n_0 来说,n_4、n_5 是一组与结点,n_1 是一个或结点。注意与结点和

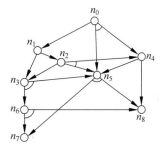

图 4.11　与或图示例

或结点是相对于父辈结点而言的。如图中结点 n_8 相对于结点 n_5 而言是与结点,相对于结点 n_4 来说却是或结点。

在与或图中,没有父辈的结点称为根结点,没有后继者的结点称为叶结点。对于状态空

间搜索而言,问题的初始状态、目标状态和操作集合规定了一个隐含的与或图。其中初始状态对应于根结点,目标状态对应于终结点,操作对应于连接符。搜索算法的任务就在于寻找一个从根结点到终结点的解图。

从一个与或图的结点 n 到结点集合 N 的一个解图就相当于普通图中的一条路径,但由于 k-连接符的存在,路径呈现解图的形式,例如求图 4.11 的与或图中从初始结点 n_0 到终结点 n_7,n_8 的一个解图。从初始结点 n_0 出发,任选一个外向连接符(即以 n_0 为始点的一个连接符),例如指向 n_1 的连接符,再从 n_1 出发,任选一个外向连接符,例如指向 n_3 的连接符。从 n_3 出发,只有一个 2-连接符指向 n_5,n_6,因此选择该连接符。再从 n_5,n_6 选择外向连接符,直到终结点 n_7,n_8,形成的解图如图 4.12(a)所示。显然,解图不是唯一的,图 4.12(b)为另一个可能的解图。下面,我们针对无环与或图给出解图的精确定义。所谓无环与或图,是指不存在这样一种结点,其后继结点又是它的祖先,因此图中存在一种局部的顺序。

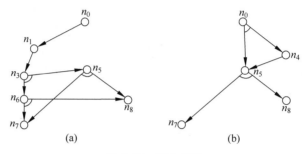

图 4.12　两个解图

对一个与或图 G,从结点 n 到结点集合 N 的一个解图记为 G',G' 是 G 的一个子图。当 n 是 N 的一个元素时,G' 由单一结点 n 组成。当 n 不是 N 的元素时,如果 n 有一个指向结点 $\{n_1,n_2,\cdots,n_k\}$ 的外向连接符 K,使得从每个 $n_i(i\in[1,k])$ 到 N 有一个解图,则 G' 由结点 n、连接符 K,结点 $\{n_1,n_2,\cdots,n_k\}$ 中的每个结点到 N 的解图所组成;否则从 n 到 N 不存在解图。

像普通图中对弧附加耗散值一样,对与或图中的连接符也可附加耗散值。根据连接符的耗散值计算从任一结点 n 到结点集合 N 的一个解图的耗散值 $k(n,N)$ 的方法如下:

如果 n 是 N 的一个元素,则 $k(n,N)=0$;否则,设在解图中 n 有一个指向后继结点集合 $\{n_1,\cdots,n_i\}$ 的外向连接符,且该连接符的耗散值为 c_n,则

$$k(n,N)=c_n+k(n_1,N)+\cdots+k(n_i,N)$$

可以看到,从结点 n 到结点集合 N 的一个解图的耗散值,等于解图中 n 的一个外向连接符的耗散值与该连接符指向的各个后继结点到 N 的解图的耗散值之和。一般情况下,解图的耗散值并不等于该解图中各个连接符的耗散值之和。例如,若设 k-连接符的耗散值为 k,则图 4.12(b)中解图的耗散值为 7,而不是解图中连接符的耗散值之和 5。这是因为在计算解图的耗散值时,结点 n_5 的外向连接符的耗散值被计算了两次。

对于一个与或图,具有最小耗散值的解图称为最佳解图。

2. AO* 算法

类似于普通图的 A* 算法,与或图相应的启发式搜索算法称为 AO* 算法。在 AO* 算法

中,所谓扩展一个结点,就是沿着该结点的外向连接符产生出它的所有后继结点。在搜索过程中使用的启发函数 $h(n)$ 定义为对从结点 n 到一组终结点的最佳解图的耗散值 $h^*(n)$ 的一个估计。为了简化搜索过程,可以规定单调限制,即对隐含图中每个从结点 n 指向其后继结点 $n_1, n_2, \cdots, n_k$ 的连接符,有

$$h(n) \leqslant c + h(n_1) + \cdots + h(n_k)$$

其中 c 为该连接符的耗散值。

如果对每个终结点 t,都有 $h(t)=0$,则上述单调限制就意味着函数 $h(n)$ 是 $h^*(n)$ 的一个下界,即对所有的结点 n,有

$$h(n) \leqslant h^*(n)$$

AO^* 算法如下所示:

```
Procedure AOStar(AOG,s,t)                        //输入与或图 AOG、初始结点 s、目标集合 t
    G = {s},q(s) = h(s);                         //初始化搜索图和 s 的耗散值
    if s∈t then Solved(s) = TRUE;               //如果 s 属于目标集合,则标记为已求解
    while(!Solved(s))
        //通过从 s 标记的连接符计算局部解图 G',如果没有标记连接符则为 s
        G' = LocalSolution(G,s,labeled(s));
        n = Pop{x|x∈G'∧isnotleaf(x)};            //移出 G' 中非终叶结点 n
        P = Expand(n);                           //扩展结点 n,将后继结点集合记为 P
        if P == φthen                            //没有后继结点
            q(n) = ∞;
        else                                     //有后继结点
            for p∈P do
                if p∉G then q(p) = h(p);         //不在 G 中则为 p 赋耗散值
                if p∈t then Solved(p) = TRUE;    //如果 p 为目标结点
            end for
        end if
        G = {G,P};                               //将 P 中结点加入 G
        S = {n};                                 //建立只含 n 的集合 S
        while(S≠φ)
            m = Pop{x|x∈S∧descendent(x)∉S};      //移出 S 中结点,其后代不在 S 中
            q'(m) = q(m);
    // n_{i1}, ⋯, n_{ik} 是 m 的第 i 个外向连接符指向的后继结点
            q_i(m) = C_i + q(n_{i1}) + ⋯ + q(n_{ik});
            q(m) = min(q_i(m)), r = argmin(q_i(m));   //找到耗散值最小的连接符 r
                      i                 i
            labeled(m) = r;                      //标记结点 m 的 r 连接符
            //如果连接符 r 指向的结点均已求解,m 可以标记为已求解
            m_succ_solved = TRUE;
            for x∈succ(m,r) do
                if Solved(x)≠TRUE then m_succ_solved = FALSE, break;
            end for
            if m_succ_solved then Solved(m) = TRUE;
            if m_succ_solved or q'(m)≠q(m) then   // m 已求解或耗散值有变化
                S' = {x|x∈AOG∧succ(x,labeled(x)) == m};
                S = {S,S'};          //找到通过标记连接符连接到 m 的那些父辈结点并加入 S
            end if
        end while
    end while
end proc
```

注意算法中的标记包括对连接符的标记和对结点的标记,分别表示为 labeled(m) 和 Solved(m),初始值分别为空和 FALSE。计算局部解图的函数 LocalSolution(G,s,labeled(s)) 的功能是根据当前图 G 中结点 s 被标记的连接符 labeled(s) 得到该连接符连接的那些结点,如果 labeled(s) 为空则返回结点 s。

AO* 算法可以看成是两个主要操作的循环。外循环是自顶向下的图生长操作。它根据标记得到最佳的局部解图,挑选一个非终叶结点进行扩展,并对它的后继结点计算耗散值及进行标记。内循环是自底向上的操作,进行修改耗散值、标记连接符、标记 Solved 的操作。它修改被扩展结点的耗散值,对该结点发出的连接符进行标记,并修改该结点祖先结点的耗散值。内循环的 Pop 函数要求考察的结点 m 的所有后代都不在 S 中,这就保证了修改过程是自下而上的。

设某个问题的状态空间如图 4.11 所示,其中 n_0 为初始结点,n_7、n_8 为终结点,且每个 k-连接符的耗散值为 k。我们选取启发函数 $h(n)$ 如下:

$$h(n_0)=0,\quad h(n_1)=2,\quad h(n_2)=4,\quad h(n_3)=4,\quad h(n_4)=1,$$
$$h(n_5)=1,\quad h(n_6)=2,\quad h(n_7)=0,\quad h(n_8)=0$$

注意,上述函数 $h(n)$ 为 $h^*(n)$ 的一个下界,且满足单调限制。搜索过程由 4 个外循环组成,如图 4.13 所示。图中用虚线箭头标记连接符,用空心圆表示未标记 Solved 的结点,用实心圆表示已标记 Solved 的结点,结点的耗散值标在结点旁边。第 4 个外循环结束后,根据标记的连接符就可以找到一个解图,该解图为具有最小耗散值的解图。

可以证明,如果从初始结点到一组终结点存在一个解图,且 $h(n)$ 是 $h^*(n)$ 的一个下界,$h(n)$ 满足单调限制,则 AO* 算法将终止于一个最佳解图。

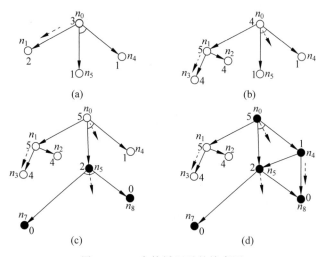

图 4.13　4 次外循环后的搜索图

4.2　博弈树搜索

4.2.1　概述

从人工智能发展的早期就开始了对博弈问题的研究,由此提出的一些搜索策略也推动了人工智能的发展。本节讨论的博弈属于双人完备信息博弈,是目前为止人工智能技术应用最为成熟的一种博弈问题,代表性成果包括 DeepBlue 和 AlphaGo。这种博弈由二人对垒,二人轮流走步。双方既知道对方走过的棋步,也可估计对方今后的棋步。棋的结局是一方赢一方输或者和局。这类博弈包括一步棋、跳棋、象棋、围棋等。另一种博弈为机遇性博弈,即存在不可预测性的博弈,如掷骰子和多数扑克游戏。

对博弈问题的求解相当于一种特殊的与或图搜索,以一种叫作 Grundy 的游戏为例加以说明。这种游戏的规则是,对于一堆硬币,两位选手轮流操作,第一位选手把原堆分成不相等的两堆,第二位选手把当前的任一堆再分成不相等的两堆。这样一直进行下去,直到每堆都剩下一个或两个硬币为止,哪个选手首先遇到这种情况就算输了。假设两位选手分别叫 MAX 和 MIN,并且由 MIN 先走。

考虑原堆有 7 个硬币的情况。状态描述由一个数字序列和选手名组成,数字序列表示每堆的硬币数,选手名表示下一步轮到谁走。例如,初始状态描述为(7,MIN),MIN 有三种可能的走法,对应的三个状态描述为(6,1,MAX)、(5,2,MAX)和(4,3,MAX)。完整的博弈图如图 4.14 所示,所有的叶结点对应着下一步该走的选手输掉的情况。

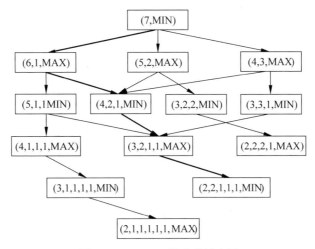

图 4.14　Grundy 游戏的博弈图

MAX 一种赢的策略如图中粗线所示,当 MIN 把 7 个硬币分成 1 个和 6 个时,MAX 可以将 6 个再分成 5 个、1 个以及 4 个、2 个,如果 MAX 选择前者,那么 MIN 有赢的机会,因此 MAX 必须将 6 个分成 4 个和 2 个,这时 MIN 已经没有获得胜利的希望。实际上无论一开始 MIN 如何走,MAX 总是可以找到必胜策略。MAX 想要获胜就需要做到:注明为 MIN 的结点,对它的所有后继结点都要保证 MAX 会赢;而对于注明为 MAX 的结点,只须保证它的一个后继结点 MAX 会赢。可见,这种搜索过程是一种特殊的与或图的搜索。注明为 MIN 结点的后继结点相当于与结点,注明为 MAX 结点的后继结点相当于或结点。

上述问题中先走者必败,但一般情况不是这样,先走者往往可以根据他的走步策略争取获胜。因此,在下面的讨论中,我们假设 MAX 先走,并寻找 MAX 取胜的策略,这样,处于偶数深度的结点都是下步由 MAX 走的位置,称为 MAX 结点。处于奇数深度的结点则相应于下步由 MIN 走的位置,称为 MIN 结点。

4.2.2　极小极大过程

对于简单的博弈,可以生成整个搜索图,找到必胜的策略。但对于复杂的博弈,如国际象棋,要生成大约 10^{120} 个结点,目前计算机的速度和存储量都是不允许的。因此不能生成整个搜索图,只能在轮到 MAX 走步的位置上生成一个搜索图,并且规定一个深度限制,从而搜索一步好棋。在 MIN 方走一步后,再在新的位置上生成搜索图,寻找一步好棋。这样做导致叶结点不再是哪一方获胜的结点,因此必须对叶结点进行静态估价。一般使有利于 MAX 的位置的估价函数取正值,使有利于 MIN 的位置的估价函数取负值,使双方均等的位置的估价函数取值接近于 0。

为了计算非叶结点的估值,必须从叶结点向上倒推。对于 MAX 结点,由于 MAX 方总是选择使估值最大的走步,因此 MAX 结点的倒推值应取后继结点估值的最大值。对于 MIN 结点,由于 MIN 方总是选择使估值最小的走步,因此 MIN 结点的倒推值应取其后继结点估值的最小值。这样一步一步计算倒推值,直至计算出初始结点的倒推值为止。由于我们研究的是 MAX 方的走步,所以应选择其后继结点中具有最大倒推值的走步。这一过程就称为极小极大过程。

下面以一字棋为例说明极小极大过程。一字棋的棋盘有三行三列,每个棋手轮流摆子,每次摆一个子,先形成三子一线者胜。设 MAX 方的棋子用×标记,MIN 方的棋子用○标记,并规定 MAX 方先走。为了对叶结点进行静态估价,我们规定估价函数 $e(p)$ 如下:

$$e(p)=\begin{cases}\infty, & \text{MAX 获胜}\\ -\infty, & \text{MIN 获胜}\\ c(\text{MAX})-c(\text{MIN}), & \text{其他}\end{cases}$$

其中,c 为所有空格都放上棋子之后,全部由棋子组成的行、列和对角线的总数。

例如,如果棋局 p 如图 4.15(a)所示,则估价函数 $e(p)=6-4=2$。

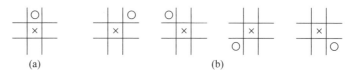

图 4.15　一字棋示例

考虑到对称性,可认为图 4.15(b)中的四个棋局是等价的,这样就可大大减小搜索空间。图 4.16 给出了经过二层搜索生成的博弈树。叶结点的静态估值记在叶结点下面,非叶结点的倒推值记在结点旁边的方框内。由于初始结点的三个后继结点中,右边的结点具有最大的倒推值 1,所以 MAX 应选择右边的走法。假设 MAX 走了这一步,轮到 MIN 走步时,在×的上方空格中放上一子(这不是最好的走法,但不考虑 MIN 的走法)。为了确定MAX 下一步的走法,再经过二层搜索生成一个博弈树,如图 4.17 所示。这一次初始结点有两个后继结点取最大的倒推值,因此可任选其中一个走法,比如选取图中注明的走法。轮到 MIN 走时,在右上角放下一子。为了确定 MAX 下一步的走法,再经过二层搜索生成一个博弈树,如图 4.18 所示。从图中可以看出,MAX 只有最左边一个走法可取,其他走法都会输。在 MAX 选择最左边的走法后,下次 MIN 方无论如何走子都必败。

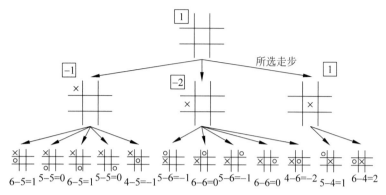

图 4.16　一字棋的博弈树(第一阶段)

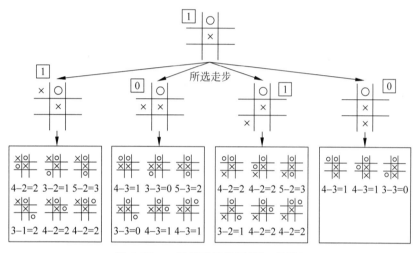

图 4.17　一字棋的博弈树(第二阶段)

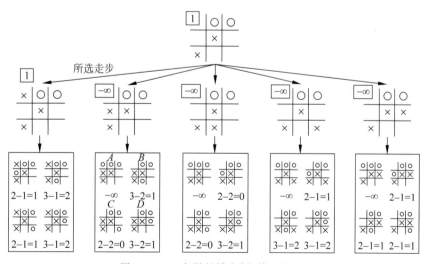

图 4.18　一字棋的博弈树(第三阶段)

4.2.3　α-β 剪枝过程

上述极小极大过程先生成树,再计算各结点的估值,由于生成了规定深度内的所有结点,因此搜索效率较低。如果在生成树的同时对结点进行估值,则可能不必生成规定深度内的所有结点,从而提高效率,这就是 α-β 剪枝过程。

假设我们采取深度优先的方法进行搜索(同一层优先生成左边的结点)。考虑图 4.18 所示的博弈树中第二组叶结点,在生成了标记为 A 的叶结点后,立即计算其静态估值,得到 $-\infty$。而结点 A 的父辈结点的倒推值要求取后继结点最小的估值,$-\infty$ 已经是最小的估值了。因此结点 B、C、D 不必再生成就可推断结点 A 的父辈结点的倒推值为 $-\infty$。这样少扩展出三个结点,但对结果不会产生任何影响。在这种情况下,少扩展结点的原因是结点 A 处于 MIN 获胜的位置。但即使未生成某方获胜的结点也可以采用此策略,如下文所述。

现考虑图 4.19 所示的博弈树,这是刚刚生成一部分的搜索树。设每生成一个叶结点就计算其静态估值,结点的每个后继结点都有了估值后就计算该结点的倒推值。这样可以算出结点 A 的倒推值为 -1。由于初始结点的倒推值是取其后继结点的估值的最大值,可知初始结点最终的倒推值不会比 -1 小,因此 -1 为初始结点倒推值的下限,我们称此下限为初始结点的 α 值。

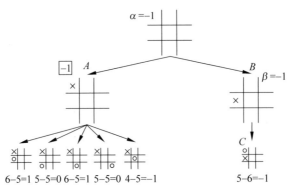

图 4.19　一字棋第一阶段的部分博弈树

现在开始生成结点 B 及其后继结点 C。C 的静态估值为 -1。由于结点 B 为 MIN 结点,它的倒推值总是选取其后继结点的最小估值,因此结点 B 的倒推值不会比 -1 大,-1 为结点 B 的倒推值的上限,我们称此上限值为结点 B 的 β 值。这时可以看到,结点 B 的上限值已经不比初始结点的下限值大了。也就是说,结点 B 已经不会比结点 A 对 MAX 更有利了。因此对结点 B 的扩展可以停止。这时结点 B 的倒推值可以定为它的 β 值为 -1。如果把结点 B 的后继结点全部生成后再计算其倒推值,结果可能并不是 -1,但是这对选择布子来说是没有影响的。

通过上面的讨论可以得出高效的搜索方法。首先搜索树的某一部分达到最大深度,这时就可以计算出某些 MAX 结点的 α 值或某些 MIN 结点的 β 值。随着搜索的继续不断修改各结点的 α 或 β 值。对任一结点,当其某一后继结点的最终值给定时,就可确定该结点的 α 或 β 值。当该结点的其他后继结点的最终值给定时,就可对该结点的 α 或 β 值进行修正。

注意α、β值的修改有如下规律：

（1）MAX 结点的 α 值永不下降。

（2）MIN 结点的 β 值永不增加。

终止搜索的规则可总结如下：

（1）当一个 MIN 结点的 β 值小于或等于该结点任何 MAX 祖先结点的 α 值时，可以停止该结点下面的搜索，这个 MIN 结点最终的倒推值可以置为它的 β 值。

（2）当一个 MAX 结点的 α 值大于或等于该结点任何 MIN 祖先结点的 β 值时，可以停止该结点下面的搜索，这个 MAX 结点最终的倒推值可以置为它的 α 值。

上述规则确定的结点的倒推值可能与极小极大过程生成的倒推值不同，但对选择最佳走步的结果没有影响。当满足规则（1）而减少搜索时称为 α 修剪，当满足规则（2）而减少搜索时称为 β 修剪。

在搜索期间，α、β 值的计算方法如下：

（1）一个 MAX 结点的 α 值可置成它的后继结点中最大的最终倒推值。

（2）一个 MIN 结点的 β 值可置成它的后继结点中最小的最终倒推值。

上述过程称为 $\alpha\text{-}\beta$ 剪枝过程。与极小极大过程相比，结论是相同的，但扩展的结点要少得多。图 4.20 为说明 $\alpha\text{-}\beta$ 剪枝过程的一个实例，采用 $\alpha\text{-}\beta$ 剪枝过程引导深度优先搜索，并首先生成同一层最左边的结点，深度限制为 6。图中用方块表示 MAX 结点，用圆圈表示 MIN 结点，修剪的部分用虚线表示。

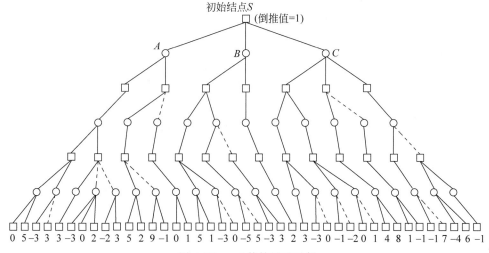

图 4.20　$\alpha\text{-}\beta$ 剪枝过程示例

图 4.20 描述的 $\alpha\text{-}\beta$ 剪枝过程详述如下：

（1）将各个结点编号，初始结点为 S，其左边的子结点为 A，中间的为 B，右边的为 C。对于 A、B、C 的后代，采用深度加序号的方式编号，如左下角那个结点编号为 $A_{5,1}$，A 的最后一个后代编号为 $A_{5,16}$，右下角结点编号为 $C_{5,16}$，表示在 C 的第五代后代中排序为 16。

（2）利用深度优先搜索策略，深度限制为 6，首先找到 $A_{5,1}$，该结点的静态估值为 0，因此 $A_{4,1}$ 的 β 值为 0，再看 $A_{4,1}$ 的另一个后继结点 $A_{5,2}$，静态估值为 5，所以 $A_{4,1}$ 的 β 值保持为 0。倒推回 $A_{3,1}$ 的 α 值为 0。

（3）再看 $A_{5,3}$，静态估值为 -3，所以 $A_{4,2}$ 的 β 值为 -3，比祖先 $A_{3,1}$ 的 α 值要低，因此 $A_{4,2}$ 到 $A_{5,4}$ 的树枝被剪掉。$A_{3,1}$ 的 α 值为 0 不变，倒推回 $A_{2,1}$ 的 β 值也为 0。

（4）考虑 $A_{5,5}$，静态估值为 3，$A_{4,3}$ 的 β 值为 3，$A_{3,2}$ 的 α 值为 3，比祖先 $A_{2,1}$ 的 β 值要高，所以 $A_{3,2}$ 到 $A_{4,4}$ 和 $A_{4,5}$ 的树枝都被剪掉。$A_{2,1}$ 的 β 值不变，依然为 0。倒推回 $A_{1,1}$ 的 α 值为 0。继续倒推回 A 的 β 值为 0。

（5）考虑 $A_{5,11}$，静态估值为 5，所以 $A_{4,6}$ 的 β 值为 5，再看 $A_{5,12}$ 的静态估值为 2，所以 $A_{4,6}$ 的 β 值为 2，倒推回 $A_{3,3}$ 的 α 值为 2，比祖先 A 的 β 值要高，因此 $A_{3,3}$ 到 $A_{4,7}$ 的树枝被剪掉。倒推回 $A_{2,2}$ 的 β 值为 2，再推回 $A_{1,2}$ 的 α 值为 2，又比祖先 A 的 β 值要高，所以 $A_{1,2}$ 到 $A_{2,3}$ 的树枝被剪掉。A 的 β 值保持为 0。A 的后代扩展完毕，因此倒推回 S 结点的 α 值为 0。

（6）考虑 $B_{5,1}$，静态估值为 5，因此 $B_{4,1}$ 的 β 值为 5，再看 $B_{4,1}$ 的另一个后继结点 $B_{5,2}$，静态估值为 1，所以 $B_{5,1}$ 的 β 值改为 1。倒推回 $B_{3,1}$ 的 α 值为 1。

（7）再看 $B_{5,3}$，静态估值为 -3，所以 $B_{4,2}$ 的 β 值为 -3，比祖先 $B_{3,1}$ 的 α 值要低，因此 $B_{4,2}$ 到 $B_{5,4}$ 的树枝被剪掉。$B_{3,1}$ 的 α 值不变，倒推回 $B_{2,1}$ 的 β 值也为 1，再倒推回 $B_{1,1}$ 的 α 值为 1。

（8）考虑 $B_{5,5}$，静态估值为 -5，$B_{4,3}$ 的 β 值为 -5，比祖先 $B_{1,1}$ 的 α 值要低，因此 $B_{4,3}$ 到 $B_{5,6}$ 的树枝被剪掉。倒推回 $B_{3,2}$ 的 α 值和 $B_{2,2}$ 的 β 值都为 -5。由于 $B_{2,2}$ 的 β 值比祖先 $B_{1,1}$ 的 α 值要低，因此 $B_{2,2}$ 到 $B_{3,3}$ 的树枝被剪掉。$B_{1,1}$ 的 α 值保持为 1，倒推回 B 的 β 值为 1。

（9）考虑 $B_{5,9}$，静态估值为 2，倒推回 $B_{4,5}$ 的 β 值为 2，倒推回 $B_{3,4}$ 的 α 值为 2，再倒推回 $B_{2,3}$ 的 β 值和 $B_{1,2}$ 的 α 值都为 2。因此 B 的 β 值保持为 1。B 的后代扩展完毕，因此倒推回 S 结点的 α 值更新为 1。

（10）考虑 $C_{5,1}$，静态估值为 3，因此 $C_{4,1}$ 的 β 值为 3，倒推回 $C_{3,1}$ 的 α 值为 3。

（11）再看 $C_{5,2}$，静态估值为 -3，所以 $C_{4,2}$ 的 β 值为 -3，比祖先 $C_{3,1}$ 的 α 值要低，因此 $C_{4,2}$ 到 $C_{5,3}$ 的树枝被剪掉。$C_{3,1}$ 的 α 值不变，倒推回 $C_{2,1}$ 的 β 值也为 3，再倒推回 $C_{1,1}$ 的 α 值为 3。

（12）考虑 $C_{5,4}$，静态估值为 -1，$C_{4,3}$ 的 β 值为 -1，比祖先 $C_{1,1}$ 的 α 值要低，因此 $C_{4,3}$ 到 $C_{5,5}$ 的树枝被剪掉。倒推回 $C_{3,2}$ 的 α 值为 -1。

（13）考虑 $C_{5,6}$，静态估值为 0，$C_{4,4}$ 的 β 值为 0，比祖先 $C_{1,1}$ 的 α 值要低，因此 $C_{4,4}$ 到 $C_{5,7}$ 的树枝被剪掉。倒推将 $C_{3,2}$ 的 α 值更新为 0。再倒推回 $C_{2,2}$ 的 β 值为 0，所以 $C_{1,1}$ 的 α 值保持为 3，倒推回 C 结点的 β 值为 3。

（14）考虑 $C_{5,8}$，静态估值为 4，因此 $C_{4,5}$ 的 β 值为 4，再看 $C_{5,9}$ 静态估值为 8，所以 $C_{4,5}$ 的 β 值保持为 4，倒推之后，$C_{3,3}$ 的 α 值和 $C_{2,3}$ 的 β 值均为 4。再倒推回 $C_{1,2}$ 的 α 值为 4，比祖先 C 结点的 β 值要高，因此 $C_{1,2}$ 到 $C_{2,4}$ 的树枝被剪掉。C 结点的 β 值保持为 3。

（15）考虑 $C_{5,12}$，静态估值为 -1，因此 $C_{4,7}$ 的 β 值为 -1，比祖先 S 结点的 α 值要低，因此 $C_{4,7}$ 到 $C_{5,13}$ 的树枝被剪掉。倒推回 $C_{3,5}$ 的 α 值为 -1。再倒推回 $C_{2,5}$ 的 β 值为 -1，比祖先 S 结点的 α 值要低，因此 $C_{2,5}$ 到 $C_{3,6}$ 的树枝被剪掉。倒推回 $C_{1,3}$ 的 α 值为 -1，再倒推修改 C 结点的 β 值，更新为 -1。

（16）最后，由于 C 结点的 β 值为 -1，所以 S 结点的 α 值保持为 1。α-β 剪枝过程结束。

α-β 剪枝过程的搜索效率与最先生成的结点的 α、β 值和最终倒推值之间的近似程度有关。初始结点的最终倒推值将等于某个叶结点的静态估值。如果在深度优先的搜索过程中,第一次就碰到了这个叶结点,则修剪枝数最大,搜索效率最高。

假设一棵树的深度为 D,且每个非叶结点都有 B 个后继结点。对于最佳的情况,即 MIN 结点先扩展出最小估值的后继结点,MAX 结点先扩展出最大估值的后继结点。这种情况可使修剪的枝数最大。此时设叶结点的最少个数为 N_D,可以证明:

$$N_D = \begin{cases} 2B^{\frac{D}{2}} - 1, & D \text{ 为偶数} \\ B^{\frac{D+1}{2}} + B^{\frac{D-1}{2}} - 1, & D \text{ 为奇数} \end{cases}$$

也就是说,在上述最佳情况下,α-β 搜索可获得效率的最大提升,它生成的深度为 D 的叶结点数大约相当于极小极大过程所生成的深度为 $D/2$ 的博弈树的结点数。当然,在一般情况下,α-β 剪枝过程的搜索效率在最佳情况与极小极大过程之间。

为了提高效率,对 α-β 剪枝过程的改进主要集中:①对同一个结点的多个后继结点进行排序以便尽早剪枝;②调整搜索窗口即 β 与 α 的差值;③保存子树的搜索结果以便后续使用。具体的改进方法包括主变例搜索(principal variation search,PVS)、MTD(f)和迭代加深(iterative deepening)等。

4.2.4 蒙特卡罗树搜索

如果在复杂博弈问题如国际象棋或者围棋中使用博弈树搜索的方式寻找最佳走步行为,前面介绍的极小极大过程和 α-β 剪枝过程都不现实。以围棋为例,在开局阶段无论黑白都存在三百多个位置可选择落子,要构造这么一颗博弈树并利用 α-β 剪枝过程进行搜索,允许搜索的深度必须非常小,否则以现有的算力无法及时响应。但是搜索深度小又会导致搜索无法找到最佳结果,哪怕近似最佳也难以发现。这也是人工智能发展半个世纪以来在围棋上几乎没有进展的主要原因。

2016 年 DeepMind 公司开发的 AlphaGo 战胜了围棋世界冠军,之后更是以无可争议的战绩战胜了其他更强的围棋世界冠军,这是第一个能够取得如此辉煌成就的围棋软件。AlphaGo 同样需要搜索博弈树指导如何落子,但是采用了一种与以前完全不同的搜索方法——蒙特卡罗树搜索(Monte Carlo Tree Search,MCTS),当然仅有 MCTS 远远不够,AlphaGo 还采用了一些其他技术如深度强化学习等。

2006 年法国利尔大学的 Coulom 在一款 9×9 大小的围棋软件疯石(Crazy Stone)中率先使用了蒙特卡罗树搜索。蒙特卡罗树搜索的思路非常直接,既然博弈树太大无法采用传统方法遍历所有的走法从而确定下一个走步,那就选取一个目前看起来比较好的走步,然后根据后续的博弈局面更新这个走步的评价值,通过多次重复这个步骤,就能得到当前局面下较优的一个走步。

具体来说蒙特卡罗树搜索包括四个步骤:选择(selection)、扩展(expansion)、模拟(simulation)以及回传(backpropagation)。需要注意的是模拟也可称为快速走子(bollout),而回溯与第 9 章"神经网络与深度学习"介绍的求解多层前向神经网络的反向传播(backpropagation,BP)算法名同实异。

下面依然用一个一字棋的例子来介绍蒙特卡罗树搜索的四个步骤。假设 MAX 采用蒙特卡罗树搜索,而 MIN 采用随机走步策略。

(1)开局时没有任何信息,将此时的棋局定义为 0 号棋局。MAX 不知道该如何走步,于是随机选取了一个走步,此时的棋局定义为 1 号棋局。之后的每一步都是随机获得的,直到分出胜负。假设选取的走步和后续的步骤如图 4.21 所示。

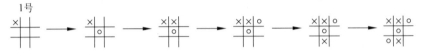

图 4.21　MAX 随机选择的一个走步以及之后的结果,最左边的棋局编号为 1

可以看出,最后是 MIN 取得了这次胜利,因此在 1 号棋局上标注(0/1),表示访问过 1 次,胜利 0 次。将该信息倒推(即上面的回传)给 0 号棋局,于是 0 号棋局也标注上(0/1)。

(2)接下来从初始局面进行第二次选择,开局九个位置都可以放置×,因此存在九种选择,如图 4.22 所示。

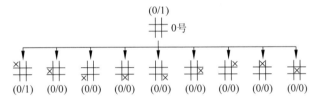

图 4.22　开局的九种选择以及随机走完一步之后的标注,从左到右依次为 1～9 号棋局

由于其他八种棋局都没有走过,所以标注都为(0/0)。

此时需要选择下一个局面作为模拟的对象,选择的标准是:

$$i = \underset{i}{\mathrm{argmax}}(\mathrm{Score}_i) = \underset{i}{\mathrm{argmax}}\left(\frac{w_i}{n_i} + c \times \sqrt{\frac{\ln(n)}{n_i}}\right) \tag{4.1}$$

其中 w_i 和 n_i 分别表示第 i 个子结点胜利的次数和访问过的次数,c 为一个衡量选择当前最优还是探索未知结点的权值,n 是当前要选择走步的棋局被访问过的次数。

因此 1 号棋局的 Score 值为 0,而 2～9 号棋局的 Sorce 值都为∞,实际上该公式倾向于从未访问过的棋局。因此,2～9 号棋局中随意选择一个棋局作为走步的结果,又可以通过模拟步骤得到该棋局的胜利次数与访问次数,然后再回传到 0 号棋局。直到 2～9 号棋局全部被模拟一次,此时各个棋局的访问状态和获胜状态可能如图 4.23 所示。

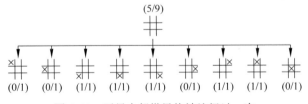

图 4.23　开局全部棋局均被访问过一次

(3)这时所有开局可能出现的情况都已经访问过一次,继续使用式(4.1)计算下一次选取的棋局,显然会在 3、4、5、7 和 8 这几个棋局中产生,然后又通过模拟获得该棋局的胜负,

然后更新该棋局以及 0 号棋局的访问状态和获胜状态。重复该动作,假设总共重复 500 次,得到如图 4.24 所示的局面。

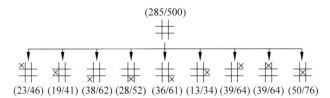

图 4.24 重复 500 次后的各棋局的状态

此时,最右边的 9 号棋局的 Score 值为(设 c 为 1.4):

$$\text{Score}_{i=9} = \frac{w_{i=9}}{n_{i=9}} + c \times \sqrt{\frac{\ln(n)}{n_{i=9}}} = \frac{50}{76} + c \times \sqrt{\frac{\ln(500)}{76}} = 1.058$$

计算得到 9 号棋局的 Score 值最大,因此,MAX 选择落子在棋盘中央,得到 9 号棋局。

(4)假设 MIN 选择一个走步,得到一个新棋局,新棋局与后续各种变化如图 4.25 所示。

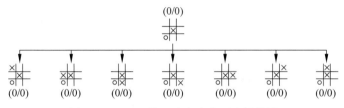

图 4.25 MAX 第二次走步的可选择棋局

重复前面的(1)~(3)步,找到当前近似最佳棋局,然后走步。重复上述动作直到 MAX 获胜、失败或者平局。

上述每一次走步过程可以用函数 MCTS 描述:

```
Function MCTS(root)
    n = 0, w = 0;                                 ////初始化胜局数与总局数
    for i = 1,2,…,NumofChild do
        root.Child[i] = Create_Node();            //创建当前棋局的子结点,即后继棋局
        root.Child[i].n = 0, root.Child[i].w = 0; //初始化子结点的胜局数与总局数
    end for
    for i = 1,2,…,NumofChild do                   //将所有结点的初次访问放在一起
        if Simulation(root.Child[i]) == Win then  //如果获胜
            root.Child[i].w++, w++;               //子结点和初始棋局的获胜数量都加1
        end if
        root.Child[i].n++, n++;                   //子结点的和初始棋局的访问数量都加1
    end for
    for iter = 1,2,…,MAXIter - n + 1 do           //迭代次数中将所有结点的初次访问去掉
        Score = -∞, NodeNum = -1;                 //找到 Score 值最大的 i
        for i = 1,2,…,n do
            ScoreI = wᵢ/nᵢ + c × √(ln(n)/nᵢ);
            if ScoreI > Score then
```

$$\text{ScoreI} = \frac{w_i}{n_i} + c \times \sqrt{\frac{\ln(n)}{n_i}} ;$$

```
            ScoreI = Score, SelectNode = i;
        end if
    end for
    if Simulation(root.Child[NodeNum]) == Win then
        root.Child[NodeNum].w++, w++;
    end if
    root.Child[NodeNum].n++, n++;
  end for
end func
```

因为只要有未访问的子结点存在,式(4.1)必然选择未访问的子结点,所以上述算法中将所有的子结点的初次访问放置在一个循环中。

上述算法介绍的是最基础的蒙特卡罗树搜索算法,还有许多地方可以变化和改进。如上述算法每次评估走步时只考虑一步,也就是说在一次走步过程中只保存初始棋局和一次走步之后的几个棋局。实际上可以存在两种改进,一种是评估走步时不止评估一步,而是评估多步,如图 4.26 所示。另外一种是可以保存在模拟过程中得到的一部分中间结果,因为这些中间结果有些可能会在后续的走步过程中再次遇到。

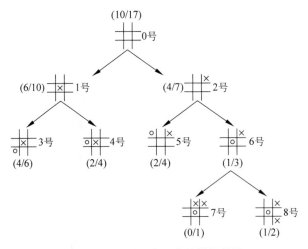

图 4.26　记录三步以内的模拟结果

在图 4.26 中,为了简便起见假设每个结点都只有 2 个后继结点,在为当前棋局确定一个走步时保留三步以内得到的各个棋局的获胜状态和访问状态,也就是保留 MAX 走 2 步、MIN 走 1 步后的状态。假设当前各个结点的状态如图 4.26 所示,最大迭代次数为 100。

(1) 当前待处理结点为 0 号棋局。由于迭代次数未到最大迭代次数,因此还需要选择第二层的 1 号或 2 号棋局继续模拟。由于 1 号棋局的 Score 值为 1.345,而 2 号棋局的 Score 值为 1.462,所以选择 2 号棋局往下模拟。

(2) 当前待处理的结点移动到 2 号棋局,此时又需要选择 5 号或 6 号棋局继续模拟。注意,此时实际上是 MIN 在选择走步,因此需要站在 MIN 的角度去选择后续模拟棋局。对于 MIN 来说,5 号棋局和 6 号棋局的状态分别为(2/4)和(2/3),5 号棋局的 Score 值为 1.476,而 6 号棋局的 Score 值为 1.794,所以选择 6 号棋局往下模拟。

(3) 当前待处理的结点移动到 6 号棋局,继续在 7 号或 8 号棋局中选择棋局模拟。7 号棋局的 Score 值为 1.467,而 8 号棋局的 Score 值为 1.538,所以选择 8 号棋局往下模拟。

(4)由于规定只记录 MAX 走 2 步、MIN 走 1 步后的状态,所以 8 号棋局之后的模拟策略是随机的,假设最后是 MAX 失败,因此需要回传依次修改 8 号棋局、6 号棋局、2 号棋局以及 0 号棋局的状态,结果如图 4.27 所示。

(5)由于仍未达到最大迭代次数,因此需要重复上述(0)~(4)步。此时由于 1 号棋局的 Score 值要大于 2 号棋局的 Score 值,所以将会选择 1 号棋局往下模拟。

(6)直到迭代次数达到最大迭代次数,迭代停止,选择 1 号棋局和 2 号棋局中 Score 值大的那个棋局作为 MAX 真正的走步。

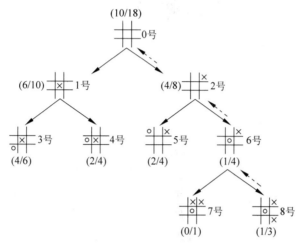

图 4.27 8 号棋局模拟后 MAX 失败的状态回传

状态空间搜索与博弈树搜索都是人工智能中经典的问题求解方法,而蒙特卡罗树搜索则是一种较新的基于搜索的问题求解方法,近几年在博弈问题中得到广泛的使用,取得了相当不错的效果。本章只是简单介绍蒙特卡罗树搜索的基本思路,想要进一步了解的读者请参阅相关参考文献。

第 5 章

基于符号的推理

在人工智能学科中,符号主义一直占据着重要的地位,在人工智能发展的早期阶段符号主义曾经一枝独秀,之后与连接主义在人工智能的发展过程中交相辉映。尽管近 20 年来符号主义的发展有点不尽如人意,但 2012 年知识图谱的提出和发展被认为是符号主义开始重新追赶连接主义的序曲。在符号主义中最基础的元素就是符号,符号的处理过程就是人的认识过程。本章主要介绍基于符号的推理,包括推导、证明、归结反演、规则演绎系统以及非单调推理。

5.1 基础概念

在第 3 章"知识表示"中已经介绍了一阶谓词逻辑的一部分基础概念,本节将补充一些基础概念,供本章后续小节使用。

1. 解释

描述性知识的形式化从对世界的概念化开始,概念化(conceptualization)是三元组: <{对象集},{函数集},{关系集}>,其中对象集是与问题有关的对象集合,函数与关系用于描述对象与对象之间的关系。如图 5.1 所示的积木块例子可以概念化为:<{a,b,c,d,e}, {Hat},{On,Above,Clear,Table}>,其中 a、b、c、d、e 分别为积木块;函数 Hat 的定义为: $\text{Hat}(b)=a$,$\text{Hat}(c)=b$,$\text{Hat}(e)=d$,表示 a、b、d 像帽子一样分别覆盖在 b、c、e 上; On 关系:$<a,b>$、$<b,c>$、$<d,e>$、Above 关系:$<a,b>$、$<b,c>$、$<a,c>$、$<d,e>$、Clear 关系:$\{a,d\}$、Table 关系:$\{c,e\}$,其中 On 和 Above 关系表示的是该词汇本来的意思,而 Clear 关系表示积木块上没有其他积木块,Table 关系表示直接放置在桌子上。

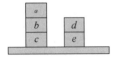

图 5.1 积木块示例

解释(interpretation)是从谓词演算的元素到概念化元素上的映射,记为 $I(\sigma)$ 或 σ^I:

（1）如果 σ 是对象常量，则 $I(\sigma) \in |I|$；

（2）如果 σ 是函数常量，则 $I(\sigma)$：$|I|^n \rightarrow |I|$；

（3）如果 σ 是关系常量，则 $I(\rho) \subseteq |I|^n$。

其中，$|I|$ 表示论域，即与问题有关的对象集合。

假设谓词演算中对象常量为 A、B、C、D、E，函数常量为 Hat，关系常量为 On、Above、Clear、Table，可以定义一个解释 I，在该解释中：$I(A)=a, I(B)=b, I(C)=c, I(D)=d, I(E)=e$；$\text{Hat}^I=\{<b,a>,<c,b>,<e,d>\}$，其中二元组 $<x,y>$ 表示 $\text{Hat}(x)=y$；$\text{On}^I=\{<a,b>, <b,c>,<d,e>\}$，$\text{Above}^I=\{<a,b>,<b,c>,<a,c>,<d,e>\}$，$\text{Clear}^I=\{a,d\}$，$\text{Table}^I=\{c,e\}$。

如果谓词演算语言中还存在变量，需要对变量进行赋值，赋值对象为论域集合中的某个对象，称为变量指派（variable assignment），记为 $U(\sigma)$ 或者 σ^U。

可以将解释和变量指派组合起来，该组合称为联合指派。

2. 可满足性

当一个合式公式 ϕ 在解释 I 和变量指派 U 下为真，称解释 I 和变量指派 U 满足公式 ϕ，记为 $\models_I \phi[U]$。

如果对于所有的变量指派，某个解释 I 都满足合式公式 ϕ，称 I 为 ϕ 的一个模型，记为 $\models_I \phi$。

一个合式公式是可满足的，当且仅当存在解释和变量指派满足该公式，否则称该公式为不可满足的。

一个合式公式是永真的，当且仅当任何一个解释和变量指派都满足该公式。

如果解释 I 和变量指派 U 满足一个合式公式集合 Γ 中所有的合式公式，称解释 I 和变量指派 U 满足集合 Γ。

解释 I 称为公式集合 Γ 的一个模型，当且仅当 I 是 Γ 中所有公式的模型。称公式集合 Γ 是可满足的或一致的，当且仅当存在一个解释 I 和变量指派 U 满足 Γ 中所有公式，否则称 Γ 是不可满足的或者不一致的。

已知公式集合 Γ，M 和 M^* 是 Γ 的两个模型，并且满足：

（1）M 和 M^* 有相同的论域；

（2）M 和 M^* 对 Γ 中除 P 之外的所有其他谓词和常量有相同的解释；

（3）M^* 中使得 P 成立的对象集是 M 中使得 P 成立的对象集的子集。

则称在 Γ 中 $M^* \leqslant_P M$，如果对于任一 $M \leqslant_P M_m$ 都有 $M=M_m$，则称 M_m 是 Γ 对 P 的最小模型。

3. 推导（derivation）

从初始公式集合 Δ 到公式 ϕ 的推导是一个公式的序列，ϕ 出现在该序列中，并且序列中每一个公式要么是 Δ 的成员，要么是该序列之前的公式应用推理规则得到的结果。其中推理规则包括：假言推理（modus ponens，MP）、拒取式（modus tollens，MT）、化简式（and elimination，AE）、合取引入（and introduction，AI）、附加式（or introduction，OI）、全称固化（universal instantiation，UI）以及存在固化（existential instantiation，EI）。

（1）假言推理（MP）：已知 $P \Rightarrow Q$ 以及 P，得到结论 Q。

（2）拒取式（MT）：已知 $P \Rightarrow Q$ 以及 $\neg Q$，得到结论 $\neg P$。

（3）化简式（AE）：已知 $P \wedge Q$，得到结论 P 和结论 Q。

（4）合取引入（AI）：已知 P 和 Q 都成立，得到结论 $P \wedge Q$。

（5）附加式（OI）：已知 $\phi_i, i \in [1, n]$ 成立，得到结论 $\phi_1 \vee \phi_2 \vee \cdots \vee \phi_n$。

（6）全称固化（UI）：已知 $(\forall \nu)\phi$，得到结论 $\phi_{\tau/\nu}$，其中 τ 对于 ϕ 中的 ν 是自由的，即 ν 不出现在 τ 中某些变量的量词辖域内，而 τ/ν 表示 ν 被 τ 替换。

（7）存在固化（EI）：已知 $(\exists \nu)\phi$，得到结论 $\phi_{\pi(\nu_1, \nu_2, \cdots, \nu_n)/\nu}$，其中 π 是函数常量，ν_i 是 ϕ 中的自由变量。

一个合式公式集合 Δ 逻辑蕴涵一个合式公式 ϕ，当且仅当每个满足 Δ 的解释和变量指派同时满足 ϕ，记为 $\Delta \vDash \phi$。一个理论是在逻辑蕴涵下封闭的合式公式集合，即 Δ 形成的理论为 $T[\Delta] = \{\phi | \Delta \vDash \phi\}$。因为 Δ 逻辑蕴涵的合式公式可以非常多，因此一般而言理论是个无限的公式集合。

一个推导过程是正确的（sound），当且仅当该推导过程得到的所有公式都是由初始合式公式集合 Δ 逻辑蕴涵的。一个推导过程是完备的（complete），当且仅当所有由初始合式公式集合 Δ 逻辑蕴涵的公式都能在该过程中得到。

例 5.1 已知如下知识：所有狼都比马跑得快，有一匹蒙古马比所有羊都跑得快，灰太狼是一头狼，喜洋洋是一只羊。推导灰太狼比喜洋洋跑得快。

采用谓词逻辑描述上述知识：

1. $(\forall x)(\forall y)\{[\text{Wolf}(x) \wedge \text{Horse}(y)] \Rightarrow \text{Faster}(x, y)\}$
2. $(\exists y)\{\text{MongolianHorse}(y) \wedge [(\forall z)(\text{Sheep}(z) \Rightarrow \text{Faster}(y, z))]\}$
3. $\text{Wolf}(\text{HuiTaiLang})$
4. $\text{Sheep}(\text{XiYangYang})$

根据常识可得：

5. $(\forall y)[\text{MongolianHorse}(y) \Rightarrow \text{Horse}(y)]$
6. $(\forall x)(\forall y)(\forall z)\{[\text{Faster}(x, y) \wedge \text{Faster}(y, z)] \Rightarrow \text{Faster}(x, z)\}$

要推导的结论是：

$\text{Faster}(\text{HuiTaiLang}, \text{XiYangYang})$

推导过程如下所示：

7. $\text{MongolianHorse}(\text{Aertai}) \wedge [\forall z (\text{Sheep}(z) \Rightarrow \text{Faster}(\text{Aertai}, z))]$	2, EI
8. $\text{MongolianHorse}(\text{Aertai})$	7, AE
9. $(\forall z)[\text{Sheep}(z) \Rightarrow \text{Faster}(\text{Aertai}, z)]$	7, AE
10. $\text{Sheep}(\text{XiYangYang}) \Rightarrow \text{Faster}(\text{Aertai}, \text{XiYangYang})$	9, UI
11. $\text{Faster}(\text{Aertai}, \text{XiYangYang})$	4, 10, MP
12. $\text{MongolianHorse}(\text{Aertai}) \Rightarrow \text{Horse}(\text{Aertai})$	5, UI
13. $\text{Horse}(\text{Aertai})$	8, 12, MP
14. $[\text{Wolf}(\text{HuiTaiLang}) \wedge \text{Horse}(\text{Aertai})] \Rightarrow \text{Faster}(\text{HuiTaiLang}, \text{Aertai})$	1, UI
15. $\text{Wolf}(\text{HuiTaiLang}) \wedge \text{Horse}(\text{Aertai})$	3, 13, AI
16. $\text{Faster}(\text{HuiTaiLang}, \text{Aertai})$	14, 15, MP
17. $[\text{Faster}(\text{HuiTaiLang}, \text{Aertai}) \wedge \text{Faster}(\text{Aertai}, \text{XiYangYang})] \Rightarrow$ $\text{Faster}(\text{HuiTaiLang}, \text{XiYangYang})$	6, UI
18. $\text{Faster}(\text{HuiTaiLang}, \text{Aertai}) \wedge \text{Faster}(\text{Aertai}, \text{XiYangYang})$	11, 16, AI

```
19. Faster(HuiTaiLang, XiYangYang)                           17,18,MP
```

在上述推导中假设比所有羊都跑得快的蒙古马叫阿尔泰(Aertai)。

推导存在的一个缺陷是规则过多,自动化推导过程中形成的合式公式空间将会非常庞大。

4. 证明(Proof)

从初始公式集合 Δ 到公式 ϕ 的证明是一个公式的序列,ϕ 出现在该序列中,并且序列中每一个公式要么是 Δ 的成员或逻辑公理,要么是序列中之前的公式应用假言推理得到的结果。

一个逻辑公理是一个由其逻辑形式决定了被所有解释满足的合式公式。存在许多逻辑公理,可以将这些逻辑公理划分成多类公理模板,如:

(1) 蕴涵附加(implication introduction,II)模板: $\phi \Rightarrow (\varphi \Rightarrow \phi)$

(2) 蕴涵分配(implication distribution,ID)模板: $(\phi \Rightarrow (\varphi \Rightarrow \chi)) \Rightarrow ((\phi \Rightarrow \varphi) \Rightarrow (\phi \Rightarrow \chi))$

(3) 矛盾实现(contradiction realization,CR)模板:

$$(\varphi \Rightarrow \neg\phi) \Rightarrow ((\varphi \Rightarrow \phi) \Rightarrow \neg\varphi)、\quad (\neg\varphi \Rightarrow \neg\phi) \Rightarrow ((\neg\varphi \Rightarrow \phi) \Rightarrow \varphi)$$

(4) 全称分配(universal distribution,UD)模板: $((\forall\nu)(\phi \Rightarrow \varphi)) \Rightarrow (((\forall\nu)\phi) \Rightarrow ((\forall\nu)\varphi))$

(5) 全称泛化(universal generalization,UG): $\phi \Rightarrow (\forall\nu)\phi$,其中 ν 在 ϕ 中不是自由变量

(6) 全称固化(universal instantiation,UI): $((\forall\nu)\phi) \Rightarrow \phi_{\nu/\tau}$,其中 τ 对于 ϕ 中的 ν 是自由的。

除了上述公理模板之外,还存在更多公理模板,在此不再赘述。

如果存在一个从初始公式集合 Δ 到公式 ϕ 的一个证明,称 ϕ 可由 Δ 证明,记为 $\Delta \vdash \phi$,同时称 ϕ 是 Δ 的一个定理。实际上逻辑蕴涵与证明是等价的,即 $\Delta \models \phi \equiv \Delta \vdash \phi$。

例 5.2　已知 $P \Rightarrow Q$ 和 $Q \Rightarrow R$,要证明 $P \Rightarrow R$。

证明过程如下所示:

```
1. P⇒Q
2. Q⇒R
3. (Q⇒R)⇒ (P⇒(Q⇒R))              II
4. P⇒(Q⇒R)                        2,3,MP
5. (P⇒(Q⇒R))⇒((P⇒Q)⇒(P⇒R))      ID
6. (P⇒Q)⇒(P⇒R)                   4,5,MP
7. P⇒R                           1,6,MP
```

与推导类似,证明过程中由于逻辑公理数量过多导致证明过程中将会得到许多与结论不相关的中间结果。

5. 置换与合一

将形如 $\{t_1/x_1, t_2/x_2, \cdots, t_n/x_n\}$ 的有限集合称为置换,其中 t_i 是项,x_i 是互不相同的变量,该集合表示将 x_i 替换成 t_i。设 $\theta = \{t_1/x_1, t_2/x_2, \cdots, t_n/x_n\}$ 是一个置换,F 是一个合式公式,把 F 中出现的所有 x_i 置换成 t_i,得到新的合式公式 G,称 G 为 F 在置换 θ 下的置换实例,记为 $G = F\theta$。

设 $\theta=\{t_1/x_1,t_2/x_2,\cdots,t_n/x_n\}$、$\lambda=\{s_1/y_1,s_2/y_2,\cdots,s_n/y_n\}$ 是两个置换,称 $\theta\cdot\lambda$ 为 θ 与 λ 的合成,该合成是从集合 $\{t_1\lambda/x_1,t_2\lambda/x_2,\cdots,t_n\lambda/x_n,s_1/y_1,s_2/y_2,\cdots,s_n/y_n\}$ 中删除以下两种元素得到:当 $t_i\lambda=x_i$ 时,删除 $t_i\lambda/x_i$ 项;当 $y_i\in\{x_1,x_2,\cdots,x_n\}$ 时,删除 s_i/y_i 项。置换的合成满足结合律。

设有公式集合 $F=\{F_1,F_2,\cdots,F_n\}$,存在置换 θ 使得 $F_1\theta=F_2\theta=\cdots=F_n\theta$,则称 F_1,F_2,$\cdots$,F_n 是可合一的,而 θ 是 F 的一个合一。如果存在一个置换 δ,对于公式集合 F 的任意一个合一 θ,都能找到一个置换 λ,使得 $\theta=\delta\lambda$,则称 δ 是公式集合 F 的最一般合一(most general unifier,MGU)。

要从初始公式集合 Δ 出发推理出 Δ 的一个定理,可以使用前述介绍的推导或证明,但是对于推导来说推理规则过多,对于证明来说逻辑公理过多,因此使得定理的自动推理搜索空间巨大,耗时耗力。5.2 节介绍的归结反演是一种更好的选择。

5.2　归结反演

5.2.1　子句

使用后续介绍的归结原理进行推理时,需要先把公式集转化为子句集。

首先引入几个定义:原子合式公式及其否定统称为文字,文字的析取式称为子句;将带否定符号 ¬ 的文字称为负文字,不带否定符号 ¬ 的文字称为正文字;不包含任何文字的子句称为空子句,记为 {} 或者 NIL;至多包含一个正文字的子句称为 Horn 字句;由子句和空子句所构成的集合称为子句集。

设有一个合式公式

$$(\forall x)\{[\neg P(x)\vee\neg Q(x)]\Rightarrow(\exists y)[S(x,y)\wedge Q(x)]\}\wedge(\forall x)[P(x)\vee B(x)]$$

转化成子句的过程如下:

(1) 消去蕴涵符:应用性质 $X_1\Rightarrow X_2\equiv\neg X_1\vee X_2$ 消去蕴涵符。上述公式变成:

$$(\forall x)\{\neg[\neg P(x)\vee\neg Q(x)]\vee(\exists y)[S(x,y)\wedge Q(x)]\}\wedge(\forall x)[P(x)\vee B(x)]$$

(2) 否定符内移:将否定符号 ¬ 移到每个谓词符号的前面,办法是应用 3.2 节"逻辑表示法"介绍的摩根定律及其他等价关系。因此上述公式可写成:

$$(\forall x)\{[P(x)\wedge Q(x)]\vee(\exists y)[S(x,y)\wedge Q(x)]\}\wedge(\forall x)[P(x)\vee B(x)]$$

(3) 变量标准化:使每个量词采用不同的变量。根据量词的性质:

$$(\forall x)P(x)\equiv(\forall y)P(y)$$

和

$$(\exists x)P(x)\equiv(\exists y)P(y)$$

公式中的约束变量可以用其他变量符号代替,而不影响公式的真值。因此有:

$$(\forall x)\{[P(x)\wedge Q(x)]\vee(\exists y)([S(x,y)\wedge Q(x)]\}\wedge(\forall w)[P(w)\vee B(w)]$$

(4) 消去存在量词:按照存在量词是否在全称量词辖域内分为两种情况。当存在量词不在任何一个全称量词的辖域中,该存在量词约束的变量可以替换为一个常量,该常量应是原合式公式中没有出现的符号。上述公式中没有出现未在全称量词的辖域中的存在量词。

当存在量词在全称量词的辖域中时,需要将该存在量词约束的变量替换为 Skolem 函数。考虑一个合式公式$(\forall y)[(\exists x)P(x,y)]$,即对所有的 y,总存在一个 x 使 $P(x,y)$ 为真。显然,这里的变量 x 的取值依赖于变量 y 的取值。因此可以把 x 记为 $G(y)$,这个函数称为 Skolem 函数。注意,这里使用的函数符号 G 应是原合式公式中没有出现的符号。因此上述公式改写为:

$$(\forall x)\{[P(x)\wedge Q(x)]\vee[S(x,F(x))]\wedge Q(x)\}\wedge\forall w)[P(w)\vee B(w)]$$

(5) 将公式化为前束形。所谓前束形,就是把所有的全称量词都移到公式的前部,由于公式中已无存在量词,且所有的全称量词的约束变量完全不同,因此可以把所有的全称量词放在公式前面,使每个量词的辖域都包括公式后面的整个部分。上例的前束形为:

$$(\forall x)(\forall w)\{\{[P(x)\wedge Q(x)]\vee[S(x,F(x))]\wedge Q(x)\}\wedge[P(w)\vee B(w)]\}$$

(6) 析取符内移:转换为合取范式(即最外层的连接符都是合取符),可通过析取符与合取符满足分配律的性质将公式转换为合取范式,如上例:

$$(\forall x)(\forall w)\{[P(x)\vee S(x,F(x))]\wedge Q(x)\wedge[P(w)\vee B(w)]\}$$

(7) 消去全称量词:直接把全称量词消去。由于公式中所有的变量都是全称量词量化的变量,因此可以把全称量词省略,公式中的变量仍然可以被认为是全称量词量化的变量。上例可得:

$$[P(x)\vee S(x,F(x))]\wedge Q(x)\wedge[P(w)\vee B(w)]$$

(8) 表示为子句集,把子句的合取表示成子句的集合,意义不变。上例的子句形式可表示成:

$$P(x)\vee S(x,F(x))$$
$$Q(x)$$
$$P(w)\vee B(w)$$

(9) 变量更名:重新命名变量,使每个子句中的变量符号不同,这是由于合式公式的性质:

$$(\forall x)[P(x)\wedge Q(x)]\equiv(\forall x)P(x)\wedge(\forall y)Q(y)$$

因此上面的子句形式可转换为:

$$P(x)\vee S(x,F(x))$$
$$Q(y)$$
$$P(w)\vee B(w)$$

5.2.2　归结原理

归结是一种非常重要并且能够用于子句的推理规则。

1. 基子句的归结

没有变量的子句称为基子句,我们先讨论基子句的归结问题。设有两个基子句:$P_1\vee P_2\vee\cdots\vee P_n$ 和 $\neg P_1\vee Q_2\vee\cdots\vee Q_m$,其中所有的 P_i 和 Q_j 都是不同的。这两个子句有一对互补的文字,从这两个子句可以推断出一个新的子句,称为它们的归结式:

$$P_2\vee P_3\cdots\vee P_n\vee Q_2\vee\cdots\vee Q_m$$

这个结论很容易证明：设 P_1 为假，因为 $P_1 \vee P_2 \vee \cdots \vee P_n$ 为真，故 $P_2, \cdots, P_n$ 之中必有一个为真。设 P_1 为真，则 $\neg P_1$ 为假，由于 $\neg P_1 \vee Q_2 \vee \cdots \vee Q_m$ 为真，故 $Q_2, \cdots, Q_m$ 之中必有一个为真。所以 $P_2 \vee \cdots \vee P_n \vee Q_2 \vee \cdots \vee Q_m$ 必为真。

2. 一般子句的归结

为将归结原理应用于含有变量的子句，应找出一个置换，作用于给定的两个子句，使它们包括互补的文字。为方便起见，首先将两个给定的子句表示成两个文字的集合 $\{L_i\}$ 和 $\{M_i\}$，并假设两个子句的变量符号是不同的，令 $\{l_i\}$ 是 $\{L_i\}$ 的一个子集，$\{m_i\}$ 是 $\{M_i\}$ 的一个子集。设 θ 是集合 $\{l_i\} \bigcup \{\neg m_i\}$ 的最一般合一，则可以得到 $\{L_i\}$ 和 $\{M_i\}$ 的归结式为：

$$\{\{L_i\} - \{l_i\}\}\theta \vee \{\{M_i\} - \{m_i\}\}\theta$$

当两个子句作归结时，子集 $\{l_i\}$ 和 $\{m_i\}$ 的选取可能有多种形式，因此得到的归结式也不是唯一的。例如考虑子句：

$$P[x, F(A)] \vee P[x, F(y)] \vee Q(y)$$

和

$$\neg P[z, F(A)] \vee R(z)$$

如果取 $\{l_i\} = \{P[x, F(A)]\}$ 和 $m_i = \{\neg P[z, F(A)]\}$，则它们的最一般合一为 $\theta = \{z/x\}$，得到归结式：

$$P[z, f(y)] \vee Q(y) \vee R(z)$$

如果取 $\{l_i\} = \{P[x, F(A)], P[x, F(y)]\}$ 和 $m_i = \{\neg P[z, F(A)]\}$，则它们的最一般合一为 $\theta = \{z/x, A/y\}$，得到归结式：

$$Q(A) \vee R(z)$$

3. 归结反演

从初始公式集合 Δ 到一个子句 ϕ 的归结演绎是一个子句的序列，其中 ϕ 是序列中的一个元素，并且序列中的每个元素要么是 Δ 的一个成员，要么是序列中之前的子句应用归结原理的结果。

归结演绎最简单的应用就是验证不可满足性。如果一个子句集是不可满足的，则总可以通过归结演绎从该子句集推理出矛盾，即空子句。这正是归结反演的基本思路。

设有一个公式集合 Δ，希望从 Δ 推理出结论 ϕ，归结反演方法如下：

(1) 令 $\Gamma = \neg \phi$。

(2) 将 $\Delta \bigcup \Gamma$ 转换成一组子句，应用归结演绎推理出空子句。

下面考虑一个简单的例子。

例 5.3　设已知下列句子：

(1) Whoever can read is literate(能阅读的都是有文化的)。

$$(\forall x)[R(x) \Rightarrow L(x)]$$

(2) Dolphins are not literate(海豚是没有文化的)。

$$(\forall y)[D(y) \Rightarrow \neg L(y)]$$

(3) Some dolphins are intelligent(某些海豚是有智能的)。

$$(\exists z)[D(z) \wedge I(z)]$$

证明语句：

（4）Some who are intelligent cannot read（某些有智能的并不能阅读）。

$$(\exists w)[I(w) \wedge \neg R(w)]$$

已知的三个语句对应的子句集为：

（1）$\{\neg R(x) \vee L(x)\}$

（2）$\{\neg D(y) \vee \neg L(y)\}$

（3）$\{D(A), I(A)\}$

目标语句的否定为：

$$(\forall w)[\neg I(w) \vee R(w)]$$

将目标语句的否定式化成子句形式，即 Γ：

（4）$\{\neg I(w) \vee R(w)\}$

采用归结反演方法，根据（1）～（4）列出的子句集进行归结，将归结式加入到子句集中，再继续进行归结，直至产生空子句或无法归结为止。如果归结出空子句，则证明成功结束。本例的一种归结过程如图 5.2 所示。图中并没有画出所有生成的结点，包括所有生成结点的整个归结反演树称为导引图。

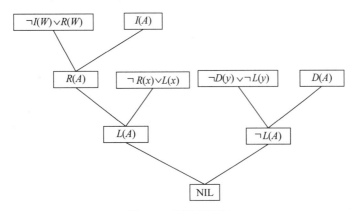

图 5.2　归结反演树

归结反演过程主要就是证明一个公式集合不可满足的过程，即从集合 $\Delta \cup \Gamma$ 归结出空子句的过程。该过程可表示如下：

```
Function RESOLUTION:
    (1) CLAUSES = △∪Γ;
    (2) until NIL ∈ CLAUSES do
    (3)     if 所有可归结的子句对都已经归结过 then return False;
    (4)     在 CLAUSES 中选择两个不同的可归结的子句 Cᵢ 和 Cⱼ;
    (5)     计算 Cᵢ 和 Cⱼ 的归结式 rᵢⱼ;
    (6)     CLAUSES = CLAUSES ∪ {rᵢⱼ};
    (7) end until
    (8) return True;
end func
```

5.2.3 归结反演的控制策略

可以看出,在过程 RESOLUTION 中步骤(4)和步骤(5)是整个归结反演过程的关键,这两步选择用于归结的子句以及实现该归结,根据这两步的不同可以得到不同的控制策略。如果对任何一个不可满足的公式集合 S,某个控制策略都能够从公式集合 S 生成一个空子句,则称此控制策略是完备的。在应用归结反演解决问题时希望能够找到一种既完备又高效的控制策略。

1. 宽度优先

宽度优先策略首先从公式集合 S 生成所有的归结式,称为第一级归结式。再从 S 和第一级归结式生成第二级归结式,以此类推。显然,宽度优先策略是完备的,但是非常低效。上述例子采用宽度优先策略的归结过程如图 5.3 所示,限于篇幅第三级归结式中仅列出了一个空子句(下同)。

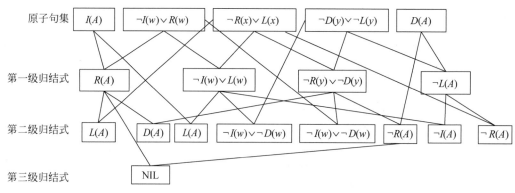

图 5.3　宽度优先策略示例

2. 支持集归结

如果对于公式集合 Δ 及其子集 Γ,Δ-Γ 是可满足的,则称 Γ 是 Δ 的支持集(set of support)。支持集策略在每次归结时,至少有一个子句是支持集中的元素,并且将得到的归结式纳入支持集中。归结开始前支持集有多种选择,一般可将结论的否定定义为初始支持集。可以证明,支持集归结是反演完备的,一般情况下其效率比宽度优先搜索要高。在反演归结过程中,每个目标公式的否定的后代都可看成一个子目标,由于归结的子句始终包括子目标,并产生新的子目标,因此支持集策略也可看成是某种形式的逆向推理。

图 5.4 为上例通过支持集归结策略产生的导引图。与宽度优先策略相比,因为支持集策略能够减慢每级子句的增长速度,因此每级产生的归结式减少了,但同时空子句产生的深度增加了。综合起来,支持集策略依然是高效的。

3. 单元归结

将只有单个文字的子句称为单元子句,单元归结要求每次归结时至少有一个子句是单元子句。由于每次归结都消去一对正负文字,当使用单元归结时使得归结式中文字的数量

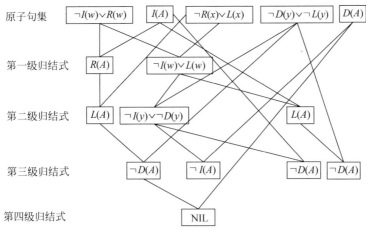

图 5.4 支持集策略实例

越来越少，最终得到空子句。因此单元归结效率较高，但该策略并不是反演完备的。但对于 Horn 子句集，单元归结是反演完备的。图 5.2 的反演树就是由单元归结策略产生的。

4. 输入归结

输入归结要求每次归结时至少有一个子句是初始子句集中的元素。与单元归结类似，输入归结效率较高，但不是反演完备的，对于 Horn 子句集，输入归结是反演完备的。图 5.5 为上例通过输入归结策略生成的导引图，其中第三级和第四级并未列出所有归结式。

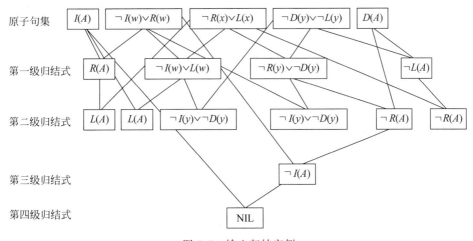

图 5.5 输入归结实例

5. 线性归结

在线性归结中，除了第一次归结之外，每次归结时要求有一个子句是上一步归结的结果，另一个子句是该子句的祖先或者初始子句集中的元素。一个子句的祖先定义为在归结出该子句的过程中出现的归结式。线性归结是反演完备的。图 5.6 是该策略产生的一棵反演树。

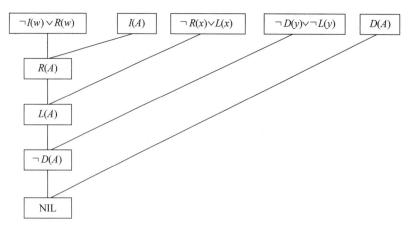

图 5.6　线性归结实例

6. 顺序归结

在顺序归结中,将每个子句看成有顺序的文字集合,每次归结时只归结排在首位的文字对,在归结式中,将正文字所在的子句中剩余的文字按原顺序放在归结式的前部,而负文字所在的子句中剩余的文字按原顺序放在归结式的后部。顺序归结有时候非常高效,但是并不是反演完备的。对于 Horn 子句集,顺序归结是反演完备的。

在实际应用中,以上各种策略可以组合起来使用,以提高搜索效率。

5.2.4　求解填空问题

前面介绍了使用归结原理证明一个结论的方法与不同的策略,但有时并未给出一个需要证明的结论,而是需要从初始子句集中提取某个问题的答案,这种问题称为填空问题(Fill-in-the Blank Questions)。下面用一个例子来介绍如何使用归结原理求解填空问题。

例 5.4　已知事实如下:

(1) Fido goes wherever John goes(John 走到哪里 Fido 跟到哪里)。
$$(\forall x)[AT(JOHN,x)\Rightarrow AT(FIDO,x)]$$

(2) John is at school (John 在学校)。
$$AT(JOHN,SCHOOL)$$

解答问题:

(3) where is Fido (Fido 在哪里)?
$$AT(FIDO,x)$$

首先,假设要回答的填空问题为 $\phi(v)$,$v=\{v_1,v_2,\cdots,v_n\}$,其中 $v_1,v_2,\cdots,v_n$ 是 ϕ 中的自由变量。为要回答的 ϕ 引入新文字 $Ans(v)$,在本例中就是 $Ans(x)$。

第二,构造蕴涵式 $(\forall v)[\phi(v)\Rightarrow Ans(v)]$,即如果 $\phi(v)$ 成立则 v 就是需要找到的答案。在本例中为 $(\forall x)[AT(FIDO,x)\Rightarrow Ans(x)]$。

第三,将第二步构造的蕴涵式转换为子句集,添加到初始子句集中。在本例中初始子句集扩充为:$\{\neg AT(JOHN,x)\lor AT(FIDO,x),AT(JOHN,SCHOOL),\neg AT(FIDO,x)\lor Ans(x)\}$。

最后,利用归结原理对初始子句集进行归结,最终得到只含有 Ans 文字的单元子句,Ans 文字中的变量取值即为问题的答案,如图 5.7 所示。

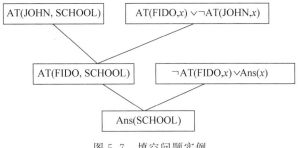

图 5.7 填空问题实例

例 5.5 某人被盗,公安局派出 5 个侦察员去调查。研究案情时,侦察员 A 说:"赵与钱中至少有一人作案";侦察员 B 说:"钱与孙中至少有一人作案";侦察员 C 说:"孙与李中至少有一人作案";侦察员 D 说:"赵与孙中至少有一人与此案无关";侦察员 E 说:"钱与李中至少有一人与此案无关"。如果这 5 个侦察员的话都是可信的,试问谁是盗窃犯?

定义谓词 $P(x)$ 为 x 是盗窃犯,根据题意有:$\{P(zhao) \lor P(qian), P(qian) \lor P(sun), P(sun) \lor P(li), \neg P(zhao) \lor \neg P(sun), \neg P(qian) \lor \neg P(li)\}$。

要求谁是盗窃犯,引入 Ans 文字得到子句 $\neg P(w) \lor Ans(w)$ 加入到初始子句集中,利用归结原理得到归结树如图 5.8 所示。

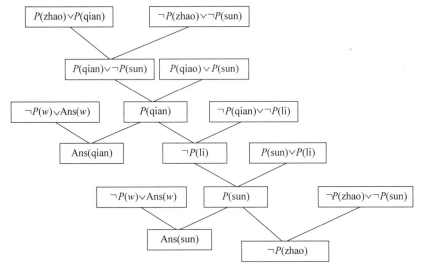

图 5.8 盗窃犯问题的归结树

得到结果 Ans(qian) 和 Ans(sun),因此钱和孙是盗窃犯。而李和赵由于能归结出 $\neg P(li)$ 和 $\neg P(zhao)$,因此可得到李和赵不是盗窃犯。具体做法非常简单,可以将李不是盗窃犯的结论使用归结反演将其否定即 $P(li)$ 加入初始子句集,与 $\neg P(li)$ 能够归结出空子句,从而证明李不是盗窃犯,赵不是盗窃犯的证明思路类似。

5.3 基于规则的演绎系统

5.2 节所讲的归结原理需要把所有的表达式都转换为子句形式,这样做虽然在逻辑上是等价的,但也丧失了很多有用的信息。例如 $P \Rightarrow Q$ 与 $\neg P \lor Q$ 在逻辑上是等价的,但它们所表达的信息是不同的。另外,把一个表达式分解成若干个子句也降低了求解效率。

本节的方法尽量采用表达式原来的形式,将有关问题的知识和信息划分成规则与事实两种类型。规则由包含蕴涵形式的表达式表示,事实由无蕴涵形式的表达式表示。这种推理系统称为直接系统,也称为基于规则的演绎系统。有时候规则的 then 部分可以用于规定动作,如第 3 章"知识表示"介绍的产生式系统。

5.3.1 正向演绎系统

1. 事实表达式

在正向演绎系统中,事实表达式可为无蕴涵的任意与或形式,简称为与或形式。为将任一表达式转换成标准的与或形式,可按 5.2 节介绍的转换为子句型的方法将合式公式转换为与或形式。例如有如下表达式:

$$(\exists u)(\forall v)\{Q(v,u) \land \neg[[R(v) \lor P(v)] \land S(u,v)]\}$$

可转化为标准的与或形式:

$$Q(w,A) \land \{[\neg R(v) \land \neg P(v)] \lor \neg S(A,v)\}$$

与或形式的事实表达式可以用一个与或图来表示(需要注意的是与 4.1 节"状态空间搜索"中介绍的与或图有所区别)。上例的与或图如图 5.9 所示。图中的结点表示事实表达式及其子表达式。根结点表示整个表达式,叶结点表示组成表达式的单个文字。对于一个表示析取表达式 $(E_1 \lor \cdots \lor E_k)$ 的结点,使用一个 k-连接符连接该结点的 k 个子表达式结点;对于一个表示合取表达式 $(E_1 \land \cdots \land E_k)$ 的结点,使用 k 个 1-连接符连接该结点的 k 个子表达式结点。

与或图表示的一个重要性质就是表达式本身所转换出的一组子句可以从与或图中读出,每个子句相当于与或图的一个解图。例如,从图 5.9 中可以得到上例表达式的三个子句:

$$Q(w,A)$$
$$\neg S(A,v) \lor \neg R(v)$$
$$\neg S(A,v) \lor \neg P(v)$$

可见,与或图可以看成是一组子句的一个紧凑表达形式。一个与或图表示的子句集就对应于图中在文字结点上结束的解图集。但是,第二、三个子句还可以重新命名变量,这一点在与或图中没有表达出来,这将导致失去一般性,在有些情况下可能会带来一些问题。

2. 利用规则转换与或图

正向演绎系统将规则作用于表示事实的与或图,改变与或图的结构,从而产生新的事

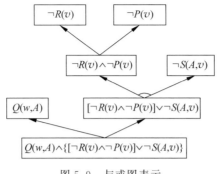

图 5.9 与或图表示

实。为应用方便起见,规定规则的形式为:

$$L \Rightarrow W$$

其中:

(1) L 是单文字,W 是任意的与或形表达式;

(2) L 和 W 中的所有变量都是全称量词量化的,默认的全称量词作用于整个蕴涵式;

(3) 各条规则中的变量各不相同,而且规则中的变量与事实表达式中的变量也不相同。

对规则左侧作单文字的限制虽然会大大简化规则的应用过程,但也限制了规则的应用范围。但是在应用中可以对某些规则作一些变换,使之满足这一要求。例如形如 $L_1 \lor L_2 \Rightarrow W$ 的规则,可以转换成两条等价的规则 $L_1 \Rightarrow W$ 和 $L_2 \Rightarrow W$。

例如公式:

$$(\forall x)\{[(\exists y)(\forall z)P(x,y,z)] \Rightarrow (\forall u)Q(x,u)\}$$

可按下列步骤转换成标准形式:

(1) 消去蕴涵符:

$$(\forall x)\{\neg[(\exists y)(\forall z)P(x,y,z)] \lor (\forall u)Q(x,u)\}$$

(2) 否定符内移:

$$(\forall x)\{(\forall y)(\exists z)[\neg P(x,y,z)] \lor (\forall u)Q(x,u)\}$$

(3) 消去存在量词:

$$(\forall x)\{(\forall y)[\neg P(x,y,f(x,y))] \lor (\forall u)Q(x,u)\}$$

(4) 将公式化为前束形,并略去全称量词:

$$\neg P(x,y,f(x,y)) \lor Q(x,u)$$

(5) 恢复蕴涵式:

$$P(x,y,f(x,y)) \Rightarrow Q(x,u)$$

规则可以作用于与或图,形成一个新的与或图。

首先介绍无变量时与或图的转换,假设与或图如图 5.10 所示,规则 $S \Rightarrow (X \land Y) \lor Z$ 可应用于该图的 S 叶结点上形成图 5.11 所示的与或图。图中两个标有 S 的结点之间的弧称为匹配弧。新生成的与或图既表示了原图表示的事实表达式,又表示了由规则导出的所有新的事实表达式。

规则的子句形式为:

$$\neg S \lor X \lor Z$$
$$\neg S \lor Y \lor Z$$

由图 5.10 可以看出,原事实表达式中能够与规则子句进行归结求解的子句为:

$$S \lor R \quad 和 \quad S \lor P \lor Q$$

应用归结原理,可得下列子句:

$$R \lor X \lor Z \qquad R \lor Y \lor Z$$
$$P \lor Q \lor X \lor Z \qquad P \lor Q \lor Y \lor Z$$

这 4 个子句可在图 5.11 中获得。在该例子中通过一条规则可以同时获得多个归结式,因此直接法的效率比较高。

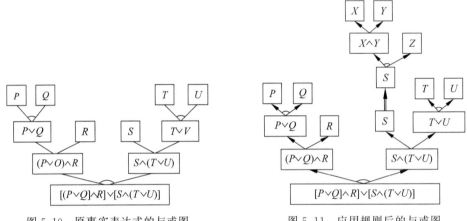

图 5.10　原事实表达式的与或图　　　　图 5.11　应用规则后的与或图

图中的结点 S 应用一条规则后不再是叶结点,但仍是文字结点,还可对该结点应用其他规则。我们规定一个与或图表示的子句集对应结束于文字结点上的解图集。这样,应用规则后得到的与或图既表示了原与或图所表示的表达式,也表示了新产生的表达式。

3. 利用目标公式作结束条件

在正向演绎系统中,目标公式规定为文字的析取形式,当一个目标文字和与或图中的一个文字匹配时,可以将表示该目标文字的结点通过匹配弧连接到与或图中相应文字的结点上。表示目标文字的结点称为目标结点。当演绎系统产生的与或图包括一个在目标结点上结束的解图时,系统便成功结束。

例如考虑如下问题:

事实表达式:

$$A \lor B$$

规则:

$$A \Rightarrow C \land D \quad 和 \quad B \Rightarrow E \land G$$

目标公式:

$$C \lor G \lor F$$

应用规则后得到的与或图如图 5.12 所示。图中包括一个在目标结点上结束的解图,该解图对应的子句为 $C \lor G$。注意子句 $C \lor G$ 与目标公式不同,但比目标公式更一般。

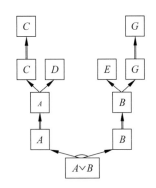

图 5.12 与或图与目标文字的匹配

4. 含有变量的情况

在正向演绎系统中,我们假设事实和规则中所有的存在量词量化的变量,均已用 Skolem 函数替代,表达式中尚存的变量都是全称量词量化的变量。对于目标公式,我们要求所有全称量词量化的变量都被 Skolem 函数取代,省略存在量词,表达式中尚存的变量都认为是存在量词量化的变量。对目标公式的这种处理与归结反演系统中取目标公式的否定相对应。

目标表达式的形式仍为文字的析取形式。由于存在量词具有性质:

$$(\exists x)[P_1(x) \vee P_2(x)] \equiv (\exists x)P_1(x) \vee (\exists y)P_2(y)$$

因此,目标公式中各析取文字的变量可以改名,从而使用不同的变量符号。

例如考虑如下问题。

事实表达式:

$$P(A,B) \vee [Q(x,A) \wedge R(B,y)]$$

规则:

$$P(x,y) \Rightarrow S(x) \vee T(y)$$

目标公式:

$$Q(C,A) \vee R(z,B) \vee S(A) \vee T(B)$$

其中事实表达式和规则中的变量都是被全称量词量化的,目标公式中的变量则是存在量词量化的,满足前述要求。事实表达式的与或图如图 5.13 所示,应用规则后的与或图如图 5.14 所示,图中还画出了与目标文字(用双框表示)的匹配。从表面上看,图中包括两个在目标文字上结束的解图,对应的子句为:

$$S(A) \vee T(B) \vee Q(C,A)$$
$$S(A) \vee T(B) \vee R(z,B)$$

但实际上第一个子句是不成立的,因为该解图中使用的置换 $\{A/x, B/y\}$ 和 $\{C/x\}$ 是不一致的。而第二个子句对应的解图中,使用的置换 $\{A/x, B/y\}$ 和 $\{B/z, B/y\}$ 是一致的,将两个置换的合成 $\{A/x, B/y, B/z\}$ 作用于第二个子句得到的例示 $S(A) \vee T(B) \vee R(B,B)$ 才是最后得到的子句。

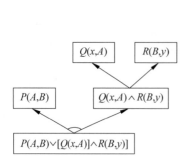

图 5.13　有变量的事实表达式的与或图

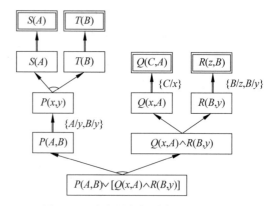

图 5.14　有变量的规则应用于目标匹配

总之,我们只能考虑那些结束在目标结点上具有一致匹配弧置换的解图,即一致解图,并以对该解图对应的子句应用置换的合一复合所得到的示例作为解答语句。下面先介绍置换的一致性和置换的合一复合的定义。

定义　设有一个置换集 $U=\{u_1,u_2,\cdots,u_n\}$,每个 u_i 是一个置换的集合:

$$u_i=\{t_{i1}/v_{i1},\cdots,t_{im(i)}\ /\ V_{im(i)}\}$$

其中 t_{ij} 为项,v_{ij} 为变量,令

$$U_1=(v_{11},\cdots,v_{1m(1)},\cdots,v_{n1},\cdots,v_{nm(n)})$$
$$U_2=(t_{11},\cdots,t_{1m(1)},\cdots,t_{n1},\cdots,t_{nm(n)})$$

称置换 U 为一致的,当且仅当 U_1 和 U_2 是可合一的,而 U 的合一复合 $u=\mathrm{mgu}(U_1,U_2)$,其中 $\mathrm{mgu}(U_1,U_2)$ 表示 U_1 和 U_2 的最一般合一。

例如有置换:

$$u_1=\{x/y,x/z\}\ \text{和}\ u_2=\{A/z\}$$

令:$U_1=(y,z,z)$,$U_2=(x,x,A)$;可以求得 U_1 和 U_2 的最一般合一为:

$$u=\mathrm{mgu}(U_1,U_2)=\{A/x,A/y,A/z\}$$

因此置换 u_1 和 u_2 是一致的,且合一复合为上述 u。

可以证明,合一复合运算是可结合、可交换的,所以一个解图的合一复合与匹配弧的次序无关。

为了避免不必要的不一致,应用中应注意以下几点:

(1) 多次应用同一规则时,每次应把变量改名。

(2) 多次应用同一目标文字时,每次应把变量改名。

(3) 当存在一个结束于目标文字上的一致解图时,证明成功结束。

下面以一个猎犬的例子结束对正向演绎系统的介绍。

例 5.6　已知事实:Fido barks and bites or Fido is not a dog(Fido 吠叫且咬人,或者 Fido 不是狗)。

$$\neg\mathrm{DOG(FIDO)}\vee[\mathrm{BARKS(FIDO)}\wedge\mathrm{BITES(FIDO)}]$$

规则:All terriers are dogs(所有猎犬都是狗)(这里使用逆否形式)。

$$R_1:\neg\mathrm{DOG}(x)\Rightarrow\neg\mathrm{TERRIER}(x)$$

Anyone who barks is noisy(吠叫的都是喧闹的)。

$$R_2: BARKS(y) \Rightarrow NOISY(y)$$

证明目标：There exists someone who is not a terrier or who is noisy (存在某物或者不是猎犬或者是喧闹的)。

$$\neg TERRIER(z) \lor NOISY(z)$$

问题的与或图如图 5.15 所示。结束于目标结点的一致解图有置换 $\{FIDO/x\}$，$\{FIDO/y\}$，$\{FIDO/z\}$，这些置换的一致复合为 $\{FID0/x, FIDO/y, FIDO/z\}$，因此得到证明。合一复合作用于一致解图对应的子句得到：

$$\neg TERRIER(FIDO) \lor NOISY(FIDO)$$

这是目标公式的一个示例，可作为解答语句。

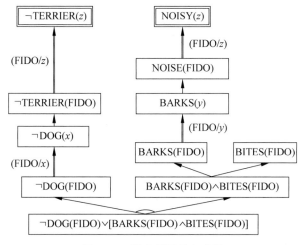

图 5.15 猎犬例子的与或图

5.3.2 逆向演绎系统

逆向演绎系统是正向演绎系统的对偶形式。我们称正向系统中的规则为 F(forward) 规则，称逆向系统中的规则为 B(backward) 规则。逆向系统从目标表达式出发，逆向应用规则，直到事实表达式。

1. 目标表达式

在逆向演绎系统中，目标表达式可为无蕴涵的任意与或形式。可用类似于正向系统中转化事实表达式的过程，将任意形式的目标表达式转化成标准的与或形式。不同的是，应 Skolem 化全称量词量化的变量，略去存在量词，则目标表达式中尚存的变量都认为是存在量词量化的变量。在重新命名变量时，应使同一变量名不出现在不同的主要析取式中。

例如有目标表达式：

$$(\exists y)(\forall x)\{P(x) \Rightarrow [Q(x, y) \land \neg[R(x) \land S(y)]]\}$$

可转化为：

$$\neg P(f(y)) \lor \{Q(f(y), y) \land [\neg R(f(y)) \lor \neg S(y)]\}$$

重新命名变量后得：

$$\neg P(f(z)) \lor \{Q(f(y), y) \land [\neg R(f(y) \lor \neg S(y)]\}$$

与或形式的目标公式可以用与或图表示,如图 5.16 所示。图中 k-连接符用来连接表示合取关系的子表达式,1-连接符用来连接表示析取关系的子表达式。根结点表示目标表达式,称为目标结点,其后代称为子目标结点。叶结点表示单个文字。从图中结束在叶结点的解图集中可以读出子句为:

$$\neg P(f(z))$$
$$Q(f(y),y) \wedge \neg R(f(y))$$
$$Q(f(y),y) \wedge \neg S(y)$$

目标子句是文字的合取,其中的变量是存在量词量化的。

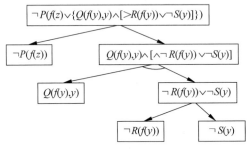

图 5.16　目标公式的与或图

2. 规则应用

逆向演绎系统中的规则称为 B 规则,形式为:

$$W \Rightarrow L$$

其中 W 为任意的与或形式,L 为单个文字。该限制简化了 B 规则对与或图的应用。某些不符合这一要求的规则可以变换成这种形式,例如 $W \Rightarrow L_1 \wedge L_2$ 形式的规则可以表示成两个规则 $W \Rightarrow L_1$ 和 $W \Rightarrow L_2$。

规则中应 Skolem 化存在量词量化的变量,并略去全称量词,认为规则中尚存的变量都是全称量词量化的变量。

在目标公式的与或图中,如果有一个文字 L' 能够与 L 合一,则可应用 B 规则 $W \Rightarrow L$。应用的结果是将 L' 结点通过一个标有 L 与 L' 的最一般合一 u 的匹配弧与结点 L 相连,结点 L 作为 W 的与或图的根结点。新的与或图的解图所对应的子句就增加了一个归结式的集合,即规则 $W \Rightarrow L$ 的否定式 $W \wedge \neg L$ 得到的子句与目标公式的子句对文字 L 进行归结得到的那些归结式。一条规则可以应用多次,每次都使用不同的变量。

3. 结束条件

逆向演绎系统的事实表达式限制为文字的合取,可表示为文字的集合。对任一事实表达式,应当用 Skolem 函数代替事实表达式中存在量词量化的变量,并略去全称量词,认为事实表达式中尚存的变量为全称量词量化的变量,将表达式转化成标准的文字的合取形式。当一个事实文字和与或图中的一个文字可以合一时,可将该事实文字通过匹配弧连接到与或图中相应的文字上,匹配弧应标明两个文字的最一般合一。同一事实文字可以匹配多次,每次使用不同的变量。

逆向系统的结束条件就是与或图中包括一个结束在事实结点上的一致解图,该解图的合一复合作用于目标表达式就是解答语句。

4. 一个例子

例 5.7 设有以下事实:

F_1:"FIDO 是一只狗"。

$$DOG(FIDO)$$

F_2:"FIDO 不叫"。

$$\neg BARKS(FIDO)$$

F_3:"FIDO 摆尾巴"。

$$WAGS\text{-}TAIL(FIDO)$$

F_4:"MYRTLE 喵喵叫"。

$$MEOWS(MYRTLE)$$

规则集合如下:

R_1:"摆尾巴的狗是友好的"。

$$[WAGS\text{-}TAIL(x_1) \wedge DOG(x_1)] \Rightarrow FRIENDLY(x_1)$$

R_2:"友好且不叫的是不令对方害怕的"。

$$[FRIENDLY(x_2) \wedge \neg BARKS(x_2)] \Rightarrow \neg AFRAID(y_2, x_2)$$

R_3:"狗是动物"。

$$DOG(x_3) \Rightarrow ANIMAL(x_3)$$

R_4:"猫是动物"。

$$CAT(x_4) \Rightarrow ANIMAL(x_4)$$

R_5:"喵喵叫的是猫"。

$$MEOWS(x_5) \Rightarrow CAT(x_5)$$

证明目标:"存在一只猫和一只狗,使这只猫不怕这只狗"。

$$(\exists x)(\exists y)[CAT(x) \wedge DOG(y) \wedge \neg AFRAID(x, y)]$$

逆向系统的一个一致解图如图 5.17 所示。解图中匹配弧上所标记的置换包括:$\{x/x_5\}$、$\{MYRTLE/x\}$、$\{FIDO/y\}$、$\{x/y_2, y/x_2\}$、$\{FIDO/y\}$、$\{y/x_1\}$、$\{FIDO/y\}$ 和 $\{FIDO/y\}$。这些置换的合一复合为 $\{MYRTLE/x_5, MYRTLE/x, FIDO/y, MYRTLE/y_2, FIDO/x_2, FIDO/x_1\}$,这个合一复合作用于目标表达式就得到解答语句:

$$CAT(MYRTLE) \wedge DOG(FIDO) \wedge \neg AFRAID(MYRTLE, FIDO)$$

5. 控制策略

演绎系统的目标是在搜索过程中建立一个一致解图。基本的策略是先寻找候选解图,再验证它的一致性。如果不一致,再寻找另一个解图,直至找到一个一致解图为止。

一个较好的策略是在生成了局部解图时就检验其一致性。如果局部解图不一致,就可以立即放弃生成该解图,因此减少了搜索量。

另一个策略是预先计算规则所有可能的匹配并存储产生的各个置换,建立一个称为规则连接图的结构。在推理过程中可直接使用规则连接图,从而提高了效率。在规则集合比

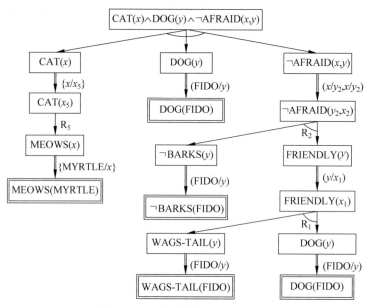

图 5.17　逆向系统的一致解图示例

较小时,这个策略是适宜的。

以上策略对正向系统也是适用的。

5.4　非单调推理

前述各节介绍的推理,包括推导、证明、归结与规则演绎均为单调推理。所谓单调推理指的是这样一种推理过程,从一个初始公式集出发,经过推理得到结论,如果在初始公式集中增加一个新的公式,并不会导致原有结论失效。非单调推理则相反,在非单调推理过程中得到的一些结论可能会在后续某时刻被撤回。考虑到我们对世界的认识实际上处于一种螺旋式上升的通道中,目前已知的"事实"在一段时间后可能会被证伪(如地心说到日心说),有必要引入非单调推理过程:不断提出假设、进行推理,寻找不一致,然后进行回溯消除不正确的假设和相关结论,进而再提出新假设。本节主要介绍如何提出假设,而之后的推理可以采用前面介绍的单调推理过程。

本章前三节沿用了第 3 章"知识表示"介绍的利用括号区分连接词和量词的作用范围,但是本章后续某些公式过于复杂,如果继续采用括号区分的话将会导致过多的括号反而不利于阅读,因此本节开始按照连接词和量词的优先级表述,由此可略去一部分括号。连接词和量词以及其他运算符的优先级如表 5.1 所示,其中量词的优先级最低。

表 5.1　连接词和量词的优先级表

优先级	运　算　符	优先级	运　算　符
第 1 级	$=<>\leqslant \geqslant \in \subset \subseteq \supset \supseteq$	第 4 级	$\vee$
第 2 级	$\neg$	第 5 级	$\Rightarrow \Leftarrow \Leftrightarrow$
第 3 级	$\wedge$	第 6 级	$\forall \exists$

5.4.1 封闭世界假设

封闭世界假设来源于一种朴素的思想：如果不能证明一个结论成立，那么假设该结论的否定成立。

假设公式集合 Δ 形成的理论为 $T[\Delta]$，根据定义 $\phi \in T[\Delta]$ 当且仅当 $\Delta \vdash \phi$；构造假设集 $\Delta_{asm} = \{\neg P \mid P \notin T[\Delta]\}$，其中 P 为基原子公式；令 $CWA[\Delta] \equiv T[\Delta \cup \Delta_{asm}]$，$CWA[\Delta]$ 就是对 Δ 进行封闭世界假设的结果。

例 5.8 公式集合 $\Delta = \{P(A), P(A) \Rightarrow Q(A), P(B)\}$，求 $CWA[\Delta]$。

由 Δ 中出现的谓词集合 $\{P, Q\}$ 和常量集合 $\{A, B\}$ 可知基原子公式包括 $P(A)$、$P(B)$、$Q(A)$ 以及 $Q(B)$，显然 $P(A)$ 和 $P(B)$ 已知，而 $Q(A)$ 可由 $P(A)$ 与 $P(A) \Rightarrow Q(A)$ 得到，$Q(B) \notin T[\Delta]$，所以 $\Delta_{asm} = \{\neg Q(B)\}$，而 $CWA[\Delta] \equiv T[\Delta \cup \Delta_{asm}] = \{P(A), P(A) \Rightarrow Q(A), P(B), \neg Q(B)\}$。

在数据库设计时，采用的是类似的一种思路，将具有某种性质的数据显式列出来，没有列出的则认为不具有这种性质。例如存储国家的相邻关系时，往往是存储具有相邻关系的国家，而不需要存储不相邻的国家；如果两个国家在数据库中查不到相邻关系，则可认为这两个国家不相邻。

封闭世界假设非常简单，并且是非单调的，仍以上例说明 CWA 的非单调性：如果公式集 $\Delta' = \Delta \cup \{Q(B)\}$，显然原来的 Δ_{asm} 已经不成立，因此由 Δ_{asm} 推理出的某些结论需要撤回。

但是 CWA 并不是在所有的公式集合中都能够适用，例如 $\Delta = \{P(A) \vee P(B)\}$，对 Δ 进行 CWA，因为既无法证明 $P(A)$ 成立也无法证明 $P(B)$ 成立，因此得到 $\Delta_{asm} = \{\neg P(A), \neg P(B)\}$，进而 $CWA[\Delta] \equiv T[\Delta \cup \Delta_{asm}] = \{P(A) \vee P(B), \neg P(A), \neg P(B)\}$ 是不一致的，因为 $CWA[\Delta]$ 能够归结出空子句。因此 CWA 在子句集 $\{P(A) \vee P(B)\}$ 中无法使用。要想使得 CWA 在某个公式集合上 Δ 可以使用，需要确保 $CWA[\Delta]$ 是一致的。定理 5.1 给出了 CWA 一致性的充要条件。

定理 5.1 $CWA[\Delta]$ 是一致的，当且仅当每一个可由 Δ 证明的正基子句 $L_1 \vee L_2 \vee \cdots \vee L_n$ 中，至少有一个 L_i 可由 Δ 证明，$i = 1, 2, \cdots, n$。或者说，$CWA[\Delta]$ 是不一致的，当且仅当存在一个 Δ 证明的正基子句 $L_1 \vee L_2 \vee \cdots \vee L_n$，$\Delta$ 并不能证明任一 L_i。

证明：只要证明 $CWA[\Delta]$ 不一致的充要条件，利用其逆否命题即可得到一致的充要条件。下面证明 $CWA[\Delta]$ 不一致的充要条件。

必要性：假设 $CWA[\Delta]$ 不一致，那么不一致必定来源于 $\Delta \cup \Delta_{asm}$，因此 Δ 与 Δ_{asm} 存在矛盾，而 Δ_{asm} 中的元素全部是负文字，假设 Δ_{asm} 中与 Δ 存在矛盾的元素集为集合 $\{\neg L_1, \cdots, \neg L_n\}$，由 $CWA[\Delta]$ 不一致可以得到 Δ 能够与集合 $\{\neg L_1, \cdots, \neg L_n\}$ 归结出空子句，因此 $\Delta \vdash L_1 \vee L_2 \vee \cdots \vee L_n$。因为每一个 $\neg L_i$ 都在 Δ_{asm} 中，根据 CWA 的定义，可知 Δ 没法证明 L_i。

充分性：假设 Δ 无法证明任一 L_i，并且 $\Delta \vdash L_1 \vee L_2 \vee \cdots \vee L_n$，根据 CWA 的定义，$\{\neg L_1, \cdots, \neg L_n\} \subseteq \Delta_{asm}$。因此对于任意 i 都有 $\Delta_{asm} \vdash \neg L_i$，与 $L_1 \vee L_2 \vee \cdots \vee L_n$ 可归结出空子句，即 $CWA(\Delta)$ 不一致。

定理 5.1 的条件不容易验证，因此往往可以采用下面介绍的推论 5.1 验证 Horn 子句集的 CWA 是否一致，介绍之前先引入引理 5.1。

引理 5.1 如果有一个一致的 Horn 子句集 Δ,并且 Δ 与 $\neg L_1 \wedge \neg L_2 \wedge \cdots \wedge \neg L_n$ 是不一致的,那么 Δ 必定与某一个 $\neg L_i$ 不一致。

证明:由于 Δ 与 $\neg L_1 \wedge \neg L_2 \wedge \cdots \wedge \neg L_n$ 不一致,因此在 Δ 中加入 n 个子句 $\neg L_1$,$\neg L_2$,$\cdots$,$\neg L_n$ 能够归结出空子句。考虑这样的一个归结出空子句的过程。由于不一致来源于 $\neg L_1$,$\neg L_2$,$\cdots$,$\neg L_n$,因此,该过程中必然有 Δ 的子句与某一个 $\neg L_i$ 归结的步骤。

假设在这样的步骤中,Δ 的一个子句或者由 Δ 归结出的一个子句 φ 先与 $\neg L_1$ 进行归结,得到 ϕ。由于 Δ 的子句中最多有一个正文字,而每次归结必然要消掉一个正文字,因此 Δ 中子句的所有归结结果也最多有一个正文字,即 φ 中最多有一个正文字。而子句 $\neg L_1$ 没有正文字,因此这样的一个步骤之后,ϕ 中已经没有正文字。同理,ϕ 在归结过程中的后代也没有正文字,因此 ϕ 及其后代无法与 $\neg L_2$,$\cdots$,$\neg L_n$ 进行归结,又由于我们已经假设这个归结过程能够产生空子句,即无需考虑 $\neg L_2$,$\cdots$,$\neg L_n$ 就已经得到空子句,也就是说 Δ 与 $\neg L_1$ 就可以归结出空子句,即 $\Delta \neg L_1$ 不一致。

同样,如果在这样的步骤中,Δ 的一个子句或者由 Δ 归结出的一个子句 φ 先与任一 $\neg L_i$ 进行归结,就可以得到 $\Delta \wedge \neg L_i$ 不一致。因此无论在归结出空子句的过程中 Δ 先与哪一个 $\neg L_i$ 进行归结,必定与该 $\neg L_i$ 不一致。

推论 5.1 如果 Δ 的子句型是 Horn 子句集,并且是一致的,那么 $CWA[\Delta]$ 是一致的。

证明:假设 Δ 的子句型是 Horn 子句集,并且是一致的,而 $CWA[\Delta]$ 不一致,根据定理 5.1 可知,$\Delta \vdash L_1 \vee L_2 \vee \cdots \vee L_n$,并且 Δ 无法证明 L_i 中的任何一个。因此,$\Delta \bigcup \{\neg L_1, \cdots, \neg L_n\}$ 是不一致的。而 Δ 的子句型是 Horn 子句集,因此,根据引理 5.1,一定存在某个 i,$\Delta \wedge \neg L_i$ 是不一致的,即 $\Delta \vdash L_i$,这就跟定理 5.1 的结论相悖。

在实际使用中,往往不会穷举所有不能被 Δ 证明的公式,而是仅仅考虑我们关心的某些特定谓词来实现 CWA。

例如:$\Delta = \{\forall x \, Q(x) \Rightarrow P(x), \, Q(A), \, P(B) \vee R(B)\}$,仅对谓词 P 进行 CWA,由于 $P(B)$ 不能被 Δ 证明,则将 $\neg P(B)$ 加入 Δ_{asm},根据 $\Delta \bigcup \Delta_{asm}$ 可以证明 $R(B)$。

也可以对谓词集合进行 CWA。不过即使单独对每一谓词的 CWA 都是一致的,也不能保证对整个谓词集合的 CWA 是一致的。如在论域 $\{A\}$ 中 Δ 为 $P(x) \vee Q(x)$ 时,单独对谓词 P 和对谓词 Q 进行 CWA 都是一致的,但是对谓词集合 $\{P, Q\}$ 进行的 CWA 并不一致。

5.4.2　谓词完备化

如前所述,CWA 针对的是无法证明的基原子公式,而谓词完备化则针对蕴涵式,将公式集 Δ 中蕴涵式的反向蕴涵添加到 Δ 中,完成对公式集 Δ 的增广。如 Δ 为 $\forall x \, E(x) \Rightarrow P(x)$,则将 $\forall x \, P(x) \Rightarrow E(x)$(称为完备化公式)加入到 Δ,得到 Δ 对谓词 P 的完备化,记作 $Comp[\Delta; P]$。

(1) Δ 仅包含谓词 P 的基原子公式时:将基原子公式转换成蕴涵式,然后进行谓词完备化。

根据蕴涵式的定义可知 $P(A)$ 等价于 $\forall x \, x = A \Rightarrow P(x)$,因此可采用这种方式将基原子公式转换成蕴涵式,如 Δ 仅包含 $P(A)$ 和 $P(B)$ 时,可转换为 $\forall x \, x = A \vee x = B \Rightarrow P(x)$,完备化公式为 $\forall x \, P(x) \Rightarrow x = A \vee x = B$,$Comp[\Delta; P] = \forall x \, x = A \vee x = B \Leftrightarrow P(x)$。

(2) Δ 对谓词 P 是单一子句集。

如果子句集 Δ 中每个包含正文字 P 的子句中只出现一次谓词 P，则称 Δ 对 P 是单一子句集。换句话说，Δ 中的子句要么不包含正文字 P，要么只有一个文字包含正文字 P，该子句中其他文字与 P 无关。

设 Δ 是对 P 单一的子句集，则可将 Δ 中每个含有正文字 P 的子句写成如下形式：

$$\forall y\ (Q_1\wedge\cdots\wedge Q_m)\Rightarrow P(t)$$

其中 t 是项组成的元组 $[t_1,t_2,\cdots,t_n]$，Q_i 为不含谓词 P 的文字，Q_i 和 t 都可以包含变量 y。上式可改写为：

$$\forall y\ \forall x\ (x=t\wedge Q_1\wedge\cdots\wedge Q_m)\Rightarrow P(x)$$

其中 x 是不出现在 t 中的变量，$x=t$ 即 $x_1=t_1,\ x_2=t_2,\cdots$

变换之后可得：

$$\forall x(\exists y\ x=t\ \wedge\ Q_1\wedge\cdots\wedge Q_m)\Rightarrow P(x)$$

使用 E_j 替换 $(\exists y\ x=t\wedge Q_1\wedge\cdots\wedge Q_m)$，可得标准型：

$$\forall x\ E_j\Rightarrow P(x)$$

设 Δ 中有 k 个子句包含正文字 P，则它们的标准型为：

$$\forall x\ E_1\Rightarrow P(x)$$
$$\cdots$$
$$\forall x\ E_k\Rightarrow P(x)$$

根据蕴涵式的性质可将 k 个标准型合成一个蕴涵式：

$$\forall x\ E_1\vee\cdots\vee E_k\Rightarrow P(x)$$

因此完备化公式为：

$$\forall x\ P(x)\Rightarrow E_1\vee\cdots\vee E_k$$

而 $\mathrm{Comp}[\Delta;P]=(\forall x\ P(x)\Leftrightarrow E_1\vee\cdots\vee E_k)\wedge\Delta$，之所以还需要加上原子句集 Δ，是因为子句集 Δ 中有些子句可能并不含有正文字 P，而完备化公式 $(\forall x\ P(x)\Leftrightarrow E_1\vee\cdots\vee E_k)$ 中并未体现这些子句。

例 5.9 Δ 为 $\forall x\ \mathrm{Ostrich}(x)\Rightarrow\mathrm{Bird}(x)$；$\mathrm{Bird}(\mathrm{Tweety})$；$\neg\mathrm{Ostrich}(\mathrm{Sam})$，求 Δ 对 Bird 的谓词完备化。

显然 Δ 对 Bird 是单一的。对于两个含有正文字 Bird 的子句，其标准型为：

$$\forall x\ \mathrm{Ostrich}(x)\Rightarrow\mathrm{Bird}(x);$$
$$\forall x\ x=\mathrm{Tweety}\Rightarrow\mathrm{Bird}(x)$$

合成之后为 $\forall x\ \mathrm{Ostrich}(x)\vee x=\mathrm{Tweety}\Rightarrow\mathrm{Bird}(x)$。

因此完备化公式为 $\forall x\ \mathrm{Bird}(x)\Rightarrow\mathrm{Ostrich}(x)\vee x=\mathrm{Tweety}$。

而 $\mathrm{Comp}[\Delta;\mathrm{Bird}]=\Delta\wedge(\forall x\ \mathrm{Ostrich}(x)\vee x=\mathrm{Tweety}\Leftrightarrow\mathrm{Bird}(x))$。

显然谓词完备化是非单调的，如上例 Δ 进行谓词完备化之后，可以证明 $\neg\mathrm{Bird}(\mathrm{Sam})$。而如果再添加一条知识：$\forall x\ \mathrm{Penguin}(x)\Rightarrow\mathrm{Bird}(x)$，原有的结论 $\neg\mathrm{Bird}(\mathrm{Sam})$ 无法成立，Sam 可能是企鹅，因此需要撤回。

与 CWA 类似，也需要讨论谓词完备化的一致性问题，见定理 5.2。

定理 5.2 如果 Δ 是对 P 单一的子句集，而且是一致的，则 Δ 对 P 的完备化也是一致的。

有时需要完成多个谓词的谓词完备化,称为平行谓词完备化,具体做法是:对于每一个谓词进行谓词完备化,然后将所有的完备化公式加入原始子句集得到平行谓词完备化的结果。但是这种做法有可能导致最终的完备化中含有循环,如 Δ 为 $\{Q(x)\Rightarrow P(x),R(x)\Rightarrow Q(x),P(x)\Rightarrow R(x)\}$,对谓词集合 $\{P,Q,R\}$ 的平行谓词完备化 $\text{Comp}[\Delta;P,Q,R]=\{Q(x)\Leftrightarrow P(x),\ P(x)\Leftrightarrow R(x),\ R(x)\Leftrightarrow Q(x)\}$,存在循环 $Q(x)\Leftrightarrow P(x)\Leftrightarrow R(x)\Leftrightarrow Q(x)$。

假设对谓词集合 $\Pi=\{P_1,P_2,\cdots,P_n\}$ 进行平行谓词完备化,谓词 P_i 的标准型为 $\forall x\ E_i\Rightarrow P_i(x)$,其中 $E_i=E_{i1}\vee\cdots\vee E_{ik_i}$,$k_i$ 是含有谓词 P_i 正文字的子句数量。为了确保平行谓词完备化得到有意义的假设,要求子句集满足如下条件:可以对 $\Pi=\{P_1,P_2,\cdots,P_n\}$ 排序,使得每个 E_i 中不出现 $\{P_i,\cdots,P_n\}$ 中的任意一个,也不出现 $\{P_1,P_2,\cdots,P_{i-1}\}$ 中任意一个的负文字。如果满足该条件,则称 Δ 对 Π 是有序的。如果 Δ 对 Π 是有序的,则 Δ 对每一个 P_i 也是单一的。

定理 5.3　如果 Δ 是一致的,且对 Π 是有序的,则 Δ 对 Π 的平行谓词完备化也是一致的。

5.4.3　限制

谓词完备化只需将蕴涵式中的蕴涵符反向即可得到完备化公式,从而对原公式集合进行扩充,这是一种非常简而又有效的方法。但是如果 Δ 对谓词 P 不是单一子句集,例如 Δ 中的公式 $\exists x\ P(x)$ 不是子句,或者 Δ 中的公式 $P(A)\vee P(B)$ 对 P 不是单一子句,此时无法使用前述谓词完备化方法,但可以用下文介绍的限制为 Δ 扩充假设公式。

谓词完备化基于最小化原则,仅仅扩充了那些使 $\forall x\ P(x)\Rightarrow E(x)$ 成立的对象。限制同样基于最小化原则:寻找一个公式作为假设,以便扩充已知的公式集合 Δ,要求对所做的假设加以约束,限制满足谓词 P 的对象只是 Δ 中使 P 成立的那些对象。

限制的具体做法是:给定包含谓词 P 的公式集 Δ,寻找关于 Δ 的公式 ϕ_P,使得对 $\Delta\wedge\phi_P$ 的任一模型 M,不存在 Δ 的模型 M^* 满足 $M^*\leqslant_P M$ 成立但是 $M\leqslant_P M^*$ 不成立。上述做法要求增广以后 $\Delta\wedge\phi_P$ 的模型对 P 来说不比原来 Δ 的模型大,因此满足最小化原则。因此限制的目标就是寻找这样一个公式 ϕ_P。

依据 5.1 节"基础概念"定义的最小模型的概念,可知下述公式的任何模型都不是 Δ 对 P 的最小模型:

$$(\forall x\ P^*(x)\Rightarrow P(x))\wedge\neg(\forall x\ P(x)\Rightarrow P^*(x))\wedge\Delta(P^*) \tag{5.1}$$

其中,$\Delta(P^*)$ 是将公式集合 Δ 中所有出现谓词符号 P 的地方换成谓词符号 P^* 得到的公式集合。

首先来阐述为何公式(5.1)的任何模型都不是 Δ 对 P 的最小模型。假设存在式(5.1)的模型 M^* 是 Δ 对 P 的最小模型,令 $P(x)$ 成立的集合为 A,$P^*(x)$ 成立的集合为 B,由于公式(5.1)中要求 $\forall x\ P^*(x)\Rightarrow P(x)$ 以及 $\neg(\forall x\ P(x)\Rightarrow P^*(x))$ 均成立,因此可得 $B\subset A$。根据 M^* 构造 Δ 的模型 M',使得满足谓词 P 的对象集合为 B,其他对象常量、函数和关系常量的解释都与 M^* 中相同。因此在 Δ 中 $M'\leqslant_P M^*$,并且 $M^*\neq M'$,根据最小模型的定义可知,M^* 不是 Δ 对 P 的最小模型。

既然式(5.1)的任何模型都不是 Δ 对 P 的最小模型,那么对式(5.1)取反,所得公式的

任何模型都是 Δ 对 P 的最小模型：

$$\forall P^* \neg [(\forall x\, P^*(x) \Rightarrow P(x)) \wedge \neg (\forall x\, P(x) \Rightarrow P^*(x)) \wedge \Delta(P^*))] \qquad (5.2)$$

式(5.2)称为 Δ 对 P 的限制公式 ϕ_P，而 Δ 对 P 的限制记作 $\mathrm{CIRC}[\Delta；P]$：

$$\mathrm{CIRC}[\Delta；P] = \Delta \wedge \forall P^* \neg [(\forall x\, P^*(x) \Rightarrow P(x)) \wedge \neg (\forall x\, P(x) \Rightarrow P^*(x)) \wedge \Delta(P^*)]$$
$$(5.3)$$

ϕ_P 也可变换为：

$$\forall P^* [\Delta(P^*) \wedge (\forall x\, P^*(x) \Rightarrow P(x))] \Rightarrow (\forall x\, P(x) \Rightarrow P^*(x)) \qquad (5.4)$$

含义为如果有任何 P^* 使得 $\Delta(P^*)$ 成立，并且 $P^*(x)$ 成立的集合为 $P(x)$ 成立的集合的子集，那么 $P(x)$ 成立的集合也为 $P^*(x)$ 成立的集合的子集。[①] 通过式(5.2)和式(5.4)得到的限制公式都过于复杂，定理 5.3 给出了一种在一定条件下的限制公式。

定理 5.3 给定谓词 P、包含 P 的公式集 $\Delta(P)$ 以及谓词 P'，P' 与 P 有相同的变元数，且 P' 不用 P 定义，如果：

$$\Delta(P) \vDash \Delta(P') \wedge (\forall x P'(x) \Rightarrow P(x))$$

则有：

$$\mathrm{CIRC}[\Delta；P] = \Delta(P) \wedge (\forall x P'(x) \Leftrightarrow P(x))$$

证明：根据式(5.4)可得

$$\phi_P = \forall P^* [\Delta(P^*) \wedge (\forall x\, P^*(x) \Rightarrow P(x))] \Rightarrow (\forall x\, P(x) \Rightarrow P^*(x))$$

取 P^* 为谓词 P'，则

$$\phi_P = [\Delta(P') \wedge (\forall x\, P'(x) \Rightarrow P(x))] \Rightarrow (\forall x\, P(x) \Rightarrow P'(x))$$

由于 $\Delta(P) \vDash \Delta(P') \wedge (\forall x P'(x) \Rightarrow P(x))$，因此 $\phi_P = (\forall x P(x) \Rightarrow P'(x))$，可得 $\mathrm{CIRC}[\Delta；P] = \Delta(P) \wedge (\forall x\, P(x) \Rightarrow P'(x))$，又由于 $\Delta(P)$ 逻辑蕴涵 $\forall x\, P'(x) \Rightarrow P(x)$，故可将 $\mathrm{CIRC}[\Delta；P]$ 改写为：

$$\Delta(P) \wedge (\forall x P'(x) \Leftrightarrow P(x))$$

例 5.10 Δ 为 $P(A) \wedge (\forall x\, Q(x) \Rightarrow P(x))$，求 $\mathrm{CIRC}[\Delta；P]$。

令 $P'(x)$ 为 $Q(x) \vee (x=A)$，验证其满足定理 5.3 的条件。

$$\Delta(P') = (Q(A) \vee (A=A)) \wedge (\forall x\, Q(x) \Rightarrow Q(x) \vee (x=A)) = T$$

而 $\forall x P'(x) \Rightarrow P(x)$ 实际上是 $\forall x(Q(x) \vee (x=A)) \Rightarrow P(x)$，为 Δ 中已知条件。

因此，当 $P'(x)$ 为 $Q(x) \vee (x=A)$ 时，$\Delta(P) \vDash \Delta(P') \wedge (\forall x P'(x) \Rightarrow P(x))$，根据定理 5.3 可得：

$$\mathrm{CIRC}[\Delta；P] = (P) \wedge (\forall x P'(x) \Leftrightarrow P(x)) = \Delta(P) \wedge (\forall x P(x) \Leftrightarrow Q(x) \vee (x=A))$$

尽管定理 5.3 给出了一定条件下的简化限制公式，但是定理 5.3 与式(5.2)和式(5.4)类似，都需要事先指定一个谓词，无论是 P^* 还是 P'。为了更容易实现，下文的定理 5.4 和定理 5.5 分别介绍了单一公式和可分离谓词公式的限制公式，在此之前先引入单一公式和可分离谓词公式的概念。

单一公式是比单一子句更宽泛的概念，单一公式指的是能够表示成 $N(P) \wedge (\forall x E(x) \Rightarrow$

---

① 注：尽管式(5.1)~式(5.4)中的 $\forall P^*$ 并不属于一阶谓词逻辑的范畴，但是后文将通过限定公式集合 Δ 以避免在限制中出现 $\forall P^*$。

$P(x)$）形式的公式，其中 $N[P]$ 中不出现 P 的正文字，表达式 $E(x)$ 中不出现谓词符号 P。单一子句是单一公式的特殊情况，$N[P]$ 项为空。

对谓词 P 满足如下任一条件的谓词公式，称为可分离谓词公式：

（1）不包含 P 的正文字；

（2）形如 $\forall x\, E(x) \Rightarrow P(x)$ 的谓词公式，$E(x)$ 中不出现 P，x 可以是元组变量；

（3）由可分离谓词公式的合取或析取组成的谓词公式。

依据定义，可分离谓词公式可以表示成标准型

$$\bigvee_i [N_i(P) \wedge (\forall x E_i(x) \Rightarrow P(x))]$$

可见单一公式是可分离谓词公式的特例。

定理 5.4 单一公式的限制为：

$$\mathrm{CIRC}[N(P) \wedge (\forall x E(x) \Rightarrow P(x))\,;\,P] = N(E) \wedge (\forall x E(x) \Leftrightarrow P(x))$$

其中 $N(E)$ 是将 $N(P)$ 中出现谓词 P 的地方替换成 E 得到的结果，x 为变量元组。

例 5.11 已知 Δ 为 $\exists x\, \neg\mathrm{On}(A,x) \wedge \mathrm{On}(A,B)$，求 $\mathrm{CIRC}[\Delta\,;\,\mathrm{On}]$。

$\exists x\, \neg\mathrm{On}(A,x) \wedge \mathrm{On}(A,B)$ 可转换为 $\exists x\, \neg\mathrm{On}(A,x) \wedge (\forall x\, \forall y\, x = A \wedge y = B \Rightarrow \mathrm{On}(x,y))$，根据单一公式的定义可知 Δ 为单一公式，因此可用定理 5.4 求 Δ 的限制。

此时 $N(\mathrm{On})$ 为 $\exists x\, \neg\mathrm{On}(A,x)$，$E(x,y)$ 为 $x = A \wedge y = B$，因此 $N(E) = \exists x\, \neg(A = A \wedge x = B) = \exists x\, \neg(x = B)$，因此可得限制 $\mathrm{CIRC}[\Delta\,;\,\mathrm{On}] = \exists x\, \neg(x = B) \wedge [\forall x\, \forall y\, x = A \wedge y = B \Leftrightarrow \mathrm{On}(x,y)]$。

Δ 原意为对象 A 与 B 满足 On 关系，并且存在对象 x，A 与 x 不满足 On 关系；而限制之后的含义为只有对象 A 和 B 满足 On 关系，其他任何一对对象都不满足 On 关系，并且论域中至少有一个对象与 B 不同。由此可以看出两者的区别，除了保留 Δ 的原意外，添加了满足 On 关系的只有 A 与 B 的限制。

从定理 5.4 以及单一公式与单一子句的关系可以看出谓词完备化实际上是限制的特殊情况。

定理 5.5 可分离谓词公式的限制为：

$$\mathrm{CIRC}\Big[\bigvee_i (N_i(P) \wedge (\forall x E_i(x) \Rightarrow P(x)))\,;\,P\Big] = \bigvee_i [D_i \wedge (\forall x E_i(x) \Leftrightarrow P(x))]$$

其中：

$$D_i = N_i[E_i] \wedge \bigwedge_{j \neq i} \neg[N_j[E_j] \wedge (\forall x E_j(x) \Rightarrow E_i(x)) \wedge \neg(\forall x E_i(x) \Rightarrow E_j(x))]$$

$N_i[E_i]$ 是将 $N_i[P]$ 中的 P 替换成 E_i 所得的结果，x 为变量元组。

例 5.12 已知 Δ 为 $P(A) \vee P(B)$，求 $\mathrm{CIRC}[\Delta\,;\,P]$。

尽管 Δ 非常简单，但其并非单一公式，因此无法应用定理 5.4 求解限制。将 Δ 表述为可分离谓词公式的标准型：

$$[T \wedge (\forall x\, x = A \Rightarrow P(x))] \vee [T \wedge (\forall x\, x = B \Rightarrow P(x))]$$

因此 N_1 和 N_2 都为 T，$E_1(x)$ 为 $x = A$，$E_2(x)$ 为 $x = B$，

$$D_1 = \neg(\forall x\, x = B \Rightarrow x = A) \vee (\forall x\, x = A \Rightarrow x = B) = T$$

$$D_2 = \neg(\forall x\, x = A \Rightarrow x = B) \vee (\forall x\, x = B \Rightarrow x = A) = T$$

由定理 5.5 可得限制

$$\text{CIRC}[P(A) \lor P(B);P] = [\forall x\, x = A \Leftrightarrow P(x)] \lor [\forall x\, x = B \Leftrightarrow P(x)]$$

并不是所有公式集合都能利用上述几个定理完成限制,有些情况下限制无法简化为一阶谓词公式,还有些情况公式集合不存在最小模型,因此从最小模型出发的限制没有意义。当公式集合 Δ 为单一公式或者可分离谓词公式,并且 Δ 是一致的,此时采用定理 5.4 或者定理 5.5 求解的限制也是一致的。

除了可对一个谓词进行限制之外,还可以对多个谓词进行限制,称为平行限制,平行谓词完备化可以认为是平行限制的特殊情况。

当所有需要限制的谓词在公式集合 Δ 中都以正原子出现时,可以根据定理 5.6 求解平行限制。

定理 5.6 当 $P_1, P_2, \cdots, P_n$ 在 Δ 中都以正原子出现,对 $P = \{P_1, P_2, \cdots, P_n\}$ 的限制为:

$$\text{CIRC}[\Delta;P] = \bigwedge_{i=1}^{n} \text{CIRC}[\Delta;P_i]$$

例 5.13 已知 Δ 为 $\forall x\, P_1(x) \lor P_2(x)$,求 $\text{CIRC}[\Delta;P_1,P_2]$。

根据定理 5.6,可得 $\text{CIRC}[\Delta;P_1] = \forall x P_2(x) \Leftrightarrow \neg P_1(x)$ 以及 $\text{CIRC}[\Delta;P_2] = \forall x P_1(x) \Leftrightarrow \neg P_2(x)$,因此 $\text{CIRC}[\Delta;P_1,P_2] = \forall x P_2(x) \Leftrightarrow \neg P_1(x)$。

实际上定理 5.6 的条件难以满足,更一般的情况可以通过定理 5.7 求解。

介绍定理 5.7 之前需要引入 Δ 相对于谓词集合 $P = \{P_1, P_2, \cdots, P_N\}$ 是有序的概念。如果 Δ 能够表示成 $N[P] \land (\forall x E_1(x) \Rightarrow P_1(x)) \land (\forall x E_2(x) \Rightarrow P_2(x)) \land \cdots \land (\forall x E_n(x) \Rightarrow P_n(x))$,其中 $N[P]$ 不出现谓词集合 $\{P_1, P_2, \cdots, P_N\}$ 中任何一个谓词的正原子,并且每个 E_i 中不出现 $\{P_i, \cdots, P_n\}$ 中的任意一个,也不出现 $\{P_1, P_2, \cdots, P_{i-1}\}$ 中的任意一个的负文字,就称 Δ 相对于谓词集合 $\{P_1, P_2, \cdots, P_N\}$ 是有序的。

定理 5.7 如果 Δ 对谓词集合 $P = \{P_1, P_2, \cdots, P_N\}$ 是有序的,并且可以写成如下形式:

$$N[P] \land [\forall x E_1(x) \Rightarrow P_1(x)] \land [\forall x E_2[P_1](x) \Rightarrow P_2(x)] \land \cdots \land$$
$$[\forall x E_n[P_1, P_2, \cdots, P_{n-1}](x) \Rightarrow P_n(x)]$$

则 Δ 对 P 的平行限制为:

$$\text{CIRC}[\Delta;P] = N[E_1, E_2, \cdots, E_n] \land [\forall x E_1(x) \Leftrightarrow P_1(x)] \land$$
$$[\forall x E_2[E_1](x) \Leftrightarrow P_2(x)] \land \cdots \land [\forall x E_n[E_1, E_2, \cdots, E_{n-1}](x) \Leftrightarrow P_1(x)]$$

其中 $N[E_1, E_2, \cdots, E_n]$ 是将 $N[P]$ 中出现的 $P_1, P_2, \cdots, P_n$ 分别替换成 $E_1, E_2, \cdots, E_n$ 得到的结果,$E_i[P_1, P_2, \cdots, P_{i-1}]$ 表示在 E_i 中可能会出现谓词集合 $\{P_1, P_2, \cdots, P_{i-1}\}$ 中的任何一个或多个,而 $E_i[E_1, E_2, \cdots, E_{i-1}]$ 表示将 E_i 中出现的 $P_1, P_2, \cdots, P_{i-1}$ 替换成 $E_1, E_2, \cdots, E_{i-1}$ 得到的结果。

例 5.14 已知 Δ 包含以下公式,求 $\text{CIRC}[\Delta; \text{LIAR}, \text{KNAVE}]$。

$$\forall x\ \text{KNIGHT}(x) \Rightarrow \text{PERSON}(x)$$
$$\forall x\ \text{KNAVE}(x) \Rightarrow \text{PERSON}(x)$$
$$\forall x\ \text{KNAVE}(x) \Rightarrow \text{LIAR}(x)$$
$$\exists x\ \neg \text{LIAR}(x) \land \neg \text{KNAVE}(x)$$
$$\text{LIAR}(\text{MORK})$$
$$\text{KNAVE}(\text{BORK})$$

可以将 Δ 写成

$$N[\text{LIAR},\text{KNAVE}] \wedge [\forall x\, x=\text{BORK} \Rightarrow \text{KNAVE}(x)] \wedge$$
$$[\forall x\, \text{KNAVE}(x) \vee x=\text{MORK} \Rightarrow \text{LIAR}(x)]$$

其中 $N[\text{LIAR},\text{KNAVE}]$ 为

$$\forall x\ \text{KNIGHT}(x) \Rightarrow \text{PERSON}(x)$$
$$\forall x\ \text{KNAVE}(x) \Rightarrow \text{PERSON}(x)$$
$$\exists x\ \neg \text{LIAR}(x) \wedge \neg \text{KNAVE}(x)$$

可以看出 Δ 对谓词集合 $\langle \text{LIAR},\text{KNAVE}\rangle$ 是有序的,其中 P_1 是 KNAVE,P_2 是 LIAR,而 E_1 是 $x=\text{BORK}$,E_2 是 $\text{KNAVE}(x)\vee x=\text{MORK}$。

先求出 $N[E_1,E_2]$:公式 $\forall x\ \text{KNAVE}(x) \Rightarrow \text{PERSON}(x)$ 需要使用 E_1 替换 $P_1(\text{KNAVE})$,因此转换为 $\forall x\, x=\text{BORK} \Rightarrow \text{PERSON}(x)$;而公式 $\exists x\ \neg\text{LIAR}(x) \wedge \neg\text{KNAVE}(x)$ 需要使用 E_2 替换 $P_2(\text{LIAR})$,然后再使用 E_1 替换 $P_1(\text{KNAVE})$,化简后可得 $\exists x\, x \neq \text{BORK} \wedge x \neq \text{MORK}$。

所以根据定理 5.7 可求出 $\text{CIRC}[\Delta;\text{LIAR},\text{KNAVE}]$:

$$[\forall x\ \text{KNIGHT}(x) \Rightarrow \text{PERSON}(x)] \wedge$$
$$[\forall x\ x=\text{BORK} \Rightarrow \text{PERSON}(x)] \wedge$$
$$[\exists x\ x \neq \text{BORK} \wedge x \neq \text{MORK}] \wedge$$
$$[\forall x\ x=\text{BORK} \Leftrightarrow \text{KNAVE}(x)] \wedge$$
$$[\forall x\ x=\text{BORK} \vee x=\text{MORK} \Leftrightarrow \text{LIAR}(x)]$$

5.4.4　缺省推理

在非单调推理中,除了前述各节介绍的根据公式集合 Δ 引入相关的假设外,还有另一种常用的假设方法,该方法称为缺省推理,实际上经常被应用于日常生活中。例如在美国第一次应邀去朋友家做客,一般都需要带礼物,但是又不知道朋友对什么感兴趣时,往往会带鲜花上门做客,其中就隐含了一个假设:鲜花是受欢迎的。但是如果知道朋友家有人对鲜花过敏,那么就不能将鲜花作为礼物了。

缺省推理可以通过缺省规则实现,缺省规则是形如下式的规则:

$$\frac{\alpha(x):\beta(x)}{\gamma(x)}$$

其中 α、β、γ 是谓词公式,x 可以是单个变量也可以是变量组,横线上的公式表示条件,下面的公式表示结论。设 D 是包含上述缺省规则的集合,由 D 对 Δ 的扩充记为 $\varepsilon[\Delta,D]$。该规则表示如果在公式集合 $\varepsilon[\Delta,D]$ 中,存在一个 x 的例示 x_0 使得 $\alpha(x_0)$ 成立,并且 $\beta(x_0)$ 与 $\varepsilon[\Delta,D]$ 并无矛盾,那么就可以得到结论 $\gamma(x_0)$,并将其作为假设加入到 $\varepsilon[\Delta,D]$ 中。

上述带礼物的例子可以写成如下规则:

$$\frac{\text{Visit}(x,y):\neg\text{FlowerAllergy}(x,y)}{\text{TakeFlower}(x,y)}$$

其中 $\text{Visit}(x,y)$ 表示 x 拜访 y 家,$\text{FlowerAllergy}(x,y)$ 表示 x 知道 y 的家人对鲜花过敏,$\text{TakeFlower}(x,y)$ 表示 x 带鲜花到 y 家。如果并不明确被拜访的人家里有人对鲜花过敏,就能得到带鲜花去做客这个结论。

如果想要表示鸟一般都能飞,可以采用如下规则:

$$\frac{\text{Bird}(x):\text{Flies}(x)}{\text{Flies}(x)}$$

表示 x 是鸟时,如果不能确定 x 不能飞,那么认为 x 能飞。

以一个简单的例子说明缺省推理是非单调推理,如果 $\Delta = \{\text{Bird}(\text{Tweety}), \forall x\, \text{Ostrich}(x) \Rightarrow \neg\text{Flies}(x)\}$,因为 Tweety 是鸟,因此利用上述鸟一般都能飞的规则可得 $\text{Flies}(\text{Tweety})$,即 Tweety 会飞。如果在 Δ 中进一步指定 $\text{Ostrich}(\text{Tweety})$,即 Tweety 是鸵鸟,此时无法再得出 $\text{Flies}(\text{Tweety})$,因为由 $\forall x\, \text{Ostrich}(x) \Rightarrow \neg\text{Flies}(x)$ 以及 $\text{Ostrich}(\text{Tweety})$ 可得出 $\neg\text{Flies}(\text{Tweety})$,即确定 Tweety 不会飞。

前述对于特定谓词的 CWA 可以通过如下规则缺省规则实现:

$$\frac{\text{True}:\neg P(x)}{\neg P(x)}$$

表示如果 $\varepsilon[\Delta, D]$ 并未与 $\neg P(x)$ 的一个示例相矛盾,则扩充时可以增加该示例,因为 $P(x)$ 的示例并未明确成立。但是这种实现方式与特定谓词的 CWA 存在些许差别,考虑 Δ 为 $P(A) \vee P(B)$ 时,$\text{CWA}[\Delta] = \{P(A) \vee P(B), \neg P(A), \neg P(B)\}$。而 $\varepsilon[\Delta, D] = \{P(A) \vee P(B), \neg P(A)\}$ 或者 $= \{P(A) \vee P(B), \neg P(B)\}$。因为如果 $\varepsilon[\Delta, D] = \{P(A) \vee P(B), \neg P(A)\}$ 时,已经能够得到 $P(B)$ 是成立的,因此与 $\neg P(B)$ 是矛盾的,也就不能将 $\neg P(B)$ 加入到 $\varepsilon[\Delta, D]$ 中。$\varepsilon[\Delta, D] = \{P(A) \vee P(B), \neg P(B)\}$ 时类似。

非单调推理能够较好地处理不断更新的知识以及不完全信息的情况,是对经典单调推理的补充。

第 **6** 章

不确定性推理

第 5 章介绍的基于符号的推理都是确定性推理方法,即使在非单调推理中会添加一些假设,但是究其推理过程,依然是确定性推理。所谓确定性推理就是在推理的过程中使用的知识(包括事实与规则等)都是确定的,而推理得到的结论同样是确定性结论。但是现实世界中往往存在许多不确定的数据或知识,因此对不确定性推理的研究同样非常重要。

6.1 引言

经典逻辑的一个基础就是集合论。集合论可用于分类,但是集合中的隶属概念是一个非常精确的概念,即一个元素是否属于某个集合是非常明确的。这在很多实际情况中很难做到。例如,把人分成活人和死人、男人和女人可以很精确,但高人与矮人、胖子与瘦子就很难精确分开,所以用精确的概念描述某些事物就会不可避免遇到困难。

除了概念描述之外,有时推理过程中使用确定性推理也会出现错误的结果,一个有名的例子就是"秃子悖论":

"如果有 $n-1$ 根头发是秃子,则有 n 根头发也是秃子",描述为:

$$\mathrm{BOLD}(\mathrm{HAIR}_{n-1}) \rightarrow \mathrm{BOLD}(\mathrm{HAIR}_n)$$

"没有头发是秃子",描述为:

$$\mathrm{BOLD}(\mathrm{HAIR}_0)$$

上面的两句话都是正确的,但是如果从 $n=1$ 开始推理 100 万次,则会得出"有 100 万根头发是秃子"这种荒谬的结论。

如果用不确定性推理就能解决上述问题。我们用 $T(\mathrm{BOLD}(\mathrm{HAIR}_n))$ 表示有 n 根头发是秃子的确信度。设完全可信时的确信度为 1,完全不可信时的确信度为 0,则上例可表示为

$$T(\mathrm{BOLD}(\mathrm{HAIR}_{n-1})) = T(\mathrm{BOLD}(\mathrm{HAIR}_n)) + \varepsilon$$
$$T(\mathrm{BOLD}(\mathrm{HAIR}_0)) = 1$$

其中 ε 为一个很小的正数。利用上式推理就会得到正确的结论。

设证据的不确定性为 $C(E)$，它表示证据 E 为真的程度。需要定义 $C(E)$ 在三个典型情况下的取值：

(1) E 为真；

(2) E 为假；

(3) 对 E 一无所知。

其中对 E 一无所知的情况下 $C(E)$ 的取值称为证据的单位元。

设规则的不确定性为 $f(H,E)$，它称为规则强度，这时规则如图 6.1 所示。需要定义 $f(H,E)$ 在三个典型情况的取值：

(1) 若 E 为真则 H 为真；

(2) 若 E 为真则 H 为假；

(3) E 对 H 没有影响。

其中 E 对 H 没有影响时 $f(H,E)$ 的取值称为规则的单位元。

图 6.1　规则的不确定性表示

所谓不确定性推理就是在"公理"（如领域专家给出的规则强度和用户给出的原始证据的不确定性）的基础上，定义一组函数，求出"定理"（非原始数据的命题）的不确定性度量。也就是说，根据原始证据的不确定性和知识的不确定性，求出结论的不确定性。

通常一个不确定性推理模型应当包括如下算法：

(1) 根据规则前提 E 的不确定性 $C(E)$ 和规则强度 $f(H,E)$ 求出假设 H 的不确定性 $C(H)$，即定义函数 g_1 满足：

$$C(H) = g_1[C(E), f(H,E)]$$

(2) 根据分别由独立的证据 E_1、E_2 求得的假设 H 的不确定性 $C_1(H)$ 和 $C_2(H)$，求出证据 E_1 和 E_2 的组合所导致的假设 H 的不确定性 $C(H)$，即定义函数 g_2 满足：

$$C(H) = g_2[C_1(H), C_2(H)]$$

(3) 根据两个证据 E_1 和 E_2 的不确定性 $C(E_1)$ 和 $C(E_2)$，求出证据 E_1 和 E_2 的合取的不确定性，即定义函数 g_3 满足：

$$C(E_1 \text{ AND } E_2) = g_3[C(E_1), C(E_2)]$$

(4) 根据两个证据 E_1 和 E_2 的不确定性 $C(E_1)$ 和 $C(E_2)$，求出证据 E_1 和 E_2 的析取的不确定性，即定义函数 g_4 满足：

$$C(E_1 \text{ OR } E_2) = g_4[C(E_1), C(E_2)]$$

例如图 6.2 所示的推理网络。设 A_1、A_2 和 A_3 为初始证据，即已知证据 A_1、A_2 和 A_3 的不确定性分别为 $C(A_1)$、$C(A_2)$ 和 $C(A_3)$。求解 A_4、A_5 和 A_6 的不确定性。在求解之前，A_4、A_5 和 A_6 的不确定性应为单位元。

问题的求解过程为：

(1) 利用证据 A_1 的不确定性 $C(A_1)$ 和规则 R_1 的规则强度 f_1，根据算法(1)求出 A_4 新的不确定性 $C(A_4)$。

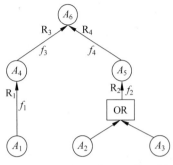

图 6.2 不确定性推理网络示例

（2）利用证据 A_2 和 A_3 的不确定性 $C(A_2)$ 和 $C(A_3)$，根据算法（4）求出 A_2 和 A_3 的析取的不确定性 $C(A_2 \text{ OR } A_3)$。

（3）利用 A_2 和 A_3 的析取的不确定性 $C(A_2 \text{ OR } A_3)$ 和规则 R_2 的规则强度 f_2，根据算法（1）求出 A_5 的新的不确定性 $C(A_5)$。

（4）利用 A_4 的不确定性 $C(A_4)$ 和规则 R_3 的规则强度 f_3，根据算法（1）求出 A_6 新的不确定性 $C'(A_6)$。

（5）利用 A_5 的不确定性 $C(A_5)$ 和规则 R_4 的规则强度 f_4，根据算法（1）求出 A_6 另一个不确定性 $C''(A_6)$。

（6）利用 A_6 的两个根据独立证据分别求得的不确定性 $C'(A_6)$ 和 $C''(A_6)$，根据算法（2）求出 A_6 最终的不确定性 $C(A_6)$。

综上所述，定义一个具体的不确定性推理模型应当给出：

（1）证据的不确定性，即明确给出证据为真时的值、证据为假时的值以及证据的单位元。

（2）规则的不确定性，即明确给出若证据为真则假设为真时的值、若证据为真则假设为假时的值以及规则的单位元。

（3）g_1、g_2、g_3、g_4 四种函数。

函数 g_3 和 g_4 涉及到证据合取与证据析取的组合，常用的计算方法根据命题相关性的不同假设存在如下几种：

（1）最大最小法对应于最大相关的情况，即只要概率小的事件发生，则概率大的事件必然发生：

$$C(E_1 \text{ AND } E_2) = g_3[C(E_1), C(E_2)] = \min\{C(E_1), C(E_2)\}$$

$$C(E_1 \text{ OR } E_2) = g_4[C(E_1), C(E_2)] = \max\{C(E_1), C(E_2)\}$$

（2）概率法对应于相互独立的情况：

$$C(E_1 \text{ AND } E_2) = g_3[C(E_1), C(E_2)] = C(E_1) \cdot C(E_2)$$

$$C(E_1 \text{ OR } E_2) = g_4[C(E_1), C(E_2)] = C(E_1) + C(E_2) - C(E_1) \cdot C(E_2)$$

（3）有界法对应于最小相关的情况，即两个事件同时发生的概率应尽量小，如果两个事件发生的概率之和小于 1，则两个事件同时发生的概率为 0。

$$C(E_1 \text{ AND } E_2) = g_3[C(E_1), C(E_2)] = \max\{0, C(E_1) + C(E_2) - 1\}$$

$$C(E_1 \text{ OR } E_2) = g_4[C(E_1), C(E_2)] = \min\{1, C(E_1) + C(E_2)\}$$

目前为止不确定性推理方法有多种，本章主要介绍概率方法、可信度方法、主观贝叶斯方法和证据理论。

6.2 概率方法

6.2.1 基本概念

概率推理通常用于贝叶斯网。贝叶斯网也称为信念网，如果将贝叶斯网中有向边的箭头方向解释成因果关系，有向边表示原因指向结果，此时可将贝叶斯网称为因果网络。贝叶斯网是一个有向无环图,利用图中结点是否存在有向边来描述结点所代表的事件(或属性)直接的依赖关系,并使用条件概率表描述事件(或属性)的联合概率分布。

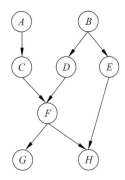

图 6.3 贝叶斯网示例

如图 6.3 所示为一个贝叶斯网,在该图中至少存在一个结点序列,后面的结点不可能是前面结点的原因,如 (A,B,C,D,E,F,G,H)。图中还隐含着条件独立的假设,即某一结点事件的概率仅依赖于直接向该结点发出箭头的结点事件。用 a 表示结点事件 A 发生的情况,用 $\sim a$ 表示结点事件 A 不发生的情况。该图中联合分布 $P(A,B,C,D,E,F,G,H)$ 可表示为:

$$P(A)P(C\mid A)P(G\mid F)P(F\mid C,D)P(H\mid E,F)P(D\mid B)P(E\mid B)P(B)$$

如果要计算事件 A 和事件 H 发生的情况下事件 G 发生的概率 $P(g|a,h)$,其计算公式为:

$$P(g\mid a,h)=P(g,a,h)/P(a,h)$$

为得到上面的 $P(G,A,H)$ 和 $P(A,H)$,最直接的方法是根据联合分布 $P(A,B,C,D,E,F,G,H)$ 的公式计算出 $2^8=256$ 个联合概率,再利用公式 $P(X)=\sum_i p(X,Y_i)$ 计算,这种计算必然低效。为了提高效率可以利用贝叶斯网的结构进行计算,如 $P(g,a,h)$ 的计算公式为:

$$P(g,a,h)=\sum_{b,c,d,e,f}P(a,b,c,d,e,f,g,h)=P(a)\sum_C P(C\mid a)\Big[\sum_F P(g\mid F)$$

$$\Big[\sum_D P(F\mid C,D)\Big[\sum_E P(h\mid E,F)\Big[\sum_B P(D\mid B)P(E\mid B)P(B)\Big]\Big]\Big]\Big]$$

为了进一步提高计算效率,已进行了很多研究,如 Pearl 及 Lauritzen 等人的方法。这些精确的计算方法对复杂的贝叶斯网来讲仍然是很繁复的,因此研究者提出了近似计算方法,如直接取样、拒绝取样、似然加权、马尔可夫链蒙特卡罗(Markov Chain Monte Carlo)等算法。

6.2.2 实例

下面以一个刑事侦查事件作为例子说明贝叶斯网基础的精确概率推理方法。

例 6.1 设有两个犯罪嫌疑人 X 和 Y,他们涉嫌谋杀 V。目前的人证提供了谋杀发生之前不久,X 与 Y 和被害者 V 曾有过剧烈的争吵,且 Y 经常驾驶 X 的汽车。物证是在案发现场发现的一根纤维与 X 上衣的纤维类似。此例的贝叶斯网如图 6.4 所示,图中一个结点表示一个命题,可以是一个证据,也可以是一个结论。各结点表示的命题示如表 6.1 所示,相关条件概率见图 6.4 中的条件概率表。

表 6.1 案件中的命题表

命题	含　义
A	X 实施的谋杀
B	Y 实施的谋杀
E	在谋杀发生之前 X 与 Y 和被害者 V 曾有过剧烈的争吵
F	在案发现场发现的一根纤维与 X 上衣的纤维类似
H	Y 经常驾驶 X 的汽车
T	Y 从 X 的上衣上抽取了纤维

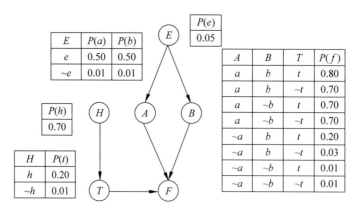

图 6.4　刑事案件的贝叶斯网及条件概率表

6 个命题的联合分布为：

$$P(H,E,T,A,B,F)=P(E)P(A\mid E)P(B\mid E)P(H)P(T\mid H)P(F\mid A,B,T)$$

此式也可写为：

$$P(H,E,T,A,B,F)=P(A,B,E)P(H,T)P(F\mid A,B,T)$$

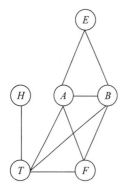

图 6.5　将有向图转变为无向图

图 6.4 中的贝叶斯网包含了三种典型的结构，包括同父结构（common parent）、V 型结构（V-structure）以及顺序结构，其中 E、A、B 组成同父结构，A、B、F 组成 V 型结构，而 H、T、F 组成顺序结构。在 E、A、B 组成的同父结构中，给定结点 E 的取值，则 A 与 B 条件独立，记为 $A\perp B\mid E$。条件独立性在简化概率推理过程中非常重要，可以使用有向分离（D-seParation）找到条件独立性。首先将图 6.4 转变为无向图：找出图 6.4 中所有的 V 型结构，即 A、B、T 中任意两个结点与 F 组成的结构，在指向同一个结点的两个不相邻结点之间添加一条无向边，然后将图中所有的有向边改为无向边，如图 6.5 所示。如此转变之后得到的图称为道德图（Moral GraPh）。假定道德图中有变量 x、y 和变量集合 $z=\{z_i\}$，如果 x 和 y 能在道德图中被 z 分开，则称变量 x 和 y 被 z 有向分离，即 $x\perp y\mid z$ 成立。

通过将图 6.5 划分为结点组 $\{E,A,B\}$、$\{A,B,T,F\}$ 和 $\{H,T\}$，可计算证据的传播如下：

（1）计算结点组 $\{E,A,B\}$ 的联合概率。根据 $P(E,A,B)=P(E)P(A|E)P(B|E)$，有：

$$P(e,a,b)=0.012500 \qquad P(\sim e,a,b)=0.000095$$
$$P(e,a,\sim b)=0.012500 \qquad P(\sim e,a,\sim b)=0.009405$$
$$P(e,\sim a,b)=0.012500 \qquad P(\sim e,\sim a,b)=0.009405$$
$$P(e,\sim a,\sim b)=0.012500 \qquad P(\sim e,\sim a,\sim b)=0.931095$$

（2）计算结点组 $\{H,T\}$ 的联合概率。根据 $P(H,T)=P(H)P(T|H)$，有：

$$P(h,t)=0.140000 \qquad P(\sim h,t)=0.003000$$
$$P(h,\sim t)=0.560000 \qquad P(\sim h,\sim t)=0.297000$$

（3）计算结点组$\{A,B,T,F\}$的联合概率。此联合概率为：

$$P(A,B,T,F)=P(F\mid A,B,T)P(A,B,T)$$
$$=P(F\mid A,B,T)P(A,B)P(T)$$
$$=P(F\mid A,B,T)[P(A,B,e)+P(A,B,\sim e)]P(T)$$

因此有

$P(a,b,t,f)=0.001441$ $P(\sim a,b,t,f)=0.000626$

$P(a,b,t,\sim f)=0.000360$ $P(\sim a,b,t,\sim f)=0.002506$

$P(a,b,\sim t,f)=0.007556$ $P(\sim a,b,\sim t,f)=0.000563$

$P(a,b,\sim t,\sim f)=0.003238$ $P(\sim a,b,\sim t,\sim f)=0.018209$

$P(a,\sim b,t,f)=0.002193$ $P(\sim a,\sim b,t,f)=0.001349$

$P(a,\sim b,t,\sim f)=0.000940$ $P(\sim a,\sim b,t,\sim f)=0.133585$

$P(a,\sim b,\sim t,f)=0.013141$ $P(\sim a,\sim b,\sim t,f)=0.008087$

$P(a,\sim b,\sim t,\sim f)=0.005632$ $P(\sim a,\sim b,\sim t,\sim f)=0.800574$

（4）计算各结点的概率。如结点事件E发生的概率为：

$$P(e)=P(a,b,e)+P(\sim a,b,e)+P(a,\sim b,e)+P(\sim a,\sim b,e)$$
$$=0.050000$$

类似可以得到：

$$P(h)=0.700000$$
$$P(a)=0.034500$$
$$P(b)=0.034500$$
$$P(t)=0.143000$$
$$P(f)=0.034956$$

假设已获得确凿的物证，即在案发现场发现的一根纤维与X上衣的纤维类似，则此证据可以通过贝叶斯网传播，得到各结点新的概率。计算过程如下所示。

（1）计算结点组$\{A,B,T\}$的联合概率。

设修改过的概率用"$*$"表示，则有：

$$P^*(A,B,T)=P(A,B,T\mid F)=\frac{P(F\mid A,B,T)P(A,B,T)}{P(F)}$$

依此得到如下概率：

$p(a,b,t)=0.041223$ $p(\sim a,b,t)=0.017908$

$p(a,b,\sim t)=0.216157$ $p(\sim a,b,\sim t)=0.016106$

$p(a,\sim b,t)=0.062736$ $p(\sim a,\sim b,t)=0.038591$

$p(a,\sim b,\sim t)=0.375930$ $p(\sim a,\sim b,\sim t)=0.231348$

（2）计算结点组$\{E,A,B\}$的联合概率。

根据公式

$$P^*(A,B,E)=P(A,B,E\mid F)=P(E\mid A,B,F)P(A,B\mid F)$$
$$=P(E\mid A,B)P^*(A,B)=P(A,B,E)P^*(A,B)/P(A,B)$$

可得到如下概率：

$P(e,a,b)=0.255439$ $P(\sim e,a,b)=0.001941$

$$P(e,a,\sim b)=0.250323 \qquad P(\sim e,a,\sim b)=0.188343$$
$$P(e,\sim a,b)=0.019410 \qquad P(\sim e,\sim a,b)=0.014604$$
$$P(e,\sim a,\sim b)=0.003576 \qquad P(\sim e,\sim a,\sim b)=0.266363$$

（3）计算结点组{H,T}的联合概率。

联合概率计算公式为

$$P^{*}(H,T)=P(H,T)P^{*}(T)/P(T)$$

其中

$$P^{*}(T)=P^{*}(a,b,T)+P^{*}(\sim a,b,T)+P^{*}(a,\sim b,T)+P^{*}(\sim a,\sim b,T)$$

由此可得如下概率：

$$P(h,t)=0.157093 \qquad P(\sim h,t)=0.003366$$
$$P(h,\sim t)=0.548592 \qquad P(\sim h,\sim t)=0.290949$$

（4）计算各结点的概率。

各结点的概率如下：

$$P(e)=0.528748$$
$$P(h)=0.705684$$
$$P(a)=0.696046$$
$$P(b)=0.291395$$
$$P(t)=0.160459$$

下面考虑另一种情况，有证据表明 X 与 Y 和被害者 V 曾有过争吵，但此证据有 20% 的机会是错误的，即 $P(e)=0.80$。在这种情况下，各结点的概率计算如下。

（1）计算结点组{E,A,B}的联合概率。

$$P(e,a,b)=0.200000 \qquad P(\sim e,a,b)=0.000020$$
$$P(e,a,\sim b)=0.200000 \qquad P(\sim e,a,\sim b)=0.001980$$
$$P(e,\sim a,b)=0.200000 \qquad P(\sim e,\sim a,b)=0.001980$$
$$P(e,\sim a,\sim b)=0.200000 \qquad P(\sim e,\sim a,\sim b)=0.196020$$

（2）计算结点组{A,B,T,F}的联合概率。

$$P(a,b,t,f)=022884 \qquad P(\sim a,b,t,f)=0.005772$$
$$P(a,b,t,\sim f)=0.005717 \qquad P(\sim a,b,t,\sim f)=0.023108$$
$$P(a,b,\sim t,f)=0.119996 \qquad P(\sim a,b,\sim t,f)=0.005192$$
$$P(a,b,\sim t,\sim f)=0.051422 \qquad P(\sim a,b,\sim t,\sim f)=0.167908$$
$$P(a,\sim b,t,f)=0.020220 \qquad P(\sim a,\sim b,t,f)=0.000566$$
$$P(a,\sim b,t,\sim f)=0.008667 \qquad P(\sim a,\sim b,t,\sim f)=0.056065$$
$$P(a,\sim b,\sim t,f)=0.121164 \qquad P(\sim a,\sim b,\sim t,f)=0.003394$$
$$P(a,\sim b,\sim t,\sim f)=0.051929 \qquad P(\sim a,\sim b,\sim t,\sim f)=0.335995$$

（3）计算结点组{H,T}的联合概率。

$$P(h,t)=0.14000 \qquad P(\sim h,t)=0.003000$$
$$P(h,\sim t)=560000 \qquad P(\sim h,\sim t)=0.297000$$

（4）计算各结点的概率。

$$P(e)=0.800000$$

$$P(h) = 0.700000$$
$$P(a) = 0.402000$$
$$P(b) = 0.402000$$
$$P(t) = 0.143000$$
$$P(f) = 0.299189$$

如上所述,概率推理可以用来求解贝叶斯网中的概率传播问题,但其计算的复杂性仍是一个需要解决的问题。因此近年来近似计算更得到研究者的青睐。

上文仅以实例的形式简单介绍了已知贝叶斯网结构时的一种精确推理方法,关于其结构学习以及其他推理方法请参阅相关文献。

6.3 可信度方法

可信度方法是 MYCIN 系统采用的一种不确定性推理模型,提出后因其实用性获得了较为广泛的应用。

6.3.1 知识的不确定性

MYCIN 系统称规则强度为规则可信度(Certainty Factor)CF(H,E),它表示在已知证据 E 的情况下,假设 H 的可信程度。CF(H,E)的定义如下:

$$CF(H,E) = MB(H,E) - MD(H,E)$$

其中 MB 为信任增长度(measure belief),表示因证据 E 的出现对假设 H 为真的信任的增加程度,即当 MB(H,E)>0 时,有 $P(H|E) > P(H)$。MD 为不信增长度(measure disbelief),表示因证据 E 的出现对假设 H 为真的信任的减少程度,即当 MD(H,E)>0 时,有 $P(H|E) > P(H)$。MB 和 MD 的定义分别为:

$$MB(H,E) = \begin{cases} 1 & P(H) = 1 \\ \dfrac{\max\{P(H|E), P(H)\} - P(H)}{1 - P(H)} & \text{其他} \end{cases}$$

$$MD(H,E) = \begin{cases} 1 & P(H) = 0 \\ \dfrac{\min\{P(H|E), P(H)\} - P(H)}{-P(H)} & \text{其他} \end{cases}$$

由上式可见 MB 和 MD 的实际意义为:

$$MB: \frac{因 E 而对 H 信任的增长}{不相信 H 的概率}$$

$$MD: \frac{因 E 而对 H 信任的减小}{相信 H 的概率}$$

根据 MB、MD 和 CF 的定义,可以得出它们的性质如下所示:

1. 互斥性

当 MB(H,E)>0 时,MD(H,E)=0
当 MD(H,E)>0 时,MB(H,E)=0

2. 值域

$$0 \leqslant \mathrm{MB}(H,E) \leqslant 1$$
$$0 \leqslant \mathrm{MD}(H,E) \leqslant 1$$
$$-1 \leqslant \mathrm{CF}(H,E) \leqslant 1$$

3. 典型值

若 $P(H \mid E) = 1$，即 E 为真则 H 为真时，$\mathrm{MB}(H,E) = 1$，$\mathrm{MD}(H,E) = 0$，因此 $\mathrm{CF}(H,E) = 1$。

若 $P(H \mid E) = 0$，即 E 为真则 H 为假时，$\mathrm{MB}(H,E) = 0$，$\mathrm{MD}(H,E) = 1$，因此 $\mathrm{CF}(H,E) = -1$。

若 $P(H \mid E) = P(H)$，即 E 对 H 没有影响时，$\mathrm{MB}(H,E) = 0$，$\mathrm{MD}(H,E) = 0$，因此 $\mathrm{CF}(H,E) = 0$，这就是规则的单位元。

4. $\mathrm{CF}(H,E) + \mathrm{CF}(\sim H,E) = 0$

上式可由 CF 的定义推出。它表明一个证据对某个假设的成立有利，必然对该假设的不成立不利，而且对两者的影响程度相同。值得注意的是，在概率论中下述公式成立：

$$P(H \mid E) + P(\sim H \mid E) = 1$$

由此可见可信度与概率的概念是不同的。

5. 互斥假设

若对于同一证据有 n 个互不相容的假设 $H_i(i = 1, 2, \cdots, n)$，则有：

$$\sum_{i=1}^{n} \mathrm{CF}(H_i, E) \leqslant 1$$

其中只有当证据 E 在逻辑上蕴含某个假设 H_i 时，等号才会成立。

根据定义与互斥性，$\mathrm{CF}(H,E)$ 可直接用概率值表示如下：

$$\mathrm{CF}(H,E) = \begin{cases} \dfrac{P(H \mid E) - P(H)}{1 - P(H)} & P(H \mid E) > P(H) \\ 0 & P(H \mid E) = P(H) \\ \dfrac{P(H \mid E) - P(H)}{P(H)} & P(H \mid E) < P(H) \end{cases}$$

6.3.2 证据的不确定性

在 MYCIN 系统中，证据的不确定性用证据的可信度 $\mathrm{CF}(E)$ 表示。原始证据的可信度由用户在系统运行时提供，非原始证据的可信度由不确定性推理得到。

证据的不确定性有如下性质。

1. 值域

当证据 E 以某种程度为真时，$0 < \mathrm{CF}(E) \leqslant 1$。

当证据 E 以某种程度为假时，$-1 \leqslant \mathrm{CF}(E) < 0$。

2．典型值

当证据 E 肯定为真时，取 $\mathrm{CF}(E) = 1$。

当证据 E 肯定为假时，取 $\mathrm{CF}(E) = -1$。

当对证据 E 一无所知时，取 $\mathrm{CF}(E) = 0$，即证据的单位元。

6.3.3 不确定性推理算法

（1）根据证据和规则的可信度求假设的可信度：
$$\mathrm{CF}(H) = \mathrm{CF}(H,E) \cdot \max\{0, \mathrm{CF}(E)\}$$

若 $\mathrm{CF}(E) > 0$，即规则前提以某种程度为真，则根据 $\mathrm{CF}(E)$ 和规则可信度 $\mathrm{CF}(H,E)$ 计算规则结论的可信度 $\mathrm{CF}(H) = \mathrm{CF}(H,E) \cdot \mathrm{CF}(E)$。

若 $\mathrm{CF}(E) < 0$，即规则前提为假，说明该规则不能应用，则 $\mathrm{CF}(H) = 0$。

（2）组合多个独立证据导出的同一假设的可信度。

对于两个独立证据 E_1 和 E_2 的情况，通常直接根据由 E_1 和 E_2 分别导出的假设 H 的可信度 $\mathrm{CF}_1(H)$ 和 $\mathrm{CF}_2(H)$ 计算由组合证据导出的假设 H 的可信度 $\mathrm{CF}_{1,2}(H)$：

$$\mathrm{CF}_{1,2}(H) = \begin{cases} \mathrm{CF}_1(H) + \mathrm{CF}_2(H) - \mathrm{CF}_1(H) \cdot \mathrm{CF}_2(H) & \mathrm{CF}_1(H) \geqslant 0 \text{ 且 } \mathrm{CF}_2(H) \geqslant 0 \\ \mathrm{CF}_1(H) + \mathrm{CF}_2(H) + \mathrm{CF}_1(H) \cdot \mathrm{CF}_2(H) & \mathrm{CF}_1(H) > 0 \text{ 且 } \mathrm{CF}_2(H) < 0 \\ \mathrm{CF}_1(H) + \mathrm{CF}_2(H) & \text{其他} \end{cases}$$

在 MYCIN 系统的基础上形成的专家系统工具 EMYCIN 中，作了如下修改：

$$\mathrm{CF}_{1,2}(H) = \begin{cases} \mathrm{CF}_1(H) + \mathrm{CF}_2(H) - \mathrm{CF}_1(H) \cdot \mathrm{CF}_2(H) & \mathrm{CF}_1(H) \geqslant 0 \text{ 且 } \mathrm{CF}_2(H) \geqslant 0 \\ \mathrm{CF}_1(H) + \mathrm{CF}_2(H) + \mathrm{CF}_1(H) \cdot \mathrm{CF}_2(H) & \mathrm{CF}_1(H) < 0 \text{ 且 } \mathrm{CF}_2(H) < 0 \\ \dfrac{\mathrm{CF}_1(H) + \mathrm{CF}_2(H)}{1 - \min\{|\mathrm{CF}_1(H)|, |\mathrm{CF}_2(H)|\}} & \text{其他} \end{cases}$$

多于两个独立证据导出同一假设的处理与两个独立证据的情况有所不同。如果多个独立证据的 CF 值同为负数或同为非负数，则首先计算两个独立证据导出的假设 $\mathrm{CF}_{1,2}(H)$，再将 $\mathrm{CF}_{1,2}(H)$ 与第三个独立证据进行计算，得到 $\mathrm{CF}_{1,2,3}(H)$，依次继续下去直到所有证据组合完毕。如果多个独立证据的 CF 值有正有负，则按照每个证据的 CF 值的正负分成两组，非负 CF 值的独立证据按照上述方法计算 $\mathrm{CF}'(H)$，负 CF 值的独立证据同样按照上述方法计算 $\mathrm{CF}''(H)$，然后将 $\mathrm{CF}'(H)$ 和 $\mathrm{CF}''(H)$ 按照符号相异的公式计算最终的 $\mathrm{CF}(H)$。

（3）证据的合取。

对于证据的合取 $E = E_1 \text{ AND } E_2 \text{ AND} \cdots \text{AND } E_n$，有：
$$\mathrm{CF}(E) = \mathrm{CF}(E_1 \text{ AND } E_2 \text{ AND} \cdots \text{AND } E_n) = \min\{\mathrm{CF}(E_1), \mathrm{CF}(E_2), \cdots, \mathrm{CF}(E_n)\}$$

由上式可见对于多个证据的合取的可信度，取可信度最小的那个证据的 CF 值作为证据的可信度。

（4）证据的析取。

对于证据的析取 $E = E_1 \text{ OR } E_2 \text{ OR} \cdots \text{OR } E_n$，有：
$$\mathrm{CF}(E) = \mathrm{CF}(E_1 \text{ OR } E_2 \text{ OR} \cdots \text{OR } E_n) = \max\{\mathrm{CF}(E_1), \mathrm{CF}(E_2), \cdots, \mathrm{CF}(E_n)\}$$

由上式可见,对于多个证据的折取的可信度,取可信度最大的那个证据的 CF 值作为证据的可信度。

例 6.2 有如下推理规则:

rule1: if E1 then H, 0.9;
rule2: if E2 then H, 0.7;
rule3: if E3 then H, - 0.8;
rule4: if E4 and E5 then E1, 0.7;
rule5: if E6 and (E7 or E8) then E2, 1.

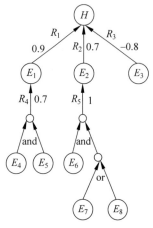

图 6.6　根据规则形成的推理网络

上述规则形成的推理网络如图 6.6 所示。E_3、E_4、E_5、E_6、E_7、E_8 为初始证据,其可信度由用户给出如下:

$$CF(E_3)=0.3 \quad CF(E_4)=0.9 \quad CF(E_5)=0.6$$
$$CF(E_6)=0.7 \quad CF(E_7)=-0.3 \quad CF(E_8)=0.8$$

求 H 的可信度 $CF(H)$。

推理过程如下所示:

(1) 求证据 E_4、E_5 逻辑组合的可信度:
$$CF(E_4 \text{ AND } E_5)=\min\{0.9, 0.6\}=0.6$$

(2) 根据 Rule4 求 $CF(E_1)$:
$$CF(E_1)=0.7 \times 0.6=0.42$$

(3) 根据 Rule1 求 $CF_1(H)$:
$$CF_1(H)=0.9 \times 0.42=0.378$$

(4) 求 E_6、E_7、E_8 逻辑组合的可信度:
$$CF(E_6 \text{ AND}(E_7 \text{ OR } E_8))=\min\{0.7, \max\{-0.3, 0.8\}\}=0.7$$

(5) 根据 Rule5 求 $CF(E_2)$:
$$CF(E_2)=1 \times 0.7=0.7$$

(6) 根据 Rule2 求 $CF_2(H)$:
$$CF_2(H)=0.7 \times 0.7=0.49$$

(7) 根据 Rule3 求 $CF_3(H)$:
$$CF_3(H)=-0.8 \times 0.3=-0.24$$

(8) 组合由独立证据导出的假设 H 的可信度。$CF_1(H)$ 与 $CF_2(H)$ 同为非负数,所以先计算 $CF_{1,2}(H)$:
$$CF_{1,2}(H)=CF_1(H)+CF_2(H)-CF_1(H) \cdot CF_2(H)$$
$$=0.378+0.49-0.378 \times 0.49=0.68278$$

再与取值为负数的 $CF_3(H)$ 计算 $CF_{1,2,3}(H)$:
$$CF_{1,2,3}(H)=CF_{1,2}(H)+CF_3(H)=0.68278-0.24=0.44278$$

6.4　主观贝叶斯方法

主观贝叶斯方法是以概率论中的贝叶斯公式为基础的一种不确定性推理模型,最早应用于 PROSPECTOR 系统(一个用于勘探矿产资源的专家系统)。在贝叶斯公式中,需要提供先验概率或条件概率,这并不容易做到,因此 Duda 和 Hart 在贝叶斯公式的基础上提出了主观贝叶斯方法,用于不确定性推理中。

6.4.1 知识的不确定性表示

在主观贝叶斯方法中,规则表示为:

$$\text{if E then H(LS, LN)}$$

其中规则强度由 LS 和 LN 表示。图 6.7 为规则的图示方法。

图 6.7 规则的表示

主观贝叶斯方法的不确定性推理过程就是根据证据 E 的概率 $P(E)$、利用规则的 LS 和 LN、把结论 H 的先验概率 $P(H)$ 更新为后验概率 $P(H|E)$ 的过程。

贝叶斯公式可表示为:

$$P(H \mid E) = \frac{P(E \mid H) \cdot P(H)}{P(E)}$$

和

$$P(\sim H \mid E) = \frac{P(E \mid \sim H) \cdot P(\sim H)}{P(E)}$$

将两式相除,得:

$$\frac{P(H \mid E)}{P(\sim H \mid E)} = \frac{P(E \mid H) \cdot P(H)}{P(E \mid \sim H) \cdot P(\sim H)}$$

上式可写成形式:

$$O(H \mid E) = \frac{P(E \mid H)}{P(E \mid \sim H)} \cdot O(H)$$

其中:

$$O(H) = \frac{P(H)}{P(\sim H)} = \frac{P(H)}{1 - P(H)}$$

$$O(H \mid E) = \frac{P(H \mid E)}{P(\sim H \mid E)} = \frac{P(H \mid E)}{1 - P(H \mid E)}$$

我们称 $O(H)$ 为结论的先验几率(Prior odds),称 $O(H \mid E)$ 为结论的后验几率(posterior odds)。几率函数和概率函数在概率含义上是等价的,但两者的取值范围不同。概率函数的取值范围是 $[0,1]$,而几率函数的取值范围是 $[0,\infty)$。

同理可得公式:

$$O(H \mid \sim E) = \frac{P(\sim E \mid H)}{P(\sim E \mid \sim H)} \cdot O(H)$$

如果定义 LS 和 LN 分别如下:

$$\text{LS} = \frac{P(E \mid H)}{P(E \mid \sim H)}, \quad \text{LN} = \frac{P(\sim E \mid H)}{P(\sim E \mid \sim H)}$$

则上面得到的两个公式可改写为:

$$O(H \mid E) = \text{LS} \cdot O(H)$$
$$O(H \mid \sim E) = \text{LN} \cdot O(H)$$

这两个公式就是修改的贝叶斯公式。从公式可以看出：

（1）当 $P(E)=1$，即证据 E 为真时，可以利用 LS 将假设 H 的先验几率 $O(H)$ 更新为后验几率 $O(H \mid E)$。

（2）当 $P(\sim E)=1$，即证据 E 为假时，可以利用 LN 将假设 H 的先验几率 $O(H)$ 更新为后验几率 $O(H \mid \sim E)$。

LS 和 LN 的性质描述如下：

1. LS

当 LS$=1$ 时，$O(H \mid E)=O(H)$，说明 E 对 H 没有影响。

当 LS>1 时，$O(H \mid E)>O(H)$，说明 E 支持 H，且 LS 越大，$O(H \mid E)$ 比 $O(H)$ 大得越多。也就是说，LS 越大，E 对 H 的支持越充分。

当 LS<1 时，$O(H \mid E)<O(H)$，说明 E 排斥 H。

由上述情况可见，LS 反映了 E 的出现对假设 H 的支持程度，因此称 LS 为规则的充分性量度。

2. LN

当 LN$=1$ 时，$O(H \mid \sim E)=O(H)$，说明 $\sim E$ 对 H 没有影响。

当 LN>1 时，$O(H \mid \sim E)>O(H)$，说明 $\sim E$ 支持 H。

当 LN<1 时，$O(H \mid \sim E)<O(H)$，说明 $\sim E$ 排斥 H，且 LN$\to 0$ 时，$O(H \mid \sim E) \to 0$ 时。也就是说，LN 越小，E 的不出现就越反对 H，或 H 的出现就越需要 E 的出现。

由上述情况可见，LN 的值反映了 E 的出现对 H 出现的必要性。因此称为规则的必要性量度。

3. LS 和 LN 的关系

由于 E 和 $\sim E$ 不会同时支持或排斥 H，所以只有下述三种情况存在：

$$\text{LS} > 1 \text{ 且 LN} < 1$$
$$\text{LS} < 1 \text{ 且 LN} > 1$$
$$\text{LS} = \text{LN} = 1$$

6.4.2 证据的不确定性表示

证据 E 的不确定性用证据 E 的概率 $P(E)$ 表示，或者用证据 E 的几率 $O(E)$ 表示：

$$O(E) = \frac{P(E)}{1 - P(E)}$$

下面是几种典型情况下 $P(E)$ 与 $O(E)$ 的取值：

（1）当 E 为真时，$P(E)=1$，$O(E)=\infty$。

（2）当 E 为假时，$P(E)=0$，$O(E)=0$。

（3）对 E 一无所知时，$P(E)$ 和 $O(E)$ 分别取 E 的先验概率和先验几率。

6.4.3 不确定性推理算法

1. 概率传播

在 $P(E)=1$ 或 $P(\sim E)=1$ 时,上面已经求得:

$$O(H\mid E)=\text{LS}\cdot O(H)$$
$$O(H\mid\sim E)=\text{LN}\cdot O(H)$$

如果用概率表示,则为:

$$P(H\mid E)=\frac{\text{LS}\cdot P(H)}{(\text{LS}-1)P(H)+1}$$
$$P(H\mid\sim E)=\frac{\text{LN}\cdot P(H)}{(\text{LN}-1)P(H)+1}$$

现在的问题是,对于不确定性证据,即在 $0<P(E)<1$ 时,如何根据 $P(E)$ 更新 $P(H)$。问题可以表述为:在观察 S 之下,证据有概率 $P(E\mid S)$,如何求解 $P(H\mid S)$。

可以得到:

$$
\begin{aligned}
P(H\mid S)&=P(H,E\mid S)+P(H,\sim E\mid S)\\
&=P(H\mid E,S)\cdot P(E\mid S)+P(H\mid\sim E,S)\cdot P(\sim E\mid S)\\
&=P(H\mid E)\cdot P(E\mid S)+P(H\mid\sim E)\cdot P(\sim E\mid S)
\end{aligned}
$$

对于上式,可以在 $P(E\mid S)$ 的三个特殊点上求得 $P(H\mid S)$ 的值:

$$\text{当 } P(E\mid S)=1 \text{ 时},P(H\mid S)=P(H\mid E)$$
$$\text{当 } P(E\mid S)=0 \text{ 时},P(H\mid S)=P(H\mid\sim E)$$

当 $P(E\mid S)=P(E)$ 时

$$
\begin{aligned}
P(H\mid S)&=P(H\mid E)\cdot P(E\mid S)+P(H\mid\sim E)\cdot P(\sim E\mid S)\\
&=P(H\mid E)\cdot P(E)+P(H\mid\sim E)\cdot P(\sim E)\\
&=P(H)
\end{aligned}
$$

求得这三个特殊点的值后,可将 $P(H\mid S)$ 函数取为上述三个点的分段线性插值函数,如图 6.8 所示。函数的解析式称为 EH 公式,表述如下:

$$
P(H\mid S)=
\begin{cases}
P(H\mid\sim E)+\dfrac{P(H)-P(H\mid\sim E)}{P(E)}P(E\mid S), & \text{当 } 0\leqslant P(E\mid S)<P(E)\\[3mm]
P(H)+\dfrac{P(H\mid E)-P(H)}{1-P(E)}[P(E\mid S)-P(E)], & \text{当 } P(E)\leqslant P(E\mid S)\leqslant 1
\end{cases}
$$

2. 独立证据导出同一假设

设独立证据 $E_1,E_2,\cdots,E_n$ 的观察为 $S_1,S_2,\cdots,S_n$,且有规则 $E_1\rightarrow H,E_2\rightarrow H,\cdots,E_n\rightarrow H$。假定根据这些规则分别得到的假设 H 的后验几率为 $O(H\mid S_1)、O(H\mid S_2),\cdots,O(H\mid S_n)$,则这些独立证据的组合所应得到的假设 H 的后验几率为

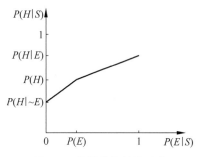

图 6.8 分段线性插值函数

$$O(H \mid S_1 \& S_2 \& \cdots \& S_n)$$

$$= \frac{O(H \mid S_1)}{O(H)} \cdot \frac{O(H \mid S_2)}{O(H)} \cdots \frac{O(H \mid S_n)}{O(H)} \cdot O(H)$$

3. 证据的合取

设在观察 S 之下,证据 $E_1,E_2,\cdots,E_n$ 的概率为 $P(E_1|S)$、$P(E_2|S)$,$\cdots$,$P(E_n|S)$,则:

$$P(E_1 \text{ AND } E_2 \text{ AND} \cdots \text{AND } E_n \mid S) = \min\{P(E_1|S), P(E_2|S), \cdots, P(E_n|S)\}$$

4. 证据的析取

设在观察 S 之下,证据 $E_1,E_2,\cdots,E_n$ 的概率为 $P(E_1|S)$、$P(E_2|S)$,$\cdots$,$P(E_n|S)$,则:

$$P(E_1 \text{ OR } E_2 \text{ OR} \cdots \text{OR } E_n \mid S) = \max\{P(E_1|S), P(E_2|S), \cdots, P(E_n|S)\}$$

例 6.3　假设 PROSPECTOR 系统中的部分推理网络如图 6.9 所示。图中各结点的先验概率标在各结点的右上方,规则的 LS 和 LN 值标在该规则连线的一侧。现用户给出了各初始证据在各自的观察之下的概率:$P(\text{FMGS}|S_1)=0.7$,$P(\text{FMGS \& PT}|S_2)=0.6$,$P(\text{SMIR}|S_3)=0.02$。要求假设 HYPE 的后验概率 $P(\text{HYPE}|S_1 \& S_2 \& S_3)$。

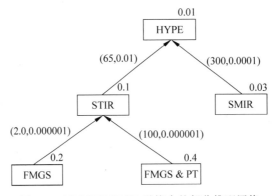

图 6.9　PROSPECTOR 系统中的部分推理网络

求解过程如下所示:

(1) 根据 $P(\text{FMGS}|S_1)$ 计算 $P(\text{STIR}|S_1)$。由于 $P(\text{FMGS}|S_1)=0.7 > 0.2 = P(\text{FMGS})$,因此利用 EH 公式的后半部分求 $P(\text{STIR}|S_1)$:

$$P(\text{STIR} \mid \text{FMGS}) = \frac{\text{LS} \cdot P(\text{STIR})}{(\text{LS}-1)P(\text{STIR})+1} = \frac{2 \times 0.1}{(2-1) \times 0.1 + 1} = \frac{0.2}{1.1} = 0.1818$$

$$P(\text{STIR} \mid S_1) = P(\text{STIR}) + \frac{P(\text{STIR} \mid \text{FMGS}) - P(\text{STIR})}{1 - P(\text{FMGS})} \times$$

$$[P(\text{FMGS} \mid S_1) - P(\text{FMGS})]$$

$$= 0.1 + \frac{0.1818 - 0.1}{1 - 0.2} \times (0.7 - 0.2) = 0.151125$$

(2) 根据 $P(\text{FMGS \& PT}|S_2)$ 计算 $P(\text{STIR}|S_2)$。由于 $P(\text{FMGS \& PT}|S_2)=0.6 > 0.4 = P(\text{FMGS \& PT})$,故利用 EH 公式的后半部分求 $P(\text{STIR}|S_2)$。

$$P(\text{STIR} \mid \text{FMGS \& PT}) = \frac{\text{LS} \cdot P(\text{STIR})}{(\text{LS}-1)P(\text{STIR})+1} = \frac{100 \times 0.1}{99 \times 0.1 + 1} = \frac{10}{10.9} = 0.9174311$$

$$P(\text{STIR} \mid S_2) = P(\text{STIR}) + \frac{P(\text{STIR} \mid \text{FMGS \& PT}) - P(\text{STIR})}{1 - P(\text{FMGS \& PT})} \times$$

$$[P(\text{FMGS \& PT} \mid S_2) - P(\text{FMGS \& PT})]$$

$$= 0.1 + \frac{0.9174311 - 0.1}{1 - 0.4} \times (0.6 - 0.4) = 0.372477$$

（3）根据独立证据 FMGS 和 FMGS \& PT 计算 $P(\text{STIR} \mid S_1 \& S_2)$。

为计算后验几率 $O(\text{STIR} \mid S_1 \& S_2)$，先得到：

$$O(\text{STIR}) = \frac{P(\text{STIR})}{1 - P(\text{STIR})} = \frac{0.1}{1 - 0.1} = 0.1111111$$

$$O(\text{STIR} \mid S_1) = \frac{P(\text{STIR} \mid S_1)}{1 - P(\text{STIR} \mid S_1)} = \frac{0.151125}{1 - 0.151125} = 0.1780297$$

$$O(\text{STIR} \mid S_2) = \frac{P(\text{STIR} \mid S_2)}{1 - P(\text{STIR} \mid S_2)} = \frac{0.372477}{1 - 0.372477} = 0.593567$$

因此可得：

$$O(\text{STIR} \mid S_1 \& S_2) = \frac{O(\text{STIR} \mid S_1)}{O(\text{STIR})} \times \frac{O(\text{STIR} \mid S_2)}{O(\text{STIR})} \times O(\text{STIR})$$

$$= \frac{0.1780297}{0.1111111} \times \frac{0.593567}{0.111111} \times 0.1111111 = 0.9510532$$

然后得到后验概率 $P(\text{STIR} \mid S_1 \& S_2)$：

$$P(\text{STIR} \mid S_1 \& S_2) = \frac{O(\text{STIR} \mid S_1 \& S_2)}{1 + O(\text{STIR} \mid S_1 \& S_2)} = \frac{0.9510532}{1.9510532} = 0.4874563$$

（4）根据 $P(\text{STIR} \mid S_1 \& S_2)$ 计算 $P(\text{HYPE} \mid S_1 \& S_2)$，由于 $P(\text{STIR} \mid S_1 \& S_2) = 0.4874563 > 0.1 = P(\text{STIR})$，故利用 EH 公式的后半部分计算 $P(\text{HYPE} \mid S_1 \& S_2)$：

$$P(\text{HYPE} \mid \text{STIR}) = \frac{\text{LS} \cdot P(\text{HYPE})}{(\text{LS} - 1)P(\text{HYPE}) + 1} = \frac{65 \times 0.01}{64 \times 0.01 + 1} = 0.3963414$$

$$P(\text{HYPE} \mid S_1 \& S_2) = P(\text{HYPE}) + \frac{P(\text{HYPE} \mid \text{STIR}) - P(\text{HYPE})}{1 - P(\text{STIR})} \times$$

$$[P(\text{STIR} \mid S_1 \& S_2) - P(\text{STIR})]$$

$$= 0.01 + \frac{0.3963414 - 0.01}{1 - 0.1} \times (0.4874563 - 0.1) = 0.1763226$$

（5）根据 $P(\text{SMIR} \mid S_3)$ 计算 $P(\text{HYPE} \mid S_3)$，由于 $P(\text{SMIR} \mid S_3) = 0.02 < 0.03 = P(\text{SMIR})$，故利用 EH 公式的前半部分计算 $P(\text{HYPE} \mid S_3)$：

$$P(\text{HYPE} \mid \sim \text{SMIR}) = \frac{\text{LN} \cdot P(\text{HYPE})}{(\text{LN} - 1)P(\text{HYPE}) + 1} = \frac{0.0001 \times 0.01}{-0.9999 \times 0.01 + 1} = 0.000001$$

$$P(\text{HYPE} \mid S_3) = P(\text{HYPE} \mid \sim \text{SMIR}) + \frac{P(\text{HYPE}) - P(\text{HYPE} \mid \sim \text{SMIR})}{P(\text{SMIR})} \times P(\text{SMIR} \mid S_3)$$

$$= 0.000001 + \frac{0.01 - 0.000001}{0.03} \times 0.02 = 0.006667$$

（6）根据独立证据 STIR 和 SMIR 计算 $P(\text{HYPE} \mid S_1 \& S_2 \& S_3)$。

为计算后验几率 $O(\text{HYPE} \mid S_1 \& S_2 \& S_3)$，得到：

$$O(\text{HYPE}) = \frac{P(\text{HYPE})}{1 - P(\text{HYPE})} = \frac{0.01}{1 - 0.01} = 0.010101$$

$$O(\text{HYPE} \mid S_1 \& S_2) = \frac{P(\text{HYPE} \mid S_1 \& S_2)}{1 - P(\text{HYPE} \mid S_1 \& S_2)} = \frac{0.1763226}{0.8236774} = 0.2140675$$

$$O(\text{STIR} \mid S_3) = \frac{P(\text{HYPE} \mid S_3)}{1 - P(\text{HYPE} \mid S_3)} = \frac{0.006667}{0.993333} = 0.00671174$$

因此可得：

$$O(\text{HYPE} \mid S_1 \& S_2 \& S_3) = \frac{O(\text{HYPE} \mid S_1 \& S_2)}{O(\text{HYPE})} \cdot \frac{O(\text{HYPE} \mid S_3)}{O(\text{HYPE})} \cdot O(\text{HYPE})$$

$$= \frac{0.2140675}{0.010101} \times \frac{0.00671174}{0.010101} \times 0.010101 = 0.142239$$

继而得到后验概率 $P(\text{HYPE} \mid S_1 \& S_2 \& S_3)$：

$$P(\text{HYPE} \mid S_1 \& S_2 \& S_3) = \frac{O(\text{HYPE} \mid S_1 \& S_2 \& S_3)}{1 + O(\text{HYPE} \mid S_1 \& S_2 \& S_3)} = 0.1245264$$

经过上述推理，假设 HYPE 的概率已从先检概率 0.01 增强到 0.1245264。

为了方便用户输入初始证据的确信度，可以用可信度 $C(E \mid S)$ 代替 $P(E \mid S)$。两者之间有简单的保持大小次序的对应关系。当 $P(E \mid S)$ 取值 0、$P(E)$、1 时，对应的 $C(E \mid S)$ 取值 -5、0、5。其他各点为分段线性插值的关系，如图 6.10 所示。$C(E \mid S)$ 的解析表达式为：

$$C(E \mid S) = \begin{cases} 5 \times \dfrac{P(E \mid S) - P(E)}{1 - P(E)}, & \text{当} P(E) < P(E \mid S) \leqslant 1 \\ 5 \times \dfrac{P(E \mid S) - P(E)}{P(E)}, & \text{当} 0 \leqslant P(E \mid S) \leqslant P(E) \end{cases}$$

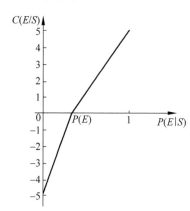

图 6.10 $C(E \mid S)$ 与 $P(E \mid S)$ 的对应关系

根据 $C(E \mid S)$ 和 $P(E \mid S)$ 的关系可对 EH 公式进行修改，得到 CP 公式：

$$P(H \mid S) = \begin{cases} P(H \mid \sim E) + [P(H) - P(H \mid \sim E)] \times \left[\dfrac{1}{5} C(E \mid S) + 1\right] & \text{当} C(E \mid S) \leqslant 0 \\ P(H) + [P(H \mid E) - P(H)] \times \dfrac{1}{5} C(E \mid S) & \text{当} C(E \mid S) > 0 \end{cases}$$

主观贝叶斯方法对概率论中的贝叶斯公式进行了修正，并将其用于不确定性推理，取得了很好的效果。它的缺点是领域专家需要给出每个命题（包括初始证据、中间及最终结论）

的先验概率,即单位元。而这在很多情况下是比较困难的。

6.5 证据理论

证据理论是由 Dempster 首先提出,之后由 Shafer 进一步发展起来的一种不确定性推理理论,也称为 Dempster/Shafer 证据理论(the dempster/shafer theory of evidence)。6.4 节介绍的主观贝叶斯方法必须给出先验概率,而证据理论则能够处理这种由不知道引起的不确定性。证据理论满足比概率论更弱的公理系统,当概率值已知时,证据理论就变成了概率论。

6.5.1 基本理论

设 Ω 为变量 x 的所有可能值的穷举集合,且设 Ω 中的各元素是相互排斥的,Ω 称为辨别框(frame of discernment)。设 Ω 的元素个数为 N,则 Ω 的幂集 2^{Ω} 的元素个数为 2^N,幂集的每个元素(即 Ω 的子集)对应于一个关于 x 取值情况的命题。

定义 6.1 对任一个属于 Ω 的子集 A(命题),令其对应一个数值 $m(A) \in [0,1]$,而且满足:

$$m(\phi) = 0$$
$$\sum_{A \subseteq \Omega} m(A) = 1$$

则称函数 m 为 2^{Ω} 上的基本概率分配函数(basic probability assignment,BPA),称 $m(A)$ 为 A 的基本概率数。$m(A)$ 的意义为:

(1) 若 $A \subset \Omega$,则 $m(A)$ 表示对 A 的精确信任程度。

(2) 若 $A = \Omega$,则 $m(A)$ 表示这个数不知如何分配。

定义 6.2 若 $A \subseteq \Omega$ 且 $m(A) \neq 0$,称 A 为 m 的一个焦元(focal element)。

例如,设 $\Omega = \{\text{红},\text{黄},\text{白}\}$,$2^{\Omega}$ 上的基本概率分配函数 m 为

$$m(\{\text{红}\},\{\text{黄}\},\{\text{白}\},\{\text{红},\text{黄}\},\{\text{红},\text{白}\},\{\text{黄},\text{白}\},\{\text{红},\text{黄},\text{白}\},\{\})$$
$$= (0.3,0,0.1,0.2,0.2,0,0.2,0)$$

其中:

$m(\{\text{红}\}) = 0.3$ 表示对命题 $\{\text{红}\}$ 的精确信任程度。

$m(\{\text{红},\text{黄},\text{白}\}) = 0.2$ 表示不知道这 0.2 如何分配。

值得注意的是

$$m(\{\text{红}\}) + m(\{\text{黄}\}) + m(\{\text{白}\})$$
$$= 0.3 + 0 + 0.1 = 0.4 < 1$$

因此 m 不是概率,因为概率函数 P 要求满足:

$$P(\text{红}) + P(\text{黄}) + P(\text{白}) = 1$$

定义 6.3 命题的信任函数(belief function)Bel:$2^{\Omega} \to [0,1]$ 为:

$$\text{Bel}(A) = \sum_{B \subseteq A} m(B) \quad \forall A \subseteq \Omega$$

Bel(A) 表示对 A 的总的信任。如在上例中:

$$Bel(\{红\},\{白\})$$
$$=m(\{红\})+m(\{白\})+m(\{红,白\})$$
$$=0.3+0.1+0.2=0.6$$

根据定义可以看出：

$$Bel(\phi)=0$$
$$Bel(\Omega)=1$$

定义 6.4 命题的似然函数(plausibility function)$Pl:2^{\Omega}\rightarrow[0,1]$定义为：

$$Pl(A)=1-Bel(\overline{A})=\sum_{B\cap A\neq\phi}m(B) \quad \forall A\subseteq\Omega$$

其中$\overline{A}=\Omega-A$，"—"是集合的相对补运算。$Pl(A)$表示不否定A的信任程度。

信任函数与似然函数之间存在关系：

$$Pl(A)\geqslant Bel(A)$$

证明：因为有

$$Bel(A)+Bel(\overline{A})=\sum_{B\subseteq A}m(B)+\sum_{D\subseteq\overline{A}}m(D)\leqslant\sum_{E\subseteq\Omega}m(E)=1$$

所以得到：

$$Pl(A)-Bel(A)=1-Bel(\overline{A})-Bel(A)$$
$$=1-[Bel(\overline{A})+Bel(A)]\geqslant 0$$

证毕。

$Bel(A)$和$Pl(A)$分别为命题A的下限函数和上限函数，记作$A[Bel(A),Pl(A)]$。如在上例中

$$Bel(\{红\})=m(\{红\})+m(\{\})=0.3+0=0.3$$
$$Pl(\{红\})=1-Bel(\overline{\{红\}})=1-Bel(\{黄,白\})$$
$$=1-[m(\{黄\})+m(\{白\})+m(\{黄,白\})]$$
$$=1-(0+0.1+0)=0.9$$

所以$\{红\}[0.3,0.9]$。同理可得$\{黄\}[0,0.4]$、$\{白\}[0.1,0.5]$、$\{红,黄\}[0.5,0.9]$、$\{红,白\}[0.6,1]$、$\{黄,白\}[0.1,0.7]$、$\{红,黄,白\}[1,1]$、$\{\ \}[0,0]$。

命题的上限和下限函数反映了命题的重要信息。下面列举一些典型值的含义。

$A[0,1]$：说明对A一无所知。这是因为$Bel(A)=0$，说明对A缺少信任。因为$PI(A)=1-Bel(\overline{A})=1$，从而$Bel(\overline{A})=0$，说明对$\overline{A}$也缺少信任。

$A[0,0]$：说明A为假。这是因为$Bel(A)=0$且$Bel(\overline{A})=1$

$A[1,1]$：说明A为真。这是因为$Bel(A)=1$且$Bel(\overline{A})=0$。

$A[0.6,1]$：说明对A部分信任。这是因为$Bel(A)=0.6$，且$Bel(\overline{A})=0$

$A[0,0.4]$：说明对$\overline{A}$部分信任。这是因为$Bel(A)=0$，且$Bel(\overline{A})=0.6$。

$A[0.3,0.9]$：说明同时对A和$\overline{A}$部分信任。

6.5.2 证据的组合

对于同样的证据，由于来源不同，会得到不同的概率分配函数。Dempster提出用正交和来组合这些函数。

定义 6.5 设 $m_1, m_2, \cdots, m_n$ 为 2^Ω 上的 n 个基本概率分配函数,它们的正交和 $m = m_1 \oplus m_2 \oplus \cdots \oplus m_n$ 为

$$\begin{cases} m(\phi) = 0 \\ m(A) = k^{-1} \cdot \sum_{\cap A_i = A} \prod_{1 \leqslant i \leqslant n} m_i(A_i), \quad A \neq \phi \end{cases}$$

其中

$$k = 1 - \sum_{\cap A_i = \phi} \prod_{1 \leqslant i \leqslant n} m_i(A_i) = \sum_{\cap A_i \neq \phi} \prod_{1 \leqslant i \leqslant n} m_i(A_i)$$

若 $k = 0$,则 m_i 之间是矛盾的,不存在正交和。

例如,设 $\Omega = \{鸡, 鸭\}$,且从不同知识源得知的概率分配函数分别为

$$m_1(\{\ \}, \{鸡\}, \{鸭\}, \{鸡, 鸭\}) = (0, 0.4, 0.5, 0.1)$$
$$m_2(\{\ \}, \{鸡\}, \{鸭\}, \{鸡, 鸭\}) = (0, 0.6, 0.2, 0.2)$$

求正交和 $m = m_1 \oplus m_2$

先求 k:

$$k = \sum_{X \cap Y \neq \phi} m_1(X) \cdot m_2(Y)$$

$$= m_1(\{鸡\}) \cdot m_2(\{鸡\}) + m_1(\{鸡\}) \cdot m_2(\{鸡, 鸭\}) +$$
$$\quad m_1(\{鸭\}) \cdot m_2(\{鸭\}) + m_1(\{鸭\}) \cdot m_2(\{鸡, 鸭\}) +$$
$$\quad m_1(\{鸡, 鸭\}) \cdot m_2(\{鸡\}) + m_1(\{鸡, 鸭\}) \cdot m_2(\{鸭\}) +$$
$$\quad m_1(\{鸡, 鸭\}) \cdot m_2(\{鸡, 鸭\})$$

$$= 0.4 \times 0.6 + 0.4 \times 0.2 + 0.5 \times 0.2 + 0.5 \times 0.2 + 0.1 \times 0.6 +$$
$$\quad 0.1 \times 0.2 + 0.1 \times 0.2 = 0.62$$

再求 $m(A) = k^{-1} \sum_{X \cap Y = A} m_1(X) \cdot m_2(Y)$

$$m(\{鸡\}) = \frac{1}{0.62} [m_1(\{鸡\}) \cdot m_2(\{鸡\}) + m_1(\{鸡, 鸭\}) \cdot m_2(\{鸡\}) + m_1(\{鸡\}) \cdot m_2(\{鸡, 鸭\})]$$

$$= \frac{1}{0.62} \times [0.4 \times 0.6 + 0.1 \times 0.6 + 0.4 \times 0.2] = 0.61$$

$$m(\{鸭\}) = \frac{1}{0.62} [m_1(\{鸭\}) \cdot m_2(\{鸭\}) + m_1(\{鸡, 鸭\}) \cdot m_2(\{鸭\}) + m_1(\{鸭\}) \cdot m_2(\{鸡, 鸭\})]$$

$$= \frac{1}{0.62} \times [0.5 \times 0.2 + 0.1 \times 0.2 + 0.5 \times 0.2] = 0.36$$

$$m(\{鸡, 鸭\}) = \frac{1}{0.62} \cdot m_1(\{鸡, 鸭\}) \cdot m_2(\{鸡, 鸭\})$$

$$= \frac{1}{0.62} \times [0.1 \times 0.2] = 0.03$$

所以

$$m(\{\ \}, \{鸡\}, \{鸭\}, \{鸡, 鸭\}) = (0, 0.61, 0.36, 0.03)$$

6.5.3　基本算法

上面给出了证据理论的公理系统,随着基本概率分配函数定义的不同,会产生不同的算

法。下面介绍一个算法。

1. 知识表示

设某个领域的辨别框为 $\Omega = \{S_1, S_2, \cdots, S_n\}$，命题 $A_1, A_2, \cdots, A_n$ 是 Ω 的子集，推理规则为：

if E then H,　　CF

其中 E、H 为命题的逻辑组合，CF 可信度因子。

命题和可信度因子可表示为

$$A_i = \{a_{i1}, a_{i2}, \cdots, a_{ik}\}$$
$$CF = \{c_1, c_2, \cdots, c_k\}$$

其中 c_j 用来描述 a_{ij} 的可信度，$i = 1, 2, \cdots, k$。

对任何命题 A_i 而言，可信度 CF 应满足：

(1) $c_j \geqslant 0, 1 \leqslant j \leqslant k$；

(2) $\displaystyle\sum_{1 \leqslant j \leqslant k} c_j \leqslant 1$。

2. 证据描述

设 m 为 2^Ω 上定义的基本概率分配函数，在下面描述的算法中，应满足如下条件：

(1) 当 $S_i \in \Omega$ 时 $m(\{S_i\}) \geqslant 0$；

(2) $\displaystyle\sum_{1 \leqslant i \leqslant n} m(\{S_i\}) \leqslant 1$；

(3) $m(\Omega) = 1 - \displaystyle\sum_{1 \leqslant i \leqslant n} m(\{S_i\})$；

(4) 当 $A_i \subset \Omega$ 且 $|A_i| > 1$ 或 $|A_i| = 0$ 时，$m(A_i) = 0$。

其中，$|A_i|$ 表示命题 A_i 的元素个数。注意，条件 d 要求在集合 A_i 的元素个数不为 1，且又不包括全体元素时，$m(A_i) = 0$。例如 $\Omega = (红, 黄, 白)$ 时有下面的基本概率分配函数：

$$m(\{红\}, \{黄\}, \{白\}, \{红, 黄, 白\}, \{\ \}) = (0.6, 0.2, 0.1, 0.1, 0)$$

其中，$m(\{红, 黄\}) = m(\{红, 白\}) = m(\{黄, 白\}) = 0$。

下面给出满足上述条件的基本概率分配函数的正交和及信任函数和似然函数的定义。

定义 6.6　设 m_1 和 m_2 为 2^Ω 上的两个基本概率分配函数，它们的正交和为：

$$m(\{S_i\}) = \frac{1}{k} \cdot [m_1(\{S_i\}) \cdot m_2(\{S_i\}) + m_1(\{S_i\}) \cdot m_2(\Omega) + m_1(\Omega) \cdot m_2(\{S_i\})]$$

其中

$$k = m_1(\Omega) \cdot m_2(\Omega) + \sum_{1 \leqslant i \leqslant n} [m_1(\{S_i\}) \cdot m_2(\{S_i\}) +$$
$$m_1(\{S_i\}) \cdot m_2(\Omega) + m_1(\Omega) \cdot m_2(\{S_i\})]$$

若 $k = 0$，则 m_1 和 m_2 之间是矛盾的。

定义 6.7　对任何命题 $A \subseteq \Omega$，其信任函数为：

$$\text{Bel}(A) = \sum_{B \subseteq A} m(B) = \sum_{a \in A} m(\{a\}) \ \forall A \subset \Omega$$

$$\text{Bel}(\Omega) = \sum_{B \subseteq \Omega} m(B) = \sum_{a \in \Omega} m(\{a\}) + m(\Omega) = 1$$

定义 6.8　对任何命题 $A \subseteq \Omega$，其似然函数为：

$$\text{Pl}(A) = 1 - \text{Bel}(\overline{A}) = 1 - \sum_{a \notin A} m(\{a\}) = 1 - \left[\sum_{a \in \Omega} m(\{a\}) - \sum_{b \in A} m(\{b\}) \right]$$

$$= 1 - [1 - m(\Omega) - \text{Bel}(A)] = m(\Omega) + \text{Bel}(A)$$

根据以上定义，可以看出命题的信任函数和似然函数之间满足下列关系：

(1) $\text{Pl}(A) \geqslant \text{Bel}(A)$

(2) $\text{Pl}(A) - \text{Bel}(A) = m(\Omega)$

可以根据命题的信任函数和似然函数、以及命题中的元素个数，定义命题的类概率函数，并作为命题的确定性度量。

定义 6.9　设 Ω 为有限集合，对任何命题 $A \subseteq \Omega$，命题 A 的类概率函数为

$$f(A) = \text{Bel}(A) + \frac{|A|}{|\Omega|} \cdot [\text{Pl}(A) - \text{Bel}(A)]$$

容易证明，类概率函数具有如下性质：

(1) $\sum\limits_{a \in \Omega} f(\{a\}) = 1$；

(2) 任意 $A \subseteq \Omega$ 都有 $\text{Bel}(A) \leqslant f(A) \leqslant \text{Pl}(A)$ 成立；

(3) 任意 $A \subseteq \Omega$ 都有 $f(\overline{A}) = 1 - f(A)$ 成立。

根据以上性质，可以得到以下推论：

(1) $f(\phi) = 0$；

(2) $f(\Omega) = 1$；

(3 任意 $A \subseteq \Omega$ 都有 $0 \leqslant f(A) \leqslant 1$ 成立。

可以看出，类概率函数与概率函数具有非常相似的性质。

3．不确定性推理模型

将所有输入的已知数据中条件部分和假设部分的命题都称作证据。下面分别确定规则的条件部分和结论部分命题的确定性。

定义 6.10　令 A 是规则条件部分的命题，在证据 E' 的条件下，命题 A 与证据 E' 的匹配程度定义为：

$$MD(A, E') = \begin{cases} 1 & \text{如果 } A \text{ 的所有元素都出现在 } E' \text{ 中} \\ 0 & \text{其他} \end{cases}$$

定义 6.11　规则条件部分命题 A 的确定性为：

$$\text{CER}(A) = MD(A, E') \cdot f(A)$$

由于 $f(A) \in [0,1]$，所以有 $\text{CER}(A) \in [0,1]$。

接下来介绍当规则的条件部分为命题的逻辑组合时，整个条件部分的确定性。

若 $A = A_1 \text{ AND } A_2 \text{ AND } \cdots \text{ AND } A_n$ 则有：

$$\text{CER}(A) = \text{CER}(A_1 \text{ AND } A_2 \text{ AND } \cdots \text{ AND } A_n)$$

$$= \min\{\text{CER}(A_1), \text{CER}(A_2), \cdots, \text{CER}(A_n)\}$$

若 $A = A_1 \text{ OR } A_2 \text{ OR } \cdots \text{ OR } A_n$ 则有：

$$CER(A) = CER(A_1 \text{ OR } A_2 \text{ OR} \cdots \text{OR } A_n)$$
$$= \max\{CER(A_1), CER(A_2), \cdots, CER(A_n)\}$$

下面考虑规则结论部分的命题的确定性。如果有规则 if E then $H = \{h_1, h_2, \cdots, h_k\}$，$CF = \{c_1, c_2, \cdots, c_k\}$，且 $\Omega = \{h_1, h_2, \cdots, h_k\}$，则 Ω 上的基本概率分配函数为

$$m(\{h_1\}, \{h_2\}, \cdots, \{h_k\}) = \{CER(E) \cdot C_1, CER(E) \cdot C_2, \cdots, CER(E) \cdot C_K\}$$

$$m(\Omega) = 1 - \sum_{1 \leqslant i \leqslant k} \left[CER(E) \cdot c_i \right]$$

根据上述基本概率分配函数 m 就可以求出结论部分命题的信任函数、似然函数，进而可求出类概率函数和确定性。

如果有 n 条规则支持同一命题时，总的基本概率分配函数 m 为各规则结论得到的基本概率分配函数的正交和

$$m = m_1 \oplus m_2 \oplus \cdots \oplus m_n$$

6.5.4　实例

例 6.4　设有如下推理规则

```
rule1: if E1 and E2 then A = {a1,a2},CF = {0.3, 0.5}
rule2: if E3 and (E4 or E5) then N = {n1},CF = {0.7}
rule3: if A then H = {h1,h2,h3 },CF = {0.1, 0.5, 0.3}
rule4: if N then H = {h1,h2,h3 },CF = {0.4, 0.2, 0.1}
```

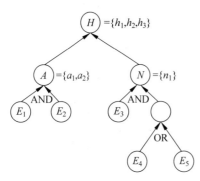

图 6.11　例子中的推理网络

根据上述规则得到的推理网络如图 6.11 所示。用户给出的初始证据的确定性为：$CER(E_1) = 0.8$，$CER(E_2) = 0.6$，$CER(E_3) = 0.9$，$CER(E_4) = 0.5$，$CER(E_5) = 0.7$。现在要求假设 H 的确定性（假定 $|\Omega| = 20$）。

求解步骤如下。

1. 求 CER(A)

规则 Rule1 条件部分的确定性为
$$CER(E) = CER(E_1 \text{ AND } E_2) = \min\{0.8, 0.6\} = 0.6$$

因此有
$$m((a_1), \{a_2\}) = \{0.6 \times 0.3, 0.6 \times 0.5\} = \{0.18, 0.3\}$$

再根据 m 求 $Bel(A)$、$Pl(A)$、$f(A)$ 及 $CER(A)$：

$$Bel(A) = m(\{a_1\}) + m(\{a_2\}) = 0.18 + 0.3 = 0.48$$

$$Pl(A) = 1 - Bel(\bar{A}) = 1 - 0 = 1$$

$$f(A) = Bel(A) + \frac{|A|}{|\Omega|}[Pl(A) - Bel(A)] = 0.48 + \frac{2}{20} \times (1 - 0.48) = 0.532$$

$$CER(A) = MD(A, E') \cdot f(A) = 0.532$$

2. 求 CER（N）

规则 Rule2 条件部分的确定性为

$$\mathrm{CER}(E) = \mathrm{CER}(E_3 \ \mathrm{AND} \ (E_4 \ \mathrm{OR} \ E_5)) = 0.7$$

因此有

$$m(\{n_1\}) = 0.7 \times 0.7 = 0.49$$

再根据 m 求 $\mathrm{Bel}(N)$、$\mathrm{Pl}(N)$、$f(N)$ 及 $\mathrm{CER}(N)$：

$$\mathrm{Bel}(N) = m(\{n_1\}) = 0.49$$

$$\mathrm{Pl}(N) = 1$$

$$f(N) = 0.49 + \frac{1}{20} \times 0.51 = 0.515$$

$$\mathrm{CEN}(N) = \mathrm{MD}(N, E') \cdot f(N) = 0.515$$

3. 求 CER(H)

根据 Rule3，可求得

$$m_1(\{h_1\}, \{h_2\}, \{h_3\}) = \{0.532 \times 0.1, \ 0.532 \times 0.5, \ 0.532 \times 0.3\}$$
$$= \{0.053, 0.266, 0.160\}$$

及

$$m_1(\Omega) = 1 - (0.053 + 0.266 + 0.160) = 0.521$$

根据 Rule4，可求得

$$m_2(\{h_1\}, \{h_2\}, \{h_3\}) = \{0.515 \times 0.4, \ 0.515 \times 0.2, \ 0.515 \times 0.1\}$$
$$= \{0.206, 0.103, 0.052\}$$

及

$$m_2(\Omega) = 1 - (0.206 + 0.103 + 0.052) = 0.639$$

求正交和 $m = m_1 \oplus m_2$

$$k = m_1(\Omega) \cdot m_2(\Omega) + m_1(\{h_1\}) \cdot m_2(\{h_1\}) + m_1(\{h_1\}) \cdot m_2(\Omega) +$$
$$m_1(\Omega) \cdot m_2(\{h_1\}) + m_1(\{h_2\}) \cdot m_2(\{h_2\}) + m_1(\{h_2\}) \cdot m_2(\Omega) +$$
$$m_1(\Omega) \cdot m_2(\{h_2\}) + m_1(\{h_3\}) \cdot m_2(\{h_3\}) + m_1(\{h_3\}) \cdot m_2(\Omega) +$$
$$m_1(\Omega) \cdot m_2(\{h_3\})$$

$$= 0.521 \times 0.639 + 0.053 \times 0.206 + 0.053 \times 0.639 +$$
$$0.521 \times 0.206 + 0.266 \times 0.103 + 0.266 \times 0.639 + 0.521 \times 0.103 +$$
$$0.160 \times 0.052 + 0.160 \times 0.639 + 0.521 \times 0.052$$

$$= 0.874$$

$$m(\{h_1\}) = \frac{1}{k} \big[m_1(\{h_1\}) \cdot m_2(\{h_1\}) + m_1(\{h_1\}) \cdot m_2(\Omega) + m_1(\Omega) \cdot m_2(\{h_1\}) \big]$$

$$= \frac{1}{0.874} \times \big[0.053 \times 0.206 + 0.053 \times 0.639 + 0.521 \times 0.206 \big] = 0.174$$

类似可得：

$$m(\{h_2\}) = 0.287, \quad m(\{h_3\}) = 0.157$$

$$m(\Omega) = 1 - \big[m(\{h_1\}) + m(\{h_2\}) + m(\{h_3\}) \big]$$
$$= 1 - (0.174 + 0.287 + 0.157) = 0.382$$

再根据 m 求 $\mathrm{Bel}(H)$、$\mathrm{Pl}(H)$、$f(H)$ 及 $\mathrm{CER}(H)$：

$$\text{Bel}(H) = m(\{h_1\}) + m(\{h_2\}) + m(\{h_3\}) = 0.174 + 0.287 + 0.157 = 0.618$$

$$\text{Pl}(H) - \text{Bel}(H) = m(\Omega) = 1 - 0.618 = 0.382$$

$$f(H) = \text{Bel}(H) + \frac{|H|}{|\Omega|}[\text{Pl}(H) - \text{Bel}(H)] = 0.618 + \frac{3}{20} \times 0.382 = 0.675$$

$$\text{CER}(H) = \text{MD}(H, E') \cdot f(H) = 0.675$$

证据理论有如下特点：

（1）证据理论满足比概率论更弱的公理系统。当 m 的焦元都是单元素集合时，即若 $|A| > 1$ 则 $m(A) = 0$ 时，证据理论就退化为概率论；当 m 的焦元呈有序的嵌套结构时，即对所有的 $m(A_i) \neq 0$，有 $A_1 \subseteq A_2 \subseteq \cdots \subseteq A_n$，证据理论退化为 Zadeh 的可能性理论。

（2）证据理论能够区分不知道和不确定。

（3）证据理论可以处理证据影响一类假设的情况，即证据不仅能影响一个明确的假设（与单元素子集相对应），还可影响一个更一般的不明确的假设（与非单元素子集相对应）。因此，证据理论可以在不同细节、不同水平上聚集证据，能够更精确反映证据收集过程。

（4）证据理论的缺点是：要求辨别框中的元素满足相互排斥的条件，这点在实际系统中不易满足。而且，基本概率分配函数要求给定的值太多，计算比较复杂。

第 **7** 章

专 家 系 统

专家系统是人工智能发展过程中不可或缺的一环,也是地位相当特殊的一个领域。20 世纪六十年代末到七十年代初,人工智能的发展受到两个不利因素的影响,其一是 Minsky 和 Papert 的那本关于感知机的著作影响了连接主义的发展,其二是在那个时期公布的几份报告打击了人工智能,尤其是英国科学研究委员会委托 Lighthill 做出的那份报告使得人工智能直接进入一个黯淡时期。尽管 Lighthill 的报告存在某些偏见,但是关于没有人工智能系统能够用来解决实际问题的论述却直指当时人工智能发展的核心问题。DENDRAL 专家系统的成功研发正好为人工智能的发展指明一个新方向,使得人工智能研究者的注意力集中到能够解决实际问题的专家系统上。

专家系统是最早步入实用阶段的人工智能系统,也是 20 世纪 70—80 年代初人工智能黯淡期里为数不多的亮点之一。尤其是 DEC 公司的 R1(XCON)系统成功商用之后,专家系统更是迎来了黄金发展期。但是随着日本五代机计划的终止以及现有专家系统固有的缺陷慢慢被人们所发觉,从上个世纪九十年代末期开始专家系统进入了一个蛰伏期,随后的二十余年里专家系统大部分时候是以应用系统而非理论研究的角色出现在人工智能大家族中。

按照工作原理和内部结构的不同,专家系统可以分为基于规则的专家系统、基于框架的专家系统、基于模型的专家系统以及基于 Web 的专家系统。本章首先重点介绍基于规则的专家系统,这也是专家系统最常用的一种结构,然后简单介绍另外几种专家系统结构,最后再介绍一些常用的专家系统以及专家系统开发工具 CLIPS。

7.1 概述

与人工智能存在不同的定义类似,专家系统也没有一个统一的定义。专家系统的先驱 Feigenbaum 认为:专家系统是一种智能的计算机程序,这种程序能够使用知识和推理解决那些需要专家才能解决的复杂问题。从 Feigenbaum 的定义可以看出知识和推理是专家系统的核心问题。图 7.1 描述了一个最简单的专家系统结构,在构造专家系统阶段用户输入知识并存储到知识库;使用知识库解决问题时,推理机根据用户输入的问题利用知识库进行推理,并将结果反馈给用户。

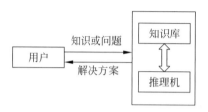

图 7.1　简单的专家系统结构

按照求解问题性质的不同,常见的专家系统可分为解释专家系统、预测专家系统、诊断专家系统、设计专家系统、规划专家系统、监视专家系统以及控制专家系统,各种专家系统的简单介绍见表 7.1。此外还有调试专家系统、教学专家系统以及修理专家系统等不常见的专家系统类型。

按照专家系统应用领域的不同,可以分为化学专家系统、医学专家系统、电子专家系统、地质学专家系统以及计算机专家系统等。7.4 节"专家系统实例"将介绍不同领域的一些专家系统实例。

Feigenbaum 认为专家系统能够解决复杂问题,其实并非所有复杂问题都适合采用专家系统去解决。适合采用专家系统去解决的问题应该具有如下特点(同时以中医诊疗专家系统为例):

(1) 待解决的问题需要大量本领域的专家知识,而且这些知识表现形式各异,无法完全结构化。如中医诊断和开药方时涉及到的知识非常庞杂,需要辨别脉搏的种类,需要观察病人的脸色,还需要查看病人的舌苔等。许多知识无法用简单的规则表示,只能用文本描述。

(2) 专家知识中存在许多启发性或不确定性信息。如中医在诊脉时需要用到"举之有余,按之不足"来判断是沉脉还是浮脉,而有余和不足却无法用严格的标准来区分,只能根据每个中医诊脉时得到的大概脉象来确定。

(3) 本领域的专家无法随时待命解决问题。相比起我国的病人数量,名老中医或者医术有成的中医毕竟人数不多,而且大部分随着年龄的增加无法随时随地为病人服务。

(4) 随着时间的迁移专家的知识可能会遗失。尽管目前存在中医学院这种教学途径,但是无法像古代那种师徒传承的教授方式将毕生所学教授给某些学生,因此一旦名老中医去世之后他所掌握的某些经验可能无人知晓。

(5) 有条件收集专家知识并且有领域专家配合构建专家系统。全国中医数量庞大,找到有能力有时间又对信息技术比较了解的中医配合构建中医诊疗专家系统是可能的。

因此,针对中医领域的特点,构建中医诊疗专家系统是非常有必要并且可能的。

表 7.1　专家系统常见分类

专家系统类型	适用范围	实例
解释专家系统	解释或分析观察到的数据	云图分析、DNA 分析
预测专家系统	根据现有知识推断未来情况	气象预报、交通预测
诊断专家系统	根据观察到的数据推断故障原因	医疗诊断、卫星故障诊断
设计专家系统	根据约束条件设计方案	住宅设计、坦克舱设计
规划专家系统	规划动作序列以产生预期效果	列车调度、农作物施肥
监视专家系统	持续观察以发现异常情况	电站运行、传染病监控
控制专家系统	管理系统行为以满足要求,可能包括之前六种专家系统类型中的多种行为	作战管理、生成过程控制

一般来说专家系统具有以下特点：

（1）推理的多样性。可执行基于符号的推理，也可执行不确定性推理，甚至还可以使用人工神经网络或决策树等方法得到结果。

（2）知识处理的灵活性。目前专家系统将知识和推理已经分开，专家的知识可以动态在线更新，因此对于知识的处理非常灵活。

（3）结果的可靠性。由于专家系统的目标是替代或部分替代专家，因此需要展现给用户的结果非常可靠。在大部分情况下并不要求获得最优解，但是往往能够获得较优解。

（4）推理过程的可解释性。专家系统一个非常重要的特点就是可解释性。由于对用户而言专家系统是一个黑盒子，用户并不清楚其中的推理过程，因此将结果展示给用户的同时，还需要将该结果是如何得到的（即如何解释结果）展现给用户。这样才能使用户信任专家系统给出的结果，尤其是在医疗、军事与航天等推理结果至关重要的领域中。

7.2 基于规则的专家系统

随着专家系统技术的发展，专家系统的结构趋于多样化。但是专家系统的基本结构还是以 MYCIN 为代表的基于规则的专家系统结构，如图 7.2 所示。

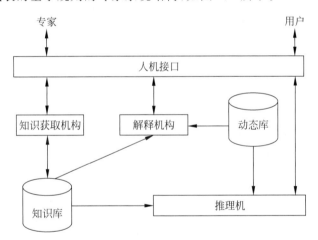

图 7.2 专家系统的基本结构

知识库存放问题求解需要的领域知识。知识的种类一般包括作为专家经验的判断性知识以及描述各种事实的知识。知识的表示形式可以是多样的，包括规则、框架、语义网络及模型等。

动态库也称上下文库或综合数据库，用于存放系统运行过程中所需要的原始数据和产生的所有信息，包括用户提供的信息、推理的中间结果、推理过程的记录以及模型生成的中间数据等。

推理机根据动态库的当前状态，利用知识库中的知识进行推理。推理机可以采用正向推理、逆向推理及双向推理等各种策略。推理机的程序与知识库的具体内容无关，即推理机与知识库相分离，这是专家系统的重要特征。它的优点是对知识库的修改和扩充无须改动推理机。但纯粹的形式推理会降低问题求解的效率。因此，对于复杂的问题应能根据问题求解的情况随时调整推理的策略。知识库、动态库与推理机构成了专家系统最必要的部分。

知识获取机构负责建立、修改与扩充知识库,并维护知识库的一致性和完整性等。知识获取机构可以仅仅是一个知识编辑程序,也可以是一个复杂的知识获取子系统,用来完成自动知识获取、自动知识求精等功能。

解释机构用于对求解过程给出说明,并回答用户提出的问题。两个最基本的问题是How 和 Why。对问题 How,回答用户结论和中间结果是如何得到的;对问题 Why,告诉用户向用户提问的理由。解释机构的说明是根据知识库和动态库中对推理过程的记录做出的。系统的透明性主要是解释机构实现的。在很多情况下,透明性是非常重要的。例如,对一个医疗诊断系统而言,不仅应能做出诊断,还应能说明如何做出的诊断,否则,医生往往不敢贸然采用机器的诊断。

人机接口在信息的内部形式和人可接受的形式之间进行转换。很多系统都提供了用户熟悉的表示形式如自然语言、图形、表格等。这些形式与信息的内部表示形式相差很远,必须由人机接口加以转换。

接下来主要介绍专家系统的元知识结构、黑板模型和黑板控制结构。

7.2.1 元知识结构

人类知识的种类很多,包括常识性知识、原理知识、经验知识及元知识等多个层次的知识。所谓元知识就是"关于知识的知识"。元知识可分两类。一类是关于我们所知道些什么知识的元知识,这些元知识刻画了领域知识的内容和结构的一般特征,如知识的产生背景、范围、可信程度等;另一类是关于如何运用我们所知道的知识的元知识,如在问题求解中所用的推理方法,为完成一个任务应采取的行动的计划,执行中应运用哪方面的知识等。

元知识在人类认识活动中起着核心的作用,专家系统中也应开发与运用元知识。1976年,Davis 提出并设计了使用元知识的系统 TEIRESIAS。该系统作为 EMYCIN 的知识获取工具,利用元知识来管理、解释和获取系统的专门知识。此后元知识在专家系统中得到越来越广泛的应用。

如果把一般的知识系统看成是由推理机和知识库组成的目标级系统,则元级知识系统就可以看作是一个由元级和目标级组成的两级系统,两级的知识划分为:

(1) 问题分解。

元级:如何有效协调子问题的求解次序。

目标级:如何分解一个问题。

(2) 知识源组织。

元级:在问题求解的每一步使用哪些有关的知识。

目标级:领域知识。

(3) 启发式搜索。

元级:各种搜索策略。

目标级:搜索空间的知识。

1. 元知识的作用

下面叙述元知识在专家系统中的作用。

1）指导规则的选择

例如有下列元规则：

MR1：优先选用专家输入的规则。

MR2：尽可能选用风险小的规则。

MR3：首先选择执行代价小的规则。

在很多专家系统中，这种知识是隐含在推理机制和知识库中的。例如，推理机总是选择第一条可用的规则执行，而在知识库中通过安排规则的次序来确定各条规则的优先级。随着知识库的日趋庞大复杂，这种安排次序的方法已经不适用，因此可以通过元规则来选择执行哪条规则就可提高系统的可用性。

2）记录关于领域知识的知识

这类知识是描述性和解释性的，可分为两种。一种是"静态记录"元知识，例如规则是专家输入的还是一般工作人员输入的，前述元规则 MR1 就需要这样的知识。一种是"动态记录"元知识，例如某种方法的平均运行时间统计、一个程序在运行过程中暂停询问用户问题的次数、规则的成功率和失败率等。

3）论证规则

这类知识指出某些规则存在的理由。例如以下规则：

R1：如果溢出液是硫酸，则用石灰。

理由：石灰能中和硫酸，且所形成的化合物是不溶的，因此能沉淀出来。

R2：如果没有石灰，则考虑用碱液代替。

理由：碱液能中和酸（与石灰类似）。

用专家系统求解问题，要想使用户接受专家系统的结论，必须有一个尽可能完善的解释，这类元知识就为系统的解释能力提供了基础。

4）检查规则中的错误

规则中的错误有语法错误和语义错误两类，因此应有用于语法检查的元知识和用于语义检查的元知识。例如有规则：

R3：使用硫酸（无条件部分）。

此规则没有条件部分，因此有语法错误。但也可能已默认该规则缺少的部分与最近输入的规则的对应部分相同。因此，可加入一条元规则：

MR4：如果所输入的规则无条件部分，则询问用户是否假定它与最近输入的规则有相同的前提条件。

再如有如下规则：

R4：如果要中和酸，且碱液是可用的，且没有基本材料是可用的，则使用碱液。

规则中的第三个前提条件应为"没有其他基本材料是可用的"，漏掉了"其他"两字。由于碱液也是基本材料，所以上述规则中的第二、三个前提条件是矛盾的，该规则永远也不会被触发。因此可加入以下元规则检查这种语法错误：

MR5：如果经过长时间的运行，某一条规则从未被触发，则询问专家该规则是否出现矛盾，请求重新输入该规则。

5）描述领域知识表示的结构

这类知识给出知识库中领域知识表示结构的一般描述。如在 TEIRESIAS 中开发出两种这类元知识：规则模式和数据结构模式。规则模式描述一个规则子集的所有共性，如规则前提的特性、规则结论的特性等。数据结构模式描述知识表示中与概念原语有关的所有信息之间的关系。TEIRESIAS 运用这两种元知识实现了知识的自动编辑。

6）论证系统的体系结构

这类知识描述各种有用的控制结构、表示知识的方式以及每种方法选择的有利与不利等。例如有如下元规则：

MR6：如果搜索空间不大，则穷举搜索法是可行的。

这条元规则有如下作用：辅助系统设计，帮助系统决定使用的方法；隐含说明了什么时候应改变所使用的方法；回答用户关于搜索方法的询问。

7）辅助优化系统

这类知识使系统能够在运行过程中动态优化，提高系统性能。例如有如下元规则：

MR7：如果有一段编码经常被调用，则应该对它进行优化。

MR8：把使用率高的规则移到先被匹配到的地方。

当系统在运行过程中动态积累了与这类元知识有关的信息时，就可触发这类元知识优化该系统。

8）说明系统的能力

这类知识说明系统所具有的能力：系统知道什么、不知道什么、能处理些什么任务、不能处理些什么任务以及解决某种问题所需的时间等。如：

MR9：如果溢出的物质不在 OHMTADS 数据库中，则"溢出知识库"对解题是不完备的。

MR10：如果问题属于平面几何，则系统有能力解决该问题。

这种元知识使系统清楚自己具有的能力有多大。如果不能解决一个问题，应尽早做出答复，避免经过长时间运行后再得出失败的结论。

上述元知识对检查知识、抽象知识和运用知识起到决定性作用，使专家系统的性能发生很大的变化，更接近于人类解决问题的方式。

2. 元知识在专家系统中的应用

下面介绍在专家系统中开发与应用元知识的几种途径。

1）问题求解元控制系统

对推理过程进行控制的知识称为策略知识，用来确定下一步应当调用哪些知识。普通专家系统的自知能力较低，关于如何运用知识的控制知识有限，通常还嵌入在算法之中。因而还不能像人类那样理解问题，使解题能力受到限制，而元知识的控制系统可以模拟人类的思维方式，用元规则来选择控制策略，使系统能够推理它的控制过程。元推理把知识的触发控制分为三个阶段：检索、求精和执行。其中检索是通过对元规则进行推理，选择与当前问题可能有关的知识源集。求精是通过对元规则进行推理，对上述知识源集进行剪枝和排序，为目标级推理提供一个优化的知识源触发顺序。而执行是启动目标级推理，利用上面提供的知识源集进行求解。

除了上述触发控制推理外，还可利用元知识对问题求解和子问题之间协调进行元级控制推理，这种方法使用两级专家系统结构实现，如图 7.3 所示。

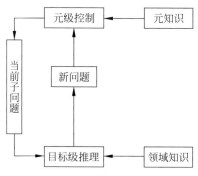

图 7.3　两级专家系统结构

元级控制对元知识库进行推理,将问题分解为子问题,并动态协调子问题,选择当前待求子问题。然后确定该子问题的相关知识源集,把待求子问题传递给目标级系统。目标级系统完成常规专家系统的功能,求解子问题,将产生的新问题交给元级控制重新处理。此过程循环进行,直至无子问题为止。

2) 基于元知识的知识获取辅助工具

这里涉及的知识获取是指一种简单的形式,即构造知识库的自动编辑工具。构造知识库的一个步骤是把专家知识转化成知识库的内部表示形式。由于领域专家对系统结构一般不了解,因此专家与知识库的交互通常需要知识工程师传递。知识获取辅助工具就是要完成知识工程师的工作。对这个辅助工具的要求包括:能够理解专家用自然语言描述的知识,使专家无须了解知识库的任何实现细节,就可以方便"调试"知识库;向专家解释推理路径,帮助专家发现知识库中的缺陷,并适当地指导专家向系统提供有价值的知识。

TEIRESIAS 系统是一个知识获取辅助工具。该系统通过两种类型的元知识——规则模式和数据结构模式描述知识库中领域知识表示的结构,系统根据这些元知识完成上述辅助工具的功能。

3) 基于元知识的知识库维护辅助工具

知识库维护是知识的不断求精和优化的过程。一般来说知识库维护是知识获取的第二阶段。在知识获取的第一阶段,知识工程师和领域专家合作构造了初级的知识库。这个知识库还要进行逐步求精,才能成为一个高质量的知识库。

知识库维护的一个重要方面是维护知识库的完整性和一致性,检查规则中的冲突、包含、遗漏等情况。这些静态检查功能仅仅达到初级知识库维护的水平,并没有涉及知识库维护中的实质性问题。高级的知识库维护功能将涉及知识的动态一致性检查。为了对知识库进行动态一致性检查,必须首先编辑关于知识之间复杂关系的元知识,然后对这些元知识进行推理。

Ginsberg 等人提出的 SEEK2 是一个知识库自动求精系统,系统中设计了有关的知识库求精原语,包括谓词和函数,如 Rule-For(dx)是一个函数,它的值是所有以 dx 为结论的规则集合。Satisfied(rule-component,case)是一个谓词,当且仅当 rule-component 满足 case 情况时,谓词的值为真,否则为假。用户利用这些原语可以取得知识库维护元知识中所涉及的一些信息,从而编辑关于知识库求精的元知识库,辅助知识库维护。

7.2.2　黑板模型

黑板模型是早期的专家系统使用的系统结构,HEARSAY-Ⅱ语音理解系统中实现了黑板模型,它可以理解存储于数据库中的有关计算机科学文摘的口语查询。

问题求解的黑板模型是适时问题求解的一种高度结构化的模型。所谓适时问题求解,就是应用知识在最"适宜"的机会进行正向或逆向推理。其中心思想是决定什么时候和怎样使用知识。

黑板模型是一个比较复杂的问题求解模型,它规定了知识和数据的组织以及在整个组织中求解问题的行为。也就是说,黑板模型除了将适时推理作为使用知识的策略以外,还规定了领域知识的组织,包括所有的初始、中间状态以及最终结果。我们把问题所有可能的部分解和全解称为它的解空间。

在黑板模型中,解空间组织成一个或多个依赖于应用的层次结构。层次结构中每层上的信息都是部分解,领域知识被划分成互相独立的知识模块,它们将层次结构中某一层的信息转换成相同层或其他层上的信息,转换时,可能还会用到其他层上的信息。在解空间和与任务有关的知识的整个组织中使用适时推理,即一次一步动态决定应用哪个知识模块,最后增量生成部分解。

黑板模型通常由三个主要部分组成。

1．知识源

应用领域的专门知识被划分成若干相互独立的知识源,每个知识源完成一种特定任务。

2．黑板

问题的解空间以层次结构的方式组织起来的全局数据库,它由所有的知识源共享。知识源之间的通讯和交互只能通过黑板进行。

3．控制

动态选择和激活适用的知识源,使之适时响应黑板的变化。

为了说明黑板模型的工作方式,我们以"拼板游戏"作一个比喻。假设在一个大房间里有一块大黑板,围绕着大黑板站着一组人,每人手里拿着一些尺寸形状各异的拼板。首先,让一些参加者将他们手中"最合适"的拼板放置在黑板上(设黑板是胶粘的)。每个人都根据自己手中的拼板来判断它们是否适合于已经放置在黑板上的拼板,那些具有合适的拼板的人到黑板前将他们的拼板拼接到黑板上,从而修改了黑板上的拼接图形。每一次新的修改都使得某些未拼接拼板找到自己的位置,其他人可以逐次将他们的拼板放置到黑板上,每个人所拥有的拼板数量完全是无关紧要的。整个拼接过程无须交流,也就是说这一组人相互之间不需要直接的通讯。每个人都是自驱动的,知道什么时候他的拼板能提供给拼接图形,不需要事先规定一个放置拼板的次序。这种合作行为是由黑板上的拼接图形导致的。

上述方式本质上是并行的,为适应串行计算机可进行如下修改。设房间有一个中心通道,一次只允许一个人走到黑板前,且还有一个监督者。由他管理这组人,决定哪个人走到黑板前拼接图形,方法是由监督者要求所有具有适当拼板的人举起手来,然后从其中选择一人。为了进行选择,必须制定一些标准:例如选择先举手的人,或者选择那些拥有可使两个孤立拼接图形连接在一起的拼板的人等。监督者需要一种或一组策略完成游戏,可在游戏开始前就选定一种策略,也可在游戏的进行过程中发展策略。

上述"拼板游戏"描述了黑板系统的本质行为。为了说明黑板系统的结构,我们以HEARSAY-Ⅱ为例。HEARSAY-Ⅱ的总体结构如图7.4所示,其中实线代表控制流,虚线代表信息流;方框代表信息体,椭圆框代表程序体。黑板是系统的全局工作区,用于记录原始数据、中间结果和最终结论;知识源保存领域知识,即理解口语所需的各种知识,黑板监督程序根据黑板的变化"激活"适当的知识源,并将其放入调度队列中;调度程序利用控制数据库中的控制信息在调度队列中选择最合适的知识源优先执行。

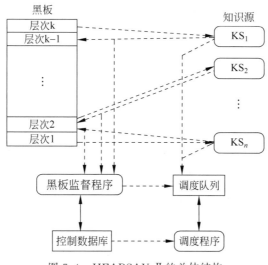

图 7.4　HEARSAY-Ⅱ的总体结构

黑板模型具有以下优点:

(1) 将多种知识源组合在一起,实现问题求解。

(2) 黑板结构适合于在多重抽象级上描述与处理问题。

(3) 允许知识源共享黑板中各个层次的部分解,这对事先无法确定问题求解次序的复杂问题尤为有效。

(4) 知识源相互独立并以数据驱动方式使用。独立的知识源有利于由不同的人独立设计、测试与修改知识源,系统为它们提供统一的程序设计环境。数据驱动方式则避免了复杂的知识源之间的交互。

(5) 解答是由各知识源独立对黑板的修改而逐步形成的,各种启发式方法都可以用于问题求解中。

(6) 机遇问题求解机制。

(7) 适于进行并行处理。因为各知识源是在黑板的不同层次上相对独立地进行求解活动,因此在调度程序的控制下,完成不同任务的知识源可在不同的计算资源上并行执行。

(8) 有利于系统开发实验。为了试验不同问题求解方法及知识源构造的效果,只需插入或删除一些特定的知识源即可实现各种知识源构造。

7.2.3　黑板控制结构

黑板控制结构与黑板模型的不同之处在于：不仅用黑板结构来解决领域问题,也采用黑板结构来解决控制问题。黑板控制结构如图 7.5 所示,它从三方面扩展了黑板结构。

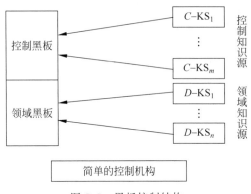

图 7.5　黑板控制结构

（1）定义了显式的领域黑板和控制黑板。领域黑板记录领域问题的解元素,控制黑板记录控制领域的解元素。控制黑板的解元素是关于系统自身行为的决策。控制黑板的解间隔、抽象层次和词汇与领域无关,是由黑板控制结构确定的。

（2）定义了显式的领域知识源和控制知识源。领域知识源对领域黑板进行操作,与领域有关,是由应用系统的设计者提供的。控制知识源对控制黑板进行操作,对系统自身的知识和行为的表示进行表达、解释和修改。一部分控制知识源与领域有关,另一部分控制知识源与领域无关。对所有的知识源,一旦被触发,就建立一个包括其条件和动作的知识源活动记录（knowledge source activity record,KSAR）,由控制部分决定这些 KSAR 的执行。

（3）采用一个简单的调度机制来管理领域与控制的知识源活动记录 KSAR。三个基本的控制知识源反复执行,形成一个问题求解的三步循环：列举所有未解决的 KSAR；选择一个 KSAR；执行所选 KSAR 的动作。这三个基本的控制知识源与领域无关。

1. 知识源的表示

黑板控制结构统一处理领域问题和控制问题,它把领域知识源和控制知识源都表示成具有表 7.2 所示属性的数据结构,其中,触发条件（trigger）描述了知识源可能有用的情况,而只有当前提条件（pre-condition）中所期待的状态出现时,该知识源才是真正可执行的。调度变量（scheduling-vars）给出了一些用于调度的变量的值或计算值的函数,这些变量包括权（weight）、信任度（credibility）、重要性（importance）等。在黑板控制系统中,知识源保存在计算机的外部存储器中,而不是像黑板系统那样将知识源驻留内存。

表 7.2　知识源的属性

属　　　性	定　　　义	属　　　性	定　　　义
name	名称,标识一个知识源	pre-condition	前提条件,是一个基于状态的谓词
problem-domain	应用领域	condition-vars	条件部分中所用的变量说明

属　　性	定　　义	属　　性	定　　义
description	特征行为的文字说明	scheduling-vars	调度中将用到的变量的说明
condition	可用的情况,包括 Trigger 和 Pre-Condition	action	改变黑板的程序
trigger	触发条件,是一个基于事件的谓词		

当一个知识源的触发条件满足时,黑板控制结构为该知识源建立一个活动记录 KSAR 并表示成具有表 7.3 所示属性的数据结构。这些 KSAR 都存放在后续介绍的控制黑板的 to-do-set 层上。前提条件值(pre-condition-values)给出了前提条件中每个谓词及使其为真 的状态,当前提条件中所有谓词都为真时,KSAR 才是真正可执行的。条件变量的值 (condition-values)记录了知识源被触发的环境,该知识源的动作将在该环境下操作。

表 7.3　KSAR 的属性

属　　性	定　　义
name	标识号
ks	相应知识源的名称
triggering-cycle	知识源被触发时的问题求解循环号
triggering-event	触发知识源的事件
triggering-decision	出现触发事件的决策
pre-condition-values	前提条件及当前值
condition-values	条件变量的值
scheduling-values	调度变量的值
ratings	对有关决策的估价
priority	动作的期望值(数字)

2. 控制黑板的组织

控制黑板上的解元素是一些决策,指出在问题求解的任一时刻哪些动作是可行的以及 实际执行的动作。每个控制决策表示成具有表 7.4 所示属性的数据结构。黑板上的有关决 策就构成了一个部分控制规划。

黑板控制结构把控制黑板分成六个抽象层次,不同的层次表示不同类型的控制决策。 在 problem、strategy、focus 和 policy 层次上的决策对 to-do-set 层上列出的 KSAR 进行评 价,从而由 chosen-action 决策确定应执行的 KSAR。

表 7.4　控制决策的基本属性

属　　性	定　　义
name	标识层次和序号
goal	所规定的动作(KSAR 属性的谓词或函数)
criterion	终止条件(谓词)
weight	目标(goal)的重要性(0-1)
rationale	执行目标(goal)的理由

续表

属　　性	定　　义
creator	创建决策的 KSAR
source	触发决策（或输入）
type	在控制规划中的作用
status	在控制规划中的状态
first-cycle	第一个有效循环
last-cycle	最后一个有效循环

1) problem 决策

problem 决策表示系统要解决的问题，它指导整个问题求解过程。创建一个 problem 决策触发一个或多个领域或控制知识源，从而开始问题求解过程。当 problem 决策的终止条件（criterion）得到满足时，它的状态（status）改成 solved（已解决），问题求解结束。

problem 决策的目标（goal）描述了适用于该问题领域的动作应具有的属性，如"知识源问题领域＝多任务规划"。它的终止条件（criterion）刻画了一个可接受的解应具有的特性。对于多任务规划问题，这可能是：①在领域黑板的最底层有一个完全的解；②对所有需要的任务进行了规划；③所有约束得到满足；④规划的路线最有效。在某些情况下，求解过程中可能要对初始的终止条件加以修改。例如，如果没有足够的时间完成所有要求的任务，上述要求中的第二项可能就要修改成："对所有重要的任务进行了规划"。

2) strategy 决策

strategy 决策为问题求解制订一个通用的接续规划。在理想情况下在问题求解过程开始时创建的单一 strategy 决策能够指导过程其余部分的进行。但实际上在问题求解过程的任一时刻都可进行 strategy 决策，并且决策可延续任意长的时间间隔。在某些情况下，相互冲突和相互补充的决策可以互相替代或同时有效。

3) focus 决策

focus 决策建立局部的问题求解目标，用以执行具有特殊属性和值的 KSAR。有些情况下一个 focus 决策序列实现了一个此前建立的 strategy 决策。另一些情况下 focus 决策彼此独立工作，并与此前的 strategy 决策无关。focus 决策在限定的时间间隔内工作。同一时刻可能会存在多个互相补充或互相竞争的决策。

focus 决策用于评价 KSAR，因此它们能够影响调度决策。但是一个给定的 focus 决策只有在以下情况才实际影响调度决策：①当前的 to-do-set 包括的某些 KSAR 具有它所规定的属性及值；②当前的合成与调度规则中用到该 focus 决策。

4) policy 决策

policy 决策建立偏向具有某些特殊属性值的 KSAR 的全局调度标准。它没有内部终止条件，从创建起到求解过程结束一直有效。仅当某个知识源确定一个 policy 决策应该失效时它才终止。通常多个 policy 决策可同时存在。与 focus 决策类似，policy 决策也用于评价 KSAR，因此它们能够影响调度决策。

5) to-do-set 决策

to-do-set 决策记录每个问题求解循环中待执行的 KSAR。因为知识源的触发是基于事件的，而先决条件是基于状态的，因此 to-do-set 的目标（goal）要为待执行的 KSAR 建立两个表：已触发表和可调用表。一个基本的控制知识源 update-to-do-set 负责把新触发的 KSAR 放入已触发表。当它们的前提条件（pre-condition）变为真时（在任意的问题求解时间间隔之后），把它们移入可调用表。当可调用表中的某些 KSAR 的前提条件不再为真时，再把它们放回已触发表。KSAR 可以在这两个表之间移来移去，只有可调用表上的 KSAR 才能参加调度。to-do-set 决策只在一个问题求解循环内有效。

6）chosen-action 决策

chosen-action 决策规定每个问题求解循环中执行的 KSAR。它的目标（goal）就是由调度机构从 to-do-set 决策的可调用表中选择一个 KSAR。chosen-action 决策只在一个问题求解循环内有效。

若控制问题的复杂性较高，可在 strategy 决策和 focus 决策之间增加若干中间层次，如图 7.6 所示，以表示把一个策略细化为一系列动作的复杂过程。但是直接参与调度的仍是 focus 和 policy 两个层次。

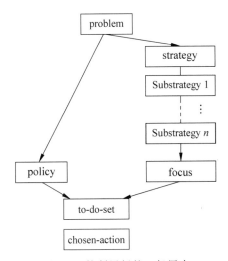

图 7.6 控制黑板的一般层次

3. 黑板控制结构的优缺点

黑板控制结构把控制问题作为一个实时规划问题求解，可以根据问题求解的状态动态修改系统的行为，提供了极其灵活的问题求解能力，适合于控制很复杂的问题。

黑板控制结构显式表示领域问题和控制问题，包括领域知识和控制知识、领域问题的解和控制问题的解。在一个简单的控制循环中统一求解领域问题和控制问题，系统的行为是可见并可解释的。

黑板控制结构的缺点是时间和空间上的开销过大。

7.3 其他专家系统结构

除了基于规则的专家系统之外，还有基于框架的专家系统、基于模型的专家系统以及基于 Web 的专家系统等，本节将分别加以简单介绍。

7.3.1 基于框架的专家系统

基于框架的专家系统与基于规则的专家系统的主要区别就在于知识表示的方法不同。基于框架的专家系统采用框架表示知识,而基于规则的专家系统主要采用规则表示知识。第三章简单介绍了如何利用框架表示知识,接下来简单介绍基于框架的推理。

继承是基于框架的推理采用的主要方法,所谓继承指的是子框架(子类)拥有其父框架(超类)的槽及其槽值,实现继承的操作包括匹配、搜索和填槽。匹配指的是描述问题的框架与知识库中的框架进行匹配;搜索指的是沿着框架之间的纵向和横向联系在知识库中进行查找,纵向联系指的是框架之间的子框架与父框架的关系,横向联系指的是成员关系,如一个框架是另一个框架的槽值;填槽指的是经过匹配和搜索到槽值之后,可以将该槽值填充到问题框架中对应的空槽中。

例如第 3 章"知识表示"中描述汽车的框架为:

```
name: 汽车
super-class: 运载工具
sub-class: 小轿车,SUV,客车,小货车
number-of-tyre:
value-class: 整数
     default: 4
     value: 未知
length:
     value-class: 浮点数
     unit: 米
     value: 未知
```

同时有一个电动车的框架为:

```
name: 电动车
super-class: 小轿车
length:
     value-class: 浮点数
     unit: 米
     value: 3.5
```

可以看到电动车并未指定轮胎的个数(number-of-tyre),通过继承操作可得到电动车的轮胎个数为 4。

除了继承之外,过程附件也可以执行推理。例如,当需要某个槽值而该槽值为空并且无默认值可用时,执行 if-needed 侧面的过程,得到结果并填槽。if-added 和 if-removed 侧面类似。

此外,规则和基于规则的推理也可以在基于框架的专家系统中使用。

7.3.2 基于模型的专家系统

基于规则的专家系统和基于框架的专家系统基本上都可以认为是符号主义研究的范畴,而随着专家系统的发展,人们开始不满足于仅限于符号推理的专家系统,基于模型的专

家系统正是在这样的背景下诞生的。一种常用的基于模型的专家系统是神经网络专家系统。

以基于卫星遥测数据的卫星故障诊断专家系统为例,卫星在太空中运行,卫星自身的数千项指标每隔一段时间(0.5秒至8秒不等)都会发送到地面,地面的监测人员根据这些实时数据研判卫星是否正常,如果存在故障则定位故障点。采用人工的方式分析这种海量数据显然不现实,需要研发专家系统辅助地面监测人员。尽管在卫星的运行过程中地面监测人员已经总结了一些规则用于监测卫星的状态,例如代表输出电压的某个参数取值为36~42之间表示位置保护开始,取值为0-1之间则表示位置保护结束。但是有更多的规律并未被专家所掌握,专家能够提供的是卫星出现故障时的各种遥测数据,却可能无法准确描述这些故障和遥测数据之间的因果关联。因此,利用已知的遥测数据和对应的故障训练出一个模型,利用该模型对遥测数据进行实时监测将是更好的一种做法。该专家系统的结构如图7.7所示。

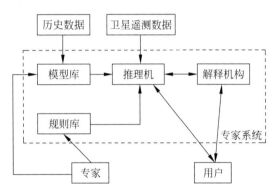

图 7.7 卫星故障诊断专家系统结构

专家利用卫星遥测历史数据构造模型,同时设计一些规则,当卫星遥测实时数据传输到专家系统时,推理机利用预设的规则库、构造的模型库分析实时数据,得出是否正常,如果有故障则定位故障点,同时利用解释机构将结果展示给用户。

由于有些模型如神经网络模型不易解释得出的结果,因此基于模型的专家系统往往无法对推理过程给出一个合理的解释,这是基于模型的专家系统的一个缺点。同时基于模型的专家系统又因为无须显式描述数据和问题的特征从而具有更广泛的适用性。

7.3.3 基于 Web 的专家系统

自21世纪以来,基于Web的应用程序越来越多,而专家系统也一样开始被设计为基于Web的专家系统。在基于Web的专家系统中,知识库和推理机都可以存放在服务器,客户端只需要利用浏览器输入想要解决的问题,服务器调用相应的接口即可将结果返回给客户。这种专家系统存在一些优点,如更新知识库和推理机更为方便,只需在服务器端更新即可,用户在浏览器上无须知晓;又如容易实现远程交互,如一个医疗专家系统给出一种治疗方案后,用户可以在Web上请求专家对此医疗方案进行确认;再如支持大量用户的并发操作等。基于Web的专家系统结构如图7.8所示。

基于Web的专家系统可以使用前述三种类型专家系统的结构,包括规则、框架以及模型。

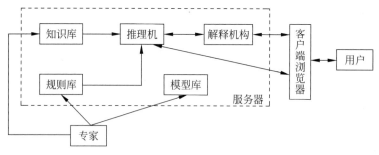

图 7.8 基于 Web 的专家系统结构

基于 Web 的专家系统适合大量用户使用、同时更新知识又非常快的专家系统。例如要构造一个农业施肥专家系统,全国使用的用户量非常多,而且各地的气候条件不一样,同一地点每天的气候条件也不一样,此时适合采用基于 Web 的专家系统结构。

除了上述三种专家系统结构,还有一些新型的专家系统结构,如分布式专家系统、基于多 Agent 的专家系统等,涉及分布式计算和多 Agent 等模型,兹不赘述。

7.4 专家系统实例

本节主要介绍两个专家系统实例 MYCIN 和 AM。

7.4.1 MYCIN

MYCIN 系统是由斯坦福大学于 1974 年完成的,它是一个用于诊断和治疗血液感染性疾病的专家咨询系统。该系统功能比较全面,是一个典型的基于规则的专家系统。在 MYCIN 的基础上,还发展出了专家系统开发工具 EMYCIN(意为空的 MYCIN)。

MYCIN 系统由三个子系统和两个库组成,如图 7.9 所示,各部分功能如下所示:

(1) 动态库。存放正在进行诊断的病人的情况,包括症状、化验结果、系统推导出的中间结果和最终结论等。

(2) 知识库。存放用于治疗与诊断疾病的静态数据与知识。

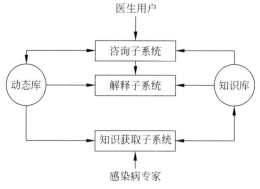

图 7.9 MYCIN 系统的基本结构

（3）咨询子系统，即推理机。根据知识库中的诊断知识与动态库中的数据进行推理，做出咨询决策。

（4）解释子系统。回答用户用简单的英语句子询问的问题。问题可以涉及当前的决策及系统的一般知识。每个咨询决策做出后自动进入该系统。

（5）知识获取子系统。协助感染病专家对知识库进行扩充和修改。系统可以对专家输入的英文语句进行分析，并将其转化成内部的规则形式。

1. 数据的表示

动态库中的数据按照它们之间的关系组成一棵上下文树（context tree）。上下文树是在咨询过程中形成的。树中的结点称为上下文，每个结点对应一个具体的对象，描述该对象的所有数据都存储在该结点上。因此，一棵上下文树就构成了对病人的完整描述。

MYCIN 系统提供了 10 种上下文类型：

（1）PERSON（病人）。

（2）CURCULS（当前培养物），当前从病人身上提取的培养物。

（3）PRIORCULS（先前培养物），先前从病人身上提取的培养物。

（4）CURORGS（当前机体），从当前培养物中分离出来的有机体。

（5）PRIORORGS（先前机体），从先前培养物中分离出来的有机体。

（6）OPERS（手术），已对病人实施的手术。

（7）OPDR GS（手术药物），在手术期间给病人使用的抗菌素药物。

（8）CURDRUGS（当前药物），当前对病人使用的抗菌素药物。

（9）PRIORDRUGS（先前药物），先前对病人使用的抗菌素药物。

（10）POSSTHER（方案），推荐的治疗方案。

2. 规则的表示

MYCIN 系统的规则可按照调用它们的上下文种类进行分类，共分为 12 类：

（1）CULRULES，用于培养物的规则，上下文种类为当前培养物或先前培养物。

（2）CURCULRULES，仅用于当前培养物的规则。

（3）CURORGRULES，仅用于当前机体的规则。

（4）DRGRULES，用于抗菌素药物的规则，上下文种类为当前药物与先前药物。

（5）OPRULES，用于手术的规则。

（6）ORDERRULES，用于方案的规则，对可能的治疗方案进行排序。

（7）ORGRULES，用于机体的规则，上下文种类为当前机体或先前机体。

（8）PATRULES，用于病人的规则。

（9）PDRGRULES，仅用于先前药物的规则。

（10）PRCULRULES，仅用于先前培养物的规则。

（11）PRORGRULES，仅用于先前机体的规则。

（12）THERULES，存储关于所选药物的信息的规则。

MYCIN 系统的每条规则都属于且仅属于上述一种类型。如下所示是一条典型的规则：

规则 037：

如果：

机体的本性是未知的，且

机体的染色是革兰氏阴性，且

机体的形态是杆状的，且

机体的需氧性是肯定的

则：存在强有力的启发性证据(0.8)说明机体的类别是肠细菌科。

3. 控制策略

MYCIN 系统采用逆向推理和深度优先搜索策略。它的决策过程包括四个步骤：

(1) 确定患者有无需要治疗的细菌感染。

(2) 确定可能引起感染的机体。

(3) 确定对引起感染的机体有抑制作用的药物。

(4) 选择最佳处方。

上述四个步骤不一定全部执行。如果没有什么感染需要抗菌素进行治疗，则应跳过若干步骤，直接告诉用户无须进行抗菌素治疗，上述步骤体现在下面的目标规则中。

规则 092：

如果：

(1) 存在一种需要治疗的机体。

(2) 已经考虑了其他可能存在的机体，即使它们在当前培养物中还没有被发现。

则：

(1) 根据敏感性数据编制能有效抑制需要治疗的机体的治疗方案清单。

(2) 从已编制的清单中选择最佳的治疗方案。

否则指出患者不需治疗。

这条规则属于 PATRULES 类型，作用于病人类型的上下文。整个咨询过程分为两步：

(1) 在上下文树的根结点建立病人上下文。

(2) 在新建立的病人结点应用目标规则。

7.4.2 AM 系统

AM(automated mathematician)系统是卡内基-梅隆大学的 Lenat 于 1976 年研制成功的，它是一个进行科学发现的系统。该系统是用 Interlisp 语言在 PDP-10 机上实现的。

系统以初等数论作为具体应用领域。系统中存入基本的数学概念和一些指导科学发现的启发式知识，可以发现某些新的数学概念和猜想。

AM 系统主要由数据库、知识库和推理机三部分组成。数据库也称为概念库，最初具有 115 个集合论的基本概念。在运行中，不断增加新的概念和假说。所谓假说就是关于某些概念之间关系的某种猜测。知识库中存有 250 条用于指导进行科学发现的启发式规则。推理机根据数据库中的概念和知识库中的规则进行推理，不断建立新的概念并提出新的假说，系统运行一次大约需要 2 小时，结束时数据库中有 300 多个概念，其中可接受的概念有 100 个，有意义的概念 25 个。

1. 概念的表示

在 AM 系统中,每个概念用一个框架表示,一个框架可带有 25 个槽。最初概念的多数槽都是空的,系统在运行中不断填充这些槽。

框架中的槽可分为三类:

(1) 联系槽。用于建立该概念与其他概念的联系,如"推广""特例"及"实例"等。概念可以通过这些槽连接起来形成一个网络。

(2) 充实槽。用于充实该概念本身内涵的槽,如"定义""算法""定义域"及"值域"等。

(3) 行为槽。用于表达行为,可以连接在上述任一种槽上,如"建议""填充"及"检验"等。

2. 规则的表示

规则由前提部分和结论部分组成。前提部分说明在什么条件下执行本规则,结论部分执行某项任务。例如建立一个新的概念、寻找现有概念的实例等。下面是一条检查某概念 X 实例的规则:

如果:

当前的任务是检查概念 X 的实例,且

某一概念 Y 是 X 的推广,且

Y 至少有 10 个实例,且

Y 的全部实例也都是 X 的实例

则:

(1) 提出猜想:"Y 实际上不是 X 的推广"

(2) 将"检查 Y 的实例"加入议程表(agenda)

理由:"既然 Y 不比 X 广,那么 Y 的某推广也许不比 X 广"

规则前提通常是一些条件的合取,每个条件用一个 LISP 函数表示。第一个条件通常是一个特殊的函数,用来说明这条规则的适用范围。

规则结论部分也是一些 LISP 函数,用于完成以下功能:

(1) 提出新任务,把它加入议程表中等待处理。例如一条建立新概念 X 的规则,会提出"填充 X 的实例"这样的任务,提出新任务后,还要根据规则中给出的公式计算该任务的理由分值,并附于该任务上。

(2) 生成新概念或猜想。为生成一个新的概念,应在概念库中加入一个新的框架,提供一种构造新概念的方法,即填充该框架的定义槽,通常还要填充该框架的值槽。

(3) 填空、检验或修改一个概念框架的槽的内容。

规则可以按它们的功能组织起来。由于规则调用都是当前任务激发的,因此规则实际上是按照它们所涉及的任务被组织在一起。另外还可以按规则涉及的概念在特例/推广网络中所处的层次分类。依附于较高层次上的概念的规则是较一般的规则,依附于较低层次上的概念的规则是较专门的规则。

3. 控制策略

AM 的任务就是归纳新概念、提出新猜想,所以它的工作过程就是循环执行以下三个

步骤:

(1) 从已有概念中选择一个感兴趣的概念并生成其实例,填充它的槽。

AM 中大约有 30 条规则用于填充实例。这些规则包括:定义实例化规则、生成和测试规则、实例继承规则等。AM 系统利用这些规则来产生一个概念的实例,直到产生出预定数目的实例或已耗尽当前任务的时间(或空间)限额为止。

(2) 从实例中发现规律,更新概念兴趣分,建立新概念或提出新猜想。

AM 中大约有 40 条规则用于建立新概念,其中有的规则可以用于任意概念,有的规则只能用于函数和关系。

AM 中有大约 30 条规则用于根据数据提出新的猜想。大多数猜想是通过对实例进行比较来实现的。例如,如果概念 C1 的全部实例都是概念 C2 的实例,则猜想概念 C1 是概念 C2 的特例。

(3) 将前两步的结果传播到其他概念中。

可见 AM 的推理机实际上以正向推理的方式工作,它的基本活动就是建立新概念、填充概念的槽。系统最初有 115 个基本概念,每个概念都有一些槽需要填充。系统在运行过程中不断填充概念的槽并建立新概念。最后因空间不足而停止时,系统中已有 300 多个概念。

除了上述两个专家系统,还有一些专家系统比较引人关注,包括:

(1) DENDRAL。1968 年研制成功的第一个专家系统,用于分析光谱图从而确定物质的分子结构。

(2) PROSPECTOR。用于勘探矿产资源的专家系统。

(3) CASNET。用于青光眼诊断与治疗的专家系统。

(4) XCON。原名 R1,DEC 公司用于自动计算机配置的专家系统。

(5) HEARSAY-Ⅱ。用于语音理解的专家系统。

(6) PLANT/ds。首个农作物疾病诊断专家系统,用于大豆病虫害诊断。

(7) DART。美国军方在海湾战争中用于自动后勤规划和运输调度的专家系统。

国内也有一些专家系统获得较为成功的应用,包括农业领域的小麦生产管理专家系统、玉米病虫害防治专家系统以及医学领域的结核病诊断专家系统与口腔牙周病诊断专家系统等。

7.5 专家系统开发工具 CLIPS

本节介绍一种专家系统开发工具 CLIPS(C language integrated production system)。CLIPS 是由美国宇航局约翰逊太空中心于 1985 年用 C 语言开发的,其时该中心的人工智能部门使用最新的硬件和软件开发了十几个专家系统原型,但是没有几个能够投入正常运营,这跟当时专家系统工具使用的是 LISP 语言存在莫大的关系。他们试图寻找使用常规语言如 C 语言开发的专家系统工具,但是结果并不理想,因此人工智能部门花了几个月时间开发了 CLIPS 的原型版本,不过直到 1986 年才发布 CLIPS 的正式版本。目前最新的版本是 CLIPS 6.3,官网为 http://www.clipsrules.net/,维护者也已经由美国宇航局变成了已经离职的 Gary Riley,他是 CLIPS 中基于规则组件的主要负责人。

CLIPS 既是一种开发专家系统的语言,又提供了集成的编辑工具和调试工具。CLIPS 能够提供专家系统的基本元素,包括:

(1) 事实列表和实例列表:推理所需数据的全局存储;

(2) 知识库:包含所有的规则;

(3) 推理机:控制规则的执行。

安装完 CLIPS 并打开,显示窗口:

```
        CLIPS (6.30 3/17/15)
    CLIPS >
```

第一行表示 CLIPS 的版本是 6.30,发布时间为 2015 年 3 月 17 日,第二行是 CLIPS 的命令行,可以在">"之后输入命令以执行。在后续示例可以看到 CLIPS 所有命令都需要使用圆括号括住。

7.5.1　事实

在 CLIPS 中,事实(fact)是一个信息块,放置在事实列表中。

使用 assert、retract、modify 和 duplicate 可以添加、撤回、修改和复制事实。

1. 添加事实

assert 用来添加事实,例如添加事实(name "wang")以及(name "li"):

```
CLIPS >(assert (name "wang") (name "li"))
<Fact-2>
```

其中<Fact-2>为输出,表示最后一个事实(name "li")的编号为 2。

此时输入(facts)可以查看当前所有的事实:

```
CLIPS > (facts)
f-0    (initial-fact)
f-1    (name "wang")
f-2    (name "li")
For a total of 3 facts.
```

其中第一行表示编号为 0 的事实是系统默认定义的事实结构 initial-fact,版本 6.3 之后已经废除 initial-fact 的使用,之所以还在事实列表中保留该事实纯粹是为了向下兼容。

如果重复添加事实,则返回 FALSE,CLIPS 不接受事实的重复添加:

```
CLIPS > (assert (name "wang"))
FALSE
```

2. 撤回事实

如果想要撤回事实,利用 retract 命令,例如想要撤回事实(name "wang"):

```
CLIPS > (retract 1)
```

执行 retract 没有返回值,再查看当前所有的事实:

```
CLIPS > (facts)
f - 0    (initial - fact)
f - 2    (name "li")
For a total of 2 facts.
```

可以看到事实(name "wang")已经不存在。还可以使用通配符将所有事实都撤回：

```
CLIPS > (retract *)
CLIPS > (facts)
```

此时没有任何输出。

3. deftemplate 和无序事实

如果想要修改或者复制事实,在事实(name "wang")或(name "li")上无法做到,此时需要的是无序事实。

实际上事实分为有序事实和无序事实,其中有序事实由一对圆括号界定,括号内第一个字段表示括号内与其他字段的关系,就像前面屡次提到的事实(name "wang")或(name "li")。而无序事实中多个事实并无顺序关系。区别有序事实和无序事实的关键在于圆括号内第一个字段,如果该字段对应 deftemplate 定义的一个符号,则为无序事实,否则为有序事实。deftemplate 是一个构造事实模板的关键字,类似于 C 语言中的结构体关键字。

例如定义一个 person 事实模板：

```
CLIPS > (deftemplate person
(multislot name (type STRING) (default ?NONE))
(slot age (type INTEGER))
(slot sex (default female))
(slot address (type STRING))
(slot note))
```

再添加一个名字为"wang wu"的 person 事实：

```
CLIPS > (assert (person (name "wang wu")))
<Fact - 3>
```

再查看当前所有事实：

```
CLIPS > (facts)
f - 3    (person (name "wang wu") (age 0) (sex female) (address "") (note nil))
For a total of 1 fact.
```

在上述 deftemplate 命令中,person 是关系名,name、age、sex 和 address 都是关系 person 中的槽名。

(1) 关键字 multislot 和 slot 分别表示 name 槽允许输入多个字段以及 age、sex 和 address 都是单字段槽。

(2) 关键字 type 决定槽的数据类型,取值可以为 SYMBOL、STRING、INTEGER、FLOAT、NUMBER 以及 LEXEME 等,分别表示符号、字符串、整数、浮点数、数字(等价于 INTEGER 或 FLOAT)和 LEXEME(等价于符号或字符串)等,其中 SYMBOL、STRING、INTEGER 与 FLOAT 为 CLIPS 的原始数据类型,而 NUMBER 和 LEXEME 是复合数据

类型。

（3）关键字 default 表示该槽的缺省槽值，如果为"?NONE"则表示没有缺省值，在添加事实时该槽必须给定槽值。当未给定某个槽的 type 也未给定缺省值时，如果添加事实时该槽未给定值，则该槽值填充为 nil，即空字段。当 type 给定而缺省值未给定时，会根据 type 的不同自动给定不同的缺省值，如 INTEGER 缺省为 0、STRING 缺省为""等。

（4）之所以添加的事实编号为 3 而总共只有一条事实，是因为前面编号为 0、1 和 2 的三条事实已经被撤回了。

在无序事实 person 中，name、age、sex、address 以及 note 的顺序无关紧要，例如添加一个改变槽顺序的 person 事实：

```
CLIPS > (assert (person (name "wang wu") (age 0) (address "") (note nil) (sex female)))
FALSE
```

添加该事实失败，因为该事实与上一次添加的事实相同。

而在有序事实中，前后顺序却是至关重要的。例如添加两条事实：

```
CLIPS > (assert (name "wang" "wu"))
< Fact - 4 >
CLIPS > (assert (name "wu" "wang"))
< Fact - 5 >
```

然后查看所有事实：

```
CLIPS > (facts)
f - 3   (person (name "wang wu") (age 0) (sex female) (address "") (note nil))
f - 4   (name "wang" "wu")
f - 5   (name "wu" "wang")
For a total of 3 facts.
CLIPS > (retract 4 5)
```

可以看到 4 号事实和 5 号事实是不同的事实。为了节省后续显示空间，最后将 4 号和 5 号事实撤回。

4. 修改事实

利用 modify 可以修改无序事实中的某些槽值：

```
CLIPS > (modify 3 (name "zhang" "san") (age 20) (sex male))
< Fact - 6 >
CLIPS > (facts)
f - 6   (person (name "zhang" "san") (age 20) (sex male) (address "") (note nil))
For a total of 1 facts.
```

注意在修改事实时将把该事实原有编号改变为最新编号。

5. 复制事实

duplicate 命令可以利用无序事实创建出一个新的无序事实，其中某些槽需要指定修改值。如通过修改上述 person 事实的 address 槽值复制一个新事实：

```
CLIPS > (duplicate 6 (address "bjtu"))
< Fact - 7 >
CLIPS > (facts)
f - 6    (person (name "zhang" "san") (age 20) (sex male) (address "") (note nil))
f - 7    (person (name "zhang" "san") (age 20) (sex male) (address "bjtu") (note nil))
For a total of 2 facts.
```

6. 监视事实

CLIPS 允许监视事实以便观察事实在内存的变化,这是通过 watch 命令实现的。

```
CLIPS > (watch facts)
CLIPS > (reset)
<== f - 6    (person (name "zhang" "san") (age 20) (sex male) (address "") (note nil))
<== f - 7    (person (name "zhang" "san") (age 20) (sex male) (address "bjtu") (note nil))
==> f - 0    (initial - fact)
```

右长箭头符号==>表示事实正在被添加到内存中,左长箭头<==表示事实正在从内存中移除。reset 命令可用于清除已有事实并添加事实(initial-fact)。除了监视事实的变化,watch 命令还能监视规则、实例、槽等。如果要监视所有项,可以调用(watch all)命令,而unwatch 命令用于取消监视。

7. 自定义事实列表

deffacts 命令用来自定义一个事实列表:

```
CLIPS > (deffacts today (today is Thursday) (weather is cold))
CLIPS > (facts)
f - 0    (initial - fact)
For a total of 1 fact.
CLIPS > (reset)
<== f - 0    (initial - fact)
==> f - 0    (initial - fact)
==> f - 1    (today is Thursday)
==> f - 2    (weather is cold)
```

deffacts 命令定义了一个 today 事实列表,其中有两个事实:(today is Thursday)和(weather is cold)。deffacts 定义的事实列表在定义之后并未立刻添加到事实中,而是需要在 reset 命令后自动添加。

除了可以定义有序事实列表,deffacts 也可以用来定义无序事实列表,例如定义一个person 事实列表:

```
CLIPS > (deffacts multi - person (person (name "wu")) (person (name "zhang")))
CLIPS > (reset)
<== f - 0    (initial - fact)
<== f - 1    (today is Thursday)
<== f - 2    (weather is cold)
==> f - 0    (initial - fact)
==> f - 1    (today is Thursday)
```

```
==> f-2    (weather is cold)
==> f-3    (person (name "wu") (age 0) (sex female) (address "") (note nil))
==> f-4    (person (name "zhang") (age 0) (sex female) (address "") (note nil))
CLIPS > (unwatch facts)
CLIPS > (clear)
==> f-0    (initial-fact)
```

为避免本节示例干扰后续各节，先使用 unwatch 命令取消监视，然后运行 clear 命令清除所有在内存中的事实和规则。

7.5.2 规则

CLIPS 一个非常重要的标签就是基于规则(rule)的专家系统工具，因此规则在 CLIPS 使用非常广泛。此处所讲述的规则实际上就是第 3 章"知识表示"中介绍的产生式规则。

1. 构造规则

考虑构造一条"如果下雨就要打伞"的规则：

```
CLIPS > (deftemplate weather (slot type))
CLIPS > (deftemplate response (slot action))
CLIPS > (defrule rain-day (weather (type rain))
 =>
(assert (response (action taking-umbrella))))
```

首先定义一个 weather 事实模板和 response 事实模板，然后利用 defrule 命令构造一条规则，规则名为 rain-day，(weather (type rain))(即右箭头 =>的前部)为规则的前提，而 (assert (response (action taking-umbrella)))(即后部)为结论。

2. 激活规则

接下来先通过 watch 命令监视事件与激活动作，然后添加事实(weather (type rain))，再激活规则从而添加事实(response (action taking-umbrella))：

```
CLIPS > (watch facts)
CLIPS > (watch activations)
CLIPS > (assert (weather (type rain)))
==> f-1 (weather (type rain))                ;添加 1 号事实
==> Activation 0 rain-day: f-1               ;1 号激活的规则
<Fact-1>
CLIPS > (agenda)                             ;用来查看被激活的规则
0    rain-day: f-1                           ;1 号事实可以激活 rain-day 规则，编号为 0
For a total of 1 activation.
CLIPS > (run)                                ;运行
==> f-2    (response (action taking-umbrella)) ;通过规则添加 2 号事实
CLIPS > (agenda)                             ;已无激活规则
CLIPS > (facts)                              ;查看到添加事实已经成功
f-0    (initial-fact)
f-1    (weather (type rain))
f-2    (response (action taking-umbrella))
```

```
For a total of 3 facts.
CLIPS > (run)                                      ;由于无激活规则,运行结果为空
```

当一个规则被激活后,自动从议程表(agenda)中删除该激活规则;当议程表中有多条激活规则时,CLIPS 自动决定哪条规则将调用,CLIPS 会按照某种规则对议程表中的激活规则排序。

3. 查看规则

与查看所有事实的命令类似,可以使用(rules)查看所有的规则名:

```
CLIPS > (rules)
rain - day
For a total of 1 defrule.
```

返回结果只显示了规则名,如果希望查看规则具体内容,可以使用 ppdefrule 命令:

```
CLIPS > (ppdefrule rain - day)
(defrule MAIN::rain - day
  (weather (type rain))
  =>
  (assert (response (action taking - umbrella))))
```

4. 输出自定义内容

到目前为止,所有命令的输出均为系统输出。如果希望输出自定义内容,可以采用 printout 函数输出相关内容:

```
CLIPS > (defrule print - rain - day (weather (type rain))
  =>
(printout t "rain day" crlf))
  ==> Activation 0 print - rain - day: f - 1
CLIPS > (run)
rain day
```

注意=>和==>的区别,前者是规则的元素,后者是监视的输出。printout 后需接字符't'表示输出到标准输出设备中,结尾的 crlf 表示回车换行,如果没有 crlf,则下一次的 CLIPS > 提示符直接接在刚才输出的内容之后。

5. 复杂规则

前述 rain-day 规则非常简单,还可以定义更为复杂的规则。
例如定义一个输出"Happy Birthday"的规则:

```
CLIPS > (defrule birthday "A person's birthday"
(person (name ?name) (age ?age))
(has - birthday ?name ?age)
  =>
(printout t "Happy Birthday, " ?name crlf))
CLIPS > (assert (person (name "liu") (age 20)))
```

```
==> f-1    (person (name "liu") (age 20) (sex female) (address "") (note nil))
<Fact-1>
CLIPS > (assert (has-birthday "liu" 20))
==> f-2    (has-birthday "liu" 20)
==> Activation 0    birthday: f-1,f-2
<Fact-2>
CLIPS > (run)
Happy Birthday, liu
```

上述代码段首先定义一个 birthday 规则,规则的前提为无序事实 person 和有序事实 has-birthday,这两个事实都必须成立,其中?name 和?age 表示变量,取值可以为任意值,但是 person 事实和 has-birthday 事实中的?name 和?age 都必须一致,否则无法激活该规则;而规则的结论为输出信息,其中也使用了前提中的?name。

在规则的前提部分还有许多其他用法,包括:

(1) 在前提中可以使用通配符(?)和($?),前者表示单个字段,而后者表示 0 个或多个字段。例如:

```
CLIPS > (deffacts data-facts
(data 1.0 blue "red")
(data 1 blue)
(data 1 blue red)
(data 1 blue RED)
(data 1 blue red 6.9))
CLIPS > (defrule find-data
(data ? blue red $?)
=>)
CLIPS > (reset)
<== f-0    (initial-fact)
==> f-0    (initial-fact)
==> f-1    (data 1.0 blue "red")
==> f-2    (data 1 blue)
==> f-3    (data 1 blue red)
==> Activation 0    find-data: f-3
==> f-4    (data 1 blue RED)
==> f-5    (data 1 blue red 6.9)
==> Activation 0    find-data: f-5
```

可以看到 3 号和 5 号事实能够匹配规则 data-facts。

(2) 规则的前提和结论都可以为空,如果前提为空,那么任何一个事实均可激活该规则,如果结论为空,则(run)时不会执行任何动作。

(3) 在规则的前提部分可以有多个事实,这些事实可以用 or、and 连接在一起表示或关系以及与关系。当两个事实之间没有连接词时,默认为与关系,如定义规则:

```
CLIPS > (defrule find-multi-data
(or (and (data 1 blue)
(data 1 blue red))
(data 2))
=>)
==> Activation 0    find-multi-data: f-2,f-3
```

```
CLIPS > (unwatch all)
```

可以看到 2 号事实与 3 号事实能够激活该规则。

此外，还能在前提的事实前使用 not 表示某个事实不存在或者使用 test 测试某个函数的返回值是否为真。

（4）在规则的事实中可以对槽的值有所约束，&、|以及～分别表示槽值的与、或以及非操作。在本章最后的示例中可以看到使用了多个 & 和～。

7.5.3　其他

1. 数学函数的表示

与 LISP 语言一样，CLIPS 的数学函数必须写成前缀形式，如（＋2（＊3 4））表示 2＋3＊4。

2. 变量绑定

bind 函数将一个变量约束为一个表达式的值，例如：

```
CLIPS > (bind ?newvalue ( + 2 ( * 3 4)))
14
```

3. 事实地址

有时需要获得事实的地址，此时可以用<－符号将事实地址绑定到一个变量上。假设还使用 7.5.1 节"事实"定义的事实模板 person，要找到名字为"wang"的 person 事实并撤回：

```
CLIPS > (clear)
CLIPS > (deftemplate person
(multislot name (type STRING) (default ?NONE))
(slot age (type INTEGER))
(slot sex (default female))
(slot address (type STRING))
(slot note))
CLIPS > (assert (person (name "zhang") (age 40))
(person (name "wang") (age 20))
(person (name "li")))
< Fact - 3 >
CLIPS > (defrule delete - person
?found - person <- (person (name "wang"))
  =>
(retract ?found - person))
CLIPS > (run)
CLIPS > (facts)
f - 0    (initial - fact)
f - 1    (person (name "zhang") (age 40) (sex female) (address "") (note nil))
f - 3    (person (name "li") (age 0) (sex female) (address "") (note nil))
For a total of 3 facts.
```

可以看到 2 号事实已经被撤回了。

4．文件操作

open、close 命令可以用来打开或者关闭文件，printout 和 read 命令可用来输出到文件和从文件读入字符串。例如：

```
CLIPS > (open "my.clp" writefile "w")
TRUE
CLIPS > (printout writefile "hello")
CLIPS > (close writefile)
TRUE
CLIPS > (open "my.clp" writefile)
TRUE
CLIPS > (bind ?line (readline writefile))
"hello"
CLIPS > (printout t ?line crlf)
hello
```

open 命令中的"w"可以指定以可写方式打开，同时覆盖现有内容。（readline writefile）用来读取打开的文件中的一行。

7.5.4 实例

前面对 CLIPS 进行了非常简略的介绍，实际上 CLIPS 功能强大、内容丰富，但是限于篇幅问题本书无法进行详细介绍。最后以一个约束满足问题的实例结束对 CLIPS 的介绍，从该实例可以看出 CLIPS 解决基于规则的问题非常方便。

假设每一个字母代表一个 0～9 的数字，求解每个字母分别代表哪个数字能够满足下述算式：

$$
\begin{array}{r}
\text{CROSS} \\
+\text{ROADS} \\
\hline
= \text{DANGER}
\end{array}
$$

解决该问题的代码如下所示：

```
(defrule startup
  => (printout t "The problem is:" crlf)
  (printout t "    CROSS" crlf)
  (printout t " +  ROADS" crlf)
  (printout t " ------------ " crlf)
  (printout t " =  DANGER" crlf)
  (assert (number 0)
          (number 1)
          (number 2)
          (number 3)
          (number 4)
          (number 5)
          (number 6)
```

```
                    (number 7)
                    (number 8)
                    (number 9)
                    (letter C)
                    (letter R)
                    (letter O)
                    (letter S)
                    (letter A)
                    (letter D)
                    (letter N)
                    (letter G)
                    (letter E)
                    (letter R)))
       (defrule generate-combinations
         (number ?x)
         (letter ?a)
         =>
         (assert (combination ?a ?x)))
       (defrule find-solution
         (combination S ?s)
         (combination R ?r&~?s)
         (test (= (mod (+ ?s ?s) 10) ?r))
         (combination D ?d&~?s&~?r)
         (combination E ?e&~?s&~?r&~?d)
         (test (= (mod (+ ?s ?s
                          (* 10 ?s) (* 10 ?d))
                       100)
                   (+ (* 10 ?e) ?r)))
         (combination A ?a&~?s&~?r&~?d&~?e)
         (combination O ?o&~?s&~?r&~?d&~?e&~?a)
         (combination G ?g&~?s&~?r&~?d&~?e&~?a&~?o)
         (test (= (mod (+ ?s ?s
                          (* 10 ?s) (* 10 ?d)
                          (* 100 ?a) (* 100 ?o))
                       1000)
                   (+ (* 100 ?g) (* 10 ?e) ?r)))
         (combination N ?n&~?s&~?r&~?d&~?e&~?a&~?o&~?g)
         (test (= (mod (+ ?s ?s
                          (* 10 ?s) (* 10 ?d)
                          (* 100 ?a) (* 100 ?o)
                          (* 1000 ?r) (* 1000 ?o))
                       10000)
                   (+ (* 1000 ?n) (* 100 ?g) (* 10 ?e) ?r)))
         (combination C ?c&~?s&~?r&~?d&~?e&~?a&~?o&~?g&~?n)
         (test (= (+ ?s ?s
                     (* 10 ?s) (* 10 ?d)
                     (* 100 ?a) (* 100 ?o)
                     (* 1000 ?r) (* 1000 ?o)
                     (* 10000 ?c) (* 10000 ?r))
                  (+ (* 100000 ?d) (* 10000 ?a) (* 1000 ?n) (* 100 ?g) (* 10 ?e) ?r)))
         =>
```

```
(printout t "A solution is:" crlf)
(printout t " " ?c ?r ?o ?s ?s crlf)
(printout t " + " ?r ?o ?a ?d ?s crlf)
(printout t " " " -------- " crlf)
(printout t " = " ?d ?a ?n ?g ?e ?r crlf))
```

将上述代码放入文件"game. clp"中,然后执行 load 命令以及 run 命令,即可得最终结果:

```
The problem is:
    CROSS
  + ROADS
    ---------
  = DANGER
A solution is:
    96233
  + 62513
    -----------
  = 158746
```

尽管专家系统近年来不是人工智能学科研究的热点领域,但是作为最早步入实用的人工智能系统,专家系统的兴起对 20 世纪 70 年代处于黯淡期的人工智能的发展曾起到至关重要的作用。

第 8 章

机器学习与计算智能

机器学习(Machine Learning)与计算智能(Computational Intelligence)都是人工智能学科的重要组成部分。维基百科对机器学习的定义为："机器学习是对算法和统计模型的科学研究,这些算法和模型可以用于执行特定任务,该过程只需利用得到的模式进行推理,无须过多明确干预。"而从机器学习的名字可以简单理解为如何使机器具有学习功能。因此,机器学习研究的主要内容就是学习算法,这些算法负责从数据中找到适合的模型。维基百科认为计算智能目前并没有统一的定义,计算智能通常用于表示计算机从数据或观测经验中学习并完成某个任务的特定能力,与软计算同义。虽然从上述描述看机器学习与计算智能并没有太大区别,但实际上计算智能通常被认为主要研究的是在探索生物认知机理过程中建立起来的算法或模型,包括人工神经网络、演化计算、模糊计算、群体智能等,与机器学习研究的算法领域存在某些共同点(人工神经网络)。本章主要介绍经典机器学习算法以及两种计算智能算法——演化计算和群体智能。

8.1 概述

尽管机器学习这个名称以及其中某些算法从 20 世纪 50 年代就已经面世,但机器学习作为一个领域正式进入人工智能大家族是从 1980 年开始,当年在美国卡内基-梅隆大学举办了第一届机器学习研讨会。

正如人类有各种各样的学习方法一样,机器学习也有很多方法。根据机器学习所采用的学习策略、知识表示方法及其应用领域,可将机器学习方法划分为以下 8 类,下面分别加以简单叙述。

1. 机械学习

机械学习(rote learning)就是记忆。就是把知识存储起来,需要时只需进行检索,不需要推理和计算,这种学习方法是直接的,不需系统进行过多的加工。

2．示教学习

示教学习（learning by advice-taking）是接受并记住专家提出的建议，并用于指导以后的求解过程。

3．通过样例学习

通过样例学习（learning from examples）也称为归纳学习（learning by induction），环境提供的信息是关于实际例子的输入和输出描述，系统应从这些特殊知识中归纳出一般规则来。通过样例学习又可分为监督学习和无监督学习。

4．类比学习

类比学习（learning by analogy）就是在几个对象之间检测相似性，根据一方对象所具有的事实和知识，推论出相似对象所应具有的事实和知识。这时，环境提供的信息是另一问题甚至另一领域的知识，这个问题或领域与未知问题或领域在某些方面有相似之处，即具有共同的性质，学习系统要根据相似性推论出未知问题或领域的知识。类比学习通常被认为是近年来备受关注的迁移学习（Transfer Learning）的前身。

5．基于解释的学习

基于解释的学习（explanation-based learning）根据应用领域的知识，从单个训练样例得出正确的抽象概念。该法可仅根据一个训练样例进行学习，且能够对该训练样例之所以是所学概念的一个例子的原因进行解释。

6．统计学习

以统计学习（statistical learning）理论为基础的学习方法，其代表性算法是支持向量机（support vector machines，SVM）。

7．深度学习

深度学习（deep learning）狭义上可以认为是前些年的连接学习，也就是人工神经网络，只是具有很多层的神经网络。

8．强化学习

强化学习（reinforcement learning）又称增强学习，一般用于博弈、智能控制、智能调度等领域。强化学习能够使机器利用试错—反馈—回溯的手段，得到较优的下一步动作。

目前研究者较为关注通过样例学习、统计学习、强化学习以及深度学习。本章介绍前三种学习方法，考虑到深度学习近年来的飞速发展，深度学习将在第 9 章"神经网络与深度学习"中单独介绍。

8.2　分类与聚类

分类与聚类是机器学习方法主要面临的两大问题，也是我们日常生活中常见的问题。唐代"占雨"一诗中提到"朝霞不出门，暮霞行千里"和经典文学"木兰诗"中提到"雄兔脚扑朔,雌兔眼迷离;双兔傍地走,安能辨我是雄雌"都是典型的分类问题。前者是根据出现霞光的时辰确定天气的好坏,而后者是根据兔子的特征区分雄兔和雌兔,更提出了如果得不到具体的特征就无法分类的朴素思想。而聚类问题则更早就介入我们的生活中,婴儿在几个月大时就会表现出对某类东西例如杯盖的特殊兴趣,尽管一开始没有人告诉他这类东西是什么。这就是一个简单的聚类的例子,婴儿虽然不知道杯盖的名称是什么,但是却能够根据大小、形状从各种物品中准确寻找到各种杯盖。聚类就是这样一个无须先验知识即可将相似的物品归为同一类的过程。

8.2.1　分类

生活中的分类问题就是给定多个物品,需要区分每个物品分别是什么类别。而在机器学习中,分类问题可以定义如下:给定含有 n 个样本的训练数据集 $D_{\text{train}} = \{x_1, x_2, \cdots, x_n\}$,每一个样本 $x_i = (x_{i1}; x_{i2}; \cdots; x_{id})$ 是 d 维空间 χ 上的一个向量,同时给定标号集 $Y_{\text{train}} = \{y_1, y_2, \cdots, y_n\}$,其中 y_i 是整数,表示样本 x_i 的类别;需要确定测试数据集 $D_{\text{test}} = \{x_1, x_2, \cdots, x_m\}$ 中每一个样本 x_i 的类别。根据 y_i 的取值可定义不同的分类问题,当 y_i 的取值范围为 $\{0, 1\}$ 或者 $\{1, -1\}$ 时称为二分类问题,此时数据总共含有两种类别,往往把这两种类别分别称为正类与负类;当 y_i 的取值范围超过两个数时称为多分类问题;当 y_i 只能取一个值时称为单类问题。所谓单类问题是指这样一种问题:只知道正常数据的标号为正常,需要根据新数据与正常数据的相似度确定新数据是否正常。

利用机器学习求解分类问题的过程一般为:根据给定的训练数据集选择分类算法,利用该分类算法对训练数据 D_{train} 及标号集 Y_{train} 进行建模,该建模过程称为训练,得到的输出是一个模型 $Y = \mathcal{F}(x)$ 以及模型中的参数;之后将测试数据 D_{test} 输入到模型 $Y = \mathcal{F}(x)$ 中,得到每一个测试数据的标号即类别,该过程称为测试。有时训练过程还需要增加验证步骤:从训练数据集中分割出一部分数据作为验证数据集,利用验证数据集验证模型 $Y = \mathcal{F}(x)$ 中的参数是否合适,常用的一种验证方式就是交叉验证,即互为训练数据集和验证数据集。

衡量机器学习算法在给定数据集上的分类性能时一般有两种评价方法,第一种使用精度与错误率来评价,简单来说就是正确分类和错误分类的样本分别占所有样本的百分比。多分类和二分类问题都可以使用精度与错误率评价算法的分类性能。

精度和错误率用公式分别表达如下:

$$\text{acc}(\mathcal{F}, D_{\text{test}}) = \frac{1}{m} \sum_{i=1}^{m} I(\mathcal{F}(x_i) = y_i)$$

$$\text{err}(\mathcal{F}, D_{\text{test}}) = \frac{1}{m} \sum_{i=1}^{m} I(\mathcal{F}(x_i) \neq y_i) = 1 - \text{acc}(\mathcal{F}, D_{\text{test}})$$

其中 $I(x)$ 为指示函数,当 x 为真时 $I(x) = 1$,否则 $I(x) = 0$. 精度与错误率可以用来评价算法在整个数据集上的分类性能,但是没法评价算法在具体某些类别上的分类性能。例如在入侵检测领域,我们可以容忍一部分正常访问被判别为攻击,也就是允许误报的存在,但是不允许将攻击判别为正常访问,也就是不允许漏报产生。采用精度与错误率去评价入侵检测算法时,无法将误报和漏报区分开,也就没法得到真实有效的评价结果。

第二种评价方法是利用 TP(true positive)、FN(false negative)、FP(false positive)、TN(true negative)定义的各种指标。TP、FP、FN 和 TN 由表 8.1 定义。

表 8.1　TP、FP、FN 和 TN 的定义

样本实际类别	预 测 结 果	
	正类样本	负类样本
正类样本	TP	FN
负类样本	FP	TN

最常见的指标是查准率(precision,简写为 P)和查全率(recall,简写为 R),查准率指的是分为正类的那些样本中真正为正类所占的比例,而查全率则代表正类样本被正确分类的比例,用公式分别表示为:

$$P = \frac{TP}{TP+FP}$$

$$R = \frac{TP}{TP+FN}$$

其中查准率和查全率是一对矛盾的度量,一般来说,查准率高时,查全率往往偏低,而查全率高时,查准率则偏低。

可以将不同参数下的算法得到的查准率和查全率放入同一个坐标系下进行分析,得到该算法的查准率-查全率曲线,简称 P-R 曲线,显示该曲线的图称为 P-R 图,如图 8.1 所示:

在前述入侵检测的例子中,如果把攻击当成正类,查准率越高意味着误报率越低,查全率越高则意味着漏报率越低。因此希望得到查全率非常高而查准率偏低的结果,但是并不是查全率越高越好,因为查全率越高,查准率往往越低,将会导致非常密集的误报出现。极端情况下,所有访问都判定为攻击时,查全率为 100%,而查准率很可能低于 0.1%(因为在

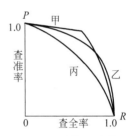

图 8.1　不同算法或模型的 P-R 曲线

一个正常网络中,正常访问总是比攻击要多很多),在这种情况下,即使所有的攻击都被检测出来对于入侵检测的任务也没有任何意义。因此,需要将"查全率非常高而查准率偏低"的描述量化。此时可以根据查准率和查全率定义新的评价指标 F_β:

$$F_\beta = \frac{(1+\beta^2) \times P \times R}{\beta^2 \times P + R}$$

其中 $\beta > 0$ 表示查全率对查准率的相对重要性。当 $\beta = 1$ 时 F_β 退化为常见的 F_1 度量,$\beta > 1$ 时查全率更重要,$\beta < 1$ 时查准率更重要。

给定上述定义之后,选取 F_β 或者 F_1 最高的那个算法将是比较合适的。回到入侵检测问题上,根据漏报比误报严重得多,可以令 β 取一个较大的正数如 $\beta = 10$,选取使得 F_β 取值最大的那个算法即为当前问题合适的算法。

此外,还有一种常用的指标——ROC(receiver operating characteristic)曲线,该曲线的横坐标是 $FPR = \frac{FP}{TN+FP}$,即负类中判断错误的样本占所有负类样本的比例(false positive rate),纵坐标是 $TPR = \frac{TP}{TP+FN}$,即正类中判断正确的样本占所有正类样本的比例(true positive rate)。图 8.2 是一个 ROC 曲线的例子。把 ROC 曲线下的阴影面积称为 AUC

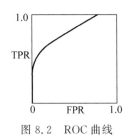

图 8.2　ROC 曲线

(area under curve)，AUC 越大代表该算法分类性能越好。当测试集中正负类样本的分布发生变化时，ROC 曲线并不会随之改变太多，因此 ROC 曲线经常被用于评价分类算法的性能。

机器学习求解分类问题的难点一般有下列几个：

（1）选取合适的特征空间。前述数据集（包括训练和测试）都默认是 d 维空间上的数据，但是现实中的数据往往不是向量数据，如图像、文本和语音等，因此经常需要把现实数据转换为 d 维向量，这种通过处理得到向量数据的过程称为特征提取（feature extraction）。

（2）选取合适的机器学习算法。根据数据的特点和规模选择不同的机器学习算法进行分类，根据上述指标评价各个算法，从而得到合适的机器学习算法。

（3）选择合适的参数。许多机器学习算法都需要指定某些参数，一般有两种方式，其一是依靠人工经验，其二是依靠交叉验证方法。

目前有许多用于分类的算法，如决策树、贝叶斯分类器、支持向量机、神经网络、k-近邻等算法。

8.2.2　聚类

聚类属于无监督学习，试图将数据集中的样本划分为若干个不相交的子集，每个子集称为一个簇。进一步的描述如下：给定数据集 $D = \{x_1, x_2, \cdots, x_n\}$，每一个样本 $x_i = (x_{i1}; x_{i2}; \cdots; x_{id})$ 是 d 维空间 χ 上的一个向量，需要计算每个样本之间的相似性，将数据集 D 分成 k 个子集 $D_1, D_2, \cdots, D_k$，集合 $\{D_1, D_2, \cdots, D_k\}$ 构成 D 的一个划分。

与分类的评价指标类似，聚类算法也有一些指标用于评价聚类算法的有效性。这些方法通常分为外部方法和内蕴方法。外部方法指的是当数据集已标注时，通过比较聚类结果与已知类标的相似程度来评估聚类算法。常见指标包括 Jaccard 系数（Jaccard coefficient，JC）和 RI（rand index）。

令聚类算法计算出的划分为 U，标注数据给定的划分为 V，JC 和 RI 分别定义为：

$$JC(U,V) = \frac{a_1}{a_1 + a_2 + a_3}$$

$$RI(U,V) = \frac{a_1 + a_4}{a_1 + a_2 + a_3 + a_4} = \frac{2(a_1 + a_4)}{k(k-1)}$$

其中 a_1 表示在划分 U 和划分 V 中都属于同一类的样本对数目；a_2 表示在 U 中属于同一类但在 V 中不属于同一类的样本对数目；a_3 为在 U 中不属于同一类但在 V 中属于同一类的样本对数目；a_4 为在 U 中和 V 中都不属于同一类的样本对数目。显然 $a_1 + a_2 + a_3 + a_4 = \frac{k(k-1)}{2}$。

由于数据集一般情况下是未标注的，因此想要通过外部方法评价聚类算法不太合适，此时需要从聚类的内在需求出发，考察类的紧致性、分离性以及类表示的复杂性等聚类需求来评估聚类的优劣，此时设计的聚类有效性指标称为内蕴聚类有效性指标。常见指标包括 DBI（Davies-Bouldin index）和 DI（Dunn index），DBI 定义为：

$$\mathrm{DBI} = \frac{1}{k} \sum_{i=1}^{k} \max_{j \neq i} \left(\frac{\mathrm{avg}(D_i) + \mathrm{avg}(D_j)}{\mathrm{dist}(\boldsymbol{\mu}_i, \boldsymbol{\mu}_j)} \right)$$

其中 $\mathrm{avg}(D_i) = \dfrac{2}{|D_i|(|D_i|-1)} \sum_{1 \leqslant j < k \leqslant |D_i|} \mathrm{dist}(\boldsymbol{x}_j, \boldsymbol{x}_k)$ 表示 D_i 簇中样本的平均距离，$\boldsymbol{\mu}_i =$ $\dfrac{1}{|D_i|} \sum_{j=1}^{|D_i|} \boldsymbol{x}_j$ 代表 D_i 簇中心，$\mathrm{dist}(\boldsymbol{s}, \boldsymbol{t})$ 表示样本 $\boldsymbol{s}$ 和 $\boldsymbol{t}$ 之间的距离，常用闵可夫斯基距离。欧几里得距离和曼哈顿距离是闵可夫斯基距离的两个特例。根据上式可以看出 DBI 实际上衡量的是类内距离与类间距离的比例，所以 DBI 越小聚类效果越好。

DI 定义为：

$$\mathrm{DI} = \min_{1 \leqslant i \leqslant k} \left\{ \min_{j \neq i} \left(\frac{d_{\min}(D_i, D_j)}{\max\limits_{1 \leqslant l \leqslant k}(\mathrm{diam}(D_l))} \right) \right\}$$

其中 $d_{\min}(D_i, D_j)$ 表示 D_i 和 D_j 两簇之间最近样本的距离，$\mathrm{diam}(D_l)$ 表示 D_l 簇内最远样本的距离。可以看出 DI 实际上衡量的是类间最近样本的距离与类内最远样本的距离之比例，所以 DI 越大效果聚类越好。

聚类算法一般可分为原型聚类、层次聚类以及密度聚类。k-均值、AGNES、DBSCAN 分别属于上述三种聚类算法，8.5 节"k-均值聚类"将详细介绍最常用的 k-均值聚类算法。

8.3　决策树

决策树(decision tree)是一种常见的机器学习分类算法，其目标是构造一棵根树，每个叶结点代表一种决策，每个非叶结点(包括根结点)代表属性，属性的每个取值确定该非叶结点的一个分支。要获得某种情况下的决策时，可以从根结点出发根据该情况下多个属性的不同取值得到一条到达叶结点的路径，该叶结点代表的决策就是该情况下的决策。决策树的构造通常包含三个步骤：属性选择、决策树的生成以及决策树的修剪。

8.3.1　构造决策树

假设影响决策的因素(即数据的属性)构成集合 $P = \{a_1, a_2, \cdots, a_d\}$，每个属性 a_i 的取值分别为集合 $V_i = \{v_{i1}, v_{i2}, \cdots, v_{im_i}\}$，即属性 a_i 可取的值有 m_i 个；训练数据集为 $D = \{(\boldsymbol{x}_1, y_1), (\boldsymbol{x}_2, y_2), \cdots, (\boldsymbol{x}_n, y_n)\}$，其中 $y_i \in C = \{C_1, C_2, \cdots, C_k\}$。构造决策树的过程简单描述如下：

```
DT(P,D)
{
    node = Construct_DT(P,D);
    return;
}
```

而函数 Construct_DT 定义如下：

```
NODE Construct_DT(P,D,node = NULL)
{
    if node == NULL then node = Construct_Node();      //生成 node 结点
```

```
if |{x_i|(x_i,y_i)∈D and (y_i == C_j)}| == |D| then
                                                    //如果 D 中的样本全部属于同一类
        Mark_Leaf_Node(node); Class(node) = C_j;          //标记 node 为 C_j 类叶结点
        return node;
    end if
    if P == ∅ then                                        //如果 P 中已无属性
        //标记 node 为叶结点,类别为 D 中样本数量最多的类
        Mark_Leaf_Node(node); Class(node) = argmax(|{x_i|(x_i,y_i)∈D and y_i == C_j}|);
                                                C_j
        return node;
    end if
    for a_j∈P do                                          //如果 D 中所有样本的属性值全都一样
        if |{x_i|(x_i,y_i)∈D and a_j(x_i) == v_jr}| == |D| then
            Mark_Leaf_Node(node);
            Class(node) = argmax(|{x_i|(x_i,y_i)∈D and y_i == C_j}|);
                         C_j
            return node;
        end if
    end for
    a_t = Select_OP(P);                                   //选择最优属性 a_t
    for v_t r∈V_t do                                      //对于 a_t 取值范围 V_t 的每一个值
        node2 = Construct_Node(node);                     //生成 node 的分支 node2
        D_r = {(x_i,y_i)|(x_i,y_i)∈D and a_t(x_i) == v_tr};  //得到 a_t 值为 v_tr 的样本子集 D_r
        if D_r == ∅ then
            Mark_Leaf_Node(node2);                        //标记 node2 为叶结点
            Class(node2) = argmax(|{x_i|(x_i,y_i)∈D and y_i == C_j}|);
                          C_j
            return node;
        else
            ConstructDT(D_r,P-{a_t},node2); return node;
        end if
    end for
}
```

显然选择最优属性 a_t＝Select_OP(P)是决策树算法的关键点,不同的选择方法导致不同的决策树算法。常见的决策树算法包括 ID3、C4.5 和 CART。下面用一个例子来介绍 ID3 算法。

这是一个配置隐形眼镜的例子。配镜师需要根据患者的实际情况来决定是否适合配戴隐形眼镜。这个问题是一个三分类问题,共有三种决策:

δ_1:患者应配硬隐形眼镜;

δ_2:患者应配软隐形眼镜;

δ_3:患者不适合配隐形眼镜。

配镜师为了做出决策,需要考虑如下因素:

a.患者的年龄:1 年轻;2 前老花眼;3 老花眼。

b.患者眼睛的诊断结果:1 近视;2 远视。

c.是否散光:1 否;2 是。

d.泪腺情况:1 不发达;2 正常。

目前配镜师已经对 24 个不同情况的患者进行了诊断,见表 8.2。

表 8.2　隐形眼镜配置案例

序　号	属性值				决策	序　号	属性值				决策
	a	b	c	d	δ		a	b	c	d	δ
1	1	1	1	1	3	13	2	2	1	1	3
2	1	1	1	2	2	14	2	2	1	2	2
3	1	1	2	1	3	15	2	2	2	1	3
4	1	1	2	2	1	16	2	2	2	2	3
5	1	2	1	1	3	17	3	1	1	1	3
6	1	2	1	2	2	18	3	1	1	2	3
7	1	2	2	1	3	19	3	1	2	1	3
8	1	2	2	2	1	20	3	1	2	2	1
9	2	1	1	1	3	21	3	2	1	1	3
10	2	1	1	2	2	22	3	2	1	2	2
11	2	1	2	1	3	23	3	2	2	1	3
12	2	1	2	2	1	24	3	2	2	2	3

以表 8.2 中配镜师诊断的 24 个案例作为训练数据,构建决策树。决策树构建之后就可以根据新患者的情况来确定是否适合佩戴隐形眼镜。

在多个属性的情况下如何选择当前最合适的属性是构造决策树的关键,如果随机选取将会导致构造的决策树性能不稳定。通常选择最优属性时希望在该属性的每个取值(即分支)下,包含的样本尽量是同一类的,即结点的纯度越高。信息熵正好符合这个要求。

假设样本集合 D 中第 i 类样本所占的比例为 p_i,$i=1,2,\cdots,k=|C|$。则 D 的信息熵定义为:

$$H(D) = -\sum_{i=1}^{k} p_i \log_2 p_i$$

上式表明 H 越小,D 的纯度就越高。

在上述配置隐形眼镜的例子中,类别 δ_1、δ_2 和 δ_3 分别有 4、5 和 15 个,因此

$$H(D) = -\sum_{i=1}^{k} p_i \log_2 p_i = -\frac{4}{24}\log_2\left(\frac{4}{24}\right) - \frac{5}{24}\log_2\left(\frac{5}{24}\right) - \frac{15}{24}\log_2\left(\frac{15}{24}\right) = 1.3261$$

应该以尽量减小信息熵的方法不断把样本集划分成子集,直到信息熵为 0 或者无法继续为止。为了在划分子集的过程中快速降低信息熵,可以使用信息增益来划分子集。所谓信息增益指的是:当选中样本集合 D 中的属性 a_i 后,按照 a_i 的取值范围 $V_i=\{v_{i1},v_{i2},\cdots,v_{im_i}\}$ 进行划分之后得到的条件熵与熵 $H(D)$ 之差。假设 D 根据属性 a_i 划分之后,得到的集合为 $D_{i1},D_{i2},\cdots,D_{im_i}$。条件熵定义为 $H(D\mid a_i) = \sum_{j=1}^{m_i} \frac{|D_{ij}|}{|D|}H(D_{ij})$,而信息增益定义为:

$$\text{Gain}(D,a_i) = H(D) - H(D\mid a_i)$$

一般来说信息增益 $\text{Gain}(D,a_i)$ 越大,则意味着从样本集 D 中按照 a_i 划分之后熵降低得越快,也就是纯度提升得越高。

回到上述隐形眼镜例子中,一共有 4 个属性 a、b、c、d,因此需要计算 $\text{Gain}(D,a)$、$\text{Gain}(D,b)$、$\text{Gain}(D,c)$ 与 $\text{Gain}(D,d)$,从而确定选择哪个属性作为根结点。

为了计算 $\mathrm{Gain}(D,a)$，可以按照 a 的取值以及最终的类别从表 8.2 中抽取出一些统计数据，见表 8.3。

表 8.3 a 属性的取值与三类决策统计数据

决 策	$a=1$	$a=2$	$a=3$	总 计
δ_1	2	1	1	4
δ_2	2	2	1	5
δ_3	4	5	6	15
总计	8	8	8	24

由此可计算出：

$$
\begin{aligned}
H(D \mid a) =& \frac{8}{24}\left[-\frac{2}{8}\log_2\left(\frac{2}{8}\right)-\frac{2}{8}\log_2\left(\frac{2}{8}\right)-\frac{4}{8}\log_2\left(\frac{4}{8}\right)\right]+ \\
& \frac{8}{24}\left[-\frac{1}{8}\log_2\left(\frac{1}{8}\right)-\frac{2}{8}\log_2\left(\frac{2}{8}\right)-\frac{5}{8}\log_2\left(\frac{5}{8}\right)\right]+ \\
& \frac{8}{24}\left[-\frac{1}{8}\log_2\left(\frac{1}{8}\right)-\frac{1}{8}\log_2\left(\frac{1}{8}\right)-\frac{6}{8}\log_2\left(\frac{6}{8}\right)\right] \\
=& 1.2867
\end{aligned}
$$

类似可得

$$
\begin{aligned}
H(D \mid b) =& \frac{12}{24}\left[-\frac{3}{12}\log_2\left(\frac{3}{12}\right)-\frac{2}{12}\log_2\left(\frac{2}{12}\right)-\frac{7}{12}\log_2\left(\frac{7}{12}\right)\right]+ \\
& \frac{12}{24}\left[-\frac{1}{12}\log_2\left(\frac{1}{12}\right)-\frac{3}{12}\log_2\left(\frac{3}{12}\right)-\frac{8}{12}\log_2\left(\frac{8}{12}\right)\right] \\
=& 1.2866
\end{aligned}
$$

$$
\begin{aligned}
H(D \mid c) =& \frac{12}{24}\left[-\frac{5}{12}\log_2\left(\frac{5}{12}\right)-\frac{7}{12}\log_2\left(\frac{7}{12}\right)\right]+\frac{12}{24}\left[-\frac{4}{12}\log_2\left(\frac{4}{12}\right)-\frac{8}{12}\log_2\left(\frac{8}{12}\right)\right] \\
=& 0.9491
\end{aligned}
$$

$$
\begin{aligned}
H(D \mid d) =& \frac{12}{24}\left[-\frac{12}{12}\log_2\left(\frac{12}{12}\right)\right]+\frac{12}{24}\left[-\frac{4}{12}\log_2\left(\frac{4}{12}\right)-\frac{5}{12}\log_2\left(\frac{5}{12}\right)-\frac{3}{12}\log_2\left(\frac{3}{12}\right)\right] \\
=& 0.7773
\end{aligned}
$$

因此可得

$$
\mathrm{Gain}(D,a)=0.0394
$$
$$
\mathrm{Gain}(D,b)=0.0395
$$
$$
\mathrm{Gain}(D,c)=0.3770
$$
$$
\mathrm{Gain}(D,d)=0.5488
$$

因此，选取 d 属性作为根结点划分样本集 D，之后根据 d 属性的两个取值构建左右子树。在每棵子树上重复上述方法，得到最终的决策树如图 8.3 所示。

得到决策树之后，如果有新患者之来，可以根据新患者的各项情况从决策树中找到是否适合佩戴隐形眼镜的建议。

在选择最优属性时 ID3 算法利用了信息增益，但是信息增益对于可取值范围较多的属性有所偏好，也就是属性 a_i 的取值范围 $V_i=\{v_{i1},v_{i2},\cdots,v_{im_i}\}$ 中 m_i 越大越可能被选中。

C4.5 利用信息增益率来减少这种偏好带来的影响。信息增益率定义为：

$$\text{Gain\_ratio}(D, a_i) = \frac{\text{Gain}(D, a_i)}{\text{SI}(D, a_i)}$$

其中 $\text{SI}(D, a_i) = -\sum_{j=1}^{m_i} \frac{|D_{ij}|}{|D|} \log_2 \frac{|D_{ij}|}{|D|}$ 称为分裂信息度量，用于衡量属性分裂数据的广度和均匀度。上例中 $\text{Gain\_ratio}(D, a) = 0.0249$，$\text{Gain\_ratio}(D, b) = 0.0395$，$\text{Gain\_ratio}(D, c) = 0.3770$，$\text{Gain\_ratio}(D, d) = 0.5488$。之所以 b、c、d 三个属性的信息增益率与信息增益一致，是因为在样本集 D 中，b、c、d 都有两种取值，而且每种取值的样本数量均为 12 个，因此 $\text{SI}(D, b) = \text{SI}(D, c) = \text{SI}(D, d) = -\frac{1}{2} \log_2 \frac{1}{2} - \frac{1}{2} \log_2 \frac{1}{2} = 1$。

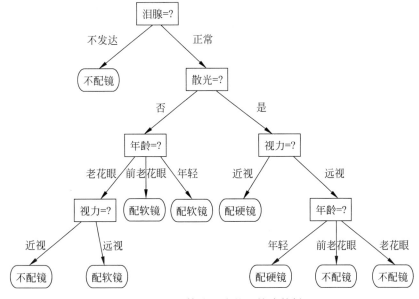

图 8.3　ID3 算法生成的配镜决策树

一般情况下按照信息增益率选取最优属性时会偏向那些取值数目较少的属性，因此 C4.5 并不是直接选取信息增益率最高的属性，而是先获得所有信息增益在平均值之上的属性，再在这些属性中选择信息增益率最高的属性。

ID3 和 C4.5 都充分考虑了信息熵，而 CART 考虑的则是 Gini 指数，定义为：

$$\text{Gini\_index}(D, a_i) = \sum_{j=1}^{m_i} \frac{|D_{ij}|}{|D|} \text{Gini}(D_{ij})$$

其中 $\text{Gini}(D_{ij}) = \sum_{t=1}^{k} p_{ijt}(1 - p_{ijt})$，$p_{ijt}$ 代表属性 a_i 取值为 v_{ij} 时属于第 t 类的样本数量与属性 a_i 取值为 v_{ij} 时所有类别的样本数量之比。

计算出候选属性的 Gini 指数之后，CART 每次选择最小的那个属性作为当前最优属性。

8.3.2　决策树剪枝

决策树可能在构造的过程中生成过多分支，导致结果过于拟合训练数据集，很可能发现了训练数据中的特殊性质而非一般规律,此时需要对决策树进行剪枝,剪枝策略包括预剪枝和后剪枝。预剪枝指的是在构造决策树的过程中,确定每个结点的分支时提前评估该结点,如果将该结点划分为多个分支比直接将该结点标记为叶结点分类性能更好,则对该结点进行划分,否则将该结点标记为叶结点。而后剪枝指的是构造好决策树之后,采用自底向上的方式从最靠近叶结点的非叶结点开始考察,每个非叶结点如果更改为叶结点分类性能更好则将该非叶结点修改为叶结点,同时删除该结点的多个分支。接下来仍然以上述配镜的例子来详细说明预剪枝策略。

在剪枝策略中需要评估决策树的分类性能,因此可以从训练数据集中预留一部分数据作为验证集,假设编号为{3,4,7,9,10,11,14,15,20,21,23,24}的12个案例组成验证集,编号为{1,2,5,6,8,12,13,16,17,18,19,22}的12个案例组成训练集,如表8.4所示。

表 8.4　训练集(左表)与验证集(右表)的划分

序　号	属性值				决策	序　号	属性值				决策
	a	b	c	d	δ		a	b	c	d	δ
1	1	1	1	1	3	3	1	1	2	1	3
2	1	1	1	2	2	4	1	1	2	2	1
5	1	2	1	1	3	7	1	2	2	1	3
6	1	2	1	2	2	9	2	1	1	1	3
8	1	2	2	2	1	10	2	1	1	2	2
12	2	1	2	2	1	11	2	1	2	1	3
13	2	2	1	1	3	14	2	2	1	2	2
16	2	2	2	2	3	15	2	2	2	1	3
17	3	1	1	1	3	20	3	1	2	2	1
18	3	1	1	2	3	21	3	2	1	1	3
19	3	1	2	1	3	23	3	2	2	1	3
22	3	2	1	2	2	24	3	2	2	2	3

采用前述信息增益准则,表8.4左表所示的训练集构造的决策树如图8.4所示,为了后续描述方便,对图8.4中的决策树相关结点进行编号。

假设利用表8.4右表中的数据作为验证集对图8.4的决策树执行预剪枝。

首先考察根结点1号结点,假设直接将根结点的后续结点全部删除,则由于训练集中大部分案例都是不配镜,因此根结点作为叶结点时,标记为不配镜。而验证集中案例{3,7,9,11,15,21,23,24}都是不配镜,因此精度为$\frac{8}{12}$。如果根结点按照算法分为两个分支,根据训练集中的数据可以将泪腺不发达的分支标记为不配镜,正常的分支标记为配软镜。在验证集中泪腺不发达的案例为{3,7,9,11,15,21,23},全部不配镜;泪腺正常的案例为{4,10,14,20,24},有两个案例配软镜,因此按照泪腺划分为两个分支时精度为$\frac{9}{12}$,大于将1号结点作为叶结点的精度,因此1号结点需要划分为两个分支。

2号结点本来就是叶结点,无须考察是否剪枝,接下来考察3号结点。如前所述如果3号结点作为叶结点标记为配软镜,验证集中案例的精度为$\frac{2}{5}$。如果将3号结点划分为两个

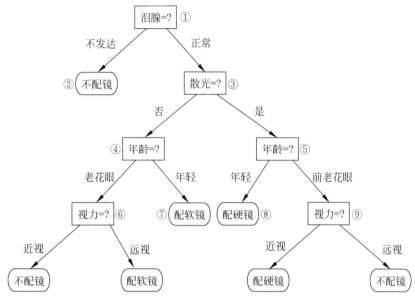

图 8.4 表 8.4 左表数据所示的决策树

分支,4 号和 5 号结点作为叶结点分别标记为配软镜和配硬镜,因此验证集中案例的精度为 $\frac{4}{5}$,优于 3 号结点不划分时。因此 3 号结点划分为两个分支。

4 号结点作为叶结点时标记为配软镜,验证集中案例的精度为 $\frac{2}{2}$,已经达到最大值,因此 4 号结点无须再划分,将 4 号结点作为叶结点即可,标记为配软镜。

5 号结点作为叶结点时标记为配硬镜,验证集中案例的精度为 $\frac{2}{3}$。如果将 5 号结点划分为 8 号结点和 9 号结点,此时 8 号结点为叶结点,标记为配硬镜,在验证集中 4 号案例正好是配硬镜;如果将 9 号结点视为叶结点,此时训练集中包含 12 号和 16 号案例,分别为配硬镜和不配镜,由于两种类别数量一样,因此随机选择一个类别作为 7 号结点的类别,假设将 9 号结点标记为配硬镜(如果标记为不配镜结果一样),此时验证集中并无案例满足 9 号结点的条件,因此将 5 号结点划分为两个分支时精度由 $\frac{2}{3}$ 降低为 $\frac{1}{3}$,故 5 号结点无须再划分,将 5 号结点作为叶结点,标记为配硬镜。

因此,对图 8.4 所示的决策树进行预剪枝之后的决策树见图 8.5。

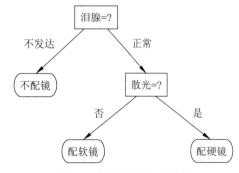

图 8.5 预剪枝后的决策树

除了预剪枝外,还可以对决策树进行后剪枝。后剪枝的做法与预剪枝类似,主要区别就在于预剪枝是从根结点往下搜索需要修剪的分支,而后剪枝则是在构造完整个决策树之后从底向上搜索需要修剪的分支,两种策略非常相似,因此不再对后剪枝进行讨论。

8.4　支持向量机

20 世纪 80 年代初神经网络再次掀起了人工智能的热潮,但是短短十余年之后对于神经网络的研究就近乎销声匿迹,直到 2006 年 Hinton 在 *Science* 上发表了被认为是深度学习的开山之作的论文之后,神经网络再次席卷而来,为人工智能带来新一波更震撼的研究热潮,这次神经网络有了一个新名词——深度学习。在神经网络的这两次热潮之间,有一种方法吸引了机器学习领域的大部分注意力,那就是支持向量机(support vector machine)。

支持向量机是一种学习机制,可用于分类与回归。支持向量的概念在 20 世纪 60 年代就已经提出,支持向量机的理论基础——统计学习理论也在 20 世纪 70 年代形成,但是直到 1993 年支持向量机才正式面世,很快成为机器学习领域的主流方法。与当时的神经网络相比,支持向量机的一些特性如泛化能力强、适于小样本学习、有坚实的理论基础使得支持向量机一经提出便备受关注。

8.4.1　分类问题

1. 线性可分

给定训练样本集为 $D_{\text{train}} = \{(\boldsymbol{x}_1, y_1), (\boldsymbol{x}_2, y_2), \cdots, (\boldsymbol{x}_n, y_n)\}$,$y_i \in \{+1, -1\}$,如图 8.6 所示,圆圈表示 $y_i = +1$ 的样本,即正样本;五角星表示 $y_i = -1$ 的样本,即负样本。明显这两类可以用一个超平面分开,如图 8.6 中直线所示,那么使用哪个超平面分开对这些训练样本最合适呢? 直观上中间粗体直线比其他直线更合适。实际上最优分类超平面应该满足两类样本到该超平面的最小距离最大,即最大化分类间隔(margin)。

假设分类超平面为 $\boldsymbol{w} \cdot \boldsymbol{x} + b = 0$,要想使得分类间隔最大,即图 8.7 中两条虚线之间的距离最大。

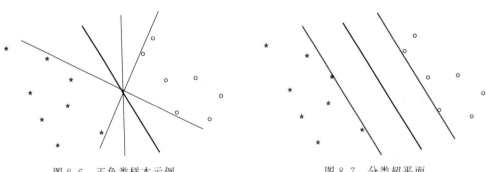

图 8.6　正负类样本示例　　　　　　图 8.7　分类超平面

无论样本点在空间如何分布,都能够找到适当的 w 和 b 使得粗线右上角的虚线代表的超平面为 $\boldsymbol{w} \cdot \boldsymbol{x} + b = +1$,而左下角的虚线代表的超平面为 $\boldsymbol{w} \cdot \boldsymbol{x} + b = -1$。因此两条虚线之间的距离为 $\dfrac{2}{\|\boldsymbol{w}\|}$,使得该距离最大化可得到 w 和 b 的取值,即最优超平面。上述分类问

题转换为优化问题：

$$\max_{\boldsymbol{w},b} \frac{2}{\|\boldsymbol{w}\|}$$

$$\mathrm{s.t.}\, y_i(\boldsymbol{w}\cdot\boldsymbol{x}_i+b)\geqslant 1, \quad i=1,2,\cdots,n$$

为了方便求解该优化问题，亦可重写为：

$$\min_{\boldsymbol{w},b} \frac{1}{2}\|w\|^2$$

$$\mathrm{s.t.}\, y_i(\boldsymbol{w}\cdot\boldsymbol{x}_i+b)\geqslant 1, \quad i=1,2,\cdots,n$$

这就是最基础的支持向量机，亦可称为线性硬间隔支持向量机，求解方法与下文介绍的方法类似且更为简单。

图 8.7 中样本的分布属于理想情况，有些时候由于数据存在错误或者其他原因导致正负类样本点无法被超平面完全分开，如图 8.8(a) 所示分类超平面旁边的两个样本点无法被该超平面正确分类。有时候虽然能够根据超平面把正负类样本点完全分开，但是该超平面并不一定是最优的分类超平面，如图 8.8(b) 所示。图 8.8(b) 中的粗长画线能够将正负类样本完全分开，但是考虑该图中的 u 点，如果按照粗长画线代表的分类超平面去分类的话，u 点应该标号为 +1，可是显然 u 点距离负类样本也就是五角星更近，所以 u 点代表的样本应该是负类，而非正类，也就是说粗实线所代表的分类超平面更准确。

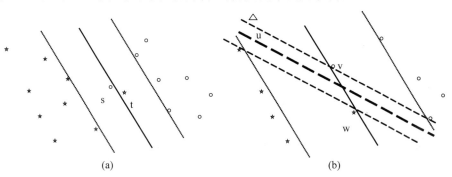

图 8.8　不理想状态下的样本分布

为了应对上述情况，需要在优化问题的限制条件中加入松弛变量 ξ_i，如式 (8.1) 所示：

$$\min_{\boldsymbol{w},b} \frac{1}{2}\|\boldsymbol{w}\|^2+C\sum_{i=1}^{n}\xi_i \tag{8.1}$$

$$\mathrm{s.t.}\, y_i(\boldsymbol{w}\cdot\boldsymbol{x}_i+b)\geqslant 1-\xi_i, \quad i=1,2,\cdots,n$$

$$\xi_i\geqslant 0, \quad i=1,2,\cdots,n$$

为求解式 (8.1)，引入拉格朗日乘子，拉格朗日函数为：

$$L(\boldsymbol{w},b,\boldsymbol{\xi},\boldsymbol{\alpha},\boldsymbol{\gamma})=\frac{1}{2}\|\boldsymbol{w}\|^2+C\sum_{i=1}^{n}\xi_i-\sum_{i=1}^{n}\alpha_i[y_i(\boldsymbol{w}\cdot\boldsymbol{x}_i+b)-1+\xi_i]-\sum_{i=1}^{n}\gamma_i\xi_i \tag{8.2}$$

其中 $\alpha_i\geqslant 0, \gamma_i\geqslant 0, i=1,2,\cdots,n$。

函数 L 的极值应满足条件：

$$\frac{\partial}{\partial\boldsymbol{w}}L=0, \quad \frac{\partial}{\partial b}L=0, \quad \frac{\partial}{\partial\xi_i}L=0$$

从而可得到：

$$\sum_{i=1}^{n} \alpha_i y_i = 0; \quad \boldsymbol{w} = \sum_{i=1}^{n} \alpha_i y_i \boldsymbol{x}_i; \quad C - \alpha_i - \gamma_i = 0, \quad i = 1, 2, \cdots, n \qquad (8.3)$$

将式(8.3)代入式(8.2)，可以得到优化问题式(8.1)的对偶形式，即最大化函数：

$$W(\alpha) = \sum_{i=1}^{n} \alpha_i - \frac{1}{2} \sum_{i,j=1}^{n} \alpha_i \alpha_j y_i y_j (\boldsymbol{x}_i \cdot \boldsymbol{x}_j) \qquad (8.4)$$

其约束为：

$$\sum_{i=1}^{n} \alpha_i y_i = 0$$

$$0 \leqslant \alpha_i \leqslant C, \quad i = 1, 2, \cdots, n$$

这是一个典型的二次优化问题，已有高效的算法求解。求出 $\boldsymbol{\alpha}$ 之后，可以利用 $\boldsymbol{w} = \sum_{i=1}^{n} \alpha_i y_i \boldsymbol{x}_i$ 求出 $\boldsymbol{w}$，而 b 可以利用 $b = -\dfrac{\max\limits_{i:y_i=-1} \boldsymbol{w} \cdot \boldsymbol{x}_i + \min\limits_{i:y_i=+1} \boldsymbol{w} \cdot \boldsymbol{x}_i}{2}$ 求出。

求出 $\boldsymbol{w}$ 和 b 之后，判断新样本类别的判别函数为：

$$f(x) = \text{sign}\Big[\sum_{i=1}^{n} \alpha_i y_i (\boldsymbol{x} \cdot \boldsymbol{x}_i) + \boldsymbol{b}\Big] \qquad (8.5)$$

其中 $\text{sign}(x) = \begin{cases} +1 & x \geqslant 0 \\ -1 & x < 0 \end{cases}$ 称为符号函数，也可记为 $\text{sgn}(x)$。

按照最优化理论的 KKT 条件，α_i、γ_i 与 ξ_i 需要满足：

$$\begin{cases} \alpha_i \big[y_i(\boldsymbol{w} \cdot \boldsymbol{x}_i + b) - 1 + \xi_i\big] = 0 \\ \gamma_i \xi_i = 0 \end{cases} \quad i = 1, 2, \cdots, n \qquad (8.6)$$

根据式(8.6)，对所有样本，要么 $\alpha_i = 0$ 要么 $y_i(\boldsymbol{w} \cdot \boldsymbol{x}_i + b) - 1 + \xi_i = 0$。如果 $\alpha_i = 0$ 则对分类超平面没有任何影响。如果 $\alpha_i > 0$，$y_i(\boldsymbol{w} \cdot \boldsymbol{x}_i + b) = 1 - \xi_i$，此时样本 $\boldsymbol{x}_i$ 称为支持向量，是对分类超平面具有决定性影响的样本；如果 $\alpha_i < C$，根据式(8.3)可得 $\gamma_i > 0$，因此 $\xi_i = 0$，即正好在最大间隔边界上；如果 $\alpha_i = C$，那么 $\gamma_i = 0$，此时如果 $\xi_i \leqslant 1$，则样本落在最大间隔内部，如图 8.8(b)中的 v 点和 w 点；如果 $\xi_i > 1$，意味着该样本被分类超平面错分了，如图 8.8(a)中的 s 点和 t 点。

根据上述分析，式(8.5)中新样本类别的判别函数可只在支持向量集合上进行计算，而无需在所有训练样本上计算，因为非支持向量样本对应的 α_i 为 0。

与线性硬间隔支持向量机相对应，式(8.1)得到的支持向量机称为线性软间隔支持向量机。线性硬间隔支持向量机的优化问题求解思路可以参考前述线性软间隔支持向量机的求解过程，兹不赘述。

2. 非线性分类

前面介绍的线性支持向量机能够在样本空间中找到最优分类超平面，但是实际情况往往是在样本空间中线性不可分，如图 8.9(a)所示的两类样本无法使用样本空间中的分类超平面将其分开。

这时候可以使用核函数对原空间进行变换。首先使用一个非线性映射 Φ 把数据从原空间 $\boldsymbol{R}^d$ 映射到一个高维特征空间 $\boldsymbol{\Omega}$，再在高维特征空间 $\boldsymbol{\Omega}$ 上建立最优超平面，见图 8.9(b)。

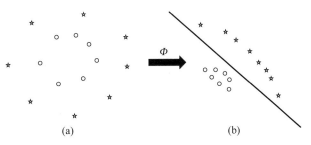

图 8.9　在样本空间和高维特征空间的两类样本

然而,高维特征空间 $\boldsymbol{\Omega}$ 的维数可能是非常高的,并且不同的应用中可能需要不同的映射。因此存在映射比较难以确定以及计算量过大的问题,而支持向量机的求解算法巧妙地解决了这个问题。观察到在线性支持向量机的求解过程中只用到了原空间的点积运算,即式(8.4)中的 $(\boldsymbol{x}_i \cdot \boldsymbol{x}_j)$。那么在非线性空间中也只需考虑在高维特征空间 $\boldsymbol{\Omega}$ 的点积运算 $\varPhi(\boldsymbol{x}_i) \cdot \varPhi(\boldsymbol{x}_j) = K(\boldsymbol{x}_i, \boldsymbol{x}_j)$,而不必明确知道 $\varPhi(\boldsymbol{x}_i)$ 和 $\varPhi(\boldsymbol{x}_j)$ 是什么。

根据线性支持向量机得到的式(8.4),在非线性情况下支持向量机转换为求解优化问题,即最大化:

$$W(\alpha) = \sum_{i=1}^{n} \alpha_i - \frac{1}{2} \sum_{i,j=1}^{n} \alpha_i \alpha_j y_i y_j K(\boldsymbol{x}_i, \boldsymbol{x}_j) \tag{8.7}$$

其约束为:

$$\sum_{i=1}^{n} \alpha_i y_i = 0$$

$$0 \leqslant \alpha_i \leqslant C, \quad i = 1, 2, \cdots, n$$

新样本的判别函数为:

$$f(x) = \mathrm{sign}\left[\sum_{i=1}^{n} \alpha_i y_i K(\boldsymbol{x}, \boldsymbol{x}_i) + b\right] = \mathrm{sign}\left[\sum_{\text{支持向量}} \alpha_i y_i K(\boldsymbol{x}, \boldsymbol{x}_i) + b\right]$$

由此可见,除了由向量的点积运算转换为核函数运算之外,非线性支持向量机与线性支持向量机几乎无异。

核函数的选取对于非线性支持向量机的分类性能具有决定性作用,一个合适的核函数往往能够大幅提高分类精度。核函数一般分为常用的核函数和自定义的核函数,在 8.4.5 节"结构化数据核函数"中将介绍一些面向结构化数据的自定义核函数,而常用的核函数包括:

(1) 线性核函数:

$$K(\boldsymbol{x}, \boldsymbol{y}) = (\boldsymbol{x} \cdot \boldsymbol{y})$$

(2) 多项式核函数:

$$K(\boldsymbol{x}, \boldsymbol{y}) = (\boldsymbol{x} \cdot \boldsymbol{y} + 1)^d, \quad d = 1, 2, \cdots$$

(3) RBF(Radial Basis Function)核函数或高斯核函数:

$$K(\boldsymbol{x}, \boldsymbol{y}) = \mathrm{e}^{-\frac{\|\boldsymbol{x} - \boldsymbol{y}\|^2}{2\sigma^2}}$$

(4) Sigmoid 核函数:

$$K(\boldsymbol{x}, \boldsymbol{y}) = \tanh[b(\boldsymbol{x} \cdot \boldsymbol{y}) - c]$$

8.4.2 回归问题

若考虑样本集 $D_{\text{train}} = \{(\boldsymbol{x}_1, y_1), (\boldsymbol{x}_2, y_2), \cdots, (\boldsymbol{x}_n, y_n)\}$, $y_i \in R$, 回归函数设为:

$$f(\boldsymbol{x}) = \boldsymbol{w} \cdot \Phi(\boldsymbol{x}) + b$$

支持向量回归问题可以形式化为:

$$\min_{w,b,\xi_i,\xi_i^*} \frac{1}{2} \parallel \boldsymbol{w} \parallel^2 + C \sum_{i=1}^{n} (\xi_i + \xi_i^*) \tag{8.8}$$

$$\text{s. t.} \quad f(\boldsymbol{x}_i) - y_i \leqslant \xi_i^* + \varepsilon, \quad i = 1, 2, \cdots, n$$

$$y_i - f(\boldsymbol{x}_i) \leqslant \xi_i + \varepsilon, \quad i = 1, 2, \cdots, n$$

$$\xi_i, \xi_i^* \geqslant 0, \qquad\qquad i = 1, 2, \cdots, n$$

其中 ε 是一个正常数,当 $|f(\boldsymbol{x}_i) - y_i| \leqslant \varepsilon$ 时不计入误差,当 $|f(\boldsymbol{x}_i) - y_i| > \varepsilon$ 时误差为 $|f(\boldsymbol{x}_i) - y_i| - \varepsilon$。

这同样是一个凸二次优化问题,引入拉格朗日乘子,得到拉格朗日函数:

$$L(\boldsymbol{w}, b, \boldsymbol{\xi}, \boldsymbol{\xi}^*, \boldsymbol{\alpha}, \boldsymbol{\alpha}^*, \boldsymbol{\gamma}, \boldsymbol{\gamma}^*) = \frac{1}{2} \parallel \boldsymbol{w} \parallel^2 + C \sum_{i=1}^{n} (\xi_i + \xi_i^*) - \sum_{i=1}^{n} \alpha_i [\xi_i + \varepsilon - y_i + f(\boldsymbol{x}_i)] -$$

$$\sum_{i=1}^{n} \alpha_i^* [\xi_i^* + \varepsilon + y_i - f(\boldsymbol{x}_i)] - \sum_{i=1}^{n} (\gamma_i \xi_i + \gamma_i^* \xi_i^*) \tag{8.9}$$

其中 $\alpha_i, \alpha_i^* \geqslant 0$, $\gamma_i, \gamma_i^* \geqslant 0$, $i = 1, 2, \cdots, n$。

函数 L 的极值应满足条件:

$$\frac{\partial}{\partial \boldsymbol{w}} L = 0, \qquad \frac{\partial}{\partial b} L = 0, \qquad \frac{\partial}{\partial \xi_i} L = 0, \qquad \frac{\partial}{\partial \xi_i^*} L = 0$$

从而得到:

$$\sum_{i=1}^{n} (\alpha_i - \alpha_i^*) = 0$$

$$\boldsymbol{w} = \sum_{i=1}^{n} (\alpha_i - \alpha_i^*) \Phi(\boldsymbol{x}_i)$$

$$C - \alpha_i - \gamma_i = 0, \quad C - \alpha_i^* - \gamma_i^* = 0, \quad i = 1, 2, \cdots, n$$

将以上 4 式代入式(8.9),可以得到优化问题的对偶形式,即最大化函数:

$$W(\alpha, \alpha^*) = -\frac{1}{2} \sum_{i=1}^{n} (\alpha_i - \alpha_i^*)(\alpha_j - \alpha_j^*) K(\boldsymbol{x}_i, \boldsymbol{x}_j) +$$

$$\sum_{i=1}^{n} (\alpha_i - \alpha_i^*) y_i - \sum_{i=1}^{n} (\alpha_i + \alpha_i^*) \varepsilon$$

其约束为:

$$\sum_{i=1}^{n} (\alpha_i - \alpha_i^*) = 0$$

$$0 \leqslant \alpha_i, \quad \alpha_i^* \leqslant C, \quad i = 1, 2, \cdots, n$$

这同样是一个二次优化问题,求解该优化问题后,可得到回归函数:

$$f(\boldsymbol{x}) = \sum_{i=1}^{n} (\alpha_i - \alpha_i^*) K(\boldsymbol{x}, \boldsymbol{x}_i) + b$$

如果用其他表达式代替式(8.8)中的第二项即松弛变量$(\xi_i+\xi_i^*)$,则可以得到不同的回归方法。

8.4.3　单类问题

所谓单类问题是这样一种问题,训练数据中只有一类数据(通常称为正常数据),需要把正常数据的特点找出来,从而判断新输入数据是否属于正常,通常也可称为异常检测问题。

支持向量机求解单类问题主要有两种不同的方法,即超平面法和超球法。

1. 超平面法

超平面法是在特征空间计算一个超平面,使之
与原点的距离尽量大且使尽量多的训练样本位于超
平面的另一侧,如图8.10所示。在图8.10中,超平
面上方的数据视为正常数据,超平面下方的数据视
为不正常数据。为了使超平面与原点的距离尽量大
并且有尽量多的训练样本位于超平面上方,求解优
化问题:

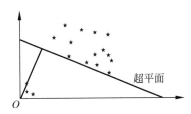

图8.10　超平面法单类支持向量机

$$\min_{\boldsymbol{w},\boldsymbol{\xi},\rho} \frac{1}{2}\|\boldsymbol{w}\|^2 + \frac{1}{\nu n}\sum_{i=1}^n \xi_i - \rho \qquad (8.10)$$

$$\text{s. t. } \boldsymbol{w}\Phi(\boldsymbol{x}_i) \geqslant \rho - \xi_i,$$

$$\xi_i \geqslant 0, \quad i=1,2,\cdots,n$$

其中,$\rho \in R$,而$0<\nu<1$是一个平衡参数,用来控制分类间隔(即超平面到原点之间的距离)与错分样本数量的平衡。ξ_i是松弛变量,用于构成对目标函数所产生的误差的惩罚项。

为了求解式(8.10),引入拉格朗日乘子,并重构式(8.10),得到对偶形式为:

$$\min_{\boldsymbol{\alpha}} \frac{1}{2}\sum_{i,j}\alpha_i\alpha_j K(\boldsymbol{x}_i,\boldsymbol{x}_j)$$

$$\text{s. t. } \quad 0 \leqslant \alpha_i \leqslant \frac{1}{\nu n}, \quad \sum_i \alpha_i = 1, \quad i=1,2,\cdots,n$$

由此,可以得到ρ的计算公式:

$$\rho = \sum_j \alpha_j K(\boldsymbol{x}_j,\boldsymbol{x}_i), i \in I$$

其中$I=\{k \mid 0<\alpha_k<1/(\nu n)\}$。

之后决策函数便可以表示为:

$$f(\boldsymbol{x}) = \text{sign}\Big(\sum_i \alpha_i K(\boldsymbol{x}_i,\boldsymbol{x}) - \rho\Big)$$

与前述用于二分类问题的支持向量机类似,超平面法单类支持向量机中大部分样本对应的α_i为0,而α_i非零的样本是支持向量。

2. 超球法

超球法是在特征空间计算一个超球,使尽可能多的训练样本在超球内部,同时要求超球的半径R尽量小,如图8.11所示。

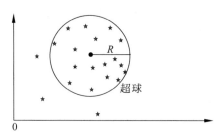

图 8.11　超球法单类支持向量机

通过求解最优化问题得到合适的超球：

$$\min_{R,\xi,a} R^2 + C\sum_{i=1}^{n}\xi_i \tag{8.11}$$

$$\text{s. t.}\quad \parallel \Phi(\boldsymbol{x}_i) - \boldsymbol{a} \parallel \leqslant R^2 + \xi_i, \quad i=1,2,\cdots,n$$

其中 C 为正常数，$\boldsymbol{a}$ 为超球的球心。

对偶形式为最小化目标函数：

$$W(\boldsymbol{\alpha}) = \sum_{i,j=1}^{n}\alpha_i\alpha_j K(\boldsymbol{x}_i,\boldsymbol{x}_j) - \sum_{i=1}^{n}\alpha_i K(\boldsymbol{x}_i,\boldsymbol{x}_i)$$

其约束为：

$$\sum_{i=1}^{n}\alpha_i = 1, \quad 0 \leqslant \alpha_i \leqslant C, \quad i=1,2,\cdots,n$$

而超球的球心 $\boldsymbol{a}$ 计算如下：

$$\boldsymbol{a} = \sum_{i=1}^{n}\alpha_i\phi(\boldsymbol{x}_i)$$

之后决策函数便可以表示为：

$$f(\boldsymbol{x}) = \text{sign}\Big(R^2 - \sum_{i,j=1}^{n}\alpha_i\alpha_j K(\boldsymbol{x}_i,\boldsymbol{x}_j) + 2\sum_{i=1}^{n}\alpha_i K(\boldsymbol{x}_i,\boldsymbol{x}) - K(\boldsymbol{x},\boldsymbol{x})\Big)$$

与超平面法类似，R^2 可由任何一个处于 $(0,1)$ 内的 α_i 对应的 $\boldsymbol{x}_i$（即球面上的支持向量）与球心 $\boldsymbol{a}$ 计算得到。

8.4.4　学习算法

前述凸二次优化问题均可利用通用的方法求解，但是求解的问题规模正比于样本数量，在数据集过大的情况下有可能无法完成求解过程，因此需要找到专门的算法用于支持向量机的训练过程。Chunking 和 Decomposition 都是为此提出的学习算法，但是最常用的还是 SMO(sequential minimal optimization)算法。下面以式(8.7)的求解为例简单介绍 SMO 算法。

在 SMO 算法中，将工作集合的大小取为 2，即每次循环中仅取出 2 个 α_i 进行优化，因此可在保持约束 $\sum_{i=1}^{n}\alpha_i y_i = 0$ 的条件下用解析的方法将目标函数极小化。算法包括两个主要步骤：选择一对 α_i 以及优化这对 α_i，之后还需更新 b 等其他相关参数。

为了后续介绍方便，引入符号 u_i 定义为：

$$u_i = \sum_{j=1}^{n} \left[\alpha_j y_j K(\boldsymbol{x}_i, \boldsymbol{x}_j) + b \right]$$

1. 选择 α_i

根据二次规划的 KKT 条件：

$$\alpha_i = 0 \Leftrightarrow y_i u_i \geqslant 1$$
$$0 < \alpha_i < C \Leftrightarrow y_i u_i = 1$$
$$\alpha_i = C \Leftrightarrow y_i u_i \leqslant 1$$

选择不满足 KKT 条件且使 $|E_1 - E_2|$ 最大的两个点进行优化，其中 $E_i = u_i - y_i$。

2. 优化选出的 α_i

设选出的 α_i 分别为 α_1 和 α_2。为了区分开优化前后的 α_1 与 α_2，将优化前的 α_1 和 α_2 分别记为 α_1^{old} 和 α_2^{old}，而优化后的 α_1 和 α_2 分别记为 α_1^{new} 和 α_2^{new}。

（1）首先确定 α_2^{new} 的上下限 H 和 L，使之满足约束。

由约束 $\sum_{i=1}^{n} \alpha_i y_i = 0$ 可得 $\alpha_1 y_1 + \alpha_2 y_2 = -\sum_{i=3}^{n} \alpha_i y_i$，同时令 $\xi = -\sum_{i=3}^{n} \alpha_i y_i$，可以得到 $\alpha_1 y_1 + \alpha_2 y_2 = \xi$。

当 $y_1 = y_2 = 1$ 时，$\alpha_1 + \alpha_2 = \xi$，此时可根据图 8.12(a) 计算 α_2^{new} 的上下限 H 和 L。图 8.12(a) 中两条斜线分别代表 $\xi \leqslant C$ 以及 $\xi > C$ 两种情况。

当 $\xi \leqslant C$ 时，α_2^{new} 的下限 L 为 0；当 $\xi > C$ 时，α_2^{new} 的下限 L 为 $\alpha_2^{\text{old}} + \alpha_1^{\text{old}} - C$。当 $\xi \leqslant C$ 时，α_2^{new} 的上限 H 为 ξ，即 $\alpha_2^{\text{old}} + \alpha_1^{\text{old}}$；当 $\xi > C$ 时，α_2^{new} 的上限 H 为 C。综上 α_2^{new} 的上下限 H 和 L 可以通过下述公式得到：

$$L = \max(0, \alpha_2^{\text{old}} + \alpha_1^{\text{old}} - C)$$
$$H = \min(C, \alpha_2^{\text{old}} + \alpha_1^{\text{old}})$$

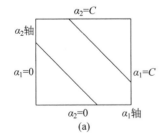 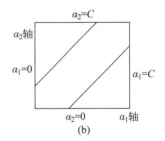

图 8.12 SMO 算法中 α_1 和 α_2 的关系

当 $y_1 = y_2 = -1$ 时，$\alpha_1 + \alpha_2 = -\xi$，可以得到与 $y_1 = y_2 = 1$ 时类似的结果。

而当 $y_1 \neq y_2$，即 y_1 与 y_2 异号时，$\alpha_1 - \alpha_2 = \xi$，类似可根据图 8.12(b) 计算 α_2^{new} 的上下限 H 和 L：

$$L = \max(0, \alpha_2^{\text{old}} - \alpha_1^{\text{old}})$$
$$H = \min(C, C + \alpha_2^{\text{old}} - \alpha_1^{\text{old}})$$

（2）求解优化后的 α_2^{new}。

最大化式(8.7)等价于最小化：

$$W(\alpha) = \frac{1}{2} \sum_{i,j=1}^{n} \alpha_i \alpha_j y_i y_j K(\boldsymbol{x}_i, \boldsymbol{x}_j) - \sum_{i=1}^{n} \alpha_i$$

其约束条件不变。

可将 $W(\alpha)$ 表示成 α_1 和 α_2 的函数 $W(\alpha_1, \alpha_2)$：

$$W(\alpha_1, \alpha_2) = \frac{1}{2} \alpha_1^2 K(\boldsymbol{x}_1, \boldsymbol{x}_1) + \frac{1}{2} \alpha_2^2 K(\boldsymbol{x}_2, \boldsymbol{x}_2) + \alpha_1 \alpha_2 y_1 y_2 K(\boldsymbol{x}_1, \boldsymbol{x}_2) - (\alpha_1 + \alpha_2) +$$

$$\alpha_1 y_1 \sum_{i=3}^{n} \alpha_i y_i K(\boldsymbol{x}_1, \boldsymbol{x}_i) + \alpha_2 y_2 \sum_{i=3}^{n} \alpha_i y_i K(\boldsymbol{x}_2, \boldsymbol{x}_i) + W_{\text{constant}}$$

其中 W_{constant} 是与 α_1 和 α_2 无关的常量。当固定除 α_1 和 α_2 之外的其他 $\alpha_i, i \in [3, n]$ 时，问题转变为：

$$\min_{\alpha_1, \alpha_2} W(\alpha_1, \alpha_2)$$

此时约束条件为：

$$\alpha_1 y_1 + \alpha_2 y_2 = \xi$$

$$0 \leqslant \alpha_1, \quad \alpha_2 \leqslant C$$

由于 $\alpha_1 y_1 + \alpha_2 y_2 = \xi$ 以及 $y_1^2 = 1$ 可以得到 $\alpha_1 + \alpha_2 y_2 y_1 = \xi y_1$，则 α_1 可由 α_2 表示：

$$\alpha_1 = (\xi - \alpha_2 y_2) y_1$$

因此 $W(\alpha_1, \alpha_2)$ 可表示成仅含 α_2 的函数：

$$W(\alpha_2) = \frac{1}{2} (\xi - \alpha_2 y_2)^2 K(\boldsymbol{x}_1, \boldsymbol{x}_1) + \frac{1}{2} \alpha_2^2 K(\boldsymbol{x}_2, \boldsymbol{x}_2) + (\xi - \alpha_2 y_2) \alpha_2 y_2 K(\boldsymbol{x}_1, \boldsymbol{x}_2) -$$

$$(\xi - \alpha_2 y_2) y_1 - \alpha_2 + (\xi - \alpha_2 y_2) \sum_{i=3}^{n} \alpha_i y_i K(\boldsymbol{x}_1, \boldsymbol{x}_i) +$$

$$\alpha_2 y_2 \sum_{i=3}^{n} \alpha_i y_i K(\boldsymbol{x}_2, \boldsymbol{x}_i) + W_{\text{constant}}$$

$W(\alpha_2)$ 对 α_2 求导得：

$$\frac{\mathrm{d}W}{\mathrm{d}\alpha_2} = \alpha_2 K(\boldsymbol{x}_1, \boldsymbol{x}_1) - y_2 \xi K(\boldsymbol{x}_1, \boldsymbol{x}_1) + \alpha_2 K(\boldsymbol{x}_2, \boldsymbol{x}_2) + y_2 \xi K(\boldsymbol{x}_1, \boldsymbol{x}_2) -$$

$$2\alpha_2 K(\boldsymbol{x}_1, \boldsymbol{x}_2) + y_1 y_2 - 1 - y_2 \sum_{i=3}^{n} \alpha_i y_i K(\boldsymbol{x}_1, \boldsymbol{x}_i) + y_2 \sum_{i=3}^{n} \alpha_i y_i K(\boldsymbol{x}_2, \boldsymbol{x}_i)$$

令 $\dfrac{\mathrm{d}W}{\mathrm{d}\alpha_2} = 0$，可得：

$$\alpha_2 \left[K(\boldsymbol{x}_1, \boldsymbol{x}_1) + K(\boldsymbol{x}_2, \boldsymbol{x}_2) - 2K(\boldsymbol{x}_1, \boldsymbol{x}_2) \right]$$

$$= y_2 \left[\xi K(\boldsymbol{x}_1, \boldsymbol{x}_1) - \xi K(\boldsymbol{x}_1, \boldsymbol{x}_2) - y_1 + y_2 + \sum_{i=3}^{n} \alpha_i y_i K(\boldsymbol{x}_1, \boldsymbol{x}_i) - \right.$$

$$\left. \sum_{i=3}^{n} \alpha_i y_i K(\boldsymbol{x}_2, \boldsymbol{x}_i) \right]$$

根据 $\xi = \alpha_1^{\text{old}} y_1 + \alpha_2^{\text{old}} y_2$ 以及 u_i 的定义可得：

$$\alpha_2^{\text{new}}\big[K(\boldsymbol{x}_1,\boldsymbol{x}_1)+K(\boldsymbol{x}_2,\boldsymbol{x}_2)-2K(\boldsymbol{x}_1,\boldsymbol{x}_2)\big]$$

$$=y_2\big[\alpha_1^{\text{old}}y_1K(\boldsymbol{x}_1,\boldsymbol{x}_1)+\alpha_2^{\text{old}}y_2K(\boldsymbol{x}_1,\boldsymbol{x}_1)-\alpha_1^{\text{old}}y_1K(\boldsymbol{x}_1,\boldsymbol{x}_2)-\alpha_2^{\text{old}}y_2K(\boldsymbol{x}_1,\boldsymbol{x}_2)-$$

$$y_1+y_2+u_1-\alpha_1^{\text{old}}y_1K(\boldsymbol{x}_1,\boldsymbol{x}_1)-\alpha_2^{\text{old}}y_2K(\boldsymbol{x}_2,\boldsymbol{x}_1)-u_2+$$

$$\alpha_1^{\text{old}}y_1K(\boldsymbol{x}_1,\boldsymbol{x}_2)+\alpha_2^{\text{old}}y_2K(\boldsymbol{x}_2,\boldsymbol{x}_2)\big]$$

$$=y_2\big[(K(\boldsymbol{x}_1,\boldsymbol{x}_1)+K(\boldsymbol{x}_2,\boldsymbol{x}_2)-2K(\boldsymbol{x}_1,\boldsymbol{x}_2))\alpha_2^{\text{old}}y_2-y_1+y_2+u_1-u_2\big]$$

$$=(K(\boldsymbol{x}_1,\boldsymbol{x}_1)+K(\boldsymbol{x}_2,\boldsymbol{x}_2)-2K(\boldsymbol{x}_1,\boldsymbol{x}_2))\alpha_2^{\text{old}}+y_2(E_1-E_2)$$

因此可得：

$$\alpha_2^{\text{new}}=\alpha_2^{\text{old}}+\frac{y_2(E_1-E_2)}{\eta}$$

其中 $\eta=K(\boldsymbol{x}_1,\boldsymbol{x}_1)+K(\boldsymbol{x}_2,\boldsymbol{x}_2)-2K(\boldsymbol{x}_1,\boldsymbol{x}_2)$，一般情况下 $\eta>0$。

（3）确定满足上下界的 α_2^{new}：

$$\alpha_2^{\text{new}}=\begin{cases}H & \alpha_2^{\text{new}}\geqslant H\\ \alpha_2^{\text{new}} & L<\alpha_2^{\text{new}}<H\\ L & \alpha_2^{\text{new}}\leqslant L\end{cases}$$

（4）确定 α_1^{new}：

根据 $\alpha_1y_1+\alpha_2y_2=\xi$ 可得 $\alpha_1^{\text{old}}y_1+\alpha_2^{\text{old}}y_2=\xi$ 以及 $\alpha_1^{\text{new}}y_1+\alpha_2^{\text{new}}y_2=\xi$，因此可以得到：

$$\alpha_1^{\text{new}}=(\xi-\alpha_2^{\text{new}}y_2)y_1=(\alpha_1^{\text{old}}y_1+\alpha_2^{\text{old}}y_2-\alpha_2^{\text{new}}y_2)y_1$$

$$=\alpha_1^{\text{old}}+y_1y_2(\alpha_2^{\text{old}}-\alpha_2^{\text{new}})$$

3. b 的更新

接下来还需要计算 b 的更新值。

当 $0<\alpha_1^{\text{new}}<C$ 时，$y_1u_1=1$，即 $\sum_{j=1}^{n}\big[\alpha_jy_jK(\boldsymbol{x}_j,\boldsymbol{x}_1)+b\big]=y_1$，因此 b 的更新值 b_1^{new} 可以计算得到：

$$b_1^{\text{new}}=y_1-\sum_{i=3}^{n}\alpha_iy_iK(\boldsymbol{x}_i,\boldsymbol{x}_1)-\alpha_1^{\text{new}}y_1K(\boldsymbol{x}_1,\boldsymbol{x}_1)-\alpha_2^{\text{new}}y_2K(\boldsymbol{x}_2,\boldsymbol{x}_1)$$

同时，由于：

$$E_1=\sum_{i=3}^{n}\alpha_iy_iK(\boldsymbol{x}_i,\boldsymbol{x}_1)+\alpha_1^{\text{old}}y_1K(\boldsymbol{x}_1,\boldsymbol{x}_1)+\alpha_2^{\text{old}}y_2K(\boldsymbol{x}_2,\boldsymbol{x}_1)+b^{\text{old}}-y_1$$

所以有：

$$\sum_{i=3}^{n}\alpha_iy_iK(\boldsymbol{x}_i,\boldsymbol{x}_1)=E_1-\alpha_1^{\text{old}}y_1K(\boldsymbol{x}_1,\boldsymbol{x}_1)-\alpha_2^{\text{old}}y_2K(\boldsymbol{x}_2,\boldsymbol{x}_1)-b^{\text{old}}+y_1$$

因此可得到：

$$b_1^{\text{new}}=y_1-\big[E_1-\alpha_1^{\text{old}}y_1K(\boldsymbol{x}_1,\boldsymbol{x}_1)-\alpha_2^{\text{old}}y_2K(\boldsymbol{x}_2,\boldsymbol{x}_1)-b^{\text{old}}+y_1\big]-$$

$$\alpha_1^{\text{new}}y_1K(\boldsymbol{x}_1,\boldsymbol{x}_1)-\alpha_2^{\text{new}}y_2K(\boldsymbol{x}_2,\boldsymbol{x}_1)$$

$$=-E_1+(\alpha_1^{\text{old}}-\alpha_1^{\text{new}})y_1K(\boldsymbol{x}_1,\boldsymbol{x}_1)+(\alpha_2^{\text{old}}-\alpha_2^{\text{new}})y_2K(\boldsymbol{x}_2,\boldsymbol{x}_1)+b^{\text{old}}$$

当 $0<\alpha_2^{\text{new}}<C$ 时，b_2^{new} 可以通过类似方法计算得到：

$$b_2^{\text{new}}=-E_2+(\alpha_1^{\text{old}}-\alpha_1^{\text{new}})y_1K(\boldsymbol{x}_1,\boldsymbol{x}_2)+(\alpha_2^{\text{old}}-\alpha_2^{\text{new}})y_2K(\boldsymbol{x}_2,\boldsymbol{x}_2)+b^{\text{old}}$$

当 $0<\alpha_1^{\text{new}}<C$ 以及 $0<\alpha_2^{\text{new}}<C$ 都成立时，b_1^{new} 与 b_2^{new} 相等，均可作为 b 的更新值。

当 $0<\alpha_1^{\text{new}}<C$ 以及 $0<\alpha_2^{\text{new}}<C$ 都不成立时，一般选取 $b^{\text{new}}=\dfrac{b_1^{\text{new}}+b_2^{\text{new}}}{2}$。

根据上述公式更新 α_1 和 α_2 以及 b 之后，还需要根据相应的公式更新 E_1 和 E_2。

回归支持向量机和单类支持向量机可以采用类似的方法进行求解。

8.4.5　结构化数据核函数

支持向量机的输入数据一般定义在向量空间，常用的核函数如多项式核、RBF 核等都能取得很好的效果。然而，很多分类问题涉及结构化数据，如图、树、序列等。输入数据往往不是长度相等的向量，而且各分量具有不同的语义，不能同等看待。因此应当根据数据的结构定义相应的核函数，才能取得更好的分类效果。

1. 卷积核

卷积核(convolution kernel)由 Haussler 提出，并应用于字符串。设 $\boldsymbol{x},\boldsymbol{y}\in\boldsymbol{X}$，且 $\boldsymbol{x}$ 和 $\boldsymbol{y}$ 可分解为各个部分 $\boldsymbol{x}_1,\boldsymbol{x}_2,\cdots,\boldsymbol{x}_D$ 和 $\boldsymbol{y}_1,\boldsymbol{y}_2,\cdots,\boldsymbol{y}_D$，其中 $\boldsymbol{x}_i,\boldsymbol{y}_i\in\boldsymbol{X}_i,i=1,2,\cdots,D$。进一步假设对任何 $1\leqslant d\leqslant D$，$\boldsymbol{X}_d$ 上定义有核 K_d，可用于描述 $\boldsymbol{x}_d$ 部分与 $\boldsymbol{y}_d$ 部分之间的相似性 $K_d(\boldsymbol{x}_d,\boldsymbol{y}_d)$。给定定义在集合 $(\boldsymbol{X}_1\times\cdots\times\boldsymbol{X}_D)\times\boldsymbol{X}$ 上的关系 R，$R(\boldsymbol{x}_1,\boldsymbol{x}_2,\cdots,\boldsymbol{x}_D,\boldsymbol{x})$ 成立表示 $\boldsymbol{x}$ 可分解为 $\boldsymbol{x}_1,\boldsymbol{x}_2,\cdots,\boldsymbol{x}_D$。则 R^{-1} 由 $R^{-1}(x)=\{\vec{\boldsymbol{x}}\mid R(\vec{\boldsymbol{x}},x)=\text{True}\}$ 定义。

基于上述论述，卷积核可定义为：

$$K(\boldsymbol{x},\boldsymbol{y})=\sum_{\vec{\boldsymbol{x}}\in R^{-1}(x),\ \vec{\boldsymbol{y}}\in R^{-1}(y)}\prod_{d=1}^{D}K_d(\boldsymbol{x}_d,\boldsymbol{y}_d) \tag{8.12}$$

上式定义了一个 $S\times S$ 上的对称函数，其中 $S=\{\boldsymbol{x}\mid R^{-1}(\boldsymbol{x})$ 非空$\}$。根据 K_d 的不同可以定义不同的卷积核。注意在下一章介绍的卷积神经网络中使用的卷积核是 Haussler 提出的卷积核的一种特殊形式，Haussler 提出的卷积核关注的是两个输入数据的核函数值，而卷积神经网络中使用的卷积核是一个固定大小的矩阵(一般是 3×3、5×5 或 7×7 等)，作用于原始图像上得到目标图像，得到目标图像过程中的计算就是式(8.12)的一种形式。

2. 邻域核

Barzilay 等在纹理识别中采用了邻域核(neighborhood kernel)，以利用数据中的结构知识。考虑一个 $M=N\times N$ 的矩阵表示的一幅图像，序号为 t 的中心点及其邻域如图 8.13 所示。

$t:-11$	$t:-7$	$t:-6$	$t:+8$	$t:+12$
$t:-9$	$t:-3$	$t:-2$	$t:+4$	$t:+10$
$t:-5$	$t:-1$	t	$t:+1$	$t:+5$
$t:-10$	$t:-4$	$t:+2$	$t:+3$	$t:+9$
$t:-12$	$t:-8$	$t:+6$	$t:+7$	$t:+11$

5	4	3	4	5
4	2	1	2	4
3	1	t	1	3
4	2	1	2	4
5	4	3	4	5

图 8.13　序号为 t 的中心点及其邻域的序号与级数

对每个点 t 可定义一个 $d=2$ 阶的部分邻域核函数：

$$K_t(\boldsymbol{x},\boldsymbol{y})=\sum_{r=-s}^{s}x_t x_{t:+r}y_t y_{t:+r}$$

其中 $s=2$ 为 1 级邻域，$s=4$ 为二级邻域，x_i 表示一幅图像的像素值，y_i 表示另一幅图像的像素值。图像边缘点的部分邻域核函数的定义可进行相应修改。

根据核函数相加依然是核函数的性质，可以引入 2 阶的邻域核函数

$$K(x,y) = \sum_{t=1}^{M} K_t(\boldsymbol{x}, \boldsymbol{y})$$

这个核函数实际上定义了一个由邻域的 $x_i y_i$ 值组成的特征空间。更高阶的部分邻域核函数也可给出类似的定义。

3. 字符串核函数

Leslie 等在蛋白质分类中提出了谱核（spectrum kernel）的概念，在长度为 l 的字符集上，定义长度为 k 的字符序列的 k-谱核。设输入数据为从大小为 l 的字符集 Σ 中生成的字符序列（在蛋白质分类中字符集由氨基酸构成，$l=20$），从 Σ 中生成的长度为 k 的子序列集合构成了特征空间。定义原始空间到特征空间的映射为：

$$\Phi_k(s) = (\varphi_u(s))_{u \in \Sigma^k},$$

其中 $\varphi_u(s) =$ 子串 u 在 s 中出现的次数。k-谱核则定义为：

$$K_k(s,t) = \Phi_k(s) \cdot \Phi_k(t)$$

进一步，当允许子序列有最多 m 个字符不匹配时，Leslie 等又定义了 (k,m)——失配核（mismatch kernel）。定义 $N_{(k,m)}(u)$ 为与长度为 k 的子串 u 相差不超过 m 个字符的子串的集合，这些子串长度也为 k。失配核定义如下：

$$K_{(k,m)}(s,t) = \Phi_{(k,m)}(s) \cdot \Phi_{(k,m)}(t),$$

其中

$$\Phi_{(k,m)}(x) = (\varphi_u(x))_{u \in \Sigma^k},$$

而 $\varphi_u(x) = |\{(v_1,v_2)\}| x = v_1 v v_2, |u| = |v| = k, v \in N_{(k,m)}(u)\}|$，表示的是字符串 x 中与 u 相差不超过 m 个字符的子串的数量。

Vishwanathan 等也定义了一种字符串核，不允许字符的不匹配，但考虑所有长度的子串。设 Σ 为字符的有限集合，Σ^* 表示定义在 Σ 上的所有非空字符串的集合。任何 $x \in \Sigma^k$，$k = 0,1,2,\cdots$，称为字符串，$|x|$ 表示字符串 x 的长度。如果 s 为 x 的子字符串，则可表示为 $s \subseteq x$。设 $num_s(x)$ 表示 s 在 x 中发生的次数，这种字符串核定义为：

$$K(x,x') = \sum_{s \in \Sigma^*} num_s(x) num_s(x') w_s$$

其中 w_s 为字符串 s 的权值。

文本分类中通常采取的方法是利用文本中词汇出现频率组成的向量，这种方法损失了词汇间的序列信息。Lodhi 等提出将文本映射到由不同长度的字符串序列组成的特征空间，在特征空间计算两个文本的点积。由于特征空间是稀疏的，因此可以设计高效的算法计算核函数。该核函数的特点是允许不连续的子序列，并计入了不连续引起的损失。他们将这种核称为字符串子序列核，而 Shawe-Taylor 等人称为间隙加权核。

令 Σ 是一个有限字符集，$s = s_1 \cdots s_{|s|}$ 为该字符表上的一个字符串。如果存在索引序列 $i = (i_1, i_2, \cdots, i_{|u|})$ 满足 $1 \leqslant i_1 < i_2 < \cdots < i_{|u|} \leqslant |s|$ 使得 $u_j = s_{i_j}$ 对于每一个 $j = 1,2,\cdots,|u|$ 都成立，则可以认为 u 是 s 的一个子序列。我们通常使用符号 $u = s(i)$ 表示 u 是 s 的子序

列,而 i 则指上述索引序列。子序列 u 在 s 中张成的长度为 $i_{|u|}-i_1+1$,即 u 的第一个字符在 s 中出现的位置到 u 的最后一个字符在 s 中出现的位置之间的长度,记为 $l(i)$。

长度为 p 的所有可能的子序列组成特征空间。对子序列 u,字符串 s 的映射为:

$$\Phi_p(s)=(\phi_u(s))_{u\in\Sigma^p},$$

其中:

$$\varphi_u(s)=\sum_{i:s[i]=u}\lambda^{l(i)},$$

$\lambda\in(0,1]$ 为惩罚非连续子序列的衰减系数,$l(i)$ 为上面定义的子序列 u 在 s 中张成的长度。该衰减系数不仅作用于不匹配的"间隙",也作用于匹配的字符。

则间隙加权核的定义为:

$$K_p(s,t)=\Phi_p(s)\cdot\Phi_p(t)$$

除了上述几种字符串核函数之外,还有其他许多字符串核函数,包括子序列核函数、基于编辑距离的字符串核和 motif 核等。

8.5 k-均值聚类

k-均值聚类算法距离提出已经过去了半个多世纪,但仍然是聚类中使用最广泛的算法之一。k-均值聚类又称 c 均值聚类,基本思路是不断将样本划分到距离更近的簇中,直到无法更改样本所属的簇为止,总共划分为 k 簇(c 均值聚类中即为 c 类)。

给定样本集 $D=\{x_1,x_2,\cdots,x_n\}$,每一个样本 $x_i=(x_{i1};x_{i2};\cdots;x_{id})$ 是 d 维空间 χ 上的一个向量,需要找到样本集 D 的一个划分 $C=\{C_1,C_2,\cdots,C_k\}$,能够最小化

$$E=\sum_{i=1}^{k}\sum_{x\in C_i}\|x-\mu_i\|^2$$

其中 $\mu_i=\sum_{x\in C_i}x$ 是第 i 簇的中心。

k-均值聚类算法的伪代码如下述过程所示。

```
K_Clustering(D, k)
{
{μ₁, μ₂, …, μₖ} = RandomSelection(D,k);      //随机选取 k 个样本作为簇中心
  do
      for i = 1, 2, …, k do                   //初始化 k 个簇都为空
          Cᵢ = φ;
      end for
      UpdataFlag = False;                      //更新中心之前将标志位初始化为假
      for i = 1, 2, …, n do
          for j = 1, 2, …, k
              dᵢⱼ = ‖ xᵢ - μⱼ ‖;               //计算每个样本与第 j 簇中心的距离
          end for
          tᵢ = argmin(dᵢⱼ); Cₜᵢ = Cₜᵢ ∪ {xᵢ};   //得到与样本最近的簇中心并设置为该簇
             (1≤j≤k)
      end for
      for i = 1, 2, …, k do
          μ'ᵢ = (1/|Cᵢ|) ∑ₓ∈Cᵢ x;              //更新簇中心
```

```
            if μ'ᵢ≠μᵢ   then
                μᵢ = μ'ᵢ;   UpdataFlag = true;          //标志簇中心有变动
            end if
        end for
    while(UpdataFlag)                                   //直到簇中心不变终止聚类过程
}
```

最后得到的 C 集合就是最终的聚类结果。

仍然借鉴决策树中配眼镜的例子,假设 24 个客户的年龄和视力如表 8.5 所示。

表 8.5　配镜客户的年龄和视力表

序号	年龄	视力	序号	年龄	视力	序号	年龄	视力	序号	年龄	视力
1	20	1.2	7	34	0.8	13	52	1.3	19	27	0.8
2	15	1.3	8	45	1.0	14	53	1.2	20	33	0.7
3	26	1.1	9	50	1.2	15	44	1.2	21	35	0.6
4	35	0.8	10	54	1.1	16	42	1.1	22	19	1.4
5	12	1.5	11	28	0.9	17	18	1.2	23	12	1.2
6	10	1.4	12	32	0.8	18	16	1.3	24	15	1.1

使用 k-均值聚类算法后,结果如图 8.14 所示。

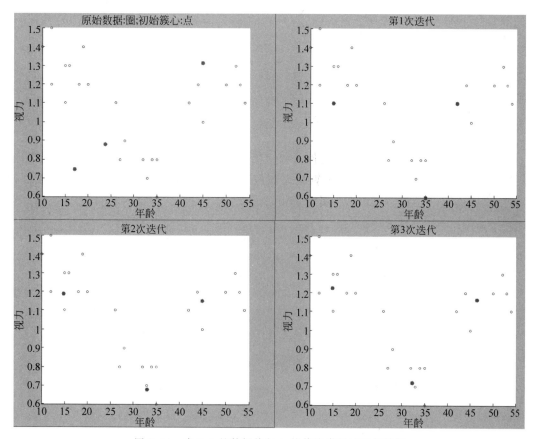

图 8.14　表 8.5 的数据执行 k-均值聚类的过程与结果

在 k-均值聚类算法中,每个样本只能属于一个簇(即一个类),但是这与实际情况可能不符,例如一个样本可能位于两个或者多个类的边缘,这时候绝对将其划分为哪个类都不合适,此时考虑该样本与各个类的相关程度可能更为合理。

模糊 c 均值算法考虑了每个样本对各个类中心的隶属度,从而更适合某些应用场景。给定样本集 $D=\{x_1,x_2,\cdots,x_n\}$,k 为类别数,每个样本 x_i 属于第 j 类的隶属度为非负实数 m_{ij},定义基于隶属度的损失函数:

$$J_{\text{FCM}} = \sum_{j=1}^{k}\sum_{i=1}^{n} m_{ij}^{s} \parallel x_i - \mu_j \parallel^2$$

其中 $\sum_{j=1}^{k} m_{ij}=1$,$i=1,2,\cdots,n$,μ_j 是第 j 类的中心,s 是大于 1 的实数。

用拉格朗日乘子法最小化目标函数 J_{FCM},得到新的目标函数:

$$L(m_{ij},\mu_j,\lambda_i) = \sum_{j=1}^{k}\sum_{i=1}^{n} m_{ij}^{s} \parallel x_i - \mu_j \parallel^2 + \sum_{i=1}^{n}\lambda_i\left(\sum_{j=1}^{k} m_{ij}-1\right) \tag{8.13}$$

通过计算式(8.13)的偏导,可以得到聚类中心和隶属度的迭代公式:

$$\mu_j = \frac{\sum_{i=1}^{n} m_{ij} x_i}{\sum_{i=1}^{n} m_{ij}}$$

$$m_{ij} = \frac{\parallel x_i - \mu_j \parallel^{\frac{-2}{s-1}}}{\sum_{l=1}^{k} \parallel x_i - \mu_l \parallel^{\frac{-2}{s-1}}}$$

给定了更新类中心和隶属度的公式,可以仿照 k 均值聚类算法构造模糊 c 均值聚类算法。

设置 $s=2$ 时,上述年龄与视力的例子利用模糊 c 均值聚类算法可以得到图 8.15 所示的结果,其中棱形图案是 k-均值聚类算法得到的三个中心点,而十字图案是模糊 c 均值得到的三个中心点。尽管每个样本所属类别相同,但是由于存在隶属度的影响,因此类中心会有所不同。

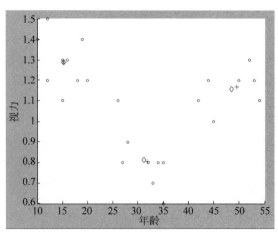

图 8.15 模糊 c 均值聚类结果

与 k-均值聚类算法类似,模糊 c 均值聚类算法也需要指定类别数,此外还需要指定指标 s,该指标严重影响聚类性能。选取类别数 c 和指标 s 以及距离度量是目前模糊 c 均值聚类算法的三个主要研究问题。

8.6 强化学习

强化学习(reinforcement learning),又名增强学习,是研究一个系统如何根据执行动作与环境的反馈提高自身决策能力的一种学习方法,通常将它与监督学习和无监督学习相提并论。监督学习需要事先给定标记好的训练数据,之后使用机器学习方法对给定的训练数据进行建模,方可对新数据进行判断,而强化学习无须标记好的训练数据。无监督学习使用机器学习方法对未标记数据进行建模,试图得到数据的潜在结构,从而对新数据进行判断。有研究者认为强化学习属于无监督学习,因为强化学习同样没有给定标记数据。但是强化学习开创者 Sutton 却认为强化学习不是无监督学习,原因在于无监督学习需要发现数据的潜在结构,而强化学习的目标是提高自身的决策能力从而能够从环境中得到更高评价的反馈。发现数据的潜在结构确实可能有利于提高决策能力,但并不是关键因素。

图 8.16 给出了强化学习的简单过程:最初机器处于环境中,初始状态为 s_0,机器执行动作 a_0,导致环境发生变化,状态变为 s_1,同时对动作 a_0 进行评估,给定奖赏 r_1;之后机器重复上述过程,直到结束。上述过程可以使用一个序列表示:

$$s_0, \quad a_0, \quad r_1, \quad s_1, \quad a_1, \quad r_2, \quad s_2, \quad a_2, \quad \cdots \tag{8.14}$$

很显然,每次得到的 s_t 和 r_t 仅与 s_{t-1} 和 a_{t-1} 有关,而与序列中更早的元素无关,因此可以考虑使用马尔可夫决策过程(Markov decision process,MDP)来描述上述序列。

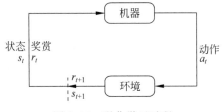

图 8.16 强化学习过程

8.6.1 马尔可夫决策过程

马尔可夫决策过程是一个由 4 个元素组成的元组 $<S,A,P,R>$。其中 S 是一个包含所有状态的有限集合;A 是一个包含所有动作的有限集合;P 定义为 $P: S \times A \times S \to [0,1]$,表示从当前状态执行某个动作将会转移到某个状态的转移概率,对所有状态 $s \in S$ 和动作 $a \in A$ 都满足 $\sum\limits_{s' \in S} P(s,a,s')=1$;而 R 定义为 $R: S \times A \times S \to \mathbb{R}$($\mathbb{R}$ 为实数集),表示从当前状态执行某个动作转移到某个状态所得到的奖赏。

考虑一个机器人喂食金鱼的例子。金鱼属于无胃动物,吃得过饱之后需氧量增加,再加上如果投食过多,食物残留在鱼缸中会污染水质,同时减少水中的含氧量,两方面因素将导致金鱼死亡。如果金鱼处于饥饿状态,机器人并不喂食,反而给鱼缸换水,也将导致金鱼死亡。机器人的目标是在尽可能短的时间内，把金鱼喂食到一定重量。描述该问题的马尔可夫决策过程如图 8.17 所示。

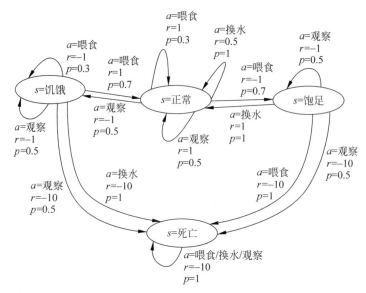

图 8.17 机器人喂食金鱼的马尔可夫决策过程

金鱼有四个状态：正常、饱足、饥饿、死亡；机器人需要做的动作包括三个：喂食，换水，观察。当金鱼保持或转变为正常时，获得奖赏值 1，当金鱼变为饥饿或者饱足时，获得奖赏值 -1，当金鱼死亡，获得奖赏值 -10。很容易发现，在金鱼饥饿时，需要对其喂食，使其变为正常；当金鱼饱足时，需要对其换水，使其变为正常；而当金鱼正常时，只需对其进行观察即可。

我们将机器人处于某种状态时选择的动作定义为一种策略 $\pi：a = \pi(s)$，该策略需要经过学习得到，例如在金鱼的例子中发现金鱼处于饥饿时需要对其喂食就是学习到的一种策略，即喂食 $= \pi$（饥饿）。根据问题的不同可以有两种定义策略的方法，一种是确定性策略，即在某种状态下 100% 的概率执行某种动作；另一种是不确定性策略 $\pi(s, a)$，表明在 s 状态下执行 a 动作的概率，并且满足 $\sum_{a \in A} \pi(s, a) = 1$。

尽管式（8.14）的序列可以用马尔可夫决策过程描述，但是强化学习不仅仅是马尔可夫决策过程，还需要考虑利用（exploitation）和探索（exploration）。利用指的是利用之前的经验确定执行动作，而探索指的是执行没有先验知识的动作，该动作能够获得的奖赏值未知，通过获得的奖赏值可以更新机器的经验。如果仅仅采用利用（exploitation-only）的方式，执行当前最好的动作，将会收到当前最好的奖赏期望值，但是无法发掘未知的更好的动作，尤其是在学习初期经验非常少的时候，执行当前已知的最好动作很可能并不是当前局面下的最优选择。如果仅仅采用探索（exploration-only）的方式，每次都尽量找到各个状态下的奖赏分布情况，探索越多，结果越准确，但是需要考虑的是探索需要一定的代价。一般采用 ε-贪心算法来平衡利用与探索：每次动作以 $\varepsilon(\varepsilon \in (0,1))$ 的概率进行探索，以 $1 - \varepsilon$ 的概率进行利用。此外也可以采用 Softmax 算法根据每个动作的平均奖赏值来确定选择该动作的概率。

8.6.2 值函数和贝尔曼方程

除了机器与环境之外,强化学习中最基础的四个要素为策略、奖赏函数、值函数以及环境的模型。其中策略与奖赏函数见前文,模型用于推断环境对于动作的反应,即给定当前状态和动作,模型能够预测出下一步的状态和奖赏。模型并不是必须存在,一般将马尔可夫决策过程四元组已知的强化学习称为有模型学习,而将需要与环境进行交互才能获得相关信息(如转移概率、奖赏值甚至状态)的强化学习称为无模型学习。

奖赏函数体现执行一步动作之后的反馈,而值函数却表示长期的预期奖赏,从状态 s 出发,根据策略 π 选择执行动作得到的值函数定义为(我们以 γ 折扣累积奖赏为例):

$$V^{\pi}(s) = E_{\pi} \Big[\sum_{i=0}^{\infty} \gamma^i r_{i+1} \mid s_0 = s \Big] \tag{8.15}$$

其中 $\gamma \in [0,1]$ 为折扣因子,表示未来的奖赏 $\leqslant$ 邻近的奖赏,r_{i+1} 是第 i 步获得的奖赏。注意 r 的下标是 $i+1$ 而非 i,这是因为在式(8.14)的序列中第一个出现的是 r_1 而非 r_0。

累积奖赏有多种形式,常用的包括 γ 折扣累积奖赏 $E\Big[\sum\limits_{i=0}^{\infty} \gamma^i r_{i+1} \Big]$ 和 T 步累积奖赏 $E\Big[\dfrac{1}{T} \sum\limits_{i=1}^{T} r_i \Big]$。

强化学习的目标就是要选择一组最佳的动作,使得回报加权和期望最大,该期望可以通过式(8.15)定义的值函数来衡量。由于该式涉及多个状态的奖赏函数,利用马尔可夫决策过程的性质,可以得到下一个状态由当前状态决定,因此可以得到 Bellman 方程:

$$
\begin{aligned}
V^{\pi}(s) &= E_{\pi} \Big[\sum_{i=0}^{\infty} \gamma^i r_{i+1} \mid s_0 = s \Big] = E_{\pi} \Big[r_1 + \sum_{i=1}^{\infty} \gamma^i r_{i+1} \mid s_0 = s \Big] \\
&= \sum_{a \in A} \pi(s,a) \sum_{s' \in S} P(s,a,s') \Big[r_1 + E_{\pi} \Big[\gamma \sum_{i=0}^{\infty} \gamma^i r_{i+1} \mid s_0 = s' \Big] \Big] \\
&= \sum_{a \in A} \pi(s,a) \sum_{s' \in S} P(s,a,s') [r_1 + \gamma V^{\pi}(s')] \\
&= \sum_{a \in A} \pi(s,a) \sum_{s' \in S} P(s,a,s') [R(s,a,s') + \gamma V^{\pi}(s')]
\end{aligned}
$$

与值函数类似,可以定义从状态 s 出发,采取动作 a,然后跟随策略 π 的状态-动作值函数,即 Q 函数,定义如下所示:

$$
\begin{aligned}
Q^{\pi}(s,a) &= E_{\pi} \Big[\sum_{i=0}^{\infty} \gamma^i r_{i+1} \mid s_0 = s, a_0 = a \Big] \\
&= \sum_{s' \in S} P(s,a,s') [R(s,a,s') + \gamma V^{\pi}(s')]
\end{aligned}
\tag{8.16}
$$

8.6.3 有模型学习

当环境的模型已知,即四元组 $<S,A,P,R>$ 都给定时,值函数 $V^{\pi}(s)$ 可以采用动态规划方法求解,如下述过程所示:

```
Compute_V(S,A,P,R,θ)              //θ是一个极小的正数,用于评估值函数是否有变化
{
```

```
    for s∈S do
        V(s) = 0;                    //值函数初始化为 0
    end for
    Δ = 0;                           //存储值函数变化的最大值
    do
        for s∈S do
            v = V(s);
            V(s) = ∑ π(s,a) ∑ P(s,a,s')[R(s,a,s') + γV(s')];
                  a∈A    s'∈S
            Δ = max(Δ, |v - V(s)|);
        end for
    while(Δ > θ)                      //直到值函数变化幅度近似为 0 循环停止
    return V;
}
```

求出值函数 $V^\pi(s)$ 之后，Q 函数可以根据式(8.16)求出。

对于某个给定策略 π，根据上述过程求出 $V^\pi(s)$ 之后，如果发现 π 并非最优策略，此时希望改进策略为策略 π^*，满足：

$$\pi^* = \arg\max_\pi V^\pi(s)$$

假设当前最优的动作为 a^*，因为 $V^\pi(s)$ 是当前状态下所有动作的均值奖赏，而 $Q^\pi(s, a^*)$ 是当前动作为 a^* 的 Q 函数，显然有 $Q^\pi(s,a^*) \geqslant V^\pi(s)$。因此可以得到：

$$\pi^* = \arg\max_{a\in A} Q^\pi(s,a)$$

以及：

$$V^{\pi^*}(s) = \max_{a\in A} Q^{\pi^*}(s,a)$$

代入式(8.16)可得：

$$Q^{\pi^*}(s,a) = \sum_{s'\in S} P(s,a,s')\left[R(s,a,s') + \gamma\max_{a'\in A} Q^{\pi^*}(s',a')\right]$$

称为 Bellman 最优方程。

至此我们已经知道如何评估一个策略的值函数以及如何改进至最优策略，因此可以利用策略迭代的过程求出最优解，即从一个初始(随机)策略出发，评估该策略，然后改进该策略，之后继续评估和改进，直到最后无法改进，得到最优策略。该过程如下述代码所示：

```
Compute_O_P(S,A,P,R,θ)
{
    for s∈S do
        V(s) = 0; π(s,a) = 1/|A(s)|;   // |A(s)|为 s 状态下可选的动作数量，默认均匀概率
    end for
    Δ = 0;
    do
        done = true;                 //是否找到最佳策略
        do                           //策略评估
            for s∈S do
                v = V(s);
                V(s) = ∑ π(s,a) ∑ P(s,a,s')[R(s,a,s') + γV(s')];
                      (a∈A)   (s'∈S)
                Δ = max(Δ, |v - V(s)|);
```

```
                end for
        while(Δ > θ)
        for s∈ S do                    //策略改进
            π'(s) = argmaxQ^π(s,a)
                    (a∈ A)
            if π'(s)≠ π(s) then    //如果有某个状态策略还可更新则并未找到最佳策略
                done = false;
            end if
        end for
        if done then                   //如果已经找到最佳策略则退出循环
            break;
        else                           //否则更新当前策略并继续找最佳策略
            π = π';
        end if
    while(!done)
    return π;
  }
```

上述策略迭代过程包括策略评估和策略改进,如果策略空间比较大,那么策略评估将非常耗时,实际上策略改进和值函数的改进是一致的,因此可以把策略迭代过程改为值函数的改善过程,得到值迭代算法,如下所示:

```
Compute_O_V(S,A,P,R,θ)
{
    for s∈ S do
        V(s) = 0;
    end for
    Δ = 0;
    do
        for s∈ S do
            v = V(s);
            V(s) = max  ∑    P(s,a,s')[R(s,a,s') + γV(s')] ;
                   a∈ A (s'∈ S)
            Δ = max(Δ, |v − V(s)|);
        end for
    while(Δ > θ)
    return π(s) = argmax Q(s,a);
                   a∈ A
}
```

从上述算法可以看出,在有模型学习中,四元组$<S,A,P,R>$已知,因此可以采用动态规划实现策略迭代或者值迭代,从而为每个状态找到最好的动作。

8.6.4　无模型学习

在大部分强化学习任务中,转移概率、奖赏函数等无法完整并准确获得,甚至无法确定环境的状态数量,在这种情况下,上节所述算法无法用于求解最佳策略,需要使用其他方法求解该问题。

在无模型强化学习任务中,策略迭代算法会遇到策略无法评估的情况,这是因为模型未知,评估策略时需要的全概率展开无法进行。一种解决方案是通过多次采样的举动来执行某个动作观察得到的奖赏和转移的状态,然后计算平均奖赏作为期望累积奖赏的近似值。

由于计算平均奖赏需要采样的次数有限,因而更适合 T 步累积奖赏。在某些必然收敛到终止状态的问题中,也可以采用 γ 折扣累积奖赏,此时采样并不是在固定步数停止,而是在终止状态停止。在 T 步累积奖赏问题中,值函数定义为:

$$V_T^\pi(s) = E_\pi\left[\frac{1}{T}\sum_{i=1}^{T} r_i \mid s_0 = s\right]$$

此外,在前述值迭代算法中,最优策略是通过 Q 函数获得的,Q 函数又是与值函数 V 相关的。在有模型的情况下,可以找到 Q 和 V 的关系,因此很容易得到最优策略 π,但是在无模型的情况下,Q 与 V 的关系未知,如果还要通过估算 V—估算 Q—得到 π 这种路线去得到最优策略,将会比直接通过估算 Q—得到 π 这种方法误差更大、时间复杂度更高。所以,一般在无模型学习中,都是直接估算 Q 函数。

蒙特卡罗算法是一种随机采样的算法,可以用于无模型强化学习中,如下述过程所示:

```
MonteCarlo(S,A, s₀,T)      //S是状态集合,A是动作集合,s₀是初始状态,T是步数
{
    for s∈S,a∈A(s) do
        Q(s,a) = 0,count(s,a) = 0,π(s,a) = 1/|A(s)|;
    end for
    for x = 1,2, ⋯ do
        执行策略 π 产生轨迹:
            s₀,a₀,r₁,s₁,a₁,r₂,⋯,s₍T-1₎,a₍T-1₎,r₁,s_T;
        for t = 0,1,2,⋯,T-1 do
            R = 1/(T-t) ∑ᵢ₌ₜ₊₁ᵀ rᵢ ;                    //计算累积奖赏
            Q(sₜ,aₜ) = (Q(sₜ,aₜ)×count(sₜ,aₜ)+R)/(count(sₜ,aₜ)+1);   //更新平均奖赏
            count(sₜ,aₜ) = count(sₜ,aₜ)+1;
        end for
        for s∈visited(S) do                          //对于所有访问过的状态
            π(s,a) = { argmax_{a'∈A} Q(s,a'),         以概率 1-ε;
                      { 以均匀概率从 A 中选取动作,    以概率 ε.
        end for
    end for
    return π;
}
```

上述算法中评估和改进的策略是同一个策略,因此称为同策略(on-policy)算法,如果评估和改进的策略不是同一个策略,则称为异策略(off-policy)算法。为了平衡利用和探索,采用了 ε-贪心算法:每次动作以 $1-\varepsilon$ 的概率进行利用,以 ε 的概率进行探索,由于 A 中有多个动作,因此当前最优动作选中的概率为 $1-\varepsilon+\dfrac{\varepsilon}{|A|}$,其他动作选中的概率为 $\dfrac{\varepsilon}{|A|}$。

蒙特卡罗算法试图将无模型问题转换为有模型问题,采样次数越多,得到的结果将会越精确。但是蒙特卡罗算法并未利用马尔科夫决策过程的一些特性,并且每次需要采样完一个轨迹之后才能更新策略,因此效率较低。假设在采样过程中基于 t 个采样已经估计出 $Q_t^\pi(s,a) = \dfrac{1}{t}\sum_{i=1}^{t} r_i$,则得到第 $t+1$ 个采样时:

$$Q_{t+1}^\pi(s,a) = \frac{1}{t+1}(tQ_t^\pi(s,a) + r_{t+1}) = Q_t^\pi(s,a) + \frac{1}{t+1}(r_{t+1} - Q_t^\pi(s,a)) \quad (8.17)$$

式(8.17)说明要想获得 $Q_{t+1}^\pi(s,a)$，只需在 $Q_t^\pi(s,a)$ 基础上加上一个增量即可。在某些场景中不易得到当前采样次数 t，此时可将 $\frac{1}{t+1}$ 替换为一个常数 $\alpha \in (0,1]$，同时修改上述算法。

时序差分算法(temporal difference)是另一类常见的无模型学习方法。时序差分算法结合了采样和动态规划，能够提高求解模型的效率。不同于蒙特卡罗算法每次都要执行完一个采样轨迹再计算相关数值，与式(8.17)类似，时序差分算法利用下列公式更新 Q 函数（使用 γ 折扣累积奖赏）：

$$Q_{t+1}^\pi(s,a) = Q_t^\pi(s,a) + \alpha(R(s,a,s') + \gamma Q_t^\pi(s',a') - Q_t^\pi(s,a))$$

其中 s' 是前一次采样时在状态 s 时执行 a 动作转移到的状态，而 a' 是策略 π 在 s' 上选择的动作。$R(s,a,s')$ 表示离开状态 s 转移到 s' 时的奖赏，而 $Q_t^\pi(s',a')$ 表示上次采样时下一个状态 s' 选择动作 a' 得到的累积奖赏，因此 $R(s,a,s') + \gamma Q_t^\pi(s',a')$ 表示的是对本次采样预估的奖赏，而式(8.17)中对应的该项是第 $t+1$ 个采样时获得的真实奖赏。$\alpha \in (0,1]$ 为学习步长。

TD(0)、TD(λ)、Q-Learing、SARSA 学习是常见的时序差分算法，其中 Q-Learing 算法使用较为广泛，如下述过程所示（用于求解 γ 折扣累积奖赏学习问题）。

```
Q_Learning(S,A,s₀,γ,α)           //γ是折扣因子,α是更新步长
{
    for s∈S,a∈A(s) do
        Q(s,a) = 0, π(s,a) = 1/|A(s)|;
    end for
    s = s₀;
    for t = 1,2,… do
        a = ε-贪心策略执行 π(s)选择的动作;
        (r,s') = 执行动作a产生的奖赏与转移的状态;
        Q(s,a) = Q(s,a) + α×(r + γmaxₐ' Q(s',a') - Q(s,a));
        s = s';
    end for
    return π;
}
```

Q-Learing 算法中评估和执行的策略不是同一个策略，因此是一种异策略算法。

近几年模仿学习、逆向强化学习和深度强化学习是强化学习领域中研究的新热点，对此感兴趣的读者请参考相关资料，兹不赘述。

8.7　演化计算

演化计算就是通过模拟生物进化实现人工智能。实质上是一种自适应的机器学习方法，核心思想是利用进化历史中获得的信息指导搜索或计算。方法是根据某种算法，不断生成下一代，经过千百万代的进化，达到预定的目标。常用的演化计算包括遗传算法(genetic algorithms,GA)、遗传规划(genetic programming,GP)、演化策略(evolution strategies,ES)和演化规划(evolutionary programming,EP)。

考虑如图 8.18 所示的最小化问题,基于梯度的算法经常用于求解最优化问题。图(a)中图形表示单峰优化问题,仅包含一个局部最优解,同时也是全局最优解,如果使用基于梯度的优化方法很容易就找到该最优解。但是图(b)中图形表示多峰优化问题,如果采用基于梯度的优化方法,很容易收敛到某一个局部最优解,而非全局最优解。如果我们使用演化计算去求解多峰问题,可以从多点出发,如图(c)所示的几个黑点,沿着多个方向进行搜索,虽然每个点都会收敛于一个局部最优解,但是在这些局部最优解中找到最小那个,很有可能就是全局最优解。这种从多点出发解决问题的想法实际上就是演化计算最基础的思路。

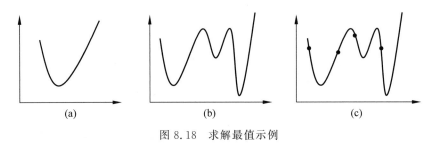

图 8.18　求解最值示例

8.7.1　遗传算法

遗传算法于 20 世纪 60 年代由美国 Michigan 大学的 Holland 提出,目前成为演化计算的主要分支之一。遗传算法是基于自然选择和进化思想,把适者生存与随机的信息交换组合起来形成的一种搜索方法。遗传算法的主要特点是:

(1) 处理参数集合的编码,而不是参数本身。其操作是在给定的字符串上进行的,通常是二进制位串。

(2) 始终保持整个种群而不是个体的进化。这样,即使某个个体在某个时刻丢失了有用的特性,这种特性也会被其他个体保留并发展下去。

(3) 只需要知道问题本身所具有的目标函数的信息,而不需要导数或其他辅助信息,因而具有广泛的适用性。

(4) 使用随机转换规则而不是确定性规则指导搜索,因而可适用于有噪声的和多峰值的复杂空间。

遗传算法可简单描述如下:

(1) 定义问题与目标函数 F。

(2) 选择候选解作为初始种群,每个解用一个二进制位串 X 表示,称为个体。算法中的个体相当于染色体,其元素相当于基因。

(3) 根据目标函数,对每个染色体 $X_i,i=1,2,\cdots,N$,计算适应度 $F(X_i)$。

(4) 为每个染色体指定一个与其适应度成正比的繁殖概率 $P_i,i=1,2,\cdots,N$。

(5) 根据概率 P_i 选择染色体,所选染色体通过交叉和变异等操作产生新一代染色体种群。

(6) 如果找到了满意的解或达到了预定的计算时间,则过程结束。否则返回(3)。

算法中包含三个基本算子:繁殖(reproductin)、交叉(crossor)和变异(mutation)。

　　繁殖就是从一个种群中选择适应度高的个体放入交配池,准备以此产生新的种群。这个过程就对应着"物竞天择,适者生存"的原理。选择采用随机的机制,适应度高的个体被选择的概率大,适应度低的个体被选择的概率小。交叉是分别用两个个体的基因重新组合成新一代的操作,使上一代的优良特性能够传递到下一代,并产生新的特性。繁殖和交叉是保证种群进化的主要操作,尤其是交叉,在遗传算法中起着核心的作用。但是,只有繁殖和交叉还不能保证完全避免丢失一些重要的遗传物质。若某一代种群的所有个体的某一位均为0,则无论怎样繁殖与交叉,其后代的该位均不能变为1。如果优秀个体的该位为1,则这种优秀个体单靠繁殖与交叉就不能实现了,而通过变异就可实现。所谓变异就是随机改变一个个体的某一位,从而产生新一代个体。变异操作使用的概率应当很小,但它在种群进化中却起着重要的作用。变异操作不仅可以保证实现搜索的目标,而且可以提高搜索的效率。

　　上述使用三个基本算子的算法称为简单遗传算法(simple genetic algorithm,SGA)。下面通过一个例子说明算法的工作过程。

　　求整数函数 $F(x)=x^2$ 在区间 $[0,31]$ 上取得最大值的点。

　　算法的步骤如下所示:

　　(1) 问题是求最大值点,目标函数可取为 x^2。

　　(2) 用一个5位的二进制位串表示个体,对应区间 $[0,31]$ 上的32个整数。随机选取4个位串作为初始种群,位串与对应的整数显式如下:

01101　　　13
11000　　　24
01000　　　8
10011　　　19

　　(3) 根据目标函数对每个位串计算适应度,如表8.6所示。

　　(4) 为每个位串指定一个与其适应度成正比的繁殖概率,如表8.6所示。

表 8.6　初始种群

编　　号	位　　串	参　数　值	目　标　函　数	繁　殖　概　率
1	01101	13	169	0.144
2	11000	24	576	0.492
3	01000	8	64	0.055
4	10011	19	361	0.309
总计			1170	1.000

　　(5) 通过繁殖、交叉和变异生成下一代种群。繁殖过程就是按照繁殖概率选择4个位串。选择的方法很多,最简单的方法是在区间 $[0,1]$ 内按照繁殖概率的大小划分成4个小区间,再根据在区间 $[0,1]$ 内均匀分布的随机变量的取值进行选择,该随机变量的值落入哪个小区间,就选取哪个个体,如图8.19所示。

图 8.19　繁殖过程中各位串选取区间

假设选出的 4 个位串是：1、2、2、4，将这 4 个位串放入交配池。交叉过程分为两步，首先随机选择交配的对象，再随机选择交叉的位置，进行交叉操作。选择交叉位置的方法是，对于位串长度 L，随机在区间 $[1, L-1]$ 上产生一个整数 k 作为交叉位置。设交配的对象选为 1、2 和 2、4。对位串 1、2，产生的 $k=4$，交叉过程为：

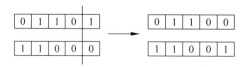

对位串 2、4，产生的 $k=2$，交叉过程为

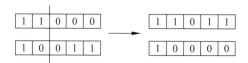

通过繁殖和交叉产生的新一代种群如表 8.7 所示。从表中可见，目标函数之和由 1170 增加到 1754，种群的品质获得了提高。

表 8.7　第二代种群

编　　号	位　　串	参　数　值	目 标 函 数
1	01100	12	144
2	11001	25	625
3	11011	27	729
4	10000	16	256
总计			1754

接下来考虑变异，本例中变异指的是选中位取反，即 0 变为 1、1 变为 0。设变异率取为 0.001，则每 1000 位中有 1 位发生变异。目前种群中共有 $4 \times 5 = 20$ 位，期望的变异位数为 $20 \times 0.001 = 0.02$ 位。当前这一代遗传过程并未发生变异。

按照上述步骤继续下去将能得到 $x = 31$ 时 $F(x) = x^2$ 取得最大值。

8.7.2　遗传算法的理论基础

Holland 提出的型式理论(theory of schemata)通过分析位串之间的相似性，在一定程度上解释了遗传算法的计算机理。所谓型式就是种群中在位串的某些确定位置上具有相似性的位串段的模板。型式可用由三个字母组成的位串表示，这三个字母取自字母表 $\{0, 1, *\}$。一个位串与一个型式匹配，任一位置上的 0 应和 0 匹配，1 和 1 匹配，* 和两者都匹配。例如，位串 11100、11110、01100 和 01110 都符合型式 $*11*0$。

对于位串所含的型式数，有如下结论：

(1) 设字母表的基数是 k(即字母表含有 k 个字母)，定义在该字母表上的位串长度为 L，则这种位串可能包含的最大型式数为 $(k+1)^L$。这是因为 L 个位置的任一位置都有 $k+1$ 个可能值，因此 L 个位置的排列数为 $(k+1)^L$。例如，$L=5$、$k=2$ 的位串可能包含的最大型式数为 $(2+1)^5 = 243$。

（2）给定任一长度为 L 的位串，所含型式数为 2^L 个。这是因为对任一位置，既可以取该位串所取的值，也可以取 $*$，因此有 2^L 个不同的型式。

（3）给定有 n 个位串的种群，所含型式数为 $2^L \sim n \cdot 2^L$ 个。这取决于种群中位串的多样性，位串都相同时含型式数 2^L 个，位串都不同时含型式数 $n \cdot 2^L$ 个。

各种型式相比，有的型式更一般一些，有的型式更特殊一些。例如，型式"$011*1**$"比型式"$0******$"更特殊。再有，型式"$1****1*$"与型式"$1*1****$"相比，确定值部分的长度不同。为此定义型式的位数（order）和定义长度（defining length）如下：

型式 H 的位数 $O(H)$ 定义为 H 中非 $*$ 位的个数。例如，"$O(011*1**)=4$""$O(0******)=1$"。型式 H 的定义长度 $\delta(H)$ 定义为型式 H 中两端的非 $*$ 位置的距离。例如，"$\delta(011*1**)=4$""$\delta(0******)=0$"。

下面逐步分析繁殖、交叉和变异对种群中型式数量的影响。

1. 繁殖对种群中型式数量的影响

设在时间 t（即第 t 代），型式 H 的数量用 $m(H,t)$ 表示。在繁殖过程中，一个位串 A_i 被选中的概率为

$$P_i = \frac{F_i}{\sum F_j}$$

其中，F_i 为位串 A_i 的适应度，$\sum F_j$ 为种群中所有位串的适应度之和。假设选择是有放回的抽样，且两代种群之间没有交叠，即上一代种群中没有位串直接进入下一代种群。对规模为 n 的种群 $A(t)$，在 $t+1$ 代时型式 H 的数量应为：

$$m(H,t+1) = m(H,t) \times n \times \frac{F(H)}{\sum F_j}$$

其中 $F(H)$ 为第 t 代所有型式为 H 的位串的平均适应度。因为整个种群的平均适应度为 $F_{ave} = \dfrac{\sum F_j}{n}$，则上式可写为

$$m(H,t+1) = m(H,t) \times \frac{F(H)}{F_{ave}}$$

因此，某一型式 H 在下一代的数量正比于该型式所在位串的平均适应度与种群平均适应度的比值，即当 $F(H) > F_{ave}$ 时，型式 H 的数量将增加；当 $F(H) < F_{ave}$ 时，型式 H 的数量将减少。设 $F(H) - F_{ave} = cF_{ave}$，$c$ 为常数，则上式可表示为：

$$m(H,t+1) = m(H,t) \times \frac{F_{ave} + cF_{ave}}{F_{ave}} = (1+c)m(H,t)$$

设从原始种群（$t=0$）开始，c 是一个稳定的值，则有：

$$m(H,t+1) = (1+c)^t m(H,0)$$

从商业观点来看，这是计算利息的方程。从数学观点来看，这是计算几何级数的方程，或者是一个指数函数的离散模拟。从中可以看到繁殖对型式数量的影响，型式数量将指数地增加或减少。但是，繁殖只是一种复制操作，并不能产生新的位串。

2. 交叉对种群中型式数量的影响

显然,交叉对型式 H 的影响与 H 的定义长度 $\delta(H)$ 有关。$\delta(H)$ 越大,随机的交叉点落入定义长度之内的可能性越大,该型式的存活率就越低。例如位串 A 和它代表的两个型式:

$A = 0\ 1\ 1\ 1\ 0\ 0\ 0$

$H_1 = *\ 1\ *\ *\ *\ *\ 0 \qquad \delta(H_1) = 5$

$H_2 = *\ *\ *\ 1\ 0\ *\ * \qquad \delta(H_2) = 1$

设随机产生的交叉位置为 $k = 3$,型式被破坏的情况与被破坏的概率为:

$A = 0\ 1\ 1\ |\ 1\ 0\ 0\ 0$

$H_1 = *\ 1\ *\ |\ *\ *\ *\ 0 \qquad P_d = \dfrac{5}{6}$

$H_2 = *\ *\ *\ |\ 1\ 0\ *\ * \qquad P_d = \dfrac{1}{6}$

一般来讲,型式被破坏的概率为:

$$P_d = \frac{\delta(H)}{L-1}$$

其中 L 如前定义为位串的长度。

从而存活率为:

$$P_s = 1 - P_d = 1 - \frac{\delta(H)}{L-1}$$

若交叉的概率为 P_c,则存活率为:

$$P_s \geqslant 1 - P_c \times \frac{\delta(H)}{L-1}$$

由于被破坏的型式还可能被种群中其他的交叉所产生,因此上式使用不等式。

经过繁殖和交叉之后,型式 H 的数量为:

$$m(H, t+1) \geqslant m(H,t) \times \frac{F(H)}{F_{\text{ave}}} \times \left[1 - P_c \times \frac{\delta(H)}{L-1} \right]$$

3. 变异对种群中型式数量的影响

设某一位的变异率为 P_m,则该位的保持率为 $1 - P_m$。由于每一位的变异是互不相关的,因此型式 H 的生存率为 $(1 - P_m)^{O(H)}$。又因在一般情况下 $P_m \ll 1$,故型式 H 的生存率可表示为 $1 - O(H) \times P_m$。

综上所述,在繁殖、交叉和变异三个算子的共同作用下,型式 H 在下一代的数量可表示为:

$$m(H, t+1) \geqslant m(H,t) \times \frac{F(H)}{F_{\text{ave}}} \times \left[1 - P_c \times \frac{\delta(H)}{L-1} - O(H) \times P_m \right]$$

由上式可见,随着遗传代数的增加,长度短的、确定位数少的、平均适应度高的型式数量将按指数增加,这个结论称为型式定理。

8.7.3 遗传规划

如前所述,遗传算法可以用于解决优化问题。但是遗传算法采用定长的字符串表达问题,限制了它的应用范围。为了处理层次化的结构表达问题,Koza 于 1990 年提出了另一种进化算法——遗传规划。遗传规划是一种计算机自动编程技术,是遗传算法的延伸和扩展。遗传规划和遗传算法的最大区别在于问题的表达方式,遗传算法一般采用的是二进制的定长位串表示,而遗传规划一般采用的是树结构的层次表示,并且树的大小规模可变,因而更适用于对复杂问题进行求解。遗传规划的每个个体可以看作一棵语法树;每棵语法树由内部结点和叶结点组成,内部结点称为函数、而叶结点称为终止符;终止符表示问题的值而函数表示对值的处理。因此遗传规划的个体表示对各种值的处理过程。

遗传规划的基本流程是:

(1) 随机生成初始种群,其中个体是由表示问题的函数和终止符随机组合而成的计算机程序。

(2) 运行种群里每个个体程序,并按适应值度量给它分配一个适应度值。

(3) 根据适应度值运行复制、交叉、变异、结构改变等操作产生下一代群体。

(4) 反复执行(2)、(3)直到满足终止条件,输出当前最好的计算机程序,该程序可能是一个最优(或近似最优)的问题解。

生成初始种群一般有三种方法:

(1) 完全生成法:每个叶结点的深度都等于最大深度;

(2) 生长法:从根结点到终结点顺序生成个体树,但每个分支长度可以不相等;

(3) 混合法:前两种方法的综合。

复制操作一般有以下几种方法:

(1) 比例选择法:适应度越高被选中的概率也就越大;

(2) 分级选择法:将个体按适应度大小分成多个级别,然后按级别而不是适应度值进行选择,这可以避免过早收敛;

(3) 竞技选择法:每次从种群中随机选取 k 个个体,再从中选出适应度值最高的个体进行复制;

(4) 截取选择法:从父代个体中确定性的按适应度值大小选择优良个体进入下一代群体。

交叉操作是遗传规划里主要的进化手段,一般包括:

(1) 子树交换:随机选取两个父代个体的交叉点进行交换从而生成两个新个体;

(2) 自身交换:使用一个单独个体代表两个父代个体来进行子树交换;

(3) 模块交换:类似于子树交换但交换的是子树的一部分而不是交换点以下的整个子树。

变异操作包括:

(1) 子树变异:使用随机产生的子树来代替个体中任意选择的一棵子树;

(2) 点变异:只将变异点进行变异,而下面的子树仍保持不变;

(3) 排列变异:将变异点的子树交换顺序;

(4) 主从变异:将以变异点为树根的根子树当成下一代新个体;

(5) 扩张变异:将父代个体的某子树插入到另一子树的叶子中,扩张为一棵更大的算法树作为子代新个体;

(6) 收缩变异:随机选定父代个体的变异点,删除以该变异点为根的根子树,再用随机选出的终止符代替变异点。

8.7.4 演化策略

演化策略是 Schwefel 和 Rechenberg 首先提出来的。以实数值函数最优化为例,演化策略的算法可描述如下:

(1) 问题定义为求出目标函数 $F(x):R^n \to R$,其中 x 为 n 维向量。

(2) 随机选择初始向量的种群 $x_i,i=1,2,\cdots,N$,初始向量应均匀分布。

(3) 将向量 x_i 的每个分量与一个具有 0 期望值和预定的标准方差的高斯随机变量相加,产生后代向量 $x_i',i=1,2,\cdots,N$。

(4) 通过比较 $F(x_i)$ 和 $F(x_i'),i=1,2,\cdots,N$,选择并确定 N 个下一代向量。

(5) 重复(3)(4),直至获得满意的解或达到预设的结束条件。

需要注意的是,在演化策略中解的每个元素都看成个体的行为特征,属于表现型特征而非基因型特征。算法中生成下一代的搜索方式可分为以下两种。

1. 单亲单子搜索

这种方式称为(1+1)-ES,其特点是一个父向量产生一个子向量,两个向量都参加比较以产生新一代向量。作为最优化方法,这种方法有两个缺点。第一,恒定的标准方差使搜索过程的收敛较慢。第二,点到点的搜索似乎更易于达到局部最优点。

Rechenberg 研究了影响收敛速率的因素。对于二次目标函数 $F(x) = \sum_{i=1}^{n} x_i^2$,其中 x_i 为 x 的第 i 个分量,Rechenberg 指出当 $\sigma \approx 1.224r/n$ 时得到最佳的收敛速率,其中 σ 为 0 期望值的高斯扰动的标准方差,r 为当前与最优值之间的欧氏距离。这样,对于上述的简单函数,当平均步进幅度正比于误差函数的平方根,且反比于变量的数量时,可得到最佳的收敛速率。对其他的目标函数也得到了类似的结果。

2. 多亲多子搜索

这种方式的特点是由 μ 个父向量产生 λ 个子向量。通常有两种实现方式:$(\mu+\lambda)$-ES 和 (μ,λ)-ES。前者由 $\mu+\lambda$ 个向量参加比较以产生新一代向量。后者则由 λ 个子向量参加比较以产生新一代向量,即每个解都只生存一代,增加种群的大小将提高优化的速率。

8.7.5 演化规划

以有限自动机(finite state machines,FSM)为例,演化规划的算法可描述如下:

(1) 随机构造一个有限自动机的初始种群。

(2) 将种群置于环境之中。对每个有限自动机,每提供一个输入符号就比较其输出符号与下一个输入符号,以给定的准则(有—无、绝对误差、平方误差等)评价该预测的价值。预测结束,对所有符号总的代价函数(如各符号价值的均值)即为该机器的适应度。

(3) 随机改变每个有限自动机生成子有限自动机。有五种生成子有限自动机的方式:改变一个输出符号、改变一个状态转移、增加一个状态、删除一个状态或改变初始状态,其中删除一个状态和改变初始状态的方式只有当上一代机器的状态多于一个时才能应用。变异是以均匀的概率分布选择的,每个子有限自动机的变异数目也以概率分布选择,也可以预先确定。

（4）在环境中以同样的方式估价子有限自动机。

（5）选择最佳的有限自动机作为新一代种群,通常为方便起见,保持种群的大小不变。

（6）重复步骤（3）～（5）,直到精确地产生下一个符号为止。选择最好的有限自动机,把新的符号加入到环境中,返回步骤（2）。

四种演化计算算法的共同点是:维持一个试探解的种群,对种群中的解施加随机的变化,选择某些解进入下一代。而算法的不同点是:遗传算法强调从自然界观察到的遗传算子,如交叉、反转等,将这些算子应用于抽象化的染色体。遗传规划能够处理树等结构的层次化表示数据。演化策略与演化规划则强调变异,保持每对父子之间的性能关系。演化策略与演化规划之间也有本质的不同。演化策略强调严格的、确定性的选择,而演化规划则强调选择的概率特性。演化策略的编码结构模拟个体,而演化规划的编码结构模拟种类。因此,演化策略可以采用重组方式产生下一代,而演化规划则不能。

8.8　群体智能算法

《尚书·周书·泰誓》中记载周武王认为"惟人万物之灵",进化论也认为"人是高级动物"。但是当我们研究人工智能时,却发现自然界有一些所谓的低级动物所表现出来的智能在现阶段比人类智能可能更值得我们认真探寻。这可能也是因为目前我们对人类智能是如何产生的这一问题尚无能为力,让机器先从低级动物表现出来的智能开始模拟将更符合人工智能的发展现状。

群体智能（swarm intelligence,SI）算法指的是一类算法,该类算法的产生源于某些个体并无智能、但是一个群体却可以通过直接或者间接的交流产生属于该群体的智能带来的启发。如单个蚂蚁只能漫无目的寻找食物,但是作为一个群体,蚂蚁（们）却总能找到食物,还能发现食物到巢穴之间的最短路径。蚁群算法、粒子群算法、鱼群算法、蜂群算法等都属于群体智能的范畴,本节主要介绍蚁群算法和粒子群算法。

8.8.1　蚁群算法

1992 年,受到蚁群觅食的启发,Dorigo 等人首次提出基本蚁群算法（ant colony optimization）,能够用于求解组合优化问题。蚁群算法自提出以来存在许多改进算法,通常将利用蚂蚁特性的这些算法统称为蚁群算法。

动物行为学研究者发现蚂蚁在觅食初期,各种行为都是随机发生的,此时体现的是个体的差异性。但是一旦发现食物之后,过一段时间个体行为将会体现出集体的相似性—大部分蚂蚁都会沿着同一条路径把食物搬运回巢穴。这是因为蚂蚁找到食物之后,在把食物搬回巢穴的途中会释放信息素。外出觅食的蚂蚁会倾向于选择信息素浓度高的路径,当越来越多的蚂蚁选择同一特定路径之后,该路径就会因为信息素浓度越来越高更具有吸引性,从而又会有更多的蚂蚁选择该路径。上述描述总结为蚂蚁的行为具有两个共性:每只蚂蚁访问过的路径上都会留下信息素;每只蚂蚁选择路径时以该路径上信息素浓度为概率来选择。Goss 等人开展了一个双桥实验,从巢穴到食物之间存在两条长度不等的道路,如图 8.20

所示。初始阶段两条道路上行走的蚂蚁数量(黑点表示蚂蚁)大致相同,如图8.20(a)所示。经过一段时间之后,大部分蚂蚁选择了长度较短那条路径,如图8.20(b)所示。

蚂蚁的这种行为可以很自然地借鉴到求解最短路径的问题,如旅行商问题(traveling salesman problem,TSP)。旅行商问题可描述如下。

设$C=\{c_1,c_2,\cdots,c_n\}$为商人兜售商品经过的n座城市,每两座城市之间都有一条直接到达的路径,$d_{ij}\geqslant0(i,j=1,2,\cdots,n)$表示从第$i$座城市到第$j$座城市的路径长度。一般称从$c_i$出发经过其他$n-1$座城市一次且仅一次并回到$c_i$的回路称为一次周游。旅行商问题指的是如何找到某座给定城市出发并回到该城市的距离最短的一次周游。

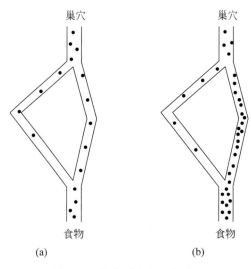

图8.20　蚂蚁觅食的两条路径

设m为蚁群中蚂蚁的数量;$a_i(t)$为t时刻位于第i座城市的蚂蚁组成的集合,有$m=\sum_{i=1}^{n}|a_i(t)|$。设$\tau_{ij}(t)$为t时刻在第i座城市到第j座城市之间的路径上残留的信息素浓度,初始时刻每条路径上残留随机的少量信息素,即$\tau_{ij}(1)=W$,W为随机生成的常数。而信息素随着时间的推移会挥发,挥发的速度记为$\rho\in[0,1]$,$\rho=0$意味着不挥发,而$\rho=1$意味着信息素失去效果,蚂蚁以完全随机的方式选择路径。设$\Delta\tau_{ij}^k$为第k只蚂蚁经过第i座城市到第j座城市之间的路径时残留在该路径上的信息素。更新城市之间每条路径上的信息素浓度有两种方式,一种是每只蚂蚁经过一条路径就立刻更新,尽管这种方式是现实中蚂蚁遗留信息素的方式,但是计算更新值需要考虑到每只蚂蚁行进的顺序以及速度,在算法中不容易实现,也没有太大必要;另一种方式是按照一个周期更新一次的方式,也就是所有蚂蚁都访问了一个周期之后再根据每只蚂蚁经过的路径更新相应的信息素浓度,一般采用这种方式更新并选取一次周游为一个周期。此时,按照如下方式修改每条路径上的信息素浓度:

$$\tau_{ij}(t+1)=(1-\rho)\cdot\tau_{ij}(t)+\Delta\tau_{ij}(t) \tag{8.18}$$

$$\Delta\tau_{ij}=\sum_{k=1}^{m}\Delta\tau_{ij}^k$$

关于$\Delta\tau_{ij}^k(t)$的定义,Dorigo曾给出三种不同方法,分别对应三种不同的蚂蚁系统模型ant-cycle system、ant-density system以及ant-quantity system。它们的区别在于表达式

$\Delta\tau_{ij}^{k}$ 的不同。

在 ant-cycle system 模型中:

$$\Delta\tau_{ij}^{k}(t)=\begin{cases}\dfrac{Q}{L_k}, & \text{若蚂蚁 } k \text{ 在本次周游中经过边 } ij \\ 0, & \text{否则}\end{cases} \tag{8.19}$$

其中 Q 为常量,L_k 为第 k 只蚂蚁在本次周游中经过路径的长度

在 ant-quantity system 模型中:

$$\Delta\tau_{ij}^{k}(t)=\begin{cases}\dfrac{Q}{d_{ij}}, & \text{若蚂蚁 } k \text{ 在本次行动中经过边 } ij \\ 0, & \text{否则}\end{cases} \tag{8.20}$$

在 ant-density system 模型中:

$$\Delta\tau_{ij}^{k}(t)=\begin{cases}Q, & \text{若蚂蚁 } k \text{ 在本次行动中经过边 } ij \\ 0, & \text{否则}\end{cases} \tag{8.21}$$

此外,需要定义 $p_{ij}^{k}(t)$ 表示 t 时刻第 k 只蚂蚁选择第 i 座城市到第 j 座城市之间的路径的概率。为了防止蚂蚁经过重复城市,还需要定义一个禁忌表 Tabu(k) 存放第 k 个蚂蚁已经经过的城市。

$$p_{ij}^{k}(t)=\begin{cases}\dfrac{\tau_{ij}^{\alpha}(t)\eta_{ij}^{\beta}(t)}{\sum\limits_{l\in C-\text{Tabu}(k)}\tau_{il}^{\alpha}(t)\eta_{il}^{\beta}(t)}, & j\in C-\text{Tabu}(k) \\ 0, & j\in\text{Tabu}(k)\end{cases} \tag{8.22}$$

其中,$\eta_{ij}=\dfrac{1}{d_{ij}}$。$\alpha$ 和 β 分别表示信息素浓度和启发式信息(即该路径的长度越长选择概率越低)的相对重要程度。

给定上述定义之后,蚁群算法实现如下述过程所示。

```
ACO_TSP(n, α, β, ρ, W, Q, MaxEpoch)
{
    miniLen = ∞;                      //最短路径的长度初始化为无穷大
    miniPath = ∅;                     //最短路径初始化为空集
    for iter = 1, 2, …, MaxEpoch do
        for i = 1, 2, …, n do
            for j = 1, 2, …, n do
                τ_ij = W;             //初始化
            end for
        end for
        for k = 1, 2, …, m do
            Tabu(k) = random(1, n);   //每只蚂蚁随机选择一个城市出发,同时加入禁忌表
            a_tabu(k)(1) = a_tabu(k)(1) ∪ {k};  //t = 1 时第 i 座城市中的蚂蚁
            Len(k) = 0;
        end for
        for t = 1, 2, …, n - 1 do             //重复 n - 1 次
            for i = 1, 2, …, n do             //对于每座城市
                for l = 1, 2, …, |a_i(t)| do  //对于这座城市里的蚂蚁
                    k = pop(a_i(t)[l]);        //取出第 i 座城市中的第 l 只蚂蚁
                    p_ij^k(t) = max {p_ir^k(t)};  //找到第 k 只蚂蚁下一步到达的城市 j
                            r∈[1,n]
                    a_j(t + 1) = a_j(t) ∪ {k};  //更新第 j 座城市中的蚂蚁
```

```
                    Tabu(k) = Tabu(k)∪{j};          //更新禁忌表
                    Len(k) += d_ij;                  //更新路径长度
                end for
            end for
            for i = 1, 2, …, n do
                for j = 1, 2, …, n do
                    计算 Δτ_ij, 更新 τ_ij;            //利用式(8.18)~(8.21)计算 Δτ_ij、更新 τ_ij
                end for
            end for
        end for
        for k = 1, 2, …, m do
            Len(k) += d_{tabu(k)[n],tabu(k)[1]}      //第 k 只蚂蚁周游回路的路径长度
        end for
        if min(Len(k))< miniLen                      //如果比当前找到的最短路径还短
            s = argmin{Len(k)};                       //找到走出最短路径的蚂蚁 s
                 k∈[1,m]
            miniLen = Len(s);                         //更新最短路径长度
            for i = 1, 2, …, n do
                miniPath = miniPath ∪ (Tabu(s)[i],Tabu(s)[(i+1)mod n]);   //更新最短路径
            end for
        end if
    end for
    return (miniLen, miniPath);
}
```

上述蚁群算法仅仅是比较基础的蚁群算法,还存在一些缺陷,如解决复杂问题时容易提早收敛到某一个距离全局最优较远的解。针对这些问题,研究者提出了一些改进的蚁群算法,如最小最大蚂蚁系统等。

8.8.2　粒子群算法

粒子群算法(particle swarm optimization,PSO)是美国 Purdue 大学的 Kennedy 和 Eberhart 受到鸟类群体行为的启发,于 1995 年提出的一种群体智能算法,此后经过多次改进和应用。本小节主要介绍 Kennedy 和 Eberhart 提出的基本粒子群算法。

考虑这样一个问题,一群鸟在随机寻找食物,假设在某个区域中只有一个食物,所有的鸟都不知道食物在哪儿,但它们都能判断食物距离它们还有多远。假设鸟类能够交流从而确定食物距离哪些鸟最近,那么最简单有效的方法就是飞到当前距离食物最近的鸟所在的区域。通过这些鸟不断寻找距离食物最近的区域的过程,鸟群逐渐向食物聚集,并最后找到目标。PSO 算法正是从这样一个朴素的寻食过程得到启发而提出的。在 PSO 算法中,一只鸟被抽象为 n 维空间中没有质量和体积的粒子 $\boldsymbol{x}_i = (x_{i1}, x_{i2}, \cdots, x_{in})$,该粒子是优化问题空间的一个解,可以利用适应度衡量这个解的优劣程度;该粒子可以参考其他粒子的情况来确定自己的速度和移动距离;所有粒子都追随当前最优的粒子在解空间中移动,最后找到最优解。

很显然粒子如何移动关系到是否能够找到最优解以及找到最优解的效率。粒子 $\boldsymbol{x}_i$ 的第 d 维采用以下的公式更新速度和新的位置:

$$\begin{cases} v_{id}^t = w v_{id}^{t-1} + c_1 r_1 (\text{pbest}_{id} - x_{id}^{t-1}) + c_2 r_2 (\text{gbest}_d - x_{id}^{t-1}) \\ x_{id}^t = x_{id}^{t-1} + v_{id}^{t-1} \end{cases} \tag{8.23}$$

其中 t 表示时刻 t;w 是非负数,为惯性权重因子;c_1 和 c_2 为非负常数,用于调节学习最大

步长；r_1，$r_2 \in [0,1]$是随机数；$pbest_{id}$ 为粒子 x_i 本身找到最优解 $pbest_i$ 的第 d 维，而 $gbest_d$ 为所有粒子找到最优解 $gbest$ 的第 d 维。

式(8.23)的第一项是粒子 x_i 在前一时刻的速度，第二项为"认知"分量，比较前一刻的位置和该粒子历史最优值，第三项为"社会"分量，表示粒子间的信息共享于相互合作。

根据 c_1 和 c_2 取值的不同，可以分成以下四种类型的 PSO 模型：

（1）c_1，$c_2 > 0$，称为 PSO 全模型；

（2）$c_1 > 0$，$c_2 = 0$，称为 PSO 认知模型，只考虑粒子自身的经验，而不考虑整个群体经验，收敛速度慢；

（3）$c_1 = 0$，$c_2 > 0$，称为 PSO 社会模型，不考虑粒子以往经验，容易陷入局部最优；

（4）$c_1 = 0$，$c_2 > 0$ 且 $gbest$ 不能是粒子自身找到的最优解，称为 PSO 无私模型，研究表明无私模型与社会模型各有千秋。

此外，惯性权重的取值与优化性能密切相关。当 $w \geqslant 1$ 时，粒子的速度将会越来越快，有利于探索新区域，但是在有需要时不容易改变运动方向转到亟待搜索的区域；当 $w < 1$ 时，可以提升在粒子周围找到最优解的概率，但是容易丧失整个种群的探索能力。因此惯性权重的取值可以动态调整，如使用随机调整或者线性递减等调整方法。

上面介绍的不同类型的 PSO 统称为全局 PSO，与之对应的是局部 PSO。在局部 PSO 中 $gbest$ 并不是整个种群曾经找到过的最优值，而是粒子 x_i 的某个邻域内所有粒子曾经找到过的最优值。由于全局 PSO 中各个粒子之间的联系更紧密（通过全局最优解），所以收敛更快，但是可能容易收敛到局部最优解；而局部 PSO 由于限定了每个粒子的邻域，因此搜索空间将会更大，因此更容易找到全局最优解，但是收敛速度将会更慢。

上述 PSO 算法流程图如图 8.21 所示。

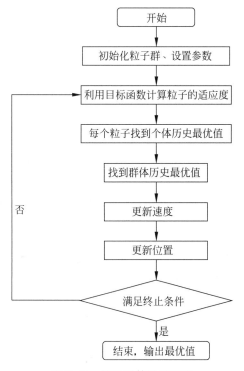

图 8.21　粒子群算法流程图

终止条件一般有两种：达到预设最大迭代次数或者一定迭代次数以内解并无改进。基本粒子群算法无法保证收敛到全局或者局部最优值，可以对基本粒子群算法进行改造从而确保收敛到局部甚至全局最优值。

本节仅简单介绍了群体智能算法中的代表性算法——蚁群算法和粒子群算法，对群体智能算法感兴趣的读者请参考 Engelbrecht 所著的 *Fundamentals of Computational Swarm Intelligence*。

机器学习与计算智能是新世纪以来人工智能学科中最为活跃的研究领域，究其原因大致是因为这两个领域的研究者不太关注如何使机器具有智能这个人工智能的核心又过于抽象的问题，而是从实用的角度出发提出一些能够解决实际问题的算法与模型，并且取得了一些非凡的成就。本章和下一章也正是基于实用的角度介绍其中一些经典或常用的算法与模型。

第 9 章

神经网络与深度学习

深度学习(deep learning)是机器学习的一个子领域,研究的对象目前普遍认为是神经网络,但实际上在人工智能学科中深度学习这个术语刚提出时与神经网络毫无关系。名词"深度学习"首次诞生于 1986 年的 AAAI 会议上,彼时 Dechter 刚刚从加州大学洛杉矶分校获得计算机科学博士学位,在求解通用约束满足问题时提出了深度学习和浅层学习(shallow learning)的概念。直到 2000 年在神经网络领域才开始使用深度学习这个术语,Aizenberg 父子与 Vandewalle 在他们的著作中提到了深度学习,用于表示神经网络特征的深度学习。一直到 2006 年 Hinton 提出了深度信念网络和深度自编码器之后,深度学习这个名词才逐渐深入人心,成为多层(或深度)神经网络在大数据、高算力时代的代名词。本章前四节介绍的感知机、多层前向网络、Hopfield 网络依然是传统的神经网络,后两节介绍的卷积神经网络和循环与递归神经网络才是近年来深度学习中备受关注的研究对象。最后一节介绍深度学习的典型应用与常用平台。

9.1 基础知识

神经网络的基础是神经元,神经元的结构如图 9.1 所示,由细胞体、树突、轴突和突触等组成。细胞体由细胞核、细胞质和细胞膜组成;树突是由细胞体向外伸出的较短的分支,为信息的输入端;轴突是由细胞体向外伸出的最长的一条分支,为信息的输出端;突触为其他神经元的轴突与该神经元的树突的接口。

神经元是大脑控制与信息处理的基本单元。人脑是由大约 $10^{10} \sim 10^{12}$ 个神经元组成的巨型神经网络。人的认识过程就是大量神经元整体活动的过程。因此人工智能专家试图模拟人类的神经网络活动,从而实

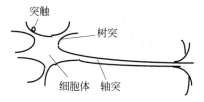

图 9.1　神经元的结构

现拟人的人工神经网络。[①]

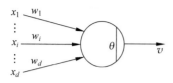

图 9.2　神经元的 M-P 模型

M-P 模型将神经元看成是一个具有多输入、单输出的非线性器件,如图 9.2 所示,其中 $x_1, x_2, \cdots, x_d$ 是输入信号,$w_1, w_2, \cdots, w_d$ 为各输入到神经元的权值。该模型可描述为:

$$y = f\Big(\sum_{i=1}^{d} w_i x_i - \theta\Big)$$

其中 θ 为阈值,f 为一非线性函数,称为激活函数。激活函数一般有三种类型:阈值型、分段线性型和 S 型。

阈值型激活函数一般采用符号函数,即:

$$f(x) = \mathrm{sgn}(x) = \begin{cases} 1 & x \geqslant 0 \\ 0 & x < 0 \end{cases}$$

分段线性型函数可以定义为:

$$f(x) = \begin{cases} 1, & x \geqslant b \\ ax, & 0 \leqslant x \leqslant b \\ 0, & x < 0 \end{cases}$$

其中 $a, b > 0$。

S 型函数即 Sigmoid 函数,定义为:

$$f(x) = \mathrm{Sigmoid}(x) = \frac{1}{1 + e^{-x}}$$

三种激活函数分别如图 9.3(a)、(b)和(c)所示。

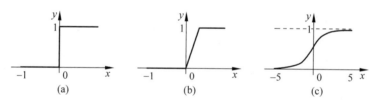

图 9.3　三种激活函数

给定神经元的定义之后,可以将多个神经元连接在一起构成神经网络,从结构上看神经网络可分为两种:层次网络和非层次网络。层次网络中神经元按层排列,组成输入层、中间层(亦称隐含层或隐层,可有多层)和输出层。神经元之间的连接分为三种:每层神经元只接受前一层神经元的输入的网络称为前向(亦称前馈)网络,如多层前向网络,大部分神经网络模型都是前向网络;从后一层到前一层有反馈的网络;还有一种网络允许同层次神经元的互连,如循环神经网络。后两种网络可统称为反馈网络。非层次网络中任意两个神经元之间都可以存在连接,非层次网络比较少见。

自人工智能提出以来,神经网络的每一次发展都对应着人工智能的一波热潮,从 60 多年前的感知机(perceptron)到 30 多年前的 Hopfield 网络、BP 算法和 Boltzmann 机,再到前

---

　　① 　注:人工神经网络是早期使用的术语,近年来在不会混淆人工神经网络和人脑神经网络的情况下,人工神经网络和神经网络两者是通用的。

几年的各种深度学习模型,莫不如此。因此尽管可以将神经网络视为机器学习或者计算智能的一个子领域,本书依然将神经网络和深度学习单独列为一章,以便有篇幅介绍更多的神经网络模型,尤其是近几年提出的新型深度学习模型。

9.2　感知机

感知机是 1957 年由 Rosenblatt 提出的第一个神经网络模型,它是一种由两层神经元组成的神经网络,输入层接收输入信号,输出层是 M-P 神经元。以两类分类问题为例,设输入为 d 维样本 $x_1,x_2,\cdots,x_d$,$w_1,w_2,\cdots,w_d$ 为各输入到输出神经元的权值,$y\in\{+1,-1\}$ 为输出信号,$y=+1$ 时称为正类,否则称为负类。感知机模型可描述为:

$$\text{net}=\sum_{i=1}^{d}w_ix_i-\theta \tag{9.1}$$

$$y=f(\text{net})=\text{sgn}(\text{net})=\begin{cases}+1 & \text{net}\geqslant 0 \\ -1 & \text{net}<0\end{cases}$$

感知机需要在 d 维样本空间建立一个超平面 $\sum_{i=1}^{d}w_ix_i-\theta=0$ 作为决策面。为了便于显示,假设 $d=2$,感知机及决策面如图 9.4 所示。输入一个新二维样本,则可以利用决策面判断新样本是正类还是负类,如果落入决策面的左上区域,则为正类,否则为负类。

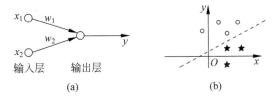

图 9.4　(a)为两个输入的感知机,(b)为两类问题的决策面,
其中圆形代表正类,五角星代表负类

再回到一般情况下的 d 维样本时,为简单起见,可定义广义输入样本 $\boldsymbol{X}$ 和广义权值 $\boldsymbol{W}$ 为 $d+1$ 维向量:

$$\boldsymbol{X}=\begin{bmatrix}x_1\\x_2\\\cdots\\x_d\\1\end{bmatrix},\quad \boldsymbol{W}=\begin{bmatrix}w_1\\w_2\\\cdots\\w_d\\-\theta\end{bmatrix}$$

则感知机可描述为:

$$\text{net}=\boldsymbol{W}^{\mathrm{T}}\boldsymbol{X}$$

$$y=f(\text{net})=\text{sgn}(\text{net})$$

于是感知机的分类决策面变为线性齐次方程:

$$\boldsymbol{W}^{\mathrm{T}}\boldsymbol{X}=0$$

因此感知机的学习问题可归结为如下问题：

给定样本集 $D=\{(\boldsymbol{X}_1,\boldsymbol{y}_1),(\boldsymbol{X}_2,\boldsymbol{y}_2),\cdots,(\boldsymbol{X}_n,\boldsymbol{y}_n)\}$，其中 $\boldsymbol{X}_i$ 为 d 维向量，$y_i\in\{+1,-1\}$；以及准则函数 $J(\boldsymbol{W})$。求解使准则函数在 D 上达到最优的解 $\boldsymbol{W}$。不同的准则函数和最优化算法可得到不同的学习算法。准则函数可定义为：

$$J(\boldsymbol{W})=\sum_{i=1}^{n}[-\boldsymbol{W}^{\mathrm{T}}\boldsymbol{X}_i(y_i-\hat{y}_i)]$$

其中 y_i 和 $\hat{y}_i$ 分别为 $\boldsymbol{X}_i$ 的标号（即正确输出）和实际输出。显然，上式仅针对错误划分的样本求和。错误划分有两种情况：

（1）正类误判为负类，即 $y_i=+1,\hat{y}_i=-1$。此时有：

$\boldsymbol{W}^{\mathrm{T}}\boldsymbol{X}_i<0$ 以及 $y_i-\hat{y}_i>0$，因此 $-\boldsymbol{W}^{\mathrm{T}}\boldsymbol{X}_i(y_i-\hat{y}_i)>0$；

（2）负类误判为正类，即 $y_i=-1,\hat{y}_i=+1$。此时有：

$\boldsymbol{W}^{\mathrm{T}}\boldsymbol{X}_i>0$ 以及 $y_i-\hat{y}_i<0$，因此 $-\boldsymbol{W}^{\mathrm{T}}\boldsymbol{X}_i(y_i-\hat{y}_i)>0$。

在这两种错误分类情况下，$J(\boldsymbol{W})$ 中求和各项均为非负，且误分样本越少，准则函数 $J(\boldsymbol{W})$ 就越小，$J(\boldsymbol{W})$ 为 0 时全部正确分类。

而优化算法可以采用梯度下降法。首先将准则函数 $J(\boldsymbol{W})$ 对 $\boldsymbol{W}$ 求梯度：

$$\nabla J(\boldsymbol{W})=\sum_{i=1}^{n}[-\boldsymbol{X}_i(y_i-\hat{y}_i)]$$

然后按梯度下降法得到公式：

$$\boldsymbol{W}_{t+1}=\boldsymbol{W}_t-\eta_t\nabla J(\boldsymbol{W})=\boldsymbol{W}_t+\eta_t\sum_{i=1}^{n}[\boldsymbol{X}_i(y_i-\hat{y}_i)]$$

其中，η_t 为学习率，可取 $\eta_t=\dfrac{1}{t}$；$\boldsymbol{W}_t$ 为第 t 次迭代时的广义权值向量。

在上述梯度下降法中，每次修改权值都考虑所有的样本。为简单起见，可以把样本集合看成一个序列，每次仅考虑一个样本，这样梯度下降法可简化为：

$$\boldsymbol{W}_{t+1}=\boldsymbol{W}_t+\eta_t\boldsymbol{X}_t(y_t-\hat{y}_t)$$

其中 $\boldsymbol{X}_t$、y_t、$\hat{y}_t$ 分别为第 t 次迭代时考虑的样本、其正确输出和实际输出。当 η_t 取常数时（如 $\eta_t=1$），称为固定增量算法。

当样本集合为线性可分时（即存在一个超平面可以实现对所有的样本正确分类时），上述算法是收敛的。

综上所述，感知机的学习算法描述如下：

（1）初始化：设 $t=1$；设广义权值向量 $\boldsymbol{W}_1=[w_1,w_2,\cdots,w_d,-\theta]^{\mathrm{T}}$ 的各分量为小随机数。

（2）提供新的输入和理想输出。新的输入表示为广义向量 $\boldsymbol{X}_t=[x_1,x_2,\cdots,x_d,1]^{\mathrm{T}}$，理想输出为 y_t。

（3）计算实际输出：$\hat{y}_t=\mathrm{sgn}(\boldsymbol{W}^{\mathrm{T}}\boldsymbol{X}_t)$。

（4）调整权值：$\boldsymbol{W}_{t+1}=\boldsymbol{W}_t+\eta_t\boldsymbol{X}_t(y_t-\hat{y}_t)$，其中 $\eta_t\leqslant1$ 为预先定义的学习率。

（5）若全部样本都已正确分类或迭代达到预定次数，则结束；否则 $t\!+\!+$，转（2）。

感知机只能解决线性可分的问题,对线性不可分的问题哪怕是简单的异或问题也无能为力。异或问题的真值表如表 9.1 所示。其输入可看成平面上的 4 个点,如图 9.5 所示,三角形为正类,圆形为负类,则无法仅用一条直线将三角形和圆形分开。

表 9.1 XOR 真值表

输	入	输 出
x_1	x_2	y
0	0	0
0	1	1
1	0	1
1	1	0

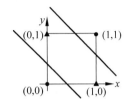

图 9.5 XOR 问题的几何表示

要想利用神经网络求解异或问题,就需要在输入层和输出层之间再加一层隐层。实际上不仅仅是异或问题能够通过这种方法求解,万能近似定理表明只要前向网络至少有一层隐层采用的激活函数具有挤压(squashing)性质[①]。但是如何快速有效地解决多层前向网络的学习问题是构造多层网络之后面临的一个关键性难点。

9.3 多层前向网络

1986 年 Rumelhart 等人正式提出了多层前向网络的反向学习算法,即误差反向传播(error back propagation,BP)算法(常简称为反向传播算法),解决了多层网络的学习问题,因此也有研究者将多层前向网络称为 BP 网络。但实际上 BP 算法不仅仅应用于多层前向网络,还可应用于其他类型的神经网络,因此本书中提到 BP 仅指 BP 算法,而非 BP 网络。

多层前向网络也称为多层感知机(multilayer perceptron,MLP),由输入层、一个或多个隐层和一个输出层组成。在多层前向网络中,输入层由输入结点组成,输入结点仅接收输入,而隐层和输出层由神经元组成,通过激活函数加工数据,输入结点和神经元统称为单元。通常把上一层每个单元与下一层每个单元都存在连接的网络称为全连接网络,图 9.6 所示的神经网络是一个全连接单隐层前向网络。

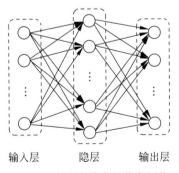

输入层　　隐层　　输出层

图 9.6 全连接单隐层前向网络

---

① 注:所谓挤压性质指的是能够通过激活函数将输出值挤压到某个区间内,那么就可以通过添加足够多的隐藏单元逼近任何函数。

设输入样本集 $D=\{(\boldsymbol{X}_1,\boldsymbol{y}_1),(\boldsymbol{X}_2,\boldsymbol{y}_2),\cdots,(\boldsymbol{X}_n,\boldsymbol{y}_n)\}$，其中 $\boldsymbol{X}_r=(x_{r1},x_{r2},\cdots,x_{rd})^{\mathrm{T}}\in R^d$，$\boldsymbol{y}_r=(y_{r1},y_{r2},\cdots,y_{rl})^{\mathrm{T}}\in R^l$。即输入为 d 维样本，输出为 l 维实值向量。假设使用的神经网络是如图 9.6 所示的全连接单隐层前向网络，输入层有 d 个结点，对应 d 维输入样本，假设隐层有 p 个神经元，输出层有 l 个神经元表示 l 维输出结果。当输入为 $\boldsymbol{X}_r$ 时，隐层中的第 j 个神经元的输入为：

$$\mathrm{net}_{rj}=\sum_{i=1}^d w_{ij}x_{ri}+\alpha_j$$

隐层中的第 j 个神经元的输出为：

$$t_{rj}=f(\mathrm{net}_{rj})$$

其中，w_{ij} 是输入层的第 i 个结点到隐层第 j 个神经元的连接权值，α_j 为隐层第 j 个神经元的阈值，f 为隐层的激活函数。

此时，输出层第 k 个神经元的输入为：

$$\mathrm{net}'_{rk}=\sum_{j=1}^p v_{jk}t_{rj}+\beta_k=\sum_{j=1}^p v_{jk}f(\mathrm{net}_{rj})+\beta_k=\sum_{j=1}^p v_{jk}f\left(\sum_{i=1}^d w_{ij}x_{ri}+\alpha_j\right)+\beta_k$$

输出层第 k 个神经元的输出为：

$$o_{rk}=\varphi(\mathrm{net}'_{rk})=\varphi\left[\sum_{j=1}^p v_{jk}f\left(\sum_{i=1}^d w_{ij}x_{ri}+\alpha_j\right)+\beta_k\right]$$

其中 v_{jk} 是隐层的第 j 个神经元到输出层第 k 个神经元的连接权值，β_k 为输出层第 k 个神经元的阈值，φ 为输出层的激活函数。一般 f 和 φ 取 Sigmoid 函数。

为了详细介绍上述符号的含义，在图 9.7 中给出了每一层的输入以及层与层之间的连接权值。

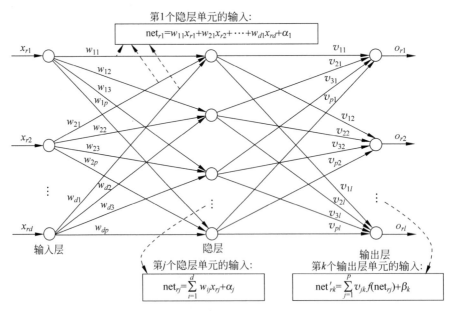

图 9.7　第 r 个样本时的连接权值与各层输入

从输入层到隐层，需要 $d\times p$ 个连接权值以及 p 个阈值，从隐层到输出层，需要 $p\times l$ 个连接权值以及 l 个阈值，因此总共需要 $p(d+l+1)+l$ 个参数。可以使用下文介绍的 BP

算法求解这些参数。

设第 r 个输入样本带来的误差为均方误差：

$$E_r = \frac{1}{2} \sum_{k=1}^{l} (o_{rk} - y_{rk})^2$$

则所有 n 个样本的总误差为：

$$E = \sum_{r=1}^{n} E_r$$

应用于上述网络的 BP 算法可简单描述如下。

先考虑隐层到输出层之间的连接权值，按梯度下降法，第 r 个样本输入时，隐层第 j 个神经元到输出层第 k 个神经元的权值 v_{jk} 的调整值应为：

$$\Delta_r v_{jk} = -\eta \frac{\partial E_r}{\partial v_{jk}}$$

其中 $\eta \in (0,1]$ 为学习率。

对于导数 $\dfrac{\partial E_r}{\partial v_{jk}}$，可以分解为两部分：

$$\frac{\partial E_r}{\partial v_{jk}} = \frac{\partial E_r}{\partial \mathrm{net}'_{rk}} \cdot \frac{\partial \mathrm{net}'_{rk}}{\partial v_{jk}}$$

对第 1 部分，定义 δ_{rk} 为：

$$\delta_{rk} = \frac{-\partial E_r}{\partial \mathrm{net}'_{rk}}$$

对第 2 部分，有：

$$\frac{\partial \mathrm{net}'_{rk}}{\partial v_{rk}} = \frac{\partial}{\partial v_{jk}} \left(\sum_{j=1}^{p} v_{jk} t_{rj} + \beta_k \right) = t_{rj}$$

因此得到：

$$\frac{\partial E_r}{\partial v_{jk}} = -\delta_{rk} t_{rj}$$

权值 v_{jk} 的调整值可改写为：

$$\Delta_r v_{jk} = \eta \delta_{rk} t_{rj}$$

下面的问题就在于求 δ_{rk}，这就要借助于反向传播过程。首先将 δ_{rk} 分解开：

$$\delta_{rk} = \frac{-\partial E_r}{\partial \mathrm{net}'_{rk}} = -\frac{\partial E_r}{\partial \mathrm{net}'_{rk}} = -\frac{\partial E_r}{\partial o_{rk}} \cdot \frac{\partial o_{rk}}{\partial \mathrm{net}'_{rk}}$$

根据 E_r 的定义，有：

$$\frac{\partial E_r}{\partial o_{rk}} = o_{rk} - y_{rk}$$

而根据 Sigmoid 函数的形式有：

$$\frac{\partial o_{rk}}{\partial \mathrm{net}'_{rk}} = \varphi'(\mathrm{net}'_{rk}) = \varphi(\mathrm{net}'_{rk}) \cdot (1 - \varphi(\mathrm{net}'_{rk})) = o_{rk}(1 - o_{rk})$$

所以有

$$\delta_{rk} = o_{rk}(y_{rk} - o_{rk})(1 - o_{rk})$$

至此，$\Delta_r v_{jk}$ 可以求出：

$$\Delta_r v_{jk} = \eta \delta_{rk} t_{rj}$$

类似可得输出层第 k 个神经元的阈值的更新值 $\Delta_r \beta_k$：

$$\Delta_r \beta_k = -\eta \frac{\partial E_r}{\partial \beta_k} = -\eta \frac{\partial E_r}{\partial \mathrm{net}'_{rk}} \cdot \frac{\partial \mathrm{net}'_{rk}}{\partial \beta_k} = \eta \delta_{rk}$$

再考虑输入层到隐层之间的连接权值 w_{ij}，输入层第 i 个结点到隐层第 j 个神经元的权值 w_{ij} 的调整值应为：

$$\Delta_r w_{ij} = -\eta \frac{\partial E_r}{\partial w_{ij}}$$

仿照上述推理过程，可得：

$$\frac{\partial E_r}{\partial w_{ij}} = \frac{\partial E_r}{\partial \mathrm{net}_{rj}} \cdot \frac{\partial \mathrm{net}_{rj}}{\partial w_{ij}}$$

后一项为：

$$\frac{\partial \mathrm{net}_{rj}}{\partial w_{ij}} = x_{ri}$$

前一项变换为：

$$\frac{\partial E_r}{\partial \mathrm{net}_{rj}} = \frac{\partial E_r}{\partial t_{rj}} \cdot \frac{\partial t_{rj}}{\partial \mathrm{net}_{rj}}$$

由于 E_r 与 t_{rj} 没有直接关联，还需要继续变换：

$$\frac{\partial E_r}{\partial t_{rj}} = \sum_{k=1}^{l} \frac{\partial E_r}{\partial \mathrm{net}'_{rk}} \cdot \frac{\partial \mathrm{net}'_{rk}}{\partial t_{rj}} = -\sum_{k=1}^{l} \delta_{rk} v_{jk}$$

因此有：

$$\frac{\partial E_r}{\partial \mathrm{net}_{rj}} = -t_{rj}(1-t_{rj}) \sum_{k=1}^{l} \delta_{rk} v_{jk}$$

所以可得到：

$$\Delta_r w_{ij} = \eta t_{rj}(1-t_{rj}) x_{ri} \sum_{k=1}^{l} \delta_{rk} v_{jk}$$

最后可得隐层第 j 个神经元的阈值的更新值 $\Delta_r \alpha_j$：

$$\Delta_r \alpha_j = \eta t_{rj}(1-t_{rj}) \sum_{k=1}^{l} \delta_{rk} v_{jk}$$

至此已经把输入第 r 个样本时各个权值和阈值的更新值求出，如下所示：

$$\Delta_r v_{jk} = \eta \delta_{rk} t_{rj} \tag{9.2}$$

$$\Delta_r \beta_k = \eta \delta_{rk} \tag{9.3}$$

$$\Delta_r w_{ij} = \eta t_{rj}(1-t_{rj}) x_{ri} \sum_{k=1}^{l} \delta_{rk} v_{jk} \tag{9.4}$$

$$\Delta_r \alpha_j = \eta t_{rj}(1-t_{rj}) \sum_{k=1}^{l} \delta_{rk} v_{jk} \tag{9.5}$$

其中 $\delta_{rk} = o_{rk}(y_{rk} - o_{rk})(1 - o_{rk})$。

BP 算法中学习率 η 的大小决定了学习的速度，η 越大对权值修正的越大，学习速度越快。但 η 过大时可能导致振荡。为提高学习速度又不导致振荡，以隐层到输出层的权值 v_{jk} 为例，可修改权值修正公式：

$$\Delta_r v_{jk} = \eta \delta_{rk} t_{rj} + \alpha \Delta_{r-1} v_{jk}$$

其中 $\alpha \in (0,1)$ 是一个常数,称为动量因子,用于确定上一次权值调整对当前权值调整的影响,从而在权值空间提供了一种动量,滤除了高频的变化。

综上,多层前向网络的学习算法可总结如下:

(1) 确定网络的结构和允许误差:

网络结构是指网络的层次数目和每层的单元数,其中输入单元数等于输入样本维数 d,输出层单元数等于输出个数 l。允许误差可采用最大平方误差和平均平方误差。

(2) 初始化:

权值和阈值的初始值可取为小的随机数,迭代次数 $r=1$。

(3) 提供输入和期望的输出:

当 $(r-1) \bmod n = 0$ 时,令 $r = r \bmod n$,并随机生成所有 n 个样本的排列顺序。

按顺序每次输入第 r 个样本,该样本为 d 维向量 $\mathbf{X}_r = (x_{r1}, x_{r2}, \cdots, x_{rd})^{\mathrm{T}}$。期望的输出为 l 维向量 $\mathbf{y}_r = (y_{r1}, y_{r2}, \cdots, y_{rl})^{\mathrm{T}}$。

(4) 计算隐层的输入输出和输出层的输出:

第 r 个样本对应的实际输出为 $\mathbf{o}_r = (o_{r1}, o_{r2}, \cdots, o_{rl})^{\mathrm{T}}$。

(5) 根据公式(9.2)~公式(9.5)调整各层之间的连接权值及其阈值

先调整隐层第 j 个神经元到输出层第 k 个神经元的权值 v_{jk} 以及输出层第 k 个神经元的阈值 β_k,然后再调整其他层的连接权值和阈值。

(6) 如果误差小于允许误差,则停止;否则 $r++$,并转(3)。

上述算法中的第(3)步,当 n 个样本已经全部训练完成后,需要重新打乱 n 个样本的输入顺序,尽可能避免连续输入同类样本的情况。

上述训练算法是每次输入一个训练样本,并根据该样本贡献的误差修改权值,这种训练方式称为顺序方式,还有一种是同时输入全部样本进行训练,此时需要通过总误差 E 对相关参数的偏导数求出各权值和阈值的更新值,这种方式得到的算法称为累积(accumulated)BP算法。

9.4　Hopfield 网络

Hopfield 网络是 Hopfield 在 1982 年提出的,是神经网络第二次研究热潮的开端。Hopfield 网络可分为离散型和连续型两种型式,分别可用于联想记忆和优化计算。本节介绍离散型 Hopfield 网络。

离散 Hopfield 网络是单层神经元网络,所有神经元之间都存在着双向的连接,如图 9.8 所示。由图中可见,对于有 n 个神经元的 Hopfield 网络,共有 $n(n-1)$ 个连接。每个神经元有两个可能的状态,分别用 $+1$ 和 -1 表示,因此也称为二值 Hopfield 网络。设整个网络由 n 个神经元组成,则网络的状态由所有 n 个神经元的状态组成,表示为一个 n 维向量 $\mathbf{V} = (v_1, v_2, \cdots, v_n)^{\mathrm{T}}$。设在时刻 t 时神经元 j

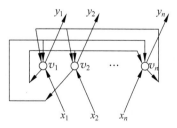

图 9.8　Hopfield 网络

的状态为 $v_j(t)$，从神经元 i 到神经元 j 的连接权值为 w_{ij}（当 $i=j$ 时，$w_{ij}=0$），则时刻 $t+1$ 时有：

$$S_j = \sum_{i=1}^{n} w_{ij} v_i(t)$$

$$v_j(t+1) = \text{sgn}(S_j(t))$$

其中 S_j 为第 j 个神经元的输入，sgn 是符号函数。[①]

每个神经元状态的变化都可能引起其他神经元状态的变化。已经证明，若有 $w_{ij}=w_{ji}$，则网络必定可以收敛到一个稳定状态。即使当 $w_{ij} \neq w_{ji}$ 时，也有部分网络结构能收敛。

Hopfield 网络的能量 E 定义为所有神经元能量之和：

$$E = \sum_{j=1}^{n} E_j$$

其中，第 j 个神经元的能量 E_j 定义为：

$$E_j = -\frac{1}{2} \sum_{i=1}^{n} w_{ij} v_i v_j = -\frac{1}{2} v_j \sum_{i=1}^{n} w_{ij} v_i = -\frac{1}{2} v_j S_j$$

设神经元 j 从 $t-1$ 时刻到 t 时刻状态有变化，即 $v_j(t-1) \neq v_j(t)$，那么可分为两种情况，第一种情况是 $v_j(t-1)=-1$，而 $v_j(t)=+1$，因为 $v_j(t)=+1$，所以 $S_j \geqslant 0$，因此 E_j 减小；第二种情况是 $v_j(t-1)=+1$，而 $v_j(t)=-1$，因为 $v_j(t)=-1$，所以 $S_j < 0$，因此 E_j 也变小。所以神经元的状态转换过程是一个能量极小化的过程。随着状态的变化，能量函数将趋于稳定，此时每个神经元的状态处于稳定状态，输出 $y_j=v_j$。而 Hopfield 网络的输入 x_i 一般用于为每个神经元赋初值。

离散 Hopfield 网络可用做联想存储器。假设有 $1 \sim 9$ 九个数字需要识别，可以将含有这 9 个数字二值化图片的像素值存储在 Hopfield 网络中，每个像素值对应一个神经元，最终成为 9 个稳定状态。发现新图片之后，将新图片的像素值输入到 Hopfield 网络中，然后利用 Hopfield 网络的特点最终收敛到一个稳定状态，理想状况下该稳定状态与某一个数字的稳定状态吻合，这时可以判断输入的新图片就是该数字。

表 9.2 为像素大小为 6×10 的图片的像素矩阵（以数字 1 和 3 为例）。所有的图像都进行初始化处理：将像素值为 1 的像素点（即白点）看成 -1 类，像素值为 0 的像素点（即黑点）看成 $+1$ 类，并将 6×10 的矩阵按行排列成为一个 60 维的向量。可以构造一个含有 60 个神经元的 Hopfield 网络完成该数字识别任务，算法如下：

（1）指定权值：

$$w_{ij} = \begin{cases} \sum_{s=1}^{c} x_i^s x_j^s, & i \neq j \\ 0, & i = j \end{cases}$$

其中 c 为类别数，本例中为 9；x_i^s 表示第 s 类数据的第 i 个分量，本例中指的是第 s 个数字对应的向量中第 i 个分量；w_{ij} 为神经元 i 到神经元 j 的连接权值，$1 \leqslant i, j \leqslant n$，$n$ 为神经元数量，本例中 $n=60$。

---

① 注：有些文献会在最后添加一个阈值项。

表 9.2 数字 1 和 3 的像素矩阵

1

1	1	1	1	1	1
1	1	1	0	1	1
1	1	0	0	1	1
1	1	1	0	1	1
1	1	1	0	1	1
1	1	1	0	1	1
1	1	1	0	1	1
1	1	1	0	1	1
1	1	0	0	0	1
1	1	1	1	1	1

3

1	0	0	0	1	1
1	0	1	1	0	1
1	0	1	1	0	1
1	1	0	0	0	1
1	1	1	1	0	0
1	0	1	1	1	0
1	0	1	1	0	0
1	0	0	0	0	1
1	1	1	1	1	1
1	1	1	1	1	1

（2）用未知类别的输入信号 x 初始化各神经元初值：

$$v_j(0) = x_j$$

其中 $v_j(0)$ 为 $t=0$ 时刻神经元 i 的状态。本例中 x_j 为需要识别图片的 60 维像素值向量的第 j 维。

（3）迭代更新每一个神经元的状态：

$$v_j(t+1) = \text{sgn}(\sum_{i=1}^{n} w_{ij}v_i(t))$$

直到所有神经元的状态不变为止。更新方式有两种，一种是每次只更新一个神经元的状态，另一种则每次更新多个甚至全部神经元的状态。

尽管离散 Hopfield 网络利用联想存储器的性质进行分类只需要非常少的训练样本，但是该网络有两个局限性。第一，类别数目不能太多，否则会收敛到虚假的输出。一般来讲，类别数目应满足 $m<0.15n$。例如 10 个类别所需要的神经元达 70 个以上。第二，各类信号如果相同位数较多的话，可能会发生混淆的现象。

9.5 卷积神经网络

卷积神经网络（convolutional neural networks，CNN）可以认为是神经网络领域中第一种非常重要的多层次网络，到目前为止应用广泛的众多深度学习模型有相当一部分属于卷积神经网络。

卷积神经网络之所以命名为此，是因为在该网络中多次使用卷积运算。两个函数 $f(x)$ 和 $g(x)$ 的卷积运算 $f*g$ 定义为：

$$s(x) = (f*g)(x) = \begin{cases} \int_{-\infty}^{+\infty} f(t)g(x-t)dt, & t \text{ 为连续值} \\ \sum_{t=-\infty}^{+\infty} f(t)g(x-t), & t \text{ 为离散值} \end{cases}$$

我们一般关注离散形式下的卷积运算，类似可以定义离散形式下的二维卷积运算为：

$$\boldsymbol{S}(i,j) = (f*g)(i,j) = \sum_m \sum_n f(m,n)g(i-m,j-n) \tag{9.6}$$

显然上述卷积运算是可交换的,即:

$$S(i,j) = (g * f)(i,j) = \sum_m \sum_n f(i-m, j-n)g(m,n) = (f * g)(i,j)$$

在卷积神经网络中大部分时候并不是使用上述卷积运算,而是使用另一种卷积——互相关(cross-correlation):

$$S'(i,j) = (I \circ K)(i,j) = \sum_m \sum_n I(i+m, j+n)K(m,n) \tag{9.7}$$

其中,I 为输入,K 为二维函数,此时将 K 称为卷积核。从式(9.7)和式(9.6)可以看出互相关和卷积的差别在于式(9.6)所示的卷积中的一个矩阵需要翻转,而互相关中的卷积核却无需翻转。

在卷积神经网络中两种卷积都可使用,由于可交换性对于卷积神经网络来说并不重要,所以为了容易理解,一般卷积神经网络中使用的卷积是式(9.7)定义的卷积,本书中提到卷积时同样默认为该卷积。

图 9.9 是一个输入在卷积核的作用下得到的卷积结果的实例。

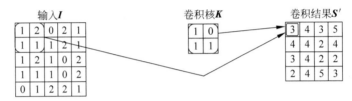

图 9.9 卷积实例:卷积结果 S' 矩阵中黑粗线圈出的部分是由 I 矩阵黑粗线圈出的部分和 K 矩阵计算得到的。输出为 4×4 的矩阵($5-2+1=4$)

在卷积运算中,有时候需要在输入向量两端补零,称为零填充。根据零填充的不同,卷积又可分为窄卷积、宽卷积和等宽卷积。其中窄卷积并不补零,宽卷积在输入两端均补上 $N-1$ 个 0,其中 N 为卷积核的大小,这种做法使得输入的边界也能够被卷积核所影响,而等宽卷积则是两端总共补上 $N-1$ 个 0。图 9.9 所示的卷积运算是窄卷积运算,在卷积神经网络中窄卷积和宽卷积使用较多。

卷积运算在面向图像的深度学习中起着非常重要的作用。卷积能够提取图像的局部信息,从而获得图像的局部特征。此外,经典的机器学习方法的输入一般都是向量,在图像处理过程中,需要设计合适的特征提取方法,将图像提取为特征向量,然后输入到经典的机器学习方法中。对于支持向量机而言,虽然可以设计合适的面向图像的核函数,但是核函数的设计依然需要借助人类经验;而对于卷积神经网络,它的输入就是图像本身,不需要任何预处理,也就无需借助图像的各种先验知识,而这些先验知识往往是难以获取的。因此,在面向图像和视频的深度学习中,卷积神经网络可以说占据大半壁江山。

9.5.1 LeNet-5

第一个成功商用的卷积神经网络称为 LeNet-5,是 Lecun 等人于 1995 年提出的。从 1989 年 Lecun 等人将卷积神经网络用于手写数字识别开始,历时数年,历经多个版本,终于在 1998 年正式公布稳定的 7 层卷积神经网络 LeNet-5。中间版本包括 4 层网络、5 层网络以及 6 层网络,后两个版本分别被命名为 LeNet-1 和 LeNet-4。实际上 LeNet-5 也因为面向问题的不同存在两个版本,第一个版本的第六层是 336 个神经元,输出层有 95 个单元,用来识别支票内容;而第二个版本的第六层却减少到 84 个神经元,输出层只有 10 个单元,用来识别手写数字。一般提到 LeNet-5 时大部分指的是用于手写数字识别的 10 类 LeNet-5。

LeNet-5 的结构如图 9.10 所示,不包括输入,总共包含 7 层。输入是一个 32×32 像素大小的图像,经过 7 次操作,最终输出属于 0～9 总共 10 种类别中的某一类。

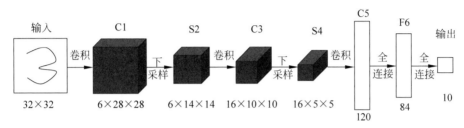

图 9.10　LeNet-5 的网络结构

第一次操作为卷积运算,构成第一层——卷积层 C1:6 个 5×5 的卷积核作用于输入的图像,得到 6 个 28×28 的特征矩阵。

第二次操作为下采样(sub-sampling)操作,构成第二层——下采样层 S2:S2 通过在 C1 层上的下采样操作获得。首先将 C1 层每一个 28×28 的特征矩阵划分为 14×14 个 2×2 的窗口;然后对于每一个 2×2 的窗口得到一个输出:将该窗口中的四个值相加,乘上一个系数,并添加一个偏置(即阈值),最后输入到 Sigmoid 函数中计算出结果。因此,S2 层含有 6 个 14×14 的特征矩阵。

第三次操作是卷积运算,构成第三层——卷积层 C3:16 个 5×5 的卷积核作用于 S2 的输出(6 个 14×14 的特征矩阵),得到 16 个 10×10 的特征矩阵。16 个卷积核按照一定的规则作用于多个 14×14 的特征矩阵上,具体的规则如表 9.3 所示。

表 9.3　16 个卷积核与 6 个特征矩阵的对应关系

	1	2	3	4	5	6	7	8	9	10	11	12	13	14	15	16
1	X				X	X	X			X	X	X	X		X	X
2	X	X				X	X	X			X	X	X	X		X
3	X	X	X				X	X	X			X		X	X	X
4		X	X	X			X	X	X	X			X		X	X
5			X	X	X			X	X	X	X		X	X		X
6				X	X	X			X	X	X	X		X	X	X

如果把六个特征矩阵看成一个循环,前六个卷积核作用于三个相邻的特征矩阵上,中间六个卷积核作用于四个相邻的特征矩阵上,最后一个卷积核作用于所有的特征矩阵,剩下三个卷积核作用于四个不相邻的特征矩阵上。

第四次操作是下采样操作,构成第四层——下采样层 S4:与第二次下采样操作类似,将 C3 层每一个 10×10 的特征矩阵下采样为 5×5 的特征矩阵。

第五次操作是卷积运算,构成第五层——卷积层 C5:120 组卷积核,每组含有 16 个卷积核。每组的 16 个卷积核分别与 S4 的 16 个 5×5 特征矩阵进行卷积运算,因为卷积核与特征矩阵均为 5×5,所以卷积结果为一个数值,由这 16 个卷积结果添加权值和阈值构成一个数值特征。120 组卷积核最终得到 120 个数值特征。因为上述卷积运算之后造成 C5 与 S4 的全连接，因此也可将 C5 称为全连接层。

第六次操作是全连接操作，构成第六层——全连接层 F6：F6 含有 84 个特征，每个特征都与 C5 的 120 个特征连接，构成全连接层。

最后一层是输出层，由欧氏径向基函数（euclidean radial basis function）单元组成，每类一个单元，每个单元有 84 个输入。每个输出 RBF 单元计算输入向量和权值向量之间欧氏距离的平方作为该单元的输出。哪个单元输出值最接近 0，则将输入划分为哪个单元所属类别。

LeNet-4 和 LeNet-5 最大的区别就在于 LeNet-5 增加了一个第六层 F6，可以理解为 C5 层得到 120 维的特征向量之后，LeNet-4 直接将这 120 维向量划分为 0～9 总共 10 个类别。而 LeNet-5 则不然，得到 120 维的特征向量之后，将这 120 维特征向量映射到一个 7×12 的编码矩阵上，每个类别对应一个编码矩阵，哪个类别的编码矩阵与这 120 维的特征向量映射到的编码矩阵最接近，那么输入就越接近该类别。这种处理方式在识别 10 个数字类别上可能优势并不明显，但是在识别更多类别时 LeNet-5 优势会比较大。

9.5.2 常用模型

当前常用的 LeNet 与 Lecun 等人提出的 LeNet-5 已经有所区别，主要区别在于将非线性变换从下采样层转移到了卷积层以及输出层的激活函数更改为 Softmax 函数。Softmax 函数定义为：

$$\boldsymbol{\sigma}(\boldsymbol{x})_j = \frac{e^{x_j}}{\sum_{i=1}^{k} e^{x_i}}$$

表示将 k 维实值向量压缩到 0-1 上的 k 维实向量 $\boldsymbol{\sigma}(\boldsymbol{x})$，并且所有分量之和为 1。

我们将以图 9.11 所示的一般模型为例介绍卷积神经网络的训练算法。

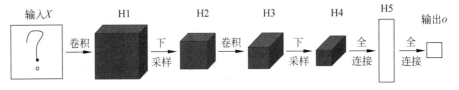

图 9.11 常用卷积神经网络模型

设输入样本集 $D = \{(\boldsymbol{x}_1, y_1), (\boldsymbol{x}_2, y_2), \cdots, (\boldsymbol{x}_n, y_n)\}$，其中 $\boldsymbol{x}_r$ 为固定像素大小的图像，$y_r \in \{1, 2, 3, \cdots, l\}$ 表示 $\boldsymbol{x}_r$ 所属类别。$\boldsymbol{A} * \boldsymbol{B}$ 用于表示矩阵 $\boldsymbol{A}$ 和矩阵 $\boldsymbol{B}$ 的窄卷积运算。

$\boldsymbol{H}_1$ 是第一个隐层，是一个卷积层，$\boldsymbol{H}_1 = \{\boldsymbol{H}_{1,a}\}$，$a \in [1, l_1]$；$\boldsymbol{H}_{1,a}$ 表示 $\boldsymbol{H}_1$ 的第 a 个特征矩阵，l_1 是 $\boldsymbol{H}_1$ 特征矩阵的个数。$\boldsymbol{H}_1$ 与输入层的关系为：

$$\boldsymbol{H}_{1,a} = \boldsymbol{S}(\boldsymbol{x} * \boldsymbol{W}_{1,a}, b_{1,a})$$

其中 $\boldsymbol{x}$ 为输入样本，$\boldsymbol{W}_{1,a}$ 为对应于 $\boldsymbol{H}_1$ 的第 a 个特征矩阵的卷积核，$b_{1,a}$ 是其相应的阈值，S 函数代表本章第一节定义的 Sigmoid 函数。

$\boldsymbol{H}_2$ 是第二个隐层，是一个下采样层，$\boldsymbol{H}_2 = \{\boldsymbol{H}_{2,a}\}$，$a \in [1, l_2]$；$\boldsymbol{H}_{2,a}$ 表示 $\boldsymbol{H}_2$ 的第 a 个特征矩阵，l_2 是 $\boldsymbol{H}_2$ 特征矩阵的个数。$\boldsymbol{H}_2$ 与 $\boldsymbol{H}_1$ 的关系为：

$$H_{2,\alpha} = \text{subsample}(H_{1,\alpha})$$

其中, subsample(H)利用下采样将矩阵 H 压缩。

H_3 是第三个隐层, 是一个卷积层, $H_3 = \{H_{3,\alpha}\}$, $\alpha \in [1, l_3]$; $H_{3,\alpha}$ 表示 H_3 的第 α 个特征矩阵, l_3 是 H_3 特征矩阵的个数。H_3 与 H_2 的关系为:

$$H_{3,\alpha} = S\left(\sum_{\beta \in M_\alpha} H_{2,\beta} * W_{3,\beta,\alpha}, b_{3,\alpha}\right)$$

其中 M_α 表示 H_3 第 α 个卷积核作用于上一个下采样层哪些特征矩阵, 如表 9.3 所示的对应关系时, $M_1 = \{1, 2, 3\}$ 而 $M_{16} = \{1, 2, 3, 4, 5, 6\}$, 同时 $M^{-1}(\beta)$ 表示作用在 $H_{2,\beta}$ 上的所有卷积核, 如 $M^{-1}(1) = \{1, 5, 6, 7, 10, 11, 12, 13, 15, 16\}$; 而 $W_{3,\beta,\alpha}$ 是 H_3 的第 α 个特征矩阵的第 β 个卷积核, $b_{3,\alpha}$ 是 H_3 的第 α 个特征矩阵的阈值。

H_4 是第四个隐层, 是一个下采样层, $H_4 = \{H_{4,\alpha}\}$, $\alpha \in [1, l_4]$; $H_{4,\alpha}$ 表示 H_4 的第 α 个特征矩阵, l_4 是 H_4 特征矩阵的个数。H_4 与 H_3 的关系为:

$$H_{4,\alpha} = \text{subsample}(H_{3,\alpha})$$

H_5 是第五个隐层, 也是唯一一个全连接层, $H_5 = \{H_{5,\alpha}\}$, $\alpha \in [1, l_5]$; $H_{5,\alpha}$ 表示 H_5 的第 α 个数值, l_5 是 H_5 向量的维度。H_5 与 H_4 的关系为:

$$H_{5,\alpha} = S\left(\sum_{\beta=1}^{l_4} H_{4,\beta} * W_{5,\beta,\alpha}, b_{5,\alpha}\right)$$

其中 $W_{5,\beta,\alpha}$ 表示 H_5 的第 α 个数值对应于 H_4 的第 β 个特征矩阵的卷积核, 与 H_4 中每一个矩阵大小一致, $b_{5,\alpha}$ 是 H_5 的第 α 个数值对应的阈值。

o 是输出层, 通过 Softmax 函数得到:

$$o = \text{softmax}(W_6 H_5 + b_6)$$

其中 W_6 和 b_6 是输出层的权值向量和阈值, 注意没有转置符号时, W_6 与前述 W_3 和 W_5 格式相反, $W_{i,j}$ 是输出层第 i 个神经元对应 $H_{5,j}$ 的连接权值。

我们在 $H_{1,\alpha}$、$H_{2,\alpha}$、$H_{3,\alpha}$、$H_{4,\alpha}$、$H_{5,\alpha}$、o 符号的右上角添加 r, 即 $H_{1,\alpha}^r$、$H_{2,\alpha}^r$、$H_{3,\alpha}^r$、$H_{4,\alpha}^r$、$H_{5,\alpha}^r$、o^r 表示输入样本为 x_r 时, 第一到第五个隐层的运算结果以及最后输出层的输出。同时定义几个中间符号:

$$\text{net}_{1,\alpha}^r = x_r * W_{1,\alpha} + b_{1,\alpha}$$

$$\text{net}_{2,\alpha}^r = \text{subsample}(H_{1,\alpha})$$

$$\text{net}_{3,\alpha}^r = \sum_{\beta \in M_\alpha} H_{2,\beta}^r * W_{3,\beta,\alpha} + b_{3,\alpha}$$

$$\text{net}_{4,\alpha}^r = \text{subsample}(H_{3,\alpha})$$

$$\text{net}_{5,\alpha}^r = \sum_{\beta=1}^{l_4} H_{4,\beta}^r * W_{5,\beta,\alpha} + b_{5,\alpha}$$

$$\text{net}_6^r = W_6 H_5 + b_6$$

因此有 $H_{1,\alpha}^r = S(\text{net}_{1,\alpha}^r)$; $H_{2,\alpha}^r = \text{net}_{2,\alpha}^r$; $H_{3,\alpha}^r = S(\text{net}_{3,\alpha}^r)$; $H_{4,\alpha}^r = \text{net}_{4,\alpha}^r$; $H_{5,\alpha}^r = S(\text{net}_{5,\alpha}^r)$; $o^r = \text{softmax}(\text{net}_6^r)$。

输出层的激活函数为 Softmax 函数:

$$o_i^r = \frac{e^{\text{net}_{6,i}^r}}{\sum_j e^{\text{net}_{6,j}^r}} \tag{9.8}$$

其中 $\mathrm{net}^r_{6,i}$ 表示列向量 $\mathbf{net}^r_6$ 的第 i 维分量。

为了方便计算,定义每一层的误差灵敏度为 $\delta^r_i = \dfrac{\partial L_r}{\partial \mathrm{net}^r_i}$,第 i 层的第 α 个特征矩阵或者数值的误差灵敏度为 $\delta^r_{i,\alpha} = \dfrac{\partial L_r}{\partial \mathrm{net}^r_{i,\alpha}}$。

9.5.3　训练

使用交叉熵来表示所有 n 个输入的损失函数:

$$\mathrm{LOSS} = \frac{1}{n} \sum_{r=1}^n L_r$$

其中,L_r 是输入样本 $(\boldsymbol{x}_r, y_r)$ 的偏差,定义为:

$$L_r = -\sum_i 1_{y_r = i} \ln(o^r_i) = -\ln(o^r_{y_r})$$

其中 $1_{y_r = i}$ 表示当 $y_r = i$ 时为 1,否则为 0。$o^r_{y_r}$ 由式(9.8)定义,为输入为 $\boldsymbol{x}_r$ 时经过网络运算之后的输出为 y_r(即 $\boldsymbol{x}_r$ 的实际类别)的概率。

我们考察输入样本 $(\boldsymbol{x}_r, y_r)$ 的偏差 L_r,先看 L_r 对 $\boldsymbol{W}_6$ 的偏导:

$$\frac{\partial L_r}{\partial \boldsymbol{W}_6} = \frac{\partial L_r}{\partial \mathbf{net}^r_6} \boldsymbol{H}^{\mathrm{T}}_5$$

在前述多层前向网络的 BP 算法中,$\dfrac{\partial L_r}{\partial \mathrm{net}^r_6}$ 需要拆解成两部分,但是此处因为使用 Softmax 函数和交叉熵,所以可以直接推导,对于 $\mathbf{net}^r_6$ 的某个分量有:

$$\frac{\partial L_r}{\partial \mathrm{net}^r_{6,c}} = \frac{\partial}{\partial \mathrm{net}^r_{6,c}} - \ln(o^r_{y_r}) = \frac{-1}{o^r_{y_r}} \frac{\partial}{\partial \mathrm{net}^r_{6,c}} o^r_{y_r} = \frac{-1}{o^r_{y_r}} \frac{\partial}{\partial \mathrm{net}^r_{6,c}} \frac{\exp(\mathrm{net}^r_{6,y_r})}{\sum_{c'} \exp(\mathrm{net}^r_{6,c'})}$$

$$= \frac{-1}{o^r_{y_r}} \left(\frac{\dfrac{\partial}{\partial \mathrm{net}^r_{6,c}} \exp(\mathrm{net}^r_{6,y_r})}{\sum_{c'} \exp(\mathrm{net}^r_{6,c'})} - \frac{\exp(\mathrm{net}^r_{6,y_r}) \left(\dfrac{\partial}{\partial \mathrm{net}^r_{6,c}} \sum_{c'} \exp(\mathrm{net}^r_{6,c'}) \right)}{\left(\sum_{c'} \exp(\mathrm{net}^r_{6,c'}) \right)^2} \right)$$

$$= \frac{-1}{o^r_{y_r}} \left(\frac{1_{y_r = c} \exp(\mathrm{net}^r_{6,y_r})}{\sum_{c'} \exp(\mathrm{net}^r_{6,c'})} - \frac{\exp(\mathrm{net}^r_{6,y_r})}{\sum_{c'} \exp(\mathrm{net}^r_{6,c'})} \frac{\exp(\mathrm{net}^r_{6,c})}{\sum_{c'} \exp(\mathrm{net}^r_{6,c'})} \right)$$

$$= \frac{-1}{o^r_{y_r}} (1_{y_r = c} o^r_{y_r} - o^r_{y_r} o^r_c) = o^r_c - 1_{y_r = c}$$

所以可得到输出层的误差敏感度为:

$$\delta^r_6 = \frac{\partial L_r}{\partial \mathrm{net}^r_6} = o^r - e(y_r) \tag{9.9}$$

其中 $e(y_r)$ 是样本 $\boldsymbol{x}_r$ 的类别的 one-hot 表示;$e(y_r)$ 是一个 l 维的列向量,其中第 y_r 维为 1,其他维为 0。

因此有:

$$\frac{\partial L_r}{\partial \boldsymbol{W}_6} = \delta^r_6 \boldsymbol{H}^{\mathrm{T}}_5 \tag{9.10}$$

而 L_r 对 b_6 的偏导：

$$\frac{\partial L_r}{\partial \boldsymbol{b}_6} = \frac{\partial L_r}{\partial \mathrm{net}_6^r} = \delta_6^r \tag{9.11}$$

接下来看上一层，L_r 对 $\boldsymbol{W}_{5,\beta,\alpha}$ 的偏导：

$$\frac{\partial L_r}{\partial \boldsymbol{W}_{5,\beta,\alpha}} = \frac{\partial L_r}{\partial \mathrm{net}_{5,\alpha}^r} \boldsymbol{H}_{4,\beta}^r$$

而第五个隐层的第 α 个数值的误差敏感度为：

$$\delta_{5,\alpha}^r = \frac{\partial L_r}{\partial \mathrm{net}_{5,\alpha}^r} = \frac{\partial L_r}{\partial H_{5,\alpha}^r} \frac{\partial H_{5,\alpha}^r}{\partial \mathrm{net}_{5,\alpha}^r} = \left(\sum_i \frac{\partial L_r}{\partial \mathrm{net}_{6,i}^r} \frac{\partial \mathrm{net}_{6,i}^r}{\partial H_{5,\alpha}^r} \right) \frac{\partial H_{5,\alpha}^r}{\partial \mathrm{net}_{5,\alpha}^r}$$

$$= \left[\sum_i W_{6,i,\alpha}(o_i^r - 1_{y_r=i}) \right] \mathrm{net}_{5,\alpha}^r (1 - \mathrm{net}_{5,\alpha}^r)$$

$$= \left[\boldsymbol{W}_{6,\cdot,\alpha}^{\mathrm{T}}(o^r - e(y_r)) \right] \mathrm{net}_{5,\alpha}^r (1 - \mathrm{net}_{5,\alpha}^r)$$

其中 $\mathrm{net}_{5,\alpha}^r$ 为第五个隐层第 α 个神经元的输入，由于本层的激活函数为 Sigmoid 函数，因此 $S'(\mathrm{net}_{5,\alpha}^r) = \mathrm{net}_{5,\alpha}^r(1 - \mathrm{net}_{5,\alpha}^r)$。$\boldsymbol{W}_{6,\cdot,\alpha}$ 表示 $\boldsymbol{W}_6$ 矩阵的第 α 列。

所以可以得到：

$$\frac{\partial L_r}{\partial \boldsymbol{W}_{5,\beta,\alpha}} = \delta_{5,\alpha}^r \boldsymbol{H}_{4,\beta}^r = \left[\boldsymbol{W}_{6,\cdot,\alpha}^{\mathrm{T}}(o^r - e(y_r)) \right] \mathrm{net}_{5,\alpha}^r (1 - \mathrm{net}_{5,\alpha}^r) \boldsymbol{H}_{4,\beta}^r \tag{9.12}$$

而 L_r 对 $b_{5,\alpha}$ 的偏导为：

$$\frac{\partial L_r}{\partial b_{5,\alpha}} = \delta_{5,\alpha}^r = \left[\boldsymbol{W}_{6,\cdot,\alpha}^{\mathrm{T}}(o^r - e(y_r)) \right] \mathrm{net}_{5,\alpha}^r (1 - \mathrm{net}_{5,\alpha}^r) \tag{9.13}$$

由于 $\boldsymbol{H}_{4,\alpha}^r = \mathbf{net}_{4,\alpha}^r$，所以第四个隐层第 α 个特征矩阵的误差敏感度为：

$$\delta_{4,\alpha}^r = \frac{\partial L_r}{\partial \mathrm{net}_{4,\alpha}^r} = \frac{\partial L_r}{\partial H_{4,\alpha}^r} = \sum_i \frac{\partial L_r}{\partial \mathrm{net}_{5,i}^r} \frac{\partial \mathrm{net}_{5,i}^r}{\partial H_{4,\alpha}^r}$$

$$= \sum_i \left[\boldsymbol{W}_{6,\cdot,i}^{\mathrm{T}}(o^r - e(y_r)) \right] \mathrm{net}_{5,i}^r (1 - \mathrm{net}_{5,i}^r) \boldsymbol{W}_{5,\alpha,i} \tag{9.14}$$

下采样层无需求解权值和阈值的更新量。

然后求第三个隐层第 α 个特征矩阵的误差敏感度，考虑对 $\mathbf{net}_{3,\alpha}^r$ 矩阵中第 i 行第 j 列元素 $\mathrm{net}_{3,\alpha}^r[i,j]$ 的误差敏感度：

$$\delta_{3,\alpha}^r[i,j] = \frac{\partial L_r}{\partial \mathrm{net}_{3,\alpha}^r[i,j]} = \sum_{m,n} \frac{\partial L_r}{\partial H_{3,\alpha}^r[m,n]} \frac{\partial H_{3,\alpha}^r[m,n]}{\partial \mathrm{net}_{3,\alpha}^r[i,j]} = \frac{\partial L_r}{\partial H_{3,\alpha}^r[i,j]} \frac{\partial H_{3,\alpha}^r[i,j]}{\partial \mathrm{net}_{3,\alpha}^r[i,j]}$$

$$= S'(\mathrm{net}_{3,\alpha}^r[i,j]) \frac{\partial L_r}{\partial H_{3,\alpha}^r[i,j]} = \mathrm{net}_{3,\alpha}^r[i,j](1 - \mathrm{net}_{3,\alpha}^r[i,j]) \frac{\partial L_r}{\partial H_{3,\alpha}^r[i,j]}$$

由于 $\mathbf{net}_{4,\alpha}^r$ 是由 $\boldsymbol{H}_{3,\alpha}^r$ 下采样得到的，无法仿照前述过程推导 $\dfrac{\partial L_r}{\partial H_{3,\alpha}^r[i,j]}$，而是需要先进行下采样的反动作——上采样。根据下采样 subsample 的不同，上采样 upsample 也会做相应改变，必须确保 $H_{3,\alpha}^r = \mathrm{upsample}(\mathbf{net}_{4,\alpha}^r)$ 成立，然后可做推导：

$$\frac{\partial L_r}{\partial \boldsymbol{H}_{3,\alpha}^r} = \frac{\partial L_r}{\partial \mathrm{upsample}(\mathbf{net}_{4,\alpha}^r)} = \mathrm{upsample}\left(\frac{\partial L_r}{\partial \mathbf{net}_{4,\alpha}^r} \right) = \mathrm{upsample}(\delta_{4,\alpha}^r)$$

即可得：

$$\frac{\partial L_r}{\partial H_{3,a}^r[i,j]} = \mathrm{upsample}(\delta_{4,a}^r)[i,j]$$

以及：

$$\delta_{3,a}^r[i,j] = \mathrm{net}_{3,a}^r[i,j](1 - \mathrm{net}_{3,a}^r[i,j])\mathrm{upsample}(\delta_{4,a}^r)[i,j]$$

考虑整个矩阵，可得：

$$\delta_{3,a}^r = \frac{\partial L_r}{\partial \mathbf{net}_{3,a}^r} == [\mathbf{net}_{3,a}^r \circledcirc (1 - \mathbf{net}_{3,a}^r)] \circledcirc \mathrm{upsample}(\delta_{4,a}^r) \tag{9.15}$$

其中 $\circledcirc$ 表示 Hadamard 积，即两个矩阵对应的元素相乘构成一个与原矩阵同等大小的矩阵。

根据 $\mathbf{net}_{3,a}^r$ 的定义以及对参与卷积运算的矩阵求偏导数可得误差对 $\mathbf{W}_{3,\beta,a}$ 的偏导为：

$$\frac{\partial L_r}{\partial W_{3,\beta,a}} = \mathbf{H}_{2,\beta}^r * \delta_{3,a}^r \tag{9.16}$$

而误差对 $b_{3,a}$ 的偏导为：

$$\frac{\partial L_r}{\partial b_{3,a}} = \sum_{i,j} \delta_{3,a}^r[i,j] \tag{9.17}$$

仿照上述推导，可以得到第二个隐层第 α 个特征矩阵的误差敏感度为：

$$\delta_{2,a}^r = \frac{\partial L_r}{\partial \mathbf{net}_{2,a}^r} = \frac{\partial L_r}{\partial \mathbf{H}_{2,a}^r} = \sum_{i \in M^{-1}(a)} \frac{\partial \mathbf{net}_{3,i}^r}{\partial \mathbf{H}_{2,a}^r} \frac{\partial L_r}{\partial \mathbf{net}_{3,i}^r}$$

$$= \sum_{i \in M^{-1}(a)} \delta_{3,i}^r \otimes \mathrm{rot}180(\mathbf{W}_{3,a,i}) \tag{9.18}$$

其中 $\otimes$ 表示宽卷积，$\mathrm{rot}180(\mathbf{W}_{3,a,i})$ 表示将矩阵 $\mathbf{W}_{3,a,i}$ 旋转 180 度。

下采样层无需求解权值和阈值的更新量。

同样可以得到第一个隐层第 α 个特征矩阵的误差敏感度为：

$$\delta_{1,a}^r = \mathbf{net}_{1,a}^r \circledcirc (1 - \mathbf{net}_{1,a}^r) \circledcirc \mathrm{upsample}(\delta_{2,a}^r) \tag{9.19}$$

$W_{1,a}$ 和 $b_{1,a}$ 的偏导为：

$$\frac{\partial L_r}{\partial W_{1,a}} = \mathbf{x}_r * \frac{\partial L_r}{\partial \mathrm{net}_{1,a}^r} = \mathbf{x}_r * \delta_{1,a}^r \tag{9.20}$$

$$\frac{\partial L_r}{\partial b_{1,a}} = \sum_{i,j} \delta_{1,a}^r[i,j] \tag{9.21}$$

利用公式(9.9)至(9.21)求出误差对各个 $\mathbf{W}$ 和 b 的偏导数后，可以利用学习率 η 得到各个 $\mathbf{W}$ 和 b 的更新量：

$$\Delta W = -\eta \frac{\partial L_r}{\partial \mathbf{W}}$$

$$\Delta b = -\eta \frac{\partial L_r}{\partial b}$$

即可完成误差反向传播过程。

卷积神经网络的训练过程与多层前向网络类似，兹不赘述。

除了经典的 LeNet-5 之外，还存在许多其他类型的卷积神经网络，接下来介绍几种典型的新型卷积神经网络。

在介绍其他卷积神经网络之前，简单介绍后续使用的两个概念以及深度神经网络面临的一个关键问题。

（1）汇合（pooling，亦称为池化），普遍认为汇合操作与下采样操作是同一种操作的不同名称，汇合操作主要包括最大汇合以及平均汇合，分别表示用汇合窗口的最大值和平均值得到汇合结果。Lenet-5 采用的主要是平均汇合操作，而近年来常用的大部分卷积神经网络采用的都是最大汇合操作。

（2）步长（stride），在卷积运算和汇合操作中都需要指定步长。在卷积运算中步长是卷积核滑动的间隔，如图 9.9 所示的卷积运算中的步长为 1。而汇合操作同样可以指定步长，即汇合窗口滑动的间隔，LeNet-5 的 S2 层的每一个 14×14 的特征矩阵是从 C1 层某个 28×28 的特征矩阵通过汇合操作得到的，汇合操作的窗口为 2×2，步长也为 2，因此 LeNet-5 中的汇合操作并无重叠，而下节介绍的 AlexNet 中汇合操作的窗口为 3×3，步长仍然为 2，因此将会存在输入中某些区域被汇合到不同的输出中，这种汇合被称为重叠汇合。

（3）梯度消失和梯度爆炸。在深度神经网络中，利用误差反向传播求解连接权值和阈值时存在两种极端情况，一种是每一层的误差敏感度 δ_i^l 随着远离输出层越来越小，直到逼近于 0，此时靠近输入层的隐藏层权值更新缓慢甚至更新停滞，这种情况称为梯度消失（vanishing gradient）；另一种是随着误差反向传播，δ_i^l 越来越大，直到逼近于无穷大，此时算法无法继续下去，这种情况称为梯度爆炸（exploding gradient）。梯度爆炸可以采用梯度截断（truncated gradient）的方式来处理，简单来说就是限制 δ_i^l 的大小。大部分深度神经网络都会面临梯度消失的问题，而梯度爆炸问题则主要是在 9.6 节"循环与递归神经网络"介绍的循环神经网络中受到更多关注。

9.5.4 AlexNet

AlexNet 是由加拿大多伦多大学的 Alex 等人于 2012 年提出的，正是因为 AlexNet 的杰出性能才真正引领了这次深度学习的研究热潮。除了输入层之外，AlexNet 含有五个卷积层和三个全连接层，其中有三个卷积层同时进行了最大汇合操作，为了表述更为清楚，我们将汇合操作从卷积层中分离出来，单独表示为一个汇合层，如图 9.12 所示。

为了并行使用 GPU 运算，AlexNet 设计了上下两个分支结构相同的并行网络，并在第三个卷积层和所有全连接层存在信息交互。但是在目前 GPU 速度快速提高的背景下，很少有研究者在并行 GPU 上训练 AlexNet，所以，我们将上下两个分支合起来介绍。在图 9.12 中，卷积操作和汇合操作都以类似的形式标注，以 Conv:$11 \times 11/4$ 表示与大小为 11×11 的卷积核进行卷积，步长为 4；以 Pooling:$3 \times 3/2$ 表示执行汇合操作，窗口大小为 3×3，步长为 2，如果卷积和汇合的步长为 1，则可默认不标。

输入是 3 通道大小为 224×224 的图像。96 个 $11 \times 11 \times 3$ 的卷积核用于计算与输入的卷积，步长为 4，得到第一个卷积层，含有 96 个 55×55 的特征矩阵（上下分支各 48 个，后同）。同时对卷积结果使用 ReLU 激活函数，得到激活结果，构成第一个卷积层 C1。

对 C1 的 96 个 55×55 的输出结果汇合，采取窗口为 3×3 步长为 2 的最大汇合操作，得到 96 个 27×27 的矩阵，构成第一个汇合层 S1。对 S1 使用 256 个 5×5 的卷积核进行卷积，步长为 1，得到 256 个 27×27 的特征矩阵，同时对卷积结果使用 ReLU 激活函数，得到激活结果，构成第二个卷积层 C2。

对 C2 的 256 个 27×27 的输出结果汇合，采取窗口为 3×3 步长为 2 的最大汇合操作，

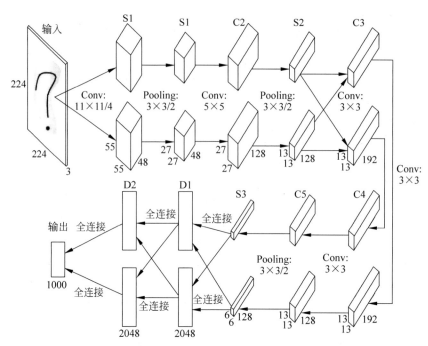

图 9.12　AlexNet 网络结构,为简便起见每层仅标注其中一支的特征矩阵

得到 256 个 13×13 的矩阵,构成第二个汇合层 S2。对 S2 使用 384 个 3×3 的卷积核进行卷积,步长为 1,得到 384 个 13×13 的特征矩阵,同时对卷积结果使用 ReLU 激活函数,得到激活结果,构成第三个卷积层 C3。注意在这一层上下两支通过卷积核存在信息交互。

对 C3 的 384 个 13×13 的输出结果继续使用 384 个 3×3 的卷积核进行卷积,步长为 1,得到 384 个 13×13 的特征矩阵,同时对卷积结果使用 ReLU 激活函数,得到激活结果,构成第四个卷积层 C4。

对 C4 的 384 个 13×13 的输出结果继续使用 256 个 3×3 的卷积核进行卷积,步长为 1,得到 256 个 13×13 的特征矩阵,同时对卷积结果使用 ReLU 激活函数,得到激活结果,构成第五个卷积层 C5。

对 C5 的 256 个 13×13 的输出结果汇合,采取窗口为 3×3 步长为 2 的最大汇合操作,得到 256 个 6×6 的汇合结果,构成第三个汇合层 S3。然后将 S3 中 256×6×6=9216 个数值看成 9216 个神经元的输出,与第一个全连接层的 4096 个神经元全连接,构成第一个全连接层 D1,激活函数为 ReLU。在该层和下一个全连接层上下两支都存在信息交互。

第二个全连接层 D2 与 D1 类似。最后一层是输出层,含有 1000 个神经元,可以分为 1000 类,通过 Softmax 函数确定所属类别的概率。

执行卷积操作时,有时候实际输入矩阵会比需要输入的矩阵小一点,这时候可以采用零补齐的方式对输入数据进行处理。

AlexNet 使用了几种后来者经常使用的技巧或手段,包括使用 ReLU 激活函数、使用 GPU 训练网络、使用重叠最大汇合、使用数据增广扩充训练样本、使用随机失活(dropout)降低过拟合的风险从而提高网络的泛化能力。此外,AlexNet 还在有些卷积层中引入了局部响应归一化(local response normalization,LRN),但目前其他深度学习模型较少使用局部响应归一化。

ReLU 激活函数是一种分段线性函数,如图 9.13 所示,其函数表达式为:

$$f(x) = \max(x, 0)$$

随机失活指的是在训练过程中将某些神经元的输出置为 0,而测试过程中却保留该神经元的输出的一种技巧。具体来说是:在计算某一层的输出时,该层的每个神经元都以概率 p 将输出设置为 0,利用误差反向传播时更新那些输出不为 0 的神经元,输出为 0 的那些神经元权值和阈值都保持不变。在下一次计算该层

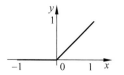

图 9.13 ReLU 激活函数

的输出时,输出为 0 的神经元可能已经改变,同样无须考虑此时输出为 0 的神经元。得到训练好的神经网络后,在测试时认为所有的神经元均处于激活状态,但是需要在训练时以概率 p 丢弃神经元的那一层上添加权值 $(1-p)$ 以保证训练和预测阶段该层的输出期望一致。

9.5.5 VGGNet

继 AlexNet 取得成功之后,2014 年英国牛津大学的 Simonyan 等人提出了 VGGNet,同样在 ILSVRC 竞赛中取得了较好的成绩,该名称来源于作者等人所处的研究机构——视觉几何组(visual geometry group)。VGGNet 包括多种结构,如图 9.14 所示。这六种网络结构非常相似,均由 5 个卷积层、3 个全连接层组成,六种结构的区别主要在于每个卷积层的卷积运算次数不同,从A至E每个卷积层包含的卷积运算次数依次增加,总的网络深度

ConvNet Configuration					
A	A-LRN	B	C	D	E
11 weight layers	11 weight layers	13 weight layers	16 weight layers	16 weight layers	19 weight layers
input(224×224 RGB image)					
conv3-64	conv3-64 LRN	conv3-64 conv3-64	conv3-64 conv3-64	conv3-64 conv3-64	conv3-64 conv3-64
maxpool					
conv3-128	conv3-128	conv3-128 conv3-128	conv3-128 conv3-128	conv3-128 conv3-128	conv3-128 conv3-128
maxpool					
conv3-256 conv3-256	conv3-256 conv3-256	conv3-256 conv3-256	conv3-256 conv3-256 conv1-256	conv3-256 conv3-256 conv3-256	conv3-256 conv3-256 conv3-256 conv3-256
maxpool					
conv3-512 conv3-512	conv3-512 conv3-512	conv3-512 conv3-512	conv3-512 conv3-512 conv1-512	conv3-512 conv3-512 conv3-512	conv3-512 conv3-512 conv3-512 conv3-512
maxpool					
conv3-512 conv3-512	conv3-512 conv3-512	conv3-512 conv3-512	conv3-512 conv3-512 conv1-512	conv3-512 conv3-512 conv3-512	conv3-512 conv3-512 conv3-512 conv3-512
maxpool					
FC-4096					
FC-4096					
FC-1000					
Softmax					

图 9.14 VGGNet 的六种结构(图片来源于 Simonyan)

从 11 层到 19 层。图 9.14 表格中的卷积层参数表示为"conv(卷积核大小)-(通道数)",例如 conv3-256,表示使用 3×3 的卷积核,通道数为 256,也就是 256 个 3×3 的卷积核。为了简洁起见,在表格中并不显示 ReLU 激活。其中,网络结构 D 和 E 分别是使用较广泛的 VGG16 和 VGG19。

我们以图中 D 所示的网络为例简单描述 VGG16。

(1) 输入是 3 通道 224×224 大小的图片,通过两次与 64 个 3×3 的卷积核作卷积运算,两次运算之后均通过 ReLU 函数激活(下同),得到 64 个 224×224 的特征矩阵。通过窗口为 2×2 的最大汇合操作,得到 64 个 112×112 的特征矩阵。

(2) 再通过两次与 128 个 3×3 的卷积核作卷积运算,并通过 ReLU 函数激活,得到 128 个 112×112 的特征矩阵。通过窗口为 2×2 的最大汇合操作,得到 128 个 56×56 的特征矩阵。

(3) 再通过三次与 256 个 3×3 的卷积核作卷积运算,并通过 ReLU 函数激活,得到 256 个 56×56 的特征矩阵。通过窗口为 2×2 的最大汇合操作,得到 256 个 28×28 的特征矩阵。

(4) 再通过三次与 512 个 3×3 的卷积核作卷积运算,并通过 ReLU 函数激活,得到 512 个 28×28 的特征矩阵。通过窗口为 2×2 的最大汇合操作,得到 512 个 14×14 的特征矩阵。

(5) 继续通过三次与 512 个 3×3 的卷积核作卷积运算,并通过 ReLU 函数激活,得到 512 个 14×14 的特征矩阵。通过窗口为 2×2 的最大汇合操作,得到 512 个 7×7 的特征矩阵。

(6) 将 512 个 7×7 的特征矩阵视为 25088 个神经元,与下一层 4096 个神经元全连接,通过 ReLU 函数激活,设置随机失活率为 0.5。继续将 4096 个神经元与下一层 4096 个神经元全连接,通过 ReLU 函数激活,并设置随机失活率为 0.5。

(7) 最后与输出层的 1000 个神经元全连接,通过 Softmax 函数确定输入图像所属类别的概率。

与 AlexNet 网络类似,卷积运算时采用零补齐的方式处理输入,由于卷积核大小为 3×3,所以只需上下左右各补一位即可。

VGGNet 的成功带来两个启示:层次越深网络分类效果越好;多个小卷积核比单个大卷积核要好。

9.5.6 Inception 网络

与 VGGNet 一样,Inception 网络初次进入研究者的视线是在 2014 年的 ILSVRC 竞赛中,Inception v1 即 GoogLeNet 取得了分类和检测的双项冠军。

无论是 LeNet 还是 AlexNet 或者 VGGNet,一个卷积层中只有一种大小固定的卷积核,因此,在卷积神经网络中每一层如何确定合适大小的卷积核是一个关键的问题,而在 Inception 网络中回避了该问题,一个卷积层可以包含多个不同大小的卷积操作,称为 Inception 模块。Inception 网络由多个 Inception 模块和少量的汇合层堆叠而成。GoogLeNet 中 Inception 模块采用了如图 9.15 所示的结构,其中三个圆角矩形表示与大小为 1×1 的卷积核操作,主要目的是进行维度约减,从而降低运算量。

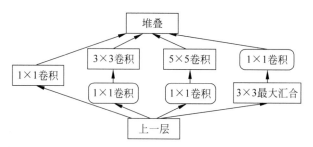

图 9.15　GoogLeNet 中的 Inception 模块

GoogLeNet 包括 9 个 Inception 模块和 5 个汇合层,此外还有其他卷积层和全连接层,总共为 22 层。为了避免梯度消失,GoogLeNet 额外增加了 2 个辅助分类器,具体来说是在训练时,将网络中间某层的输出用于分类,并将结果添加一个较小的权重作用于最终分类结果,并用于网络参数的训练,而在实际测试时,这两个辅助分类器将被忽略。主分类器和两个辅助分类器最后都通过 Softmax 函数确定图像所属类别。GoogLeNet 总体结构如图 9.16 所示,为了简便起见每一个 Inception 模块并不展示内部结构,仅以 inception (3a) 类似的编号表示。此外,在 inception (4a) 得到 512 个 14×14 的矩阵以及 inception (4d) 得到 528 个 14×14 的矩阵之后需要连接辅助分类器,见图 9.16 中相应位置的黑粗箭头,而辅助分类器的结构如图 9.17 所示。

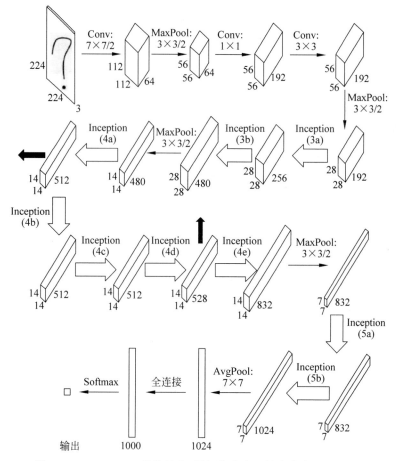

图 9.16　GoogLeNet 总体结构(黑粗箭头表示辅助分类器的入口)

图 9.16 主要描述了 GoogLeNet 的卷积操作和汇合操作以及 Inception 模块,GoogLeNet 还采用了局部响应归一化、随机失活以及 ReLU 激活函数,但是并未显示在图中。此外,除了每个全连接之前的汇合操作是平均汇合之外,其他汇合操作都是最大汇合操作,在图 9.16 和 9.17 中分别以 MaxPool 和 AvgPool 表示最大汇合与平均汇合。

之后 Inception 家族又诞生了 v2、v3、v4 等版本,主要的改进包括:使用两层 3×3 的卷积核替换单层 5×5 的卷积核;使用相邻的两层 $n\times1$ 和 $1\times n$ 卷积核替换单层 $n\times1$ 的卷积核;标签平滑与批量归一化(batch normalization)等。

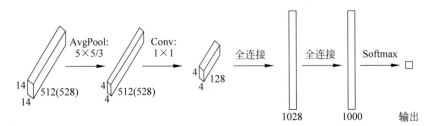

图 9.17　GoogLeNet 中的两个辅助分类器结构(前两层的结构与入口相关)

9.5.7　残差网络

尽管 VGGNet 的实验结果暗示研究者深度网络层次越深效果越好,但是经研究之后人们发现深度网络并不是越深越好,随着深度网络的层次越来越高,网络的分类精度将达到一个顶点然后快速降低。为了解决这个问题,He 等人在 2015 年提出了残差网络(deep residual network,ResNet)并在 ILSVRC 竞赛上大放异彩。

在卷积神经网络中,每一层只跟下一层以及上一层相连,不会出现跨层连接。而在残差网络中,将输入 x 跨越多层之后当成某一隐层的另一个输入,如图 9.18(a)所示。在这样的结构中,学习目标转变为使残差 $F(x)=H(x)-x$ 趋近于 0,这正是残差网络名字的起源。在网络中多次添加这样的跨层结构便构成了深度残差网络。

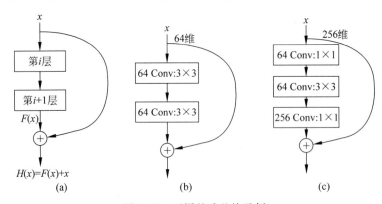

图 9.18　不同的残差块示例

为了在增加层数的同时不提高复杂度,在非常深层次的残差网络中可以将图 9.18(b)所示的结构替换成图 9.18(c)所示的结构。其中 64 Conv:3×3 表示使用 64 个 3×3 的卷积核进行卷积运算。尽管两种卷积结构处理的输入数据维度差别较大,但是图 9.18(c)所示的残差块结构的时间复杂度却与图 9.18(b) 所示的残差块结构相差无几。

图 9.19 所示是一个 34 层的残差网络,实曲线箭头表示直接将箭头前一层的输出通过箭头叠加到后续层中,虚曲线箭头表示箭头前一层的输出与后续层的输入维度不一致,此时需要通过一些手段确保两者一致,可以采用零补齐的方式增加箭头前一层输出的维度,也可以通过 1×1 的卷积核将箭头前一层的输出投影到合适的空间中。

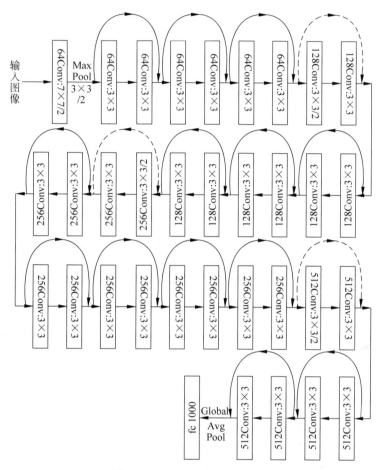

图 9.19　34 层的残差网络示例

残差网络由于其内在结构不同,并没有使用随机失活策略,但在网络中每次卷积之后、激活函数之前使用了批量归一化。实际上批量归一化已经成为各种新型卷积神经网络的标准处理方式。此外,残差网络还在网络的末端利用全局平均汇合层(global average pooling)替代了 VGGNet 网络中的全连接层。

9.6　循环与递归神经网络

除了卷积神经网络之外,循环神经网络(recurrent neural networks,RNN)也在这些年中得到了广泛应用,并涌现出了一些新型模型。循环神经网络是一种反馈网络,连接不仅存在于前一层到后一层,也存在于后一层到前一层,用于传递反馈信息。Hopfield 网络可以认为是循环神经网络的雏形,它只有一层,同层之间的神经元之间存在信息交互,与目前常用的循环神经网络存在结构上的重大差异。Jordan 和 Elman 各自提出了自己的循环神经网络模型,Jordan 的模型中反馈信息是从输出层反馈的,如图 9.20(a)所示。而 Elman 的模型中反馈信息是从隐层反馈的,如图 9.20(b)所示。从输出层到隐层存在反馈连接的网络容易训练,但是表示能力不强,而 Elman 提出的网络表示能力更强,目前大部分循环神经网络都来源于这种模型,所以 Elman 网络通常被认为是第一个循环神经网络。

将图 9.20(b)所示的网络关于时间展开可得图 9.21 所示的网络。其中 U 和 V 分别表示从输入层到隐层和从隐层到输出层的连接权值,W 是从隐层反馈回隐层的连接权值。x^t、h^t、o^t 分别表示 t 时刻的输入、隐层的值以及输出值。

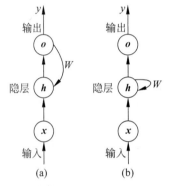

图 9.20　循环神经网络结构的两种原型

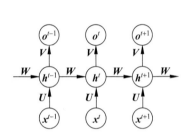

图 9.21　按时间展开的循环神经网络

由上述网络结构可得:

$$o^t = g(Vh^t + c)$$

而:

$$h^t = f(Ux^t + Wh^{t-1} + b)$$

其中 $g(x)$ 为输出层的激活函数,而 $f(x)$ 为隐层的激活函数。

由于循环神经网络考虑了前一时刻对后一时刻的影响,因此普遍用于处理时间序列数据。

9.6.1　BPTT 算法

BP 算法经过修改之后可以用于训练图 9.21 所示的循环神经网络,称为 BPTT 算法(back propagation through time)。下文介绍的 BPTT 算法将沿用 9.5 节"卷积神经网络"中定义的一些符号。

假设 $g(x)$ 为 Softmax 函数,而 $f(x)$ 为双曲正切函数 $\tanh(x)$:

$$\tanh(x) = \frac{\sinh(x)}{\cosh(x)} = \frac{e^x - e^{-x}}{e^x + e^{-x}}$$

令时刻 t 的输入为 x^t,其真实输出为 y^t,t 时刻的损失函数定义为交叉熵:

$$L^t = -\sum_i 1_{y^t = i} \ln(o_i^t) = -\ln(o_{y^t}^t)$$

其中 $o_{y^t}^t$ 表示 o^t 的第 y^t 个分量,下文使用的 net_i^t、h_i^t、δ_i^t 与 x_j^t 含义类似。

所有 $T0$ (使用 $T0$ 表示时刻是为了避免与矩阵转置符号 T 混淆)个时刻的损失函数为:

$$L = \sum_{t=1}^{T0} L^t$$

令隐层的输入定义为 $\mathbf{net}^t = \boldsymbol{U} \boldsymbol{x}^t + \boldsymbol{W} \boldsymbol{h}^{t-1} + \boldsymbol{b}$,则隐层输出 $\boldsymbol{h}^t = f(\mathbf{net}^t)$,输出层的输入定义为 $\mathbf{onet}^t = \boldsymbol{V} \boldsymbol{h}^t + c$,有 $\boldsymbol{o}^t = g(\mathbf{onet}^t)$ 。

为了更新隐层到输出层的权值和阈值,需计算 $\dfrac{\partial L^t}{\partial \boldsymbol{V}}$ 和 $\dfrac{\partial L^t}{\partial \boldsymbol{c}}$,根据卷积神经网络的 BP 算法推导过程可知 $\dfrac{\partial L^t}{\partial \mathbf{onet}^t} = \boldsymbol{o}^t - e(y^t)$,因此有:

$$\frac{\partial L}{\partial \boldsymbol{V}} = \sum_{t=1}^{T0} \frac{\partial L^t}{\partial \boldsymbol{V}} = \sum_{t=1}^{T0} \left[\boldsymbol{o}^t - e(y^t)\right](\boldsymbol{h}^t)^{\mathrm{T}} \tag{9.22}$$

$$\frac{\partial L}{\partial \boldsymbol{c}} = \sum_{t=1}^{T0} \frac{\partial L^t}{\partial \boldsymbol{c}} = \sum_{t=1}^{T0} \left[\boldsymbol{o}^t - e(y^t)\right] \tag{9.23}$$

其中 $e(y^t)$ 是样本 $\boldsymbol{x}^t$ 的类别的 one-hot 表示。

接下来考虑 $\boldsymbol{U}$ 、 $\boldsymbol{W}$ 和 $\boldsymbol{b}$ 如何更新。定义 t 时刻隐层输出的梯度 δ^t 为:

$$\delta^t = \frac{\partial L}{\partial \boldsymbol{h}^t}$$

由于 $\boldsymbol{h}^t$ 可以从 t 时刻输出层的输入 $\mathbf{onet}^t$ 以及 $\boldsymbol{h}^{t+1}$ 两条路径影响损失函数,所以可以得到:

$$\delta^t = \frac{\partial L}{\partial \boldsymbol{h}^t} = \left(\frac{\partial \mathbf{onet}^t}{\partial \boldsymbol{h}^t}\right)^{\mathrm{T}} \frac{\partial L}{\partial \mathbf{onet}^t} + \left(\frac{\partial \boldsymbol{h}^{t+1}}{\partial \boldsymbol{h}^t}\right)^{\mathrm{T}} \frac{\partial L}{\partial \boldsymbol{h}^{t+1}}$$

接下来先单独求 $\dfrac{\partial \boldsymbol{h}^{t+1}}{\partial \boldsymbol{h}^t}$:

$$\frac{\partial \boldsymbol{h}^{t+1}}{\partial \boldsymbol{h}^t} = \frac{\partial \boldsymbol{h}^{t+1}}{\partial \mathbf{net}^{t+1}} \frac{\partial \mathbf{net}^{t+1}}{\partial \boldsymbol{h}^t}$$

而根据向量求导法则可知:

$$\frac{\partial \boldsymbol{h}^t}{\partial \mathbf{net}^t} = \begin{bmatrix} \dfrac{\partial h_1^t}{\partial \mathrm{net}_1^t} & \cdots & \dfrac{\partial h_1^t}{\partial \mathrm{net}_m^t} \\ \vdots & \ddots & \vdots \\ \dfrac{\partial h_m^t}{\partial \mathrm{net}_1^t} & \cdots & \dfrac{\partial h_m^t}{\partial \mathrm{net}_m^t} \end{bmatrix}$$

其中 m 为 $\boldsymbol{h}^t$ 或者 $\mathbf{net}^t$ 的维度。

由于 $\tanh'(x) = 1 - \tanh^2(x)$,所以有:

$$\frac{\partial \boldsymbol{h}^t}{\partial \mathbf{net}^t} = \begin{bmatrix} 1 - (h_1^t)^2 & \cdots & 0 \\ \vdots & \ddots & \vdots \\ 0 & \cdots & 1 - (h_m^t)^2 \end{bmatrix} = \mathrm{diag}(1 - (\boldsymbol{h}^t)^2)$$

其中 $\mathrm{diag}(1 - (\boldsymbol{h}^t)^2)$ 表示包含元素 $1 - (h_i^t)^2$ 的对角矩阵。

所以可得:

$$\frac{\partial \boldsymbol{h}^{t+1}}{\partial \boldsymbol{h}^t} = \frac{\partial \boldsymbol{h}^{t+1}}{\partial \mathbf{net}^{t+1}} \frac{\partial \mathbf{net}^{t+1}}{\partial \boldsymbol{h}^t} = \mathrm{diag}(1 - (\boldsymbol{h}^{t+1})^2) \boldsymbol{W}$$

因此 δ^t 可以求出：

$$\delta^t = \left(\frac{\partial \mathbf{onet}^t}{\partial \boldsymbol{h}^t}\right)^T \frac{\partial L}{\partial \mathbf{onet}^t} + \left(\frac{\partial \boldsymbol{h}^{t+1}}{\partial \boldsymbol{h}^t}\right)^T \frac{\partial L}{\partial \boldsymbol{h}^{t+1}}$$

$$= \boldsymbol{V}^T [\boldsymbol{o}^t - e(y^t)] + [\boldsymbol{W}^T \mathrm{diag}(1 - (\boldsymbol{h}^{t+1})^2)]\delta^{t+1} \tag{9.24}$$

由于当前最后时刻为 $T0$，所以有：

$$\delta^{T0} = \frac{\partial L}{\partial \boldsymbol{h}^{T0}} = \left(\frac{\partial \mathbf{onet}^{T0}}{\partial \boldsymbol{h}^{T0}}\right)^T \frac{\partial L}{\partial \mathbf{onet}^{T0}} = \boldsymbol{V}^T [\boldsymbol{o}^{T0} - e(y^{T0})] \tag{9.25}$$

因此所有时刻 t 的 δ^t 都可以使用式(9.24)和式(9.25)求出。

由于损失函数与 1 至 $T0$ 时刻的隐层均有关系，而每个隐层都与 $\boldsymbol{U}$ 有关，所以有：

$$\frac{\partial L}{\partial U_{ij}} = \sum_{t=1}^{T0} \frac{\partial L}{\partial U_{ij}} = \sum_{t=1}^{T0} \frac{\partial L}{\partial \mathrm{net}_i^t} \frac{\partial \mathrm{net}_i^t}{\partial U_{ij}}$$

而根据前面的结论，有：

$$\frac{\partial L}{\partial \mathrm{net}_i^t} = \frac{\partial L}{\partial h_i^t} \frac{\partial h_i^t}{\partial \mathrm{net}_i^t} = \delta_i^t [1 - (h_i^t)^2]$$

所以可以得到：

$$\frac{\partial L}{\partial U_{ij}} = \sum_{t=1}^{T0} \frac{\partial L}{\partial \mathrm{net}_i^t} \frac{\partial \mathrm{net}_i^t}{\partial U_{ij}} = \sum_{t=1}^{T0} \delta_i^t [1 - (h_i^t)^2] x_j^t$$

因此可以计算对整个 $\boldsymbol{U}$ 矩阵的偏导数：

$$\frac{\partial L}{\partial \boldsymbol{U}} = \sum_{t=1}^{T0} \mathrm{diag}(1 - (\boldsymbol{h}^t)^2)\delta^t (\boldsymbol{x}^t)^T \tag{9.26}$$

类似可得：

$$\frac{\partial L}{\partial \boldsymbol{W}} = \sum_{t=1}^{T0} \mathrm{diag}(1 - (\boldsymbol{h}^t)^2)\delta^t (\boldsymbol{h}^{t-1})^T \tag{9.27}$$

$$\frac{\partial L}{\partial \boldsymbol{b}} = \sum_{t=1}^{T0} \mathrm{diag}(1 - (\boldsymbol{h}^t)^2)\delta^t \tag{9.28}$$

通过式(9.22)至式(9.28)可训练循环神经网络，如果必要的话，还可以在其中增加多个隐层，构造深度循环网络，训练方法类似于上述过程。

在循环神经网络中，δ^t 的范数随着 t 的减小可能越来越小，直到逼近于 0，这时候意味着远离当前输入时刻 $T0$ 的输入已经对时刻 t 的输出作用非常小，几乎可以忽略不计，这是循环神经网络中的梯度消失问题，将会导致难以学习循环神经网络中的长期依赖关系，下一节介绍的 LSTM(long short-term memory)能够用于避免梯度消失的产生。

9.6.2 LSTM

Hochreiter 与 Schmidhuber 于 1997 年提出了精心设计的 LSTM，与循环神经网络一样的地方是存在隐层到自身的反馈连接，除此之外，LSTM 添加了用于记忆的细胞单元和用于控制传输的门，图 9.22 所示是一个典型的 LSTM 结构。

在 t 时刻，LSTM 有三个输入：输入样本 $\boldsymbol{x}_t$、$t-1$ 时刻的隐层输出 $\boldsymbol{h}_{t-1}$、$t-1$ 时刻的细胞状态 $\boldsymbol{C}_{t-1}$，还有两个输出，分别是隐层输出 $\boldsymbol{h}_t$、细胞状态 $\boldsymbol{C}_t$。中间变量包括 $\boldsymbol{f}_t$、$\boldsymbol{i}_t$、$\widetilde{\boldsymbol{C}}_t$ 以及 $\boldsymbol{o}_t$，分别定义如下：

$$f_t = \sigma(W_f[h_{t-1}, x_t] + b_f)$$

$$i_t = \sigma(W_i[h_{t-1}, x_t] + b_i)$$

$$\widetilde{C}_t = \tanh(W_C[h_{t-1}, x_t] + b_C)$$

$$o_t = \sigma(W_o[h_{t-1}, x_t] + b_o)$$

其中$[h_{t-1}, x_t]$是由向量h_{t-1}和x_t组合而成的新向量,其维度是两个原始向量维度之和。

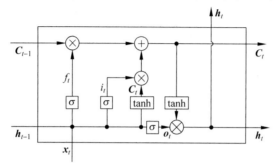

图 9.22 t 时刻 LSTM 的单元结构

给定中间变量,即可得到输出:

$$C_t = f_t \circledcirc C_{t-1} + i_t \circledcirc \widetilde{C}_t$$

$$h_t = o_t \circledcirc \tanh(C_t)$$

其中$\circledcirc$在 9.5 节"卷积神经网络"已经定义为 Hadamard 积。

通常将f_t、i_t以及o_t分别称为遗忘门、输入门和输出门,每个门可以看成是 LSTM 中的一层,这几个门与细胞状态是构成 LSTM 的关键要素。

近年来提出了一些 LSTM 的变种,其中最引人注目的当属 GRU(gated recurrent unit)网络。GRU 最大的改进是取消了细胞状态,直接使用隐藏状态传递信息,如图 9.23 所示。在 t 时刻,GRU 有两个输入:输入样本 x_t 和 $t-1$ 时刻的隐层输出 h_{t-1},有一个隐层输出h_t。中间变量包括r_t、z_t、$\widetilde{h}_t$,分别定义如下:

$$r_t = \sigma(W_r[h_{t-1}, x_t])$$

$$z_t = \sigma(W_z[h_{t-1}, x_t])$$

$$\widetilde{h}_t = \tanh(W_h[r_t \circledcirc h_{t-1}, x_t])$$

$$h_t = (1 - z_t) \circledcirc h_{t-1} + z_t \circledcirc \widetilde{h}_t$$

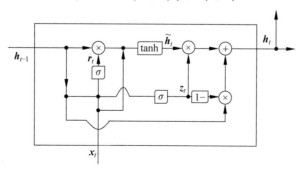

图 9.23 GRU 结构

其中 r_t 和 z_t 分别称为重置门和更新门。

GRU 结构比 LSTM 简单,训练更加方便。此外,还有许多其他改进,但是性能却很难超越 LSTM 和 GRU。

9.6.3 递归神经网络

递归神经网络(recursive neural network)与循环神经网络都可用于处理时间序列数据,从而利用数据中的先后关系。通常认为循环神经网络是基于时间的反馈型神经网络,而递归神经网络则被认为是基于结构的反馈型神经网络。递归神经网络自 1990 年由 Pollack 提出,目前经常用于自然语言处理和计算机视觉中。递归神经网络被构造为深层树状结构而非循环神经网络的链状结构,如图 9.24 所示。

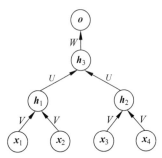

图 9.24　简单的递归神经网络

由图 9.24 所示的递归神经网络结构可得:

$$o^t = g(Wh_3 + c)$$
$$h_3 = f(U[h_1, h_2] + b)$$
$$h_1 = f(V[x_1, x_2] + a)$$
$$h_2 = f(V[x_3, x_4] + a)$$

图中所示结构同一层中的权值和阈值是相同的,这是一种简单的情况,当然权值和阈值也可以不相同,例如 x_1 到隐层的连接权值为 V_1,而 x_2 到隐层的连接权值为 V_2 等。

递归神经网络也存在与循环神经网络相似的难以学习长期依赖的问题,此时也可利用循环神经网络中的门控机制来解决该问题,如树结构 LSTM(tree-structured LSTM)。

9.7　深度学习应用与平台

深度学习正是由于其在机器视觉领域的出色表现才广为人知的,因此本节将介绍一些深度学习在机器视觉领域的典型应用。此外,一些研究团队和大公司为了方便他人构造深度学习模型,提出了一系列深度学习平台,如 Tensorflow、PyTorch 和 PaddlePaddle 等,本节还将简单介绍现有深度学习平台。

9.7.1　机器视觉应用

机器视觉研究的是如何利用机器理解图像或视频中的重要内容,核心问题主要包括图像识别、目标检测与图像语义分割等。

1. 图像识别

图像识别的任务是给定一个图像,要求识别该图像是什么类别,也可以称为图像分类。

第一个引起广泛关注的深度学习模型 AlexNet 正是因为获得了 ILSVRC 的图像分类竞赛的冠军才备受瞩目。在之后的几年里,多个深度学习模型取得了更好的分类性能,例如 2014 年的 GoogLeNet 和 VGGNet、2015 年的 ResNet 以及 2017 年的 SENet(squeeze-and-excitation networks)。SENet 也是最后一届 ILSVRC 的图像分类冠军,取得了 2.25% 的错误率。SENet 中使用了 SE 模块,包括 Squeeze 和 Excitation 操作。其中 Squeeze 操作通过下式实现:

$$z_c = F_{sq}(\boldsymbol{u}_c) = \frac{1}{H \times W} \sum_{i=1}^{H} \sum_{j=1}^{W} \boldsymbol{u}_c(i,j)$$

其中 z_c,$c \in [1,C]$ 为 Squeeze 操作的输出,$\boldsymbol{u}_c$ 为上一层卷积操作得到的 C 个维度为 $H \times W$ 的特征矩阵中的第 c 个。实际上该 Squeeze 操作是一种全局平均汇合操作。

而 Excitation 操作通过下述两个公式实现:

$$\boldsymbol{s} = F_{ex}(\boldsymbol{z},\boldsymbol{W}) = S(\boldsymbol{W}_2 \delta(\boldsymbol{W}_1 \boldsymbol{z}))$$

$$\tilde{\boldsymbol{x}}_c = F_{Scale}(\boldsymbol{u}_c,s_c) = s_c \boldsymbol{u}_c$$

其中 $\boldsymbol{s}$ 为中间结果,是一个 C 维的列向量,$\boldsymbol{W}_1$ 与 $\boldsymbol{W}_2$ 分别是维度为 $\frac{C}{r} \times C$ 与 $C \times \frac{C}{r}$ 的权值矩阵,用于构造两个全连接层,r 是压缩比,S 函数和 δ 函数分别是前文介绍的 Sigmoid 与 ReLU 函数。而 $\tilde{\boldsymbol{x}}_c$,$c \in [1,C]$ 为 SE 模块的第 c 个输出,为数值 s_c 与矩阵 $\boldsymbol{u}_c$ 的乘积。图 9.25 展示了 SE 模块的结构。

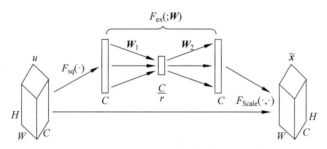

图 9.25　SE 模块结构

SE 模块也可以用在 ResNet 和 Inception 网络以及其他网络中。

2. 目标检测

目标检测的任务是给定一个图像和预设目标,确定预设目标在该图像中的位置和大小。

R-CNN(region-based CNN)是将深度学习用于目标检测的开创性工作。R-CNN 的检测步骤为:首先对输入图像使用选择性搜索(selective search)选取多个高质量的候选区域,这些区域往往具有不同的形状和大小,并且是在不同尺度下选取的;然后将各个候选区域缩放成统一大小的图像并输入到卷积神经网络(如 AlexNet)中,获得最后一个全连接层的输出作为该区域的特征向量;将每个区域的特征向量输入到预先训练好的多个支持向量机中,判断该区域里物体的类别;最后使用预先训练好的回归模型定位每个区域内物体最佳的位置。R-CNN 最大的缺点就是速度太慢,可能需要选取数千个候选区域并通过 CNN 计算特征向量,因此 R-CNN 难以在实际应用中得到推广。

与 R-CNN 需要为每个候选区域计算一次特征向量不同,Fast R-CNN 只需要将整幅图像输入到卷积神经网络(如 VGGNet)中,得到整幅图像的特征映射,然后对每个候选区域对应的特征块执行 ROI(region of interest)汇合操作得到固定大小的特征矩阵,接着通过多个全连接层,最后再连上两个分支,一个分支使用 Softmax 函数预测该候选区域的类别,另一个分支用来预测该区域的最佳边界。实验表明 Fast R-CNN 的效率和精度都比 R-CNN

要高。

Faster R-CNN 在 Fast R-CNN 的基础上进一步改进,主要的区别就是将 Fast R-CNN 以及 R-CNN 中得到候选区域的选择性搜索替换为 RPN(region proposal network)。

前述 R-CNN 系列模型都需要生成候选区域,而 YOLO(you only look once)系列模型则将目标检测视为包含类别信息的回归问题,只需一个神经网络即可预测边界和类别。YOLO 总共包括 24 个卷积层与两个全连接层,它的网络结构受到 GoogLeNet 的启发,但是将其中的 Inception 模块替换为 1×1 和 3×3 卷积的组合。卷积层用于从图像中抽取特征,而全连接层用于预测输出类别和边界。尽管 YOLO 速度很快,但是在检测精度上却不如 R-CNN 系列。随后提出的 YOLO v2 和 YOLO v3 是 YOLO 的改进版本,能够取得更高的检测精度。

3. 图像语义分割

图像语义分割融合了传统的图像分割和目标识别。传统的图像分割往往是根据图像的颜色、纹理和形状进行区域划分,而语义分割基于语义单元,目的是将图像分割成多组具有特定语义含义的区域并识别该区域的类别。

FCN(fully convolutional networks)是图像语义分割中开创性的工作,其主要特点是将用于分类的卷积神经网络中的全连接层替换为卷积层,并通过每个像素点的分类结果得到语义分割的输出。由于经过多次卷积与汇合操作后,得到的特征矩阵越来越小,为了得到原图像每个像素的类别,需要对特征矩阵进行上采样操作。FCN 还采用跨层连接的方式融合不同卷积层的特征矩阵,从而提高分割精度。FCN 主要有两个缺点:上采样的结果不够精确以及像素之间的空间信息没有被考虑。

DeepLab 在 FCN 的基础上提出了三个主要的改进:首先采用了空洞卷积(atrous convolution),即在计算输入与卷积核的卷积时,输入中的元素之间具有一定的间隔,而非标准卷积操作中输入和卷积核中的元素都是相邻的,如图 9.26 所示。其次是采用了 ASPP(atrous spatial pyramid pooling)以便在多尺度下更好的分割图像,ASPP 通过综合不同间隔的空洞卷积结果得到某个像素的多尺度特征。最后通过概率图模型(如条件随机场)与深度卷积神经网络的结合改进定位结果。

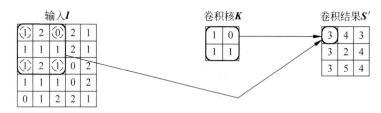

图 9.26　间隔为 2 的空洞卷积,输入中黑框与卷积核黑框经过卷积运算得到卷积结果黑框中的元素,其中输入的黑框中只有圆虚线框内的元素与卷积核进行运算

U-Net 借鉴了 FCN 的网络结构,其网络结构可以划分为两部分,前一部分由卷积和汇合操作组成,能够捕获图像中上下文信息,后一部分与前一部分基本对称,只是将汇合操作替换为上采样操作,能够输出定位结果。由于整个网络看起来像一个 U 形结构,因此作者将该网络命名为 U-Net。U-Net 在医学图像上应用非常广泛。

除了上述三种机器视觉的核心问题之外,基于深度学习的图像生成近年来也受到非常多的关注,尤其是生成对抗网络(generative adversarial network,GAN)的提出更是为深度学习解决图像生成问题提供了一种创新性思路。生成对抗网络包含两个网络模型,一个用于捕获数据分布的生成模型,一个用于估计输入样本来源于训练数据还是生成模型的判别模型。生成模型的目的是生成假的数据,试图令判别模型出错,而判别模型的目的是能够尽量区分生成模型生成的数据与训练数据。通过生成模型与判别模型的对抗,生成对抗网络能够生成质量较高的图像。到目前为止已经有数百种生成对抗网络的变种,如 DCGAN(deep convolutional GAN)、SAGAN(self-attention GAN)与 BigGAN 等。DCGAN 对生成对抗网络的结构进行了改进,提升了训练的稳定性以及生成结果质量,SAGAN 将自注意力引入到卷积生成对抗网络中,提升了卷积生成对抗网络的性能,而 BigGAN 将正交正则化的思想引入生成对抗网络,能够取得比 SAGAN 更优异的性能。

上面简单介绍了深度学习在机器视觉中的应用,实际上深度学习在语音识别与合成以及自然语言处理中也取得了非凡的成就,由于篇幅关系兹不赘述。

9.7.2　深度学习平台

目前已经有十几种深度学习平台,表9.4列出了其中比较常用的七个平台,其中 Git 星级指的是该平台在软件托管平台 GitHub 上被标注星星(可以理解为点赞)的大致数量。最值得一提的是百度公司开发的 PaddlePaddle,这是国内首个自主研发、开源开放、功能完备的产业级深度学习平台。

表 9.4　常用深度学习平台

名　　称	发布时间	发　布　者	实现语言	接口语言	Git 星级
TensorFlow	2015 年	Google	C++/Python	C++/Python/Java 等	143000＋
PyTorch	2017 年	Facebook	C/C++/Python	C++/Python	37400＋
Caffe	2013 年	BVLC	C++	C++/Python/MATLAB	30000＋
MXNet	2015 年	DMLC	C++	C++/Python/MATLAB 等	18500＋
CNTK	2016 年	Microsoft	C++	C++/Python/C♯ 等	16700＋
Deeplearning4j	2014 年	Adam Gibson 为首的团队	C++/Java	Java/Scala/Python 等	11500＋
PaddlePaddle	2016 年	百度	C/C++	C++/Python	11000＋

注:BVLC 指的是 Berkeley Vision and Learning Center,DMLC 指的是 Distributed/Deep Machine Learning Community。

接下来我们简单介绍 TensorFlow、PyTorch 和 PaddlePaddle。前两个平台是用户数量最多的深度学习平台,而后者是目前为止国内影响力最大的深度学习平台。

1. TensorFlow

2015 年 Google 宣布推出机器学习开源平台 TensorFlow,其官网地址和源码地址分别为 www.tensorflow.org 与 github.com/tensorflow/tensorflow。使用 TensorFlow 平台时最方便的语言是 Python,同时 TensorFlow 也提供了其他如 C++、Java 以及 JavaScript 等语言的接口。

TensorFlow 是一个将数据流图(data flow graphs)用于数值计算的开源软件。图中的结点表示数学运算,图中的边则表示在结点间传递的多维数组,即张量(tensor)。张量从图中流过就是 TensorFlow 名字的来源。

TensorFlow 并不仅仅限于深度学习,只要能将计算表示为一个数据流图,就可以使用 TensorFlow,当然使用 TensorFlow 最主要的目的还是运行深度学习程序。TensorFlow 既可以在台式机、服务器上运行,又可以在移动设备如智能手机上运行。TensorFlow 还支持将模型作为云端服务运行在自己的服务器上或者运行在 Docker 容器里。

最初发布的 TensorFlow 1.0 运行在静态计算图之上,也就是说首先定义计算图,然后执行计算。之后再次运行时就无需重新构建计算图,因此这种方式效率较高,但是调试不易。2019 年发布的 TensorFlow 2.0 默认运行在动态计算图之上,这也是 TensorFlow 2.0 的一种核心机制。

凭借 Google 的强大影响力,TensorFlow 已经成为用户最多的深度学习平台。但是由于其系统复杂、接口频繁变动以及接口设计晦涩难懂等缺点,使得 TensorFlow 的许多用户逐渐转向 PyTorch。

2. PyTorch

2017 年 Facebook 发布了基于 Torch(一个支持机器学习算法的科学计算框架)的深度学习平台 Pytorch,其官网地址为 pytorch. org,而源码地址为 github. com/pytorch/pytorch。2018 年 Facebook 将 Caffe 2(Facebook 推出的 Caffe 升级版本)代码合并到 PyTorch 中,使得新版 PyTorch 更好地同时为研究和生产服务。

与 TensorFlow 使用静态计算图不同,PyTorch 使用的是动态图,计算图在运行时才构建。这种方式效率偏低,但是非常灵活并易于调试。

PyTorch 结构简洁,接口灵活易用,在现有的深度学习平台中 PyTorch 的灵活性和易用性比较突出,同时 Pytorch 的速度也并不慢。因此使用 PyTorch 平台的用户数量增长非常快。目前在国际相关顶尖会议上发表的论文中,使用 PyTorch 的论文数量已经超过使用 TensorFlow 的论文数量。而微软和亚马逊也在它们的某些产品中支持 PyTorch。

3. PaddlePaddle

2016 年百度推出 PaddlePaddle,这是第一个开源的国产化深度学习平台,2019 年百度将其命名为“飞桨”,目前已广泛应用于医疗、金融、工业、农业和服务业等领域。飞桨的官网地址为 www. paddlepaddle. org. cn,源码地址为 github. com/paddlepaddle/paddle。

飞桨同时支持动态图和静态图,能够满足灵活性和效率的不同需求。飞桨提供的近百个官方模型均经过真实应用场景的验证,尤其是对中文处理的支持更是在诸多平台中名列前茅。飞桨同时支持稠密参数和稀疏参数场景的超大规模深度学习并行训练,支持千亿规模参数、数百个结点的高效并行训练,能够提供强大的深度学习并行技术。飞桨集成了深度学习核心框架、基础模型库、端到端开发套件、工具组件和服务平台,为用户提供了多样化的配套服务产品,如图 9.27 所示。

基于上述介绍,在国内开发深度学习应用系统飞桨将是一个比较好的选择。

本章首先介绍了传统的神经网络,包括感知机、多层前向网络以及 Hopfield 网络,之后介绍了深度学习中的主要模型：卷积神经网络、循环神经网络以及递归神经网络，最后再介绍了深度学习在机器视觉中的应用以及常用的深度学习平台。由于深度学习发展速度非常快，各种模型日新月异，本章只能选取一些典型的模型进行简单介绍。此外，由于篇幅关系本章对深度学习的应用以及平台的介绍也只是浅尝辄止，还有更多领域的成功应用并未提及，感兴趣的读者请参阅相关资料。

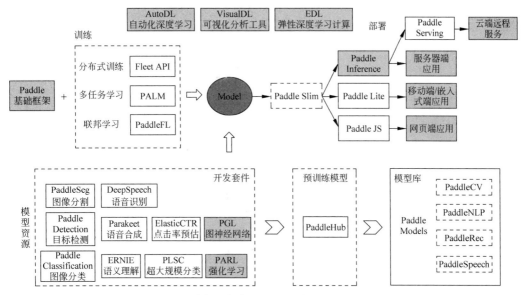

图 9.27　飞桨各组件使用场景概览图(来自飞桨官网)

第 10 章

智能Agent

从 20 世纪末开始,智能 Agent 和多 Agent 系统已成为人工智能研究的一个重要方向。事实上,智能 Agent 的研究应当是人工智能学科的核心内容之一。本章将从 Agent 概述、多 Agent、移动 Agent 以及 Agent 系统开发平台几方面对智能 Agent 进行介绍。

10.1 Agent 概述

10.1.1 基本概念

所谓 Agent,是指一种基于硬件或软件的计算机系统,它具有如下特性:

(1)自主性(autonomy):在没有人的直接干预下进行工作,可以通过某种方式控制自身的动作及其内部状态。

(2)社会性(social ability):也称为协作性,能够通过某种 Agent 通信语言与人或其他 Agent 相互作用。

(3)反应性(reactivity):能够接受环境的信息并做出反应,这里的环境包括但不限于其他的 Agent、人及网络等。

(4)能动性(pro-activeness):不仅对环境做出反应,还呈现目标驱动的特性。

根据上述定义,Agent 可以简单到一段子程序、一个进程,也可以是一个复杂的软件机器人(softbot)。另外,Agent 还可以有如下特性:

① 机动(mobility):能够在互联网或局域网中漫游。

② 诚实(veracity):不会故意发送错误信息。

③ 善意(benevolence):没有冲突的目标,各自完成自身的任务。

④ 理性(rationality):努力完成本身的任务,不会背道而驰。

目前,国内对 Agent 一词有多种译文,如"主体"、"智能体"和"代理"等,都反映了 Agent 的某一种含义。还有不少文献采用 Agent 的音译"艾真体",简称为"真体"。本章采用英文原文,这也是一种常用的做法。

将人工智能技术应用于软件 Agent 的设计,使 Agent 具有某种程度的智能,这种 Agent 称为智能 Agent(为简便起见后续介绍中将不区分 Agent 与智能 Agent)。人工智能技术的使用可以使软件 Agent 更"聪明",更加易于使用,并提高任务的自动化程度。当然,人工智能技术的应用并不意味着完全不用人干预。正如 1994 年图灵奖获得者卡内基·梅隆大学计算机科学系主任 Raj Reddy 所说:"新型的人工智能基于 80/20 规则",即你不能指望应用人工智能使任务 100%自动化,而是用之自动完成 80%,用人完成其余的 20%。

此外,软件 Agent 的发展还有一个方向,即多 Agent 系统的设计,这是在分布式人工智能和面向对象的程序设计的基础上发展起来的,目前有不少应用。

10.1.2 Agent 理论

Agent 理论就是用形式化方法描述 Agent 的特性。Agent 可以看成是一种类似于人的有意识的系统。人的行为是可以通过其观念(Attitude)来预测和说明的,如信念、愿望、希望、畏惧等,这些也称为意识概念。实际上,意识概念是一种抽象的工具,可以方便地用来描述、说明和预测复杂系统的性能。在 Agent 理论中,有两种重要的观念,信息观念和倾向观念。前者是 Agent 对周围世界所了解的信息,包括信念和知识,后者是以某种形式指导 Agent 行动的观念,包括愿望、目的、义务、许诺等。准确地说,是上述某些观念的组合刻画了 Agent 的行为。合理的假设是,Agent 必须以至少一种信息观念和至少一种倾向观念描述。而且,两种类型的观念是密切相关的,比如,一个理性的 Agent 应当根据对周围世界所了解的信息来选择和形成其意向。

如何表示意识概念并进行推理呢? 显然,光靠经典逻辑是不够的。为开发适宜的逻辑形式,有两个问题必须解决:一个是句法问题;一个是语义问题。对句法问题,有两个途径:一个是使用模态逻辑;一个是使用元语言。对语义问题也有两个途径:一个是通过已广泛使用的可能世界语义,将 Agent 的信念、知识、目标等表示成所谓的"可能世界"的集合;另一个是使用一种符号结构,把信念看成用一种与 Agent 相关的数据结构表示的符号公式。

知识和信念逻辑的可能世界模型是由 Hintikka 在 1962 年首先提出的,其思想就是将 Agent 的信念表示成一组可能世界。可能世界需要映射到一种逻辑的语义框架之中,现在普遍采用的是 Kripke 发展的模态逻辑。最简单的模态逻辑就是经典逻辑附加两个操作符"□"(必然)和"◇"(可能)。如果对从当前世界可达到的每个世界都有 φ 为真,则□φ 为真。如果对至少一个从当前世界可达到的世界有 φ 为真,则◇φ 为真。这两个操作符是对偶的,即

$$\square\varphi \Leftrightarrow \neg\diamond\neg\varphi \qquad \diamond\varphi \Leftrightarrow \neg\square\neg\varphi$$

上述逻辑的两个基本性质如下:

(1) $\square(\varphi \Rightarrow \psi) \Rightarrow (\square\varphi \Rightarrow \square\psi)$,为纪念 Kripke,此定理记为 K。

(2) 如果 φ 成立,则□φ 成立。

上述逻辑仅处理单个 Agent 的知识。为处理多 Agent 的知识,还要对上述逻辑进行扩展。方法是将单个模态操作符□置换成一组有序号的一元模态操作符 $\{K_i\}$,$i \in [1, n]$。公式 $K_i\varphi$ 读成"i 知道 φ"。每个操作符 K_i 与□的性质完全相同。

上述可能世界模型的最大问题是不适于资源有限的系统,而实际系统都是资源有限的。

现在回到 Agent 理论问题。一个完整的 Agent 理论必须定义 Agent 的观念是如何相关的。例如,Agent 的信息观念和倾向观念是如何相关的,Agent 的认知状态是如何变化的,环境是如何影响 Agent 的认知状态的,以及 Agent 的信息观念和倾向观念是如何引导它执行动作的。如何处理好这些关系是 Agent 理论面临的最重要的问题。在这方面已做了很多研究工作。Moore 研究了知识与动作,即为使 Agent 能够执行某些动作,Agent 需要知道些什么。他的模型使 Agent 根据不完全信息执行动作成为可能。Cohen 和 Levesque 的意图理论(Theory of Intention)适用于 Agent 之间的推理,已用于多 Agent 的对话中对冲突与合作的分析,并可作为协作问题求解的理论基础。他们的理论使用了两种观念:信念和目标。Rao 和 Georgeff 建立的逻辑框架则基于三种观念:信念、愿望和意图(即 BDI——Belief、Desire、Intention)。Wooldridge 发展了一系列逻辑用来表示多 Agent 系统的特性,他的目标不是 Agent 理论的通用框架,而是对实际多 Agent 系统的说明与验证。

上述 Agent 理论还远远不够成熟。关于组合不同观念的逻辑,最重要的问题是涉及意图的。特别是意图和动作的关系还没有得到满意的解决,例如,一旦有了动作的意图,Agent 就很可能将要动作,但通常并不能保证这一点。其他问题还有:多个可能冲突的意图的管理,意图的形式化、规划和审议问题等。到底应用哪些观念的组合来刻画 Agent 也是一个正在讨论的问题。通常的做法是采用上述信念、愿望和意图的组合,但也有不同的意见,如 Shoham 认为选择的概念是更基本的。

10.1.3 Agent 系统结构

人工智能专家的任务是设计 Agent 程序,即设计程序感知环境并执行动作。而系统结构为程序提供软件和硬件环境支持,因此 Agent 与系统结构和程序存在以下关系:

$$Agent = 系统结构 + 程序$$

本节讨论 Agent 的实现问题,即 Agent 的系统结构。Agent 系统结构是一个关于建造 Agent 的方法问题,应当说明 Agent 如何分解为一组模块,以及这些模块是如何相互作用的。这些模块和关系的总和规定了 Agent 的感知器数据和内部状态如何确定 Agent 的动作。通常有如下三种类型的系统结构。

1. 慎思式系统结构

慎思式系统结构(deliberative architecture)是建立在人工智能符号机制的基础上的。Wooldridge 和 Jennings 认为,慎思式系统结构应包括对世界显式表示的符号模型,决策是通过基于模式匹配和符号处理的逻辑(至少是伪逻辑)推理进行的。这种基于纯逻辑推理的结构是很吸引人的,如果能使 Agent 实现某种 Agent 理论,只要给出这种理论的逻辑表示,就可通过定理证明实现。为建造这种类型的结构,至少需要解决两个问题:

(1) 转换问题,即在一定时间内将现实世界翻译成准确的、充分的符号描述。

(2) 表示与推理问题,即如何用符号表示复杂的现实世界的实体和过程,并如何在一定时间内对这些信息进行推理。

但是,这种结构的实现问题并没有完全解决,即使对普通的常识推理,其实现也是极其困难的。因此,将 Agent 建造成定理证明器的想法虽然在理论上是很吸引人的,但在实际中目前还是难以实现的。也就是说,当前的符号处理算法还不能保证在可接受的时间内得到有用的结果,而这种算法对于在现实世界中工作的 Agent 来说是至关重要的。

一些研究者利用基于信念、愿望和意图的 Agent 理论建立了 Agent 结构,如 Bratman 建立的智能资源有限机器结构(IRMA)。这个结构有四个关键的符号数据结构:一个规划库和信念、愿望、意图的显式表示;一个推理机(用于进行关于世界的推理);一个手段目的分析器(用于确定哪些规划可用于实现 Agent 的意图);一个机遇分析器(对环境进行监视以确定进一步的选择);一个过滤进程(负责确定与 Agent 当前意图一致的潜在动作序列的子集)和一个慎思进程(在竞争的选项中做出决策)。

目前,一般认为慎思式 Agent 结构如图 10.1 所示。

图 10.1 慎思式 Agent 结构

2. 反应式系统结构

反应式系统结构(reactive architecture)指不包括符号世界模型,且不使用复杂的符号推理的系统结构。以下是这方面的一些研究成果。

对符号主义影响较大的是 Brooks 的工作。他认为:

(1)没有符号主义那种显式的表示也能产生智能行为。

(2)没有符号主义那种显式的抽象推理也能产生智能行为。

(3)智能是某些复杂系统必然具有的性质。实际智能存在于世界之中,而不是存在于分离于世界的系统如定理证明器和专家系统中。智能的产生是 Agent 与其环境相互作用的结果。

他建造了一些基于包含结构的机器人。包含结构是一种行为的层次结构,较低的层次表示较基本的行为(如避开障碍物),并优先于较高的层次。系统中没有符号主义使用的显式推理。

在 Rosenschein 和 Kaelbling 的系统中,用说明性词汇描述 Agent,这种描述再编译成数字机器。这种数字机器可以时间有限的方式工作,不做任何符号处理,也没有任何符号表示。用于描述 Agent 的逻辑本质上是一种知识的模态逻辑。这一技术取决于能否对可能世界语义中的世界以自动机状态的形式给出具体的解释。一个 Agent 以两个部分描述:感知与动作。还有两个程序用于 Agent 的综合:RULER 用于描述 Agent 的感知部分;GAPPS 用于描述动作部分。RULER 的输入分三部分:输入的语义说明("只要第 1 位为 1,天就下雨");一组静态事实("只要天下雨,地面就是湿的");世界状态转换的说明("如果地面是湿的,它就一直是湿的,直到太阳出来")。接着为输出指定希望的语义,编译器对电路进行综合,使其输出具有正确的语义。所有说明性知识都被简化成简单的电路。GAPPS 程序的输入是一组目标化简规则(关于目标如何实现的编码信息)和一个顶层目标,并生成一个能够转换成数字电路的程序以实现目标。生成的电路没有符号表示和符号处理,所有符号处理都在编译时完成。

目前,一般认为反应式 Agent 结构如图 10.2 所示。

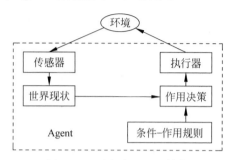

图 10.2 反应式 Agent 结构

3. 混合式系统结构

很多研究者认为纯粹的慎思式系统结构和纯粹的反应式系统结构都不适用于建造 Agent,他们更倾向于混合式系统结构(hybrid architecture)。最直接的方法是建造有两个子系统的 Agent:一个是慎思子系统,含有符号世界模型,用符号人工智能的方法生成规划,做出决策;一个是反应子系统,能够对环境中发生的事件做出反应,而无须进行复杂的推理。通常对反应分量给予一定的优先,从而对重要的环境事件做出迅速的反应。这种类型的结构很自然地导致了层次结构的概念。在这样的结构中,把 Agent 的控制子系统安排成层次形式,较高的层次以较高的抽象级处理信息。例如,可以由非常低的层次直接将初始的感知数据映射到执行机构的输出,而由最高的层次处理长期目标。关键的问题是将各子系统嵌入何种框架,以管理各层之间的交互。

Georgeff 和 Lansky 开发的 PRS(procedural reasoning system)类似于 IRMA,也是一个信念-愿望-意图结构,包括一个规划库,以及信念、愿望、意图的显式符号表示。信念是关于外部世界或系统内部状态的事实,这些事实以经典的一阶逻辑表示。愿望表示为系统行为(不是目标状态的静态描述)。规划库包括一组部分完成的规划,称为知识区域(knowledge area,KA),每个规划包括一个激励条件,这些条件确定 KA 什么时候被激活。KA 可以目标驱动或数据驱动的方式激活,也可以是反应结构的,从而迅速地反应环境的变化。系统中当前正在活动的一组 KA 就表示了 Agent 的意图。系统解释器操纵各种数据结构,负责修改信念、调用 KA 以及执行动作。

目前,一般认为混合式 Agent 结构如图 10.3 所示。

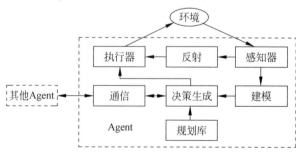

图 10.3 混合式 Agent 结构

上面讨论了 Agent 三种不同的系统结构,但在现阶段基于符号人工智能的慎思式系统结构仍然是应用最广泛的结构。这是因为符号人工智能的技术是最成熟的技术。相比之下,当前每个反应系统的实现都要经过较长时间的实验,对大型系统更是不现实的。

混合式系统结构是一个活跃的研究领域,这种结构应当比单纯的慎思式系统结构和单纯的反应式系统结构更优越,但是关键问题是如何把两种不同的结构组合在一个控制框架之中。

10.2 多 Agent 系统

10.2.1 概述

多 Agent 系统(multiagent system,MAS)是分布式人工智能(distributed artificial intelligence,DAI)的研究领域之一。分布式人工智能是分布式计算和人工智能的交叉学科,研究将人工智能技术应用于分布式计算。传统的分布式计算着重研究低层次的并行与同步问题,而分布式人工智能则侧重于问题求解、通信和协调。近年来,分布式人工智能的研究可分为两个方向:分布式问题求解(distributed problem solve,DPS)和多 Agent 系统。分布式问题求解侧重于信息管理,包括任务分解和解答综合;多 Agent 系统则侧重于行为管理。利用 Agent 进行信息管理则形成了两者的交叉。这些学科之间的关系如图 10.4 所示。

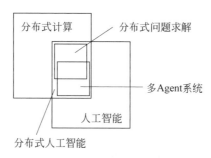

图 10.4 多 Agent 系统相关学科的关系

对于复杂的问题求解,构造一个具有多种知识表示形式、多种问题求解机制的大型且统一的智能系统是非常困难的,而由多个 Agent 合作进行求解,无疑是一个高效的解决办法。多 Agent 系统的特点除了协作性和自主性之外还有分布性和异构性。所谓分布性是指知识分布于多个人或 Agent 组成的系统中,不同的 Agent 可能处于一个计算机之中,也可能分布于不同的计算机中,形成一个分布式智能系统。所谓异构性表现在三个方面:

(1) 句法异构,来源于不同的知识表示形式;

(2) 控制异构,来源于不同的问题求解机制;

(3) 语义异构,来源于相同的知识表示对不同的 Agent 可能具有不同的含义。

异构型多 Agent 系统呈现出极大的灵活性,但在多 Agent 之间的信息共享和相互通信方面也带来了困难。智能多 Agent 系统的设计结合了分布式人工智能、面向对象的程序设计与基于 Agent 的软件工程等多项技术。

设计复杂的系统虽然不一定用多 Agent 系统,但多 Agent 系统存在一些优点。

(1)多 Agent 系统可通过并行机制加速系统的运行。一个任务可分解为若干子任务,这些子任务可分别由不同的 Agent 完成。

(2)利用多 Agent 系统中冗余的 Agent 可提高系统的鲁棒性。

(3)多 Agent 系统具有可扩充性,在多 Agent 系统中增加一个 Agent 要比增加一个整体系统方便得多。

(4)多 Agent 系统的模块化程度更高,因此程序设计更简单。

在多 Agent 系统的设计中,需要考虑的问题包括:Agent 的数量、实时性要求、是否动态地出现新目标、通信的代价、失败的代价、用户介入程度,以及环境的不确定性等。

10.2.2 多 Agent 系统的结构

从异构和通信的程度来分,多 Agent 系统有四种类型:同构无通信系统、异构无通信系统、同构有通信系统和异构有通信系统。

1. 同构无通信系统

在同构无通信系统中,所有的 Agent 都有相同的内部结构,包括目标、知识和可能的动作。不同之处在于它们感知器的输入和它们执行的动作不同,即它们在环境中所处的位置不同。所有 Agent 获得的关于其他 Agent 的内部状态和感知器输入的信息很少,不能预测其他 Agent 的动作。在设计同构无通信系统时应考虑如下问题:

(1)采用慎思式系统结构还是反应式系统结构。反应式系统结构不保存内部状态,仅简单地检索预置的行为。而慎思式系统结构则保存内部状态,利用推理机制做出反应。故若须预测其他 Agent 的动作再做出反应,应采用慎思式系统结构。

(2)是否建立其他 Agent 的模型。在复杂的多 Agent 系统中,不仅要建立其他 Agent 的内部状态的模型,可能还要建立其他 Agent 的目标、动作和能力的模型。但是,对其他 Agent 的过多的预测会降低推理的效率,因此要做出折中。

(3)如何影响其他的 Agent。在没有通信的情况下,也有几种方法影响其他 Agent。一种方法是影响其他 Agent 的感知器或改变其他 Agent 的状态,还有一种方法是改变环境,从而间接地影响其他 Agent。

2. 异构无通信系统

有多种异构的方式,如具有不同的目标、知识和动作等。在设计异构无通信系统时除上述问题外,还应考虑如下问题:

(1)互助性还是竞争性。不同的 Agent 之间存在两种不同的关系:互助性和竞争性。互助性的 Agent 之间互相帮助,以实现各自的目标;竞争性的 Agent 仅考虑自身的目标,甚至还要干扰和破坏其他 Agent 的目标。

(2)采用稳定的还是进化的 Agent。在动态的环境中,采用进化的 Agent 更为可取。对应于互助性 Agent 和竞争性 Agent,进化也分为互助性进化和竞争性进化。对于竞争性进化,可能会产生类似于"军备竞赛"的效应,使复杂性不断升级,因此更应注重稳定性。竞争性进化的另一个问题是奖惩的分配问题,因为性能的改善可能并不意味着一个 Agent 性能的改善,而是其对手性能的恶化。

（3）是否为其他 Agent 的目标、知识和动作建模。对于异构无通信系统,为其他 Agent 建模就更为复杂。由于对其他 Agent 的目标、知识和动作一无所知,又没有通信,因此为其他 Agent 建模就只能通过观察。

（4）处理资源共享问题。对各 Agent 共享的有限资源,各异构 Agent 的要求是独立的,因此应加以管理。

（5）处理社会惯例问题。人类活动是要遵守社会惯例的,异构 Agent 之间在没有通信的情况下也应存在某种协议以做出一致的选择。

（6）分配角色问题。当各 Agent 的目标相同而能力不同时,它们应形成一个班组,并为每个 Agent 分配一个角色。当每个 Agent 完成一项专门的任务时,角色的分配是很简单的。在有些情况下,Agent 的角色是可以互换的。

3. 同构有通信系统和异构有通信系统

借助于通信,各 Agent 可以高度协调一致地共同完成任务。通信可以通过"黑板"以广播方式进行,也可以点对点地进行。对于有通信的 Agent 系统,还应考虑如下问题。

（1）Agent 相互理解问题。为进行 Agent 之间的通信,应建立某种语言与协议,协议应包括信息内容、报文格式和协调惯例,如 KIF（knowledge interchange format）与 KQML（knowledge query manipulation language）等。

（2）承诺与去承诺问题。多个 Agent 共同完成某一任务时,应相互做出承诺,即向其他 Agent 保证以给定方式完成既定的任务,而不管对其本身是否有利。由于 Agent 之间的互相信任,可使任务顺利完成。去承诺则指示承诺的结束。

由于有通信功能,可以形成灵活的多 Agent 的系统结构。

1）集中控制

集中控制系统中存在一个管理 Agent,该 Agent 负责协调其他所有 Agent 的工作,如图 10.5 所示。管理 Agent 应对所求解的问题和各 Agent 的功能、通信方式等都有所了解。在问题求解过程中,由管理 Agent 制订一个求解规划,由各 Agent 协作求解。每个 Agent 完成一个特定的任务,某个 Agent 的求解结果可能成为另一个 Agent 进行求解的必要条件。例如,AGENTS 系统就是这种类型的系统,该系统把求解过程看作一个会议,由一个 Agent 担任主席,其他 Agent 分别为设计、评价等部分的专家,或担任记录、接待用户的工作人员,在主席的主持下完成会议的所有议程。

图 10.5　集中控制结构

当整个任务可以划分成若干子任务,且每个子任务可由一个 Agent 独立完成时,控制可以得到简化。先由管理 Agent 将一个问题划分成若干子问题,各个子问题分别由某个

Agent 完成后,将结果汇总到管理 Agent,然后生成完整的解。集中控制的系统常采用集中的数据结构,即黑板结构,用于存放各 Agent 的共享数据。有的系统采用多黑板结构,以此提高数据结构的灵活性,但也增加了开发与维护的开销。

集中控制结构的控制方式比较简单,适用范围较广,但是系统中产生的各种信息都要经过管理 Agent,可能会遇到问题求解的瓶颈。

2) 层次控制

层次控制系统将 Agent 分为若干层次,通信仅在各相邻层次之间进行,如图 10.6 所示。这种结构克服了集中控制结构的缺点,但仅适用于易于层次分解的问题。例如,用于电子市场销售的 Agent 系统 UNIK-AGENT,它将 Agent 分为三个层次:顾客、零售商与货运业者。先由顾客向可能的零售商发出请求,零售商选择适当的商品向顾客投标,然后由顾客做出选择并通知零售商。如果需要的话,被选中的零售商再向货运业者发出请求,经过投标、选择之后,由选中的货运业者做出运输的规划。

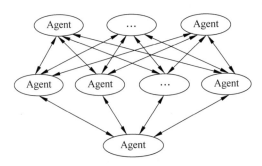

图 10.6　层次控制结构

3) 网络控制

网络控制系统是一种完全的分布式结构。Agent 作为网络中的结点存在,结点之间存在某种通信介质。系统的结构由网络的拓扑结构决定。一种常用的总线结构如图 10.7 所示。在这种系统中,没有负责管理和协调的特殊 Agent,因此是一种最灵活的多 Agent 系统结构。这种结构的困难在于 Agent 之间的通信。

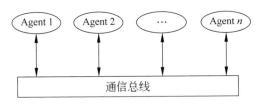

图 10.7　网络控制结构(总线型)

在异构的分布式环境中,各 Agent 可能处于不同的网络协议层。因此,应开发一个 Agent 通信层,使位于不同网络协议层的 Agent 能够在共同的通信层进行通信。在 Agent 通信层上,为使各 Agent 使用名字互相进行访问,可构造一个专门提供路由服务功能的系统 Agent:ANS(agent name server)。ANS 的地址是公开的,每个 Agent 进入系统时,都应向 ANS 注册,通知自己的状态、名字和地址等信息。该 Agent 离开系统时,也应向 ANS 取消注册。这样,ANS 就可向所有的 Agent 提供路由服务。

10.2.3　Agent 通信语言

解决 Agent 之间通信问题的一个途径就是建立一个标准的通信语言。这种通信语言可以是过程型的,也可以是说明型的。过程型语言把通信看成过程指令的交换,如 TCL 和 Telescript 等语言。它们不仅能传递控制指令,还能传递整个程序。这种方法简单有效,其缺点是设计过程有时需要接收方的信息,而且过程是单向的。说明型语言把通信看成说明语句的交换,如 ACL(agent communication language)。

下面介绍美国的知识共享促进 KSE(knowledge-sharing effort)组织研究机构在知识共享方面的工作,其成果包括以下三部分:

(1) 知识查询处理语言 KQML,既是一种信息格式又是一种信息操作协议,用来支持实时信息共享。通用的通信语言应不限于传输预先定义的或固定格式的信息,而适用于广泛的应用,KQML 就是这样的通信语言。

(2) 知识交换格式 KIF,是为在不同的计算机之间进行知识交换而设计的一种形式语言。该语言实际上是一种前缀形式的一阶谓词逻辑,但进行了一些扩充。KIF 可用于表达复杂的信息、知识和过程。

(3) 本体,用于解决共享知识的内容问题。每个基于知识的系统都依赖于对世界的某种概念化,并体现在一个形式表示框架中。一个共同本体就是对一组程序的本体约定的显式表示,这种表示应当是对程序与其他程序、知识库和人类用户进行交互时所使用的概念和关系的客观的描述。为进行通信,应为不同的领域分别建立其本体。

下面分别简单介绍知识查询处理语言 KQML、知识交换格式 KIF 以及 ACL 语言。

1. 知识查询处理语言 KQML

KQML 语言分为三个层次:内容层、信息层和通信层。内容层携带信息的实际内容,其内容可以是任何表示语言,包括 ASCII 字符串和二进制符号。通信层描述底层的通信参数,如发送者、接收者和与通信相关的标识等。信息层是 KQML 的核心,主要功能是标识用于传递信息的协议。另外,由于内容对 KQML 是不透明的,因此该层还包括对内容语言、本体和其他一些特征的描述。

KQML 的句法基于由配对括号括住的表,表的第一元素是行为原语(performative),其余的元素是行为原语的参数及其值。KQML 的语义就在于 Agent 之间观察彼此的性能。从外部看来,似乎每个 Agent 都在管理着一个知识库(knowledge base,KB),与一个 Agent 的通信就是访问它的知识库,例如,询问一个知识库包括什么,叙述一个知识库包括什么,要求向知识库添加或从知识库删除语句等。实际上 Agent 并不一定要建造知识库,也可以使用数据库或其他数据结构,但要能将其表示翻译成知识库的形式,使之用于通信。可以认为,每个 Agent 都管理着一个虚拟知识库(virtual KB)。

例如,Agent"joe"询问 IBM 股票的价格,可表示为:

```
(ask - one
   :sender joe
   :content (PRICE IBM ?price)
   :receiver stock - server
```

```
:reply-with ibm-stock
:language LPROLOG
:ontology NYSE-TICKS)
```

在这个信息中，ask-one 为行为原语，以下各行是行为原语的参数及其值。参数：content 的值是信息的内容，必须是由参数：language 指出的语言的合法表达式，若无参数：language，则默认为 KQML。另外，该内容中的常量必须是由参数：ontology 指出的本体所定义的常量的子集，若无参数：ontology，则为标准的本体。参数：sender 和：receiver 的值是信息实际的发送者和接收者。参数：reply-with 的值指出发送者是否期望回答。如果其值为 nil 或无此参数，则不期望回答；如果其值为 t，则期望回答；否则，其值应作为回答中的参数：in-reply-to 的值。在上述信息中，参数：content 的值为内容层，参数：reply-with、:sender 和：receiver 的值形成了通信层，行为原语以及参数：language 和：ontology 的值构成了信息层。Agent "stock-server"收到该信息后，其回答如下：

```
(tell
  :sender stock-server
  :content (PRICE IBM 130)
  :receiver joe
  :in-reply-to ibm-stock
  :language LPROLOG
  :ontology NYSE-TICKS)
```

2．知识交换格式 KIF

KIF 是一种用于在不同的计算机程序之间进行知识交换的形式语言。形式上是一种经扩充的前缀型一阶谓词语言，它提供的编码可表示简单数据、约束、否定、析取、规则、量化表达式、元级信息等。KIF 的句法类似于 LISP 语言，其基本元素是词，表达式可以是词或由词组成的表。

KIF 的词可分为三大类：变量、运算符和常量。

<变量>::=<个体变量>|<序列变量>

<运算符>::=<项运算符>|<句子运算符>|<规则运算符>|<定义运算符>

<常量>::=<对象常量>|<函数常量>|<关系常量>|<逻辑常量>

变量的首字符是?或@。以?开始的变量称为个体变量，其值为个体对象；以@开始的变量称为序列变量，其值为对象序列。

运算符包括四种类型：项运算符、句子运算符、规则运算符和定义运算符，它们分别用于构成复杂的项、句子、规则和定义。除去变量和运算符的所有词均称为常量。常量包括四种：对象常量、函数常量、关系常量和逻辑常量，它们分别用于表示对象、函数、关系和条件。逻辑常量仅为真和假。KIF 中所有数、字符和字符串都是基本常量，其类型与意义是固定的。对非基本常量，用户可以选择其类型和含义。

KIF 中有四种特殊的表达式：项、句子、规则和定义，它们分别用于表示对象、事实、推理步骤和常量的定义。

KIF 中的项用来表示论域中的对象，有以下 10 种类型：

<项>::=<个体变量>|<对象常量>|<函数常量>|<关系常量>|

　　　　<函数项>|<表项>|<集项>|<引用项>|<逻辑项>|<定量项>

KIF 中的句子取值为真或假,共有 6 种类型如下所示:

<句子>::=<逻辑常量>|<等式>|<不等式>|

　　　　　　<关系句子>|<逻辑句子>|<量化句子>

KIF 中规则的形式为:

<规则>::=(=>> <前提> <句子>)|

　　　　　(<<= <句子> <前提>)

<前提>::=<句子>| (consis <句子>)

上述规则形式中的句子表示结论,前提表示条件,形式(consis φ)表示理由。

KIF 中的定义形式如下:

<定义>::=(defobject <对象常量> := <项>)|

　　　　　(deffunction <函数常量> (<个体变量>* [<序列变量>]):= <项>)|

　　　　　(defrelation <关系常量> (<个体变量>* [<序列变量>]):=<句子>)|

知识库是由句子、定义和规则组成的集合,其顺序是不重要的。

在 KIF 中,概念的形式是对象、函数和关系,所有对象的集合组成问题的论域。基本的对象形式包括词、数、表、集合及⊥,其中符号⊥是一个特殊的对象,表示函数值无定义。用户可以添加有用的非基本对象。

函数和关系都定义为表的集合。对于函数,每个表前面的元素为自变量,最后一个元素为函数值。对于关系,表中的元素是满足关系的对象。例如,表<2,3>是1+函数的一个表,也是关系<的一个表。

3. ACL

ACL(agent communication language)是斯坦福大学实现的一种 Agent 通信语言。与"纯粹的"KQML 不同的是,它指定 KIF 作为它的内容语言。ACL 可看作由三部分组成:词汇(即本体)、内部语言 KIF 和外部语言 KQML。一条 ACL 信息就是一个 KQML 表达式,其中自变量是以 ACL 词汇构成的 KIF 语句。

由于 KIF 语义的上下文无关特性,如果完全采用 KIF 形式通信的话,每条消息都必须包括所有隐含的信息,如发送者、接收者及时间等,这将是十分低效的。为提高效率,需要加入一个上下文有关的语言层次,这就是 KQML。在 ACL 中,KQML 信息是一个表,表中第一元素是行为原语,后面是称为自变量的 KIF 表达式。例如,在下面的 ACL 对话中,发送者向接收者提出一个问题,然后接收者发送回答信息。

```
A to B: (ask-if (> (size chip1)(size chip2)))
B to A: (reply true)
```

在下面的对话中,发送者要求接收者在收到关于一个对象的位置信息时通知发送者,在接收者发送三条这样的语句后,发送者要求取消这项服务。

```
A to B: (subscribe (position ?x ?r ?c))
B to A: (tell (position chip1 8 10))
B to A: (tell (position chip2 8 46))
B to A: (tell (position chip3 8 64))
```

A to B: (unsubscribe (position ?x ?r ?c))

采用类似于 ACL 这样标准的通信语言,在处理某些专门的推理机制时可能会遇到困难。因此往往要考虑解决 Agent 之间通信问题的另一个途径,就是在具有不同表示形式的 Agent 之间建立翻译机制。但是,在具有不同表示形式的 Agent 数目较多时,要求的翻译机制的数目会迅速增长。如果有 n 种不同的表示形式,则需要 $n(n-1)$ 种翻译机制。

10.2.4　多 Agent 系统的协商机制

协商是多 Agent 系统的一个重要的研究内容。协商机制用于为 Agent 指定任务、分配资源以及协调 Agent 共同实现目标。目前已发展了多种协商机制,主要有 Rosenschein 提出的受限承诺理论,Kraus 的最佳平衡协商理论,Matsubayashi 的"正"关系协商理论等。比较完整的协商理论是 Zlotkin 等人提出的面向领域的协商理论,把分布式人工智能中的问题大致分为三类:面向任务域 TOD(task oriented domain)、面向状态域 SOD(state oriented domain)和面向价值域 WOD(worth oriented domain)。在面向任务域中,Agent 的行为定义为一系列 Agent 必须执行的任务,这些任务可以无须考虑其他 Agent 的存在而得到执行,Agent 可以得到完成任务所需的全部资源。同时,Agent 可以同意任务的再分配。例如,一个 Agent 在完成某一任务时,可能以比较低的代价或无须额外的花费而完成另一个 Agent 的任务,协商的目的就是达成有益的任务再分配。在面向状态域中,每个 Agent 感兴趣的是从初始状态变化到目标状态集中的一个状态,通过协商以较小的代价完成这种转变。在面向价值域中,为所有的状态定义价值函数,协商允许仅完成 Agent 部分的目标,以提高整个系统的效益。

本节介绍 Zlotkin 和 Rosenschein 提出的面向状态域的协商机制,他们运用博弈论解决高层次的协议设计问题。

1. 基本概念

协商用于任务和资源在 Agent 之间的分配,特别是在那些属于不同利益集团的 Agent 之间,通过协商共同参与任务的执行并解决有限资源引起的冲突。

实现各 Agent 协调工作的一个方法是建立各方都接受的协议。给定协议以后,还要考虑 Agent 所采取的策略。协议规定了 Agent 之间相互作用的规则,每个交易则是 Agent 采取的具体策略形成的结果。以下棋为例,协议相当于走步的规则,而策略是弈者确定走步的方式。制定协议要考虑的重要属性包括有效性、稳定性和简单性,有时还要求分布性,即不存在一个集中的决策机构。

在面向状态域的协商中,要考虑 Agent 行为的副作用。一个 Agent 可能会无意中实现了另一个 Agent 的目标,或破坏了另一个 Agent 的目标。因此 Agent 必须会处理目标的冲突与干扰。

目标是用一组状态来描述的,规划就是一个动作序列,使 Agent 将其环境转换到满足目标的状态。当多个 Agent 执行一个联合规划时,每个 Agent 都扮演一个角色,假设总有一种方法估计每个角色的代价,每个 Agent 都以此评价给定的联合规划。在所有可实现目标的联合规划中,Agent 总是倾向于其角色代价较低的那些规划。

定义 10.1　一个面向状态域 SOD 是一个 4 元组 $<S,A,J,c>$，其中 S 为一组可能的世界状态，$A=\{A_1,A_2,\cdots,A_n\}$ 是一个排序的 Agent 表，J 是所有可能的联合规划的集合。一个联合规划 $J\in J$ 把世界从 S 中的一个状态转移到另一个状态。Agent k 的动作记为 J_k，对于一个有 n 个 Agent 的联合规划 J，可记为 $(J_1,J_2,\cdots,J_n)$。元组中的 c 是一个函数 c：$J\to(R^+)^n$。对 J 中的每一个联合规划 J，$c(J)$ 是一个由 n 个正实数组成的向量，表示每个 Agent 角色在联合规划中的代价，$c(J)_i$ 是代价向量的第 i 个元素。如果一个 Agent 在 J 中不扮演任何角色，则其代价为 0。在以下的讨论中，假设总是能够估价联合规划中每个 Agent 角色的代价。

定义 10.2　在一个 SOD $<S,A,J,c>$ 中的一个单遇（encounter）是一个二元组 $<s,(G_1,G_2,\cdots,G_n)>$，其中 $s\in S$ 是世界的初始状态，并对所有的 $k\in\{1,2,\cdots,n\}$，G_k 是 S 中 Agent A_k 所有可接受的最终世界状态的集合，G_k 也称为 A_k 的目标。

Agent 的目标是有限的、固定的、预先确定的状态集合。联合规划结束时，一个 Agent 或者实现了它的目标，或者没有实现它的目标，不可能部分实现。能够部分实现目标的领域称为面向价值域（WOD）。另外，我们假设一个 Agent 的目标不涉及另一个 Agent 的未知目标。

为简化讨论，我们做出以下假设：

（1）Agent 力图最大化其效益（utility）。

（2）每次协商与以前的协商无关，因此讨论"单遇"而不是"多遇"。

（3）Agent 的效益不能在 Agent 之间显式地加以转换，但可以将不同 Agent 的效益转换成共同的单位，从而加以比较。

（4）所有 Agent 能够执行同样的动作，且其代价与哪个 Agent 执行无关，这种情况称为对称性。

2. 协商机制

对于联合规划，其最终状态应满足所有 Agent 的目标，但有时这是不可能实现的。以两个 Agent 为例，可能有以下 3 种情况：

（1）不存在满足两个 Agent 的目标的状态。

（2）存在满足两个 Agent 的目标的状态，但是不能到达。

（3）存在满足两个 Agent 的目标的状态，但不能以两个 Agent 可接受的代价实现。

这里讨论最简单的一种情况，即存在所有 Agent 都可接受的一个可达到的状态，满足所有 Agent 的目标，这种情况称为协作态（cooperative situation）。

定义 10.3　给定一个 SOD $<S,A,J,c>$，定义 $P\subset J$ 为所有单 Agent 规划的集合，即集合中的所有联合规划中只有一个 Agent 扮演有效角色。定义只有 Agent k 扮演有效角色的单 Agent 规划 $P\in P$ 的 $c(P)$ 为只有位置 k 为非空的向量。在不会发生混淆的情况下，我们用 $c(P)$ 表示第 k 个元素（即 $c(P)_k$）。

定义 10.4　$s\xrightarrow{k}f$ 为 P 中代价最小的单 Agent 规划，其中 Agent k 扮演有效角色并将世界从 S 中的状态 s 转移到状态 f。如果这样的规划不存在，则认为 Agent k 的代价为无限大，其他 Agent 的代价为 0。如果 $s=f$，则 $s\xrightarrow{k}f$ 表示空规划 Λ，其中所有 Agent 的代价为 0。如果 F 为一个世界状态的集合,则 $s \xrightarrow{k} F$ 表示 P 中代价最小的单 Agent 规划,其中 Agent k 扮演有效角色,并把世界从状态 s 转换到 F 中的一个状态:

$$c(s \xrightarrow{k} F) = \min_{f \in F}(c(s \xrightarrow{k} f))$$

为简单起见,下面仅考虑两个 Agent 的情况。

定义 10.5 在一个双 Agent SOD 中给定一个单遇 $<s, (G_1, G_2)>$,将世界从状态 s 转换到 $G_1 \bigcap G_2$ 中的一个状态的联合规划 $J \in J$,称为一个纯交易。设 J 为一个纯交易,则混合联合规划 $J:p(0 \leqslant p \leqslant 1)$ 称为一个交易(deal)。

此处的一个交易是指 Agent 以概率 p 执行联合规划 (J_1, J_2),或以概率 $1-p$ 执行对称的联合规划 (J_2, J_1)。在对称性假设下,每个 Agent 都可以执行联合规划的各个部分,且代价与哪个 Agent 执行无关。

定义 10.6 如果 $\delta = (J:p)$ 是一个交易,$\text{Cost}_i(\delta)$ 定义为 $pc(J)_i + (1-p)c(J)_k$,其中 k 的竞争者是 i,$\text{Utility}_i(\delta)$ 定义为 $c(s \rightarrow G_i) - \text{Cost}_i(\delta)$。

一个 Agent 从一个交易得到的效益(utility)就是它单独实现目标时的代价与该交易中它的代价之差。这里写 $c(s \rightarrow G_i)$ 而不写 $c(s \xrightarrow{k} G_i)$,是因为规划代价与哪个 Agent 执行无关。

定义 10.7 如果对所有的 i,有 $\text{Utility}_i(\delta) \geqslant 0$,则称交易 δ 是单个合理的。如果除交易 δ 外不存在其他交易能有利于一个 Agent 而对其他 Agent 无害,则称交易 δ 是帕累托最优的。由所有单个合理且帕累托最优的交易组成的集合称为协商集 NS。

协商集 NS 非空的必要条件是两个 Agent 的目标之间没有矛盾,即 $G_1 \bigcap G_2 \neq \varphi$。可达到性的条件并不是协商集 NS 非空的充分条件,这是因为即使 Agent 的目标之间没有矛盾,也仍然有可能不存在协作性的解。例如,图 10.8 所示的有固定槽的积木世界,状态描述使用三个谓词:

ON(x, y): 积木 x 在积木 y 之上。

AT(x, n): 积木 x 在槽 n,且直接在桌子上面。

CLEAR(x): 积木 x 上面是空的。

操作有以下两个:

pickup(i): 拿起槽 i 最上面的积木(槽 i 上必须有积木)。

putdown(i): 把积木放在槽 i 上。

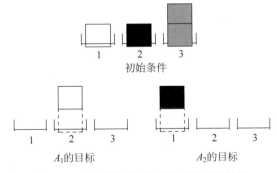

图 10.8 目标不矛盾但无协作性解的情况

设每个操作的代价为 1。若各 Agent 单独实现目标，只需执行一次 pickup 和一次 putdown，即 $c(s \to G_i) = 2$。这两个目标并不互相矛盾，因为存在着一种同时满足两个目标的状态，即白积木和黑积木都放在一个灰积木之上。但实际上不存在一种代价小于 8 的联合规划。因此，存在一个联合规划，使世界状态从初始状态 s 转变到 $G_1 \cap G_2$ 中的一个状态，是协商集非空的必要条件，但不是充分条件，要让 Agent 同意一个联合规划，它必须是单个合理的。下面给出协商集非空的充要条件，其证明可参阅 Zlotkin 和 Rosenschein 的论文 *Mechanisms for Automated Negotiation in State Oriented Domains*。

定理 10.1　协商集非空的一个充分必要条件是：存在一个能够将世界从初始状态 s 转变到 $G_1 \cap G_2$ 中的一个状态的联合规划 J，满足下列两个条件：

$$\text{合计条件：} \sum_{i=1}^{2} c(s \to G_i) \geqslant \sum_{i=1}^{2} c(J)_i$$

$$\text{最小条件：} \min_i c(s \to G_i) \geqslant \min_i c(J)_i$$

合计条件表示角色代价的和不能超过 Agent 单独执行的代价的和，最小条件表示联合规划中最小的角色代价不能超过单独执行的最小代价。当定理条件满足时，我们称该单遇是协作（cooperative）的。下面讨论 Agent 可采纳的协商机制。

一般我们要求协商机制是对称分布的，即所有 Agent 按同样的规则行事，没有专门负责协商过程的特殊 Agent。在此机制下，还应有一个平衡的协商策略。给定一个协商机制 M，一个协商 S 是平衡的条件是，如果假设所有其他 Agent 使用策略 S，则该 Agent 若使用不同于 S 的策略就不会做得更好。

在所有具有平衡的协商策略的对称分布的协商机制中，我们采取那些最大化 Agent 的效益之积的机制。这就是说，如果 Agent 采取平衡策略，它们将同意一个最大化它们的效益之积的交易。如果存在多个使积最大化的交易，则在这些交易中选择那些最大化 Agent 的效益之和的交易。如果这样的交易还不止一个，则在这些交易中以任意的概率选择一个交易。这种机制称为乘积最大化机制（product maximizing mechanism，PMM）。显然，乘积最大化机制的解是单个合理的和帕累托最优的。

对于协作的单遇，利用乘积最大化机制可以保证找到合理有效的交易。但对非协作的单遇如何呢？我们考虑一个有限共享资源的例子。设有 3 个 Agent A_1、A_2 和 A_3，它们的共享资源最多只允许两个 Agent 同时使用。Agent 的操作有如下 3 种：

（1）使用——一个 Agent 正在使用共享资源一个时间单位，操作的代价是 0。

（2）等待——一个 Agent 正在等待共享资源一个时间单位，操作的代价是 1。

（3）无关——一个 Agent 不需要共享资源，所以既不使用也不等待，操作的代价是 0。

设 Agent 1 和 3 需要 2 个时间单位的共享资源，而 Agent 2 需要 3 个时间单位的共享资源。如果每个 Agent 单独存在，则代价为 0。如果 3 个 Agent 同时存在，而共享资源最多只允许两个 Agent 使用，则必然有一个 Agent 要处于等待状态。表 10.1 展示了两个可能的联合规划。对左边的联合规划，Agent 1 和 2 的效益为 0，Agent 3 的效益为 −2；对右边的联合规划，Agent 1 和 3 的效益为 0，Agent 2 的效益为 −2。但是，左边的规划结束得要早一些。假设 Agent 不考虑资源总的利用情况，仅考虑本身的代价，则两个规划都是帕累托最优的，但都不是单个合理的。

表 10.1 有限共享资源情况下的两个联合规划

时间	Agent			时间	Agent		
	A_1	A_2	A_3		A_1	A_2	A_3
1	使用	使用	等待	1	使用	等待	使用
2	使用	使用	等待	2	使用	等待	使用
3	无关	使用	使用	3	无关	使用	无关
4	无关	无关	使用	4	无关	使用	无关
5	无关	无关	无关	5	无关	使用	无关
				6	无关	无关	无关

在上例中,达不到单个合理的原因是因为每个 Agent 都要求在联合规划中的代价不大于单独执行时的代价。因此为达成一致,必须允许 Agent 在合作中付出额外的代价,即所谓"协作开销"。一种办法是设定每个 Agent 为了达到它的目标所愿意付出的代价的上限,我们称此上限为目标的价值。

定义 10.8 在双 Agent 的 SOD 中,给定一个单遇 $<s,(G_1,G_2)>$,设 w_i 为 Agent i 为实现其目标 G_i 而愿意付出的最大代价,称 w_i 为 Agent i 的目标 G_i 的价值,并记此加强的单遇为 $<s,(G_1,G_2),(w_1,w_2)>$。

定义 10.9 给定一个单遇 $<s,(G_1,G_2),(w_1,w_2)>$,设 δ 是一个交易,即一个满足双 Agent 的目标的混合联合规划,则 δ 的效益 Utility$_i(\delta)$ 定义为 $w_i-\text{Cost}_i(\delta)$。

一个交易中 Agent 的效益定义为该 Agent 目标的价值与在联合规划中它的角色的代价之差,对于效益的这个新定义,显然有以下定理。

定理 10.2 如果在定理 10.1 中将所有的 $c(s \rightarrow G_i)$ 都换成 w_i,则定理仍然成立。

上面讨论的两种情况:一种是 Agent 可以从合作中得到好处;一种是 Agent 为合作付出额外的开销。此外,还会有冲突的情况。下面是 4 种可能的情况。

(1) 对称协作情况,各 Agent 都可以从合作中得到益处,因此都欢迎其他 Agent 的存在。

(2) 对称妥协情况,各 Agent 独立执行较之合作执行更为有利。但由于各 Agent 必须面对存在其他 Agent 的情况,因此也将同意一个合理的交易。NS 中的所有交易都比保持初始状态 s 不变要好。

(3) 非对称协作/妥协情况,一个 Agent 将交互看成是协作的,另一个 Agent 将交互看成是妥协的。

(4) 冲突情况,协商集为空的情况。

下面以有槽的积木世界为例,说明协作、妥协和冲突 3 种情况。对图 10.9 所示的情况,每个 Agent 单独执行时,都必须执行两次 pickup 和两次 putdown 的操作,即每个 Agent 单独执行的代价为 4。但若合作执行时,由于两个 Agent 可同时执行 pickup 操作,因此两个 Agent 总的代价为 4,因此这是一个协作的情况。

对于图 10.10 所示的情况,每个 Agent 单独执行时,都必须执行一次 pickup 和一次 putdown 的操作,即每个 Agent 单独执行的代价为 2。但是,由于其结果状态都必须是有另一个积木放在下面,因此想要同时满足两个 Agent 的目标,还需要另外的积木和操作。最佳的联合规划应是将两个灰色积木放在槽 1 和槽 2 的下面,再把白色和黑色积木放在相应

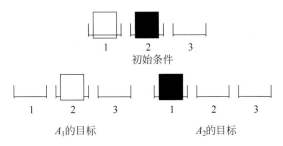

图 10.9　协作的情况

槽的上面。这样,联合规划总的代价为 8,每个 Agent 都必须付出额外的代价。

最佳的规划有两个角色:一个角色有 6 个操作;另一个角色有 2 个操作。一个 Agent 拿起黑色(或白色)积木,此时另一个 Agent 安排其他的积木,然后第一个积木再把积木放下。如果这两个 Agent 的价值都满足合计和最小条件,即两个 Agent 的价值之和大于或等于 8,且每个 Agent 的价值都大于或等于 2,则可达到一致并都得到正的效益。

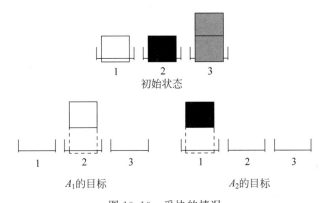

图 10.10　妥协的情况

设 Agent A_1 目标的价值为 3,Agent A_2 目标的价值为 6。因为在最佳的联合规划中一个角色的代价为 2,一个角色的代价为 6,因此总共有一个单位的效益,在和确定的情况下,给每个 Agent 平分该单位效益将最大化效益之积。因此可以分配两个 Agent 各 1/2 单位的效益,即 A_1 以概率 7/8 扮演代价 2 的角色,以概率 1/8 扮演代价 6 的角色,而 A_2 扮演另一个角色。这样,两个 Agent 的效益分别为:A_1:$3-2\times\dfrac{7}{8}-6\times\dfrac{1}{8}=\dfrac{1}{2}$;$A_2$:$6-2\times\dfrac{1}{8}-6\times\dfrac{7}{8}=\dfrac{1}{2}$。这样的规划实现了效益之积的最大化。从此例可以看出,一个 Agent 容许付出的越多,它必须付出的也越多。这种结果可能会诱使 Agent 故意少报容许的代价,以获得更大的效益。

对于图 10.11 所示的情况,两个 Agent 的目标是矛盾的,不存在满足两个 Agent 的世界状态。

当协商集非空时,对某一 Agent i,下列规则可以区分协作与妥协两种情况。

(1) 如果 $w_i \leqslant c(s \to G_i)$,则 Agent i 处于协作状态。

(2) 如果 $w_i > c(s \to G_i)$,则 Agent i 处于协作状态或妥协状态,区分方法是:

设 $w_i^* = c(s \rightarrow G_i)$，使其他 Agent 的价值不变。如果所得到的 NS* 为空，则 Agent i 处于妥协状态；否则，Agent i 处于协作状态。

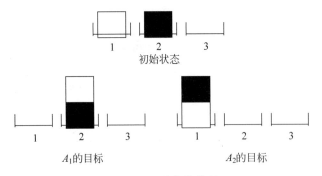

图 10.11 冲突的情况

对于冲突的情况，一个最简单的消解冲突的方法就是根据抛硬币来决定哪个 Agent 实现其目标。一个较好的方法是先合作达到一个新的世界状态（不满足任何一个目标），再抛硬币决定最终实现哪个目标。考虑如图 10.12 所示的例子，设 $w_1 = w_2 = 12$，每个 Agent 单独实现目标的代价都是 10。如果初始状态就由抛硬币决定，它们的权重都为 1/2，从而收益为 $0.5 \times (12-10) = 1$。但是，如果它们先进行合作，上下交换槽 4 上的积木（代价为 2）再抛硬币，它们的权重依然是 1/2，但此时总收益为 $0.5 \times (12-2-2) = 4$，这种情况相当于一个半协作交易。

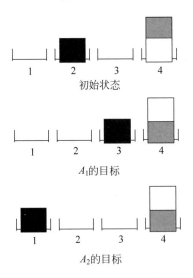

图 10.12 协作到某一点的情况

定义 10.10 半协作交易是一个三元组 (t, J, q)，其中 t 是一个世界状态，J 是一个将世界从初始状态 s 转换到中间状态 t 的一个混合联合规划，$0 \leqslant q \leqslant 1$ 是硬币投掷的权——由 Agent A_1 实现其目标的概率。

半协作交易是指两个 Agent 先执行一个混合联合规划 J，将世界转换到中间状态 t，在状态 t 以权重 q 投掷硬币以决定哪个 Agent 继续实现其目标。

定义 10.11 半协作交易中 Agent 的效益为：

$$\text{Utility}_i(t, J, q) = q_i(w_i - c(J)_i - c(t \rightarrow G_i)_i) - (1 - q_i)c(J)_i$$
$$= q_i(w_i - c(t \rightarrow G_i)_i) - c(J)_i$$

采用上述定义，如果一个 Agent 在中间状态 t 输掉了硬币投掷，它的效益就是负的，其值等于在达到状态 t 的联合规划中其角色的代价。如果它在中间状态 t 赢得了硬币投掷，它的效益就等于其目标的代价与在达到状态 t 的联合规划中其角色的代价之差，再减去其单独从状态 t 到目标的代价。

10.2.5 多 Agent 系统的应用

经过数十年的发展，多 Agent 技术已经走上实用阶段并应用在不同的领域。

在电子商务领域，买家、卖家、平台提供者、物流供应方等多方角色都可以视为 Agent，从而利用多个 Agent 之间的通信完成交互，达到交易最终完成的目标；在军事领域，每次联合行动都涉及多方面角色，同样可以利用 Agent 描述这些角色；在交通领域，每个汽车、火车或者飞机都可以视为单个 Agent，在这些 Agent 以及其他辅助 Agent 之间进行交互能够缓解交通拥堵。

正如第 8 章所介绍的，强化学习是研究一个系统如何根据执行动作与环境的反馈提高自身决策能力的一种学习方法。如果从 Agent 的视角来看，"系统"二字可以替换为 Agent，这也是许多文献介绍强化学习时所用的术语。如果在强化学习中涉及多个主体，例如在某些视频游戏中需要同时操控多个角色完成某些工作，此时多个主体实际上就可以视为多个 Agent，它们的交互能够完成某些工作从而达到预定目标。

下面简单介绍两个多 Agent 应用系统。

1. OASIS

OASIS(optimal aircraft sequencing using intelligent scheduling)是一个基于 Agent 的空中智能调度系统，设计的初衷是用于辅助制定飞机着陆顺序从而缓解空中交通拥堵。OASIS 包含多个独立的 Agent，其中飞机 Agent 用于预测飞机的飞行轨迹、监测实际飞行轨迹与预测轨迹的差别并规划后续活动，全局 Agent 由协调 Agent、排序 Agent、轨迹检查 Agent、气流模型 Agent 和用户接口 Agent 组成。协调 Agent 作为任务管理器，能够协调飞机 Agent 和其他全局 Agent 的活动；排序 Agent 使用基于 A* 算法的搜索技术，以最小化延迟着陆时间和总体费用为目标确定各个飞机着陆的顺序；轨迹检查 Agent 确保调度系统发出的指令不会违反操作规程；气流模型 Agent 负责在各个飞机 Agent 提供的关于气流的观测数据上预测飞机可能遇到的风场；用户接口 Agent 提供用户与系统进行交互的机制。

排序 Agent 是最重要的 Agent 之一，它的两个核心任务是检测拥堵何时可能发生以及通过为飞机指定不同的着陆时间缓解拥堵。第一个任务是检测拥堵，先将飞机预计着陆的时间排序，然后检查其中是否有两架飞机的着陆时间间隔低于最小操作时间，如果有的话拥堵就可能会发生。为了缓解拥堵，需要对有些飞机的着陆时间重新安排，这可以通过 A* 算法实现。在 A* 算法中，需要考虑的约束包括：

（1）跑道数量；

（2）飞机之间的最小着陆时间间隔，这跟飞机的型号有关，例如，小飞机在大飞机后着陆需要的间隔时间比反过来要长；

（3）飞机能够等待的时间，因为飞机上的燃油有限所以无法等待过长时间。

据报道，澳大利亚悉尼机场在三个半小时内需要降落 65 架飞机的问题可以利用 OASIS 得到妥善处理。

2. 用于糖尿病监测的 IMIS

糖尿病可能导致各种并发症，如果治疗不及时还可能导致死亡。因此需要实时监测糖尿病患者的身体指标以便及时发现患者的身体变化。IMIS(integrated mobile information system)用于监测患者的身体指标，并及时指导用户对患者采取急救措施。

IMIS 包括 4 种 Agent：患者 Agent、家长 Agent、医院护士 Agent 以及学校护士 Agent。这些 Agent 通过相互之间的通信能够更好地协调它们的活动。例如，有个年轻男孩吃完东西之后被患者 Agent 检测到血糖突然升高，于是患者 Agent 将该消息发送给家长 Agent 和学校护士 Agent，建议他们为该男孩注射胰岛素，因为患者 Agent 认为他们中的一个应该在男孩附近。虽然医院护士 Agent 也是一个护理 Agent，但是在这种情况下医院护士 Agent 并不会收到该信息。随后系统日志将记录这条信息，从而所有护理 Agent 都可以看见这次血糖升高事件。而家长 Agent 收到该信息后，将会展示一些关于该男孩的有效信息，并为家长提供一些切实可行的建议，当然最后是否采用这些建议还需要家长自己做决定。

IMIS 是使用 JADE(java agent development environment，一个 Agent 系统开发平台)实现的，使用了 ACL(agent communication language)进行通信，还使用了本体表示知识。

10.3 移动 Agent

近年来，随着互联网的飞速发展，产生了一种新型的 Agent——移动 Agent。所谓移动 Agent 是指能够在网络环境中自主移动到目标主机，与其他 Agent 或资源交互并完成用户指定任务的 Agent。可以看出，移动 Agent 除了拥有 Agent 的特性之外，还具有移动性。移动 Agent 是 Agent 与分布式计算结合的产物，结合了消息传递、远程过程调用等技术。

移动 Agent 在移动到目标主机之前保存相关状态，移动之后利用保存状态继续运行。移动 Agent 能够为分布式计算提供一种便利、有效且鲁棒的框架，具有降低通信费用、异步执行、软件动态发布等优点。

Fuggetta 将分布式软件的模式分为 C/S 模式、远程执行、代码请求和移动 Agent。其中 C/S 模式广泛应用于分布式系统中，代码和数据存放于服务器端，客户端通过连接发送请求，同时传输所需参数，服务器执行完成之后将结果返回给客户端。远程执行是在执行前将代码传输到其他远程计算机上，执行之后将结果返回。代码请求是客户端计算机请求服务器端发送指定代码模块，客户端获得模块之后启动执行，Java 小程序(applet)采用的就是这种方式。远程执行和代码请求都无法在执行过程中传输代码。最后是移动 Agent 模式，既可以在执行过程中移动，又可以在执行过程中从其他 Agent 中获得数据和资源。

移动 Agent 系统一般包含 Agent 和多 Agent 环境(multi-agent environment，MAE)。

如图 10.13 所示,其中,安全代理是 Agent 与 MAE 环境通信的中介,执行制订的安全策略,确保 Agent 的安全。环境交互模块是 Agent 感知 MAE 环境的手段。任务求解模块包括 Agent 的运行及与任务相关的推理规则。知识库是 Agent 所感知的世界和自身模型以及在移动过程中获取的知识和任务求解结构。内部状态指 Agent 执行过程中的状态集合。约束条件是 Agent 创建者提前给出的约束,以保证 Agent 的行为和性能。通过命名服务器可以找到相关的其他 Agent 的地址信息。而多 Agent 环境指的是多个 Agent 所处的网络环境。

移动 Agent 由于其自身的特点,比较适合用于电子商务、移动个人助手、信息发布、分布式信息检索等应用领域。

常见的移动 Agent 系统包括 Telescript、Aglet、Voyager、Ara 以及 D′Agents 等系统。Telescript 是由 General Magic 公司开发的第一个商业化的移动 Agent 系统,是由 Telescript 语言开发的,该语言的核心概念就是 Agent。后来随着 Java 的流行,General Magic 公司又开发了 Java 版的移动 Agent 系统,命名为 Odyssey。Aglet 是 IBM 东京实验室使用 Java 开发的移动 Agent 系统,是最早的基于 Java 的商业化移动 Agent 系统,可以看成 JavaApplet 的扩充。Voyager 是由 Recursion 公司开发的支持多种开发语言,既支持移动 Agent 又支持传统分布式计算的移动 Agent 系统。Ara 试图把移动 Agent 与当前的编程模式相结合,为此,Ara 系统提供了一个核心,能够运行在当前的操作系统上。D′Agent 能自动捕获和恢复移动 Agent 的状态,因此 Agent 可以在任意点中断执行,然后移动到其他环境中继续执行。

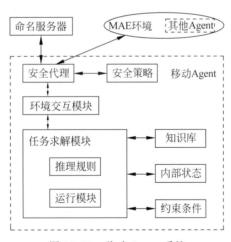

图 10.13 移动 Agent 系统

10.4 Agent 系统开发平台

为了方便快捷开发 Agent 系统,研究机构和企业提出了一些 Agent 开发平台或框架,在这些平台或框架上开发一个 Agent 系统比较简单。常见的开发平台或框架如表 10.2 所示。

表 10.2　Agent 开发平台或框架

名称	开发者	简单描述
Agent Factory	都柏林大学	支持多 Agent 系统开发和部署的框架,包括工具、平台和语言。既支持在计算机上部署,也支持在便携式设备上部署。移动计算与机器人相关的多个项目使用了该框架
Agent Builder	Acronymics 公司	平台由两个主要部件组成:软件包与运行时系统,使用该平台无须掌握智能 Agent 技术即可快速开发 Agent 应用系统
AgentScape	代尔夫特理工大学	支持设计与部署大规模异构的分布式 Agent 系统的平台
AGLOBE	捷克理工大学	面向仿真的多 Agent 开发平台。每个 Agent 都有自己的独立线程,可以在不同主机上运行的平台间自主迁移。为了提高可扩展性和效率降低了互操作性,因此不符合 FIPA 规范
AnyLogic	AnyLogic 公司	多种仿真方法的建模开发平台,不仅支持 Agent 仿真,还支持系统动态建模和流程中心(离散事件)建模,可用于制造与物流、业务流程、人力资源以及消费者行为等领域
CORMAS	法国农业发展研究中心	利用 VisualWorks 开发的仿真平台,主要侧重于表示可再生资源使用者的交互
Cougaar	雷神 BBN 科技公司	一个 DARPA 资助的开源 Agent 平台,设计的初衷是为军事物流问题提供最佳方案,平台不符合 FIPA 规范。便于开发复杂、大规模以及分布式的 Agent 系统
CybelePro	智能自动化公司	提供大规模、高性能 Agent 系统的快速开发和部署,广泛用于政府、工业界和学术界,应用于军事物流、建模、空地运输的仿真与控制等
EMERALD	亚里士多德大学智能系统实验室	使用 EMERALD 框架可以通过第三方受信任的推理服务实现语义 Web 中 Agent 之间的互动推理。框架基于 JADE 实现并完全符合 FIPA 规范
GAMA	法国 UMMISCO	为领域专家、建模人员和计算机科学家提供构造多 Agent 仿真的完整建模与开发环境,而多 Agent 仿真能够在空间中以直观方式展示。为此提供了结合 3D 可视化、GIS 数据管理和多层次建模的功能
JACK	AOS 公司	一种构造、运行和集成商业级多 Agent 系统的成熟、跨平台环境。基于 BDI 模型,可以在智能手机或高端服务器上运行,具有独立于平台的 GUI,并易于与第三方库集成。尚不支持 FIPA 规范
JADE	意大利电信集团	使用最广泛的多 Agent 开发框架,完全由 Java 语言实现。Agent 的运行环境、开发所用的类库和用来调试与配置的图形化工具简化了多 Agent 系统的开发过程。
Jadex	汉堡大学	框架遵循 BDI 模型并能轻松构造 Agent 系统,可以使用 XML 和 Java 编写 Agent,已经用于构造不同领域的 Agent 系统,如仿真、调度和移动计算等
JASON	圣卡塔琳娜州联邦大学和杜伦大学	AgentSpeak 语言由 Java 实现并遵循 BDI 模型,是一种面向 Agent 的逻辑编程语言。JASON 是 AgentSpeak 语言扩展版的解释器,实现了该语言的操作语义,并为用户定制特征的多 Agent 系统提供开发平台
JIAC	柏林工业大学	一种基于 Java 的 Agent 框架,能够简化大规模分布式应用程序和服务的开发和操作。核心是 Agent 能够与 SOA(面向服务的架构)集成。JIAC 支持应用和服务的重用,甚至可以在运行时进行修改

续表

名称	开发者	简 单 描 述
MaDKit	法国 LIRMM 实验室	一种多 Agent 系统开发平台。与其他以 Agent 为中心的常用方法不同,MaDKit 遵循以组织为中心的方法,因此它建立在 AGR(Agent/Group/Role)组织模型之上并且无须事先定义 Agent 模型,各个 Agent 在组织中扮演自己的角色从而创建人工社会
MASON	乔治梅森大学	一种离散事件多 Agent 仿真平台,其特点是快速、可移植并且足够小。在 MASON 中模型与可视化完全独立,试图最大化执行速度,并保证不同平台仿真结果的完全重现
NetLogo	美国西北大学	一种多 Agent 可编程建模环境,包含经济学、生物学、物理学、化学以及心理学等多个领域的大量模型库。既可以作为教育工具,又可以作为领域专家的建模工具
Repast	芝加哥大学	一种跨平台的 Agent 建模和仿真工具,支持多种语言,包含两个版本:Simphony 和 HPC,分别用 Java 和 C++ 实现并运行在普通机器和高性能机器上
SPADE	瓦伦西亚理工大学	一个轻量级的基于即时消息的多 Agent 系统开发平台
Swarm	圣菲研究所	为复杂适应系统的多 Agent 仿真而开发的平台,支持一系列独立 Agent 进行交互,从而可以研究由多个体组成的复杂适应系统的行为

目前,在人工智能学科中,Python 语言比 C/C++ 和 Java 语言使用得更为广泛。考虑到上述框架或平台中,支持 Python 语言开发的只有 MaDKit、Repast 和 SPADE,而其中 SPADE 是最近几年才开发的,并且较为简单,因此本节后续内容专门介绍 SPADE。

作为一个多 Agent 开发平台,SPADE 遵循 FIPA(The Foundation for Intelligent Physical Agents)标准,该标准是由一个同名组织制定的关于 Agent 和 Agent 系统的规范,规定了关于 Agent 通信、Agent 传输、Agent 管理以及抽象结构和应用的标准。

SPADE 的 Agent 通信遵循 XMPP(extensible messaging and presence protocol)。XMPP 是一种以 XML 为基础的开放式即时通信协议,其前身是 Jabber 协议,一些即时通信软件遵循 XMPP 协议。

根据 FIPA 标准,SPADE 平台模型如图 10.14 所示。平台的主要元素是与其他组件和 Agent 相连的 XML 路由,它是一个标准的 XMPP 服务器,无须用户干预即可用来将消息传

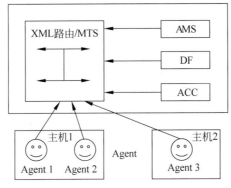

图 10.14 SPADE 平台模型

输到目的地。XML 路由的角色与 FIPA 标准中的 MTS(message transport system)相似，是平台唯一的一个第三方组件，而非平台本身的组成部分。

ACC(agent communication channel)用于管理平台内部的通信，AMS(agent management system)用于管理 Agent，而 DF(directory facilitator)为 Agent 提供黄页目录服务。

而 SPADE 的 Agent 模型如图 10.15 所示。

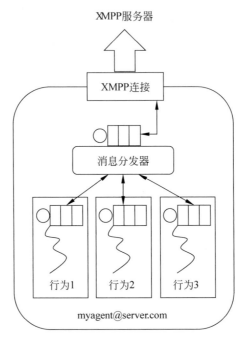

图 10.15　SPADE 的 Agent 模型

Agent 模型由连接到平台的连接机制、消息分发器和一系列不同的行为(behaviour)组成，消息分发器可以发送消息到这些行为。每个 Agent 需要一个标识符和密码，用来与 XMPP 服务器进行连接。该标识符称为 JID(Jabber ID)，如图 10.15 中的"myagent@ server.com"。

SPADE 中的通信基于 XMPP 协议，可以在 XMPP 服务器上注册 Agent 并进行用户认证，当注册成功之后，每个 Agent 便拥有一个持续能与 Agent 平台通信的 XMPP 流(XMPP stream)对象。

每个 Agent 有一个属于自己的内部消息分发器，当该 Agent 的消息通过 XMPP 连接传输过来之后，将该消息放入某个行为的消息队列，该行为便可接受该消息并完成相应动作。当 Agent 需要发送一个消息时，消息分发器可以根据需求将该消息写入 XMPP 流对象中，然后由 XMPP 服务器往外发送。

如图 10.15 所示，一个 Agent 可以同时执行多个行为，每个行为是 Agent 可以重复执行的一个任务。SPADE 预定义了一些行为种类，这些行为有助于 Agent 执行不同的任务。SPADE 支持的行为种类包括 Cyclic、One-Shot、Periodic、Time-Out 和 Finite State Machine 5 种类型。

SPADE 的核心模块包括 spade.agent、spade.behaviour、spade.message、spade.presence

以及 spade.web。其中：agent 模块是 Agent 的相关实现；behaviour 模块是行为的相关实现；message 模块是消息的相关实现；presence 是存在通知的相关实现；web 模块是网页服务的相关实现。由于创建的是多 Agent 系统，所以无论是 Agent 的启动或者其他操作，都需要定义为异步函数，即使用 async 关键字，同时，在异步函数中发送或接收消息时，需要使用 await 关键字。

1. 安装

安装 SPADE 非常简单，直接在操作系统命令窗口中执行命令"pip install spade"即可自动安装。由于 SPADE 通信基于 XMPP 协议，因此需要在 XMPP 服务器上拥有 JID 和密码，该 XMPP 服务器可以是网络上的也可以是本地的。创建 JID 和密码参考"https://xmpp.org/getting-started/"，而在本地创建 XMPP 服务器参考"https://xmpp.org/software/servers.html"。

2. 创建 Agent

安装好 SPADE 之后，创建一个 Agent 非常简单，只需要一条语句即可：

```
Myagent = spade.agent.Agent("myagent@server.com", "mypwd")
```

其中 JID 为"myagent@server.com"，密码为"mypwd"。

如果希望创建一个含有自定义行为的 Agent，那么可以自定义 Agent 类：

```
class MyAgent(spade.agent.Agent)
```

在 MyAgent 类中可以实现自定义行为。例如，希望含有 Periodic 行为（所有行为将在行为种类中介绍）：

```
class MyAgent(spade.agent.Agent):
    class MyBehav(spade.behaviour.PeriodicBehaviour):
        async def on_start(self):
            self.counter = 0
        async def run(self):
            self.counter += 1
    async def setup(self):
        b = self.MyBehav(period = 10)
        self.add_behaviour(b)
```

该代码段定义了一个 MyAgent，在 MyAgent 中自定义了一个行为 MyBehav，该行为是一个 Periodic 行为，即周期行为。启动时将计数器设置为 0，每次执行该行为时计数器加 1。在 MyAgent 的 setup 函数中，添加一个 MyBehav 行为到该 Agent 中，该行为的周期为 10s。MyAgent 的 setup 函数在 MyAgent 启动之前执行。

如果希望结束自定义的行为，则可以修改自定义行为的 run 函数：

```
async def run(self):
    self.counter += 1
    if self.counter >= 10:
        self.kill(exit_code = 10)
        return
```

还可以在一个 Agent 内创建另一个 Agent,只需在前者的相应代码处添加创建语句即可。

3. 消息传递

可以在某个行为相应的位置添加下述代码,发送消息到某个 Agent:

```
class InformBehav(OneShotBehaviour):
    async def run(self):
        msg = Message(to = "receiver@server.com")
        msg.set_metadata("performative", "inform")
        msg.set_metadata("ontology", "myOntology")
        msg.set_metadata("language", "OWL-S")
        msg.body = "Hello World"
        await self.send(msg)
```

其中,"receiver@server.com"是接收消息的 Agent 的 JID,"performative""ontology""language"都是 FIPA 标准的 Agent 通信语言规定的参数。把消息设置好了之后就可以调用行为的 send 函数发送消息。

同样,在接收消息的 Agent 的行为中可以添加接收代码:

```
class ReceiverAgent(Agent):
    class RecvBehav(OneShotBehaviour):
        async def run(self):
            msg = await self.receive(timeout = 1)
            while(not msg):
                msg = await self.receive(timeout = 1)
```

其中,msg 就是接收到的消息。注意发送端即使已经发送成功,接收端也有可能无法立刻收到信息,可以通过延时和循环接收处理这种情况。

4. 行为种类

SPADE 支持 Cyclic、One-Shot、Periodic、Time-Out 和 Finite State Machine 5 种行为,其中 Cyclic 行为和 Periodic 行为可以用来执行重复性任务,One-Shot 行为和 Time-Out 行为用来执行一次性任务,而 Finite State Machine 行为允许构造更复杂的复合任务。

Cyclic 行为是重复执行,中间没有时间间隔。spade.behaviour.CyclicBehaviour 类用来构造 Cyclic 行为,没有参数。

Periodic 行为是周期行为,可以规定该周期。spade.behaviour.PeriodicBehaviour 类用来构造 Periodic 行为,参数为 period 和 start_at,period 规定执行周期,start_at 规定第一次执行的时间。

One-Shot 行为是直接执行的一次性任务。spade.behaviour.OneShotBehaviour 类用来构造 One-Shot 行为,没有参数。

Time-Out 行为可以设置多长时间之后执行。spade.behaviour.TimeoutBehaviour 类用来构造 Time-Out 行为,参数为 start_at,规定多长时间后执行。

spade.behaviour.FSMBehaviour 类用来构造 Finite State Machine 行为:

```
class ExampleFSMBehaviour(FSMBehaviour):
    async def on_start(self):
        print(f"FSM starting at initial state {self.current_state}")
    async def on_end(self):
        print(f"FSM finished at state {self.current_state}")
        await self.agent.stop()
```

实际上 FSMBehaviour 是一个行为容器类，通过 add_state 函数添加状态，通过 add_transition 函数添加允许的状态转换。在一个 Agent 的 setup 函数添加如下代码：

```
class FSMAgent(Agent):
    async def setup(self):
        fsm = ExampleFSMBehaviour()
        fsm.add_state(name = STATE_ONE, state = StateOne(), initial = True)
        fsm.add_state(name = STATE_TWO, state = StateTwo())
        fsm.add_state(name = STATE_THREE, state = StateThree())
        fsm.add_transition(source = STATE_ONE, dest = STATE_TWO)
        fsm.add_transition(source = STATE_TWO, dest = STATE_THREE)
        self.add_behaviour(fsm)
```

其中，STATE_ONE、STATE_TWO 和 STATE_THREE 是状态，StateOne、StateTwo 和 StateThree 是 3 个 State 类，分别完成不同的任务。在 StateOne 的 run 函数结束处调用 self.set_next_state（STATE_TWO）将状态转换到 STATE_TWO，StateTwo 的 run 函数结束处转换到 STATE_THREE。这两种转换都是允许的，这是由 add_transition 函数决定的。

除了上述行为种类之外，还可以自定义新的行为，如定义一个 BDI 行为：

```
class BDIBehaviour(spade.behaviour.PeriodicBehaviour):
    async def _step(self):
        ...
    def add_belief(self, ...):
        ...
    def add_desire(self, ...:
        ...
    def add_intention(self, ...:
        ...
    def done(self):
        ...
```

5. 存在通知

得益于 XMPP，SPADE 平台一个最突出的特点就是 Agent 能够维护一个联系人列表并且实时获得关于联系人变更的通知。

（1）存在管理器（presence manager）

SPADE 的 Agent 能够利用存在管理器管理自身的各种关于存在的属性，包括状态（state）、地位（status）和优先级（priority）。

Agent 的状态包括可用（available）和不可用（unavailable），用于区分是否连接到 XMPP。有必要在发送消息时确定目标 Agent 是否可用。此外，状态本身还有一个表示关于何时可用的附加信息属性 Show,该属性可以取值为 PresenceShow. CHAT、PresenceShow. AWAY、PresenceShow. XA、PresenceShow. DND、PresenceShow. NONE。 分别表示可以实时沟通、临时缺席但可接收消息、长时间缺席、忙碌中勿打扰,最后一个只用于状态为不可用时,表示 Show 属性无用。注意这几个值是在 aioxmpp. PresenceShow 中定义的。

Agent 可以设置是否可用以及 Show 属性:

```
agent.presence.set_available(availability = True, show = PresenceShow.CHAT)
```

当不可用时有两种方式设置:

```
agent.presence.set_available(availability = Flase, show = PresenceShow.NONE)
agent.presence.set_unavailable()
```

还可以获得 Agent 的状态和属性:

```
my_state = agent.presence.state
my_show = my_state.show
```

可以自定义 status 的内容,进一步表示当前 Agent 的状况,也可以获得 status:

```
my_state = agent.presence.status
```

一个 Agent 可以同时与 XMPP 服务器有多个连接,因此需要设置连接的优先级。 如:

```
agent.presence.set_presence(state = PresenceState(True, PresenceShow.CHAT),
                            status = "Lunch", priority = 2)
```

(2) 联系人列表

可以通过 presence 的 get_contacts 函数获得 Agent 的联系人列表,contacts[myfriend_jid]是其中一个联系人:

```
contacts = agent.presence.get_contacts()
    contacts[myfriend_jid]
        {
            'presence': Presence(type_ = PresenceType.AVAILABLE),
            'subscription': 'both',
            'name': 'My Friend',
            'approved': True
        }
```

(3) 订阅或取消订阅

可以通过 subscribe 函数和 unsubscribe 函数订阅和取消订阅联系人,从而更新联系人列表:

```
agent.presence.subscribe(peer_jid)
agent.presence.unsubscribe(peer_jid)
```

6. 基于 Web 的图形用户界面

可以使用 web. start 启动图形用户界面:

```
agent = MyAgent("myagent@server.com", "mypwd")
agent.start()
agent.web.start(hostname = "127.0.0.1", port = "10000")
```

更多关于 SPADE 的资料请参考网站"https://spade-mas.readthedocs.io/en/latest/index.html"。

尽管作为人工智能研究的核心内容之一,智能 Agent 应该成为人工智能研究的重点与热点,但是近十年来对于智能 Agent 的研究并没有太大的突破性进展。但是得益于强化学习在游戏中的成功应用,多 Agent 的通信与协作近几年受到研究者的广泛关注,尤其是在基于多 Agent 的强化学习中。

本章简单介绍了智能 Agent 的相关概念,同时重点介绍了面向状态域的协商机制,最后简单介绍了多个 Agent 系统开发平台,并着重介绍了一个基于 Python 的多 Agent 系统开发平台 SPADE。

图 书 资 源 支 持

感谢您一直以来对清华版图书的支持和爱护。为了配合本书的使用,本书提供配套的资源,有需求的读者请扫描下方的"书圈"微信公众号二维码,在图书专区下载,也可以拨打电话或发送电子邮件咨询。

如果您在使用本书的过程中遇到了什么问题,或者有相关图书出版计划,也请您发邮件告诉我们,以便我们更好地为您服务。

我们的联系方式:

地　　址：北京市海淀区双清路学研大厦 A 座 714

邮　　编：100084

电　　话：010-83470236　　010-83470237

客服邮箱：2301891038@qq.com

QQ：2301891038（请写明您的单位和姓名）

资源下载：关注公众号"书圈"下载配套资源。

资源下载、样书申请

书 圈

图书案例

清华计算机学堂

观看课程直播